学前儿童区域游戏
经典案例

韩会生　主编

科学出版社

北京

区域游戏活动是幼儿园教育工作的一项至关重要的环节，它是教师根据幼儿发展目标和幼儿兴趣，为幼儿积极创设多样化、多功能、多色彩的环境，让其自由选择游戏活动区域和内容，按照自己的意愿选择材料、与同伴进行充分的互动，从而发展各方面能力的一种有效的活动形式。它可以帮助教师在实践中具体落实以儿童为本的理念，真正实现"促进每个孩子富有个性地发展"的人文教育目标。

本书内容编写具有以下特色：

一、涵盖面广，分类细化

本书整合学前教育五大领域的内容，从生活区、图书区、益智区、数学区、科学区、美工区、角色区、表演区、建构区等区域分类呈现各类活动，并且根据幼儿不同年龄将各类区域游戏活动按照班级明确分类，分为大班活动篇、中班活动篇和小班活动篇。通过丰富多彩的区域游戏活动使幼儿身心愉悦，为幼儿全面发展打下坚实基础。

二、突出实用，注重操作

本书图文并茂地从区域名称、适宜年龄、活动目标、活动材料、活动步骤和指导要点进行描述，制作方法清晰，实施步骤详尽，创新了区域游戏活动，扩展了教师的思路。

三、废旧利用，巧具匠心

书中区域游戏活动的操作材料大多采用日常生活中的废旧材料，有的是在处理之后直接使用，有的则是在装饰改造后搭配使用，既方便操作，又经济实惠；既符合各年龄段幼儿特点，又充满了无限的创意及童趣。

本书将成为广大幼儿园师生区域游戏活动的参考资料，让我们共同撑起孩子们独立自主、动手动脑的游戏活动天地，激发孩子们积极参与活动的热情，让孩子们获得更加全面的发展！

CONTENTS **目 录**

大班活动篇

区域游戏活动 1

炫彩风情

扎染是我国民间传统而独特的一种染色工艺，在我国已有数千年的历史，是我国古代劳动人民的智慧结晶。它一直以其独特的美点缀和美化着人们的生活，是众多民间艺术中一颗璀璨的明珠。因此，幼儿园开展扎染活动对幼儿的各方面发展有着重要意义。

一、活动目标

1. 锻炼幼儿手部灵活性和手眼协调性。
2. 培养幼儿初步的色彩搭配能力。
3. 让幼儿初步感受民间艺术的美，萌发感受美和表现美的欲望。

二、活动材料

剪刀一把、铅笔一支、宣纸若干和彩色墨水若干瓶（见图1.1）。

三、活动步骤

1. 在折叠好的宣纸上画出自己喜欢的图案（见图1.2）。
2. 用剪刀沿画好的图案进行裁剪（见图1.3）。
3. 将剪好的图案放到彩色墨水中进行渲染（见图1.4）。
4. 展开染好的图案放到桌面上进行晾晒（见图1.5）。

四、指导要点

1. 提醒幼儿注意安全，不要剪到手或用剪刀对准其他小朋友。
2. 进行渲染时，墨水要适中，并折叠图案进行多次渲染，注意色彩的搭配。
3. 慢慢展开染好的图案，并把它铺平进行晾晒。

图 1.2

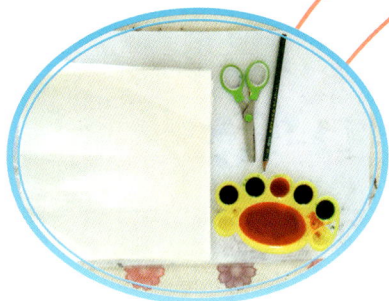

图 1.1

图 1.3

图 1.5

图 1.4

区域游戏活动 2

纸 筒 画

　　绘画是一种艺术表现形式，是使儿童身心得到全面发展，培养儿童创造能力和高尚情操的重要手段。孩子们乐于用绘画来表现自己的感受和内心意愿，在创作中发挥潜能、建立自信、享受成功。为了增加绘画的趣味性，我们在原有绘画的基础上开展了以纸筒为材料的多种绘画形式。

一、活动目标

　　1. 鼓励幼儿尝试用各种线条装饰物品，发展其想象力、创造力及艺术表现力。
　　2. 培养幼儿的审美能力及色彩搭配能力。

二、活动材料

　　纸筒一个、签字笔一支、水彩笔一盒、毛笔若干和宣传色若干瓶。

三、活动步骤

　　1. 给纸筒涂底色（见图 2.1）。
　　2. 让幼儿用签字笔在纸筒上自由绘画。
　　3. 用水彩笔或毛笔给纸筒上的画涂上颜色（见图 2.2）。
　　4. 作品展示（见图 2.3）。

四、指导要点

　　1. 指导幼儿掌握控制纸筒的方法，不让纸筒滚动。
　　2. 教育幼儿要从纸筒上方开始绘画。

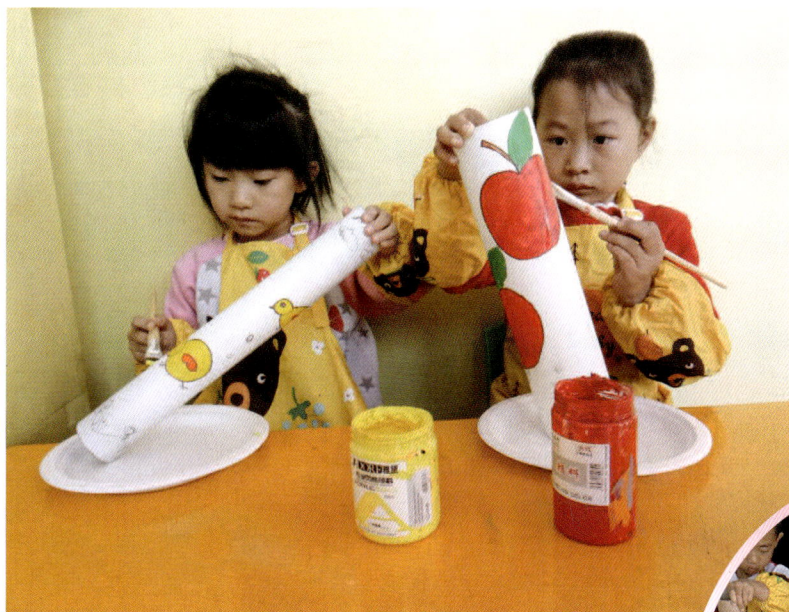

图 2.2

图 2.1

图 2.3

区域游戏活动 3

碎布换新装

图 3.1

一、活动目标

1. 尝试用材料进行粘贴，感受生活中不同的粘贴表现方法。
2. 掌握相关材料的操作规则，保持桌面整洁。
3. 培养幼儿相互合作的情感。

二、活动材料

碎布若干、乳胶一桶、毛笔一支、剪刀一把、吹塑板一张（见图 3.1）。

三、活动步骤

1. 选择自己喜欢的碎布。
2. 根据自己的图案剪出需要的形状（见图 3.2）。
3. 在碎布上抹好乳胶（见图 3.3）。
4. 将碎布粘在相应的位置。
5. 作品展示（见图 3.4）。

四、指导要点

1. 剪刀一定要使用适合剪布的剪刀，要注意安全。
2. 等乳胶晾干再将作品收集起来。

图 3.2

图 3.3

图 3.4

区域游戏活动 4

脸 谱 剪 纸

一、活动目标

1. 在欣赏活动中，引导幼儿感受脸谱艺术的美，激发创作兴趣。
2. 锻炼幼儿的手部灵活性，运用剪刀的能力。

二、活动材料

蜡光纸若干、剪刀一把、铅笔一支（见图 4.1）。

三、活动步骤

1. 将裁好的蜡光纸进行对折（见图 4.2）。

图 4.1

图 4.2

2．在相应位置画出脸谱的形状（见图 4.3）。

3．用剪刀剪出脸谱（见图 4.4）。

4．作品展示（见图 4.5）。

图 4.3

图 4.4

图 4.5

四、指导要点

1．在画脸谱的时候一定注意脸谱的整体效果。

2．用剪刀剪纸的时候注意细节部分。

区域游戏活动 5

纸浆脸谱

一、活动目标

1. 在欣赏活动中，引导幼儿感受脸谱艺术的美，激发创作兴趣。
2. 尝试用纸浆、色彩对称的方法夸大表现脸谱特征。

二、活动材料

纸浆若干、各色丙烯颜料若干、镊子一把和面具一副。

三、活动步骤

1. 准备好制作所需的各色纸浆（见图 5.1）。

2. 按照不同的部位取不同颜色的纸浆进行创作（见图 5.2）。

图 5.1

图 5.2

3. 用镊子将纸浆粘在相应位置（见图 5.3）。

4. 粘贴完成后进行细致整理（见图 5.4）。

5. 作品展示（见图 5.5）。

图 5.3

图 5.4

图 5.5

四、指导要点

1. 在制作纸浆脸谱时注意色彩的合理搭配。

2. 制作时要耐心、细致，作品才漂亮。

区域游戏活动 6

中国传统棋类

一、活动目标

1. 培养幼儿的观察力，提高幼儿思维的灵活性和敏捷性。
2. 使幼儿熟悉规则，能按规则游戏。

二、活动材料

图 6.1

围棋一副、象棋一副和五子棋一副（见图 6.1）。

三、活动步骤

1. 围棋：

① 对局双方各执一色棋子，黑先白后，交替下子，每次只能下一步。

② 棋子下在棋盘上的交叉点上，棋子落下后不得向其他位置移动（见图 6.2）。

2. 象棋：学习基本的口诀并实践练习，即马走日，相走田；车走直路炮翻山；士走斜线护将边；小卒一去不回还（见图 6.3）。

3. 五子棋：让幼儿知道该进攻时不要防守，进攻始于活二等规则（见图 6.4）。

四、指导要点

1. 下棋的时候要注意坐姿，培养良好的礼仪和举止。
2. 遵循行棋规则，养成良好的对弈习惯。

图 6.2

图 6.3

图 6.4

区域游戏活动 7

农家小磨坊

一、活动目标

1. 让幼儿体验磨豆浆的过程。
2. 让幼儿感受民间传统工艺，了解民间传统工艺特色。
3. 培养幼儿相互合作的情感。

图 7.1

二、活动材料

石磨一盘、各种粮食若干、清水若干和毛刷一支。

三、活动步骤

1. 提前泡好豆子（见图 7.1）。
2. 幼儿明确分工，将豆子放入石磨（见图 7.2）。
3. 倒入清水（见图 7.3）。
4. 幼儿相互配合开始磨制豆浆（见图 7.4、图 7.5）。
5. 分享磨好的豆浆（见图 7.6）。

四、指导要点

1. 石磨很沉，在游戏时要注意安全。
2. 豆子需要提前泡好，干豆磨不出豆浆。

图 7.2

图 7.3

图 7.4

图 7.5

图 7.6

区域游戏活动 8

七巧世界

一、活动目标

1. 培养幼儿认识各种形状。
2. 利用各种形状拼图，让幼儿感受图形之间的关系。
3. 培养幼儿发散创新思维。

二、活动材料

各种形状的七巧板、示例图（见图 8.1）。

三、活动步骤

1. 选择自己要用的图形（见图 8.2）。

图 8.1

图 8.2

2. 幼儿发散思维进行拼图（见图 8.3）。

3. 成品展示（见图 8.4）。

图 8.3

图 8.4

四、指导要点

1. 示例图要由易到难。

2. 可以鼓励幼儿对图形进行创新。

区域游戏活动 10

立 体 剪 纸

一、活动目标

1. 发挥幼儿的想象力、创造性思维和幼儿动手剪纸的能力。
2. 让幼儿熟练掌握立体剪纸的折法及剪法。

二、活动材料

各类彩色纸若干、剪刀一把和固体胶一个。

三、活动步骤

1. 幼儿选用自己喜欢的颜色的彩纸进行折纸（见图 10.1）。

图 10.1

2．把自己想剪的图形画在折好的纸上（见图 10.2）。

3．根据自己画好的图形裁剪（见图 10.3）。

4．剪好之后利用固体胶把图形固定为立体状（可以多张纸同时折好进行裁剪）（见图 10.4）。

图 10.2

图 10.3

图 10.4

四、指导要点

提醒幼儿用剪刀时注意安全，剪刀尖不能朝向小朋友。

区域游戏活动 11

玩转缝纫机——快乐布艺

一、活动目标

1. 增强幼儿手部肌肉的灵活性。
2. 锻炼幼儿手、眼、脚的协调性。

二、活动材料

缝纫机一台、布料若干、粉笔一盒、米尺一把和剪刀一把。

三、活动步骤

1. 根据一名幼儿的身材量出尺寸，进行简单设计（见图 11.1）。
2. 根据设计出来的样本进行裁剪（见图 11.2）。

图 11.1

3. 根据裁剪出来的作品，用缝纫机进行缝制（见图11.3）。

4. 进行作品展示（见图11.4）。

图 11.2

图 11.3

图 11.4

四、指导要点

1. 缝制布料的时候，手要离针远一点。

2. 脚踏缝纫机控制器的时候一定要慢一点。

区域游戏活动 12

搭建城堡

一、活动目标

1. 培养幼儿在游戏活动中的合作能力，体验合作游戏的快乐。
2. 培养幼儿掌握基本的建构技能：延伸、叠高、架空、围封、对称等。

二、活动材料

各种形状的木制积木若干（见图 12.1）。

三、活动步骤

1. 幼儿自由探索搭建积木的技巧。
2. 同伴间相互合作，共同搭建城堡（见图 12.2）。
3. 向大家展示作品城堡，分享成功的喜悦（见图 12.3）。

图 12.1

图 12.2

图 12.3

四、指导要点

在搭建过程中，可能会出现积木倒塌现象，教师可适当引导幼儿找出积木倒塌的原因，鼓励幼儿勇于尝试不同的搭建方法。

区域游戏活动 13

石 头 画

一、活动目标

1. 激发幼儿创作灵感，让幼儿在玩中学，学中玩。
2. 使幼儿了解石头的作用，丰富幼儿的经验。

二、活动材料

石头若干、各色丙烯若干、毛笔一支、棉签一盒、清水一桶和马克笔一支。

三、活动步骤

1. 选择好自己所需的石头。
2. 在石头上涂好底色（见图 13.1）。

图 13.1

3. 底色晾干后，用马克笔在石头上绘图。

4. 上色，细小的部位可以用棉签（见图 13.2）。

5. 作品展示（见图 13.3～图13.6）。

图 13.2

图 13.3

图 13.4

图 13.5

图 13.6

四、指导要点

1. 一定等底色晾干后再绘图。

2. 制作时要耐心、细致，作品才漂亮。

区域游戏活动 14

锦绣山庄

一、活动目标

1. 使幼儿感受刺绣独特的立体效果及丰富绚丽的色彩，激发幼儿感受美、表现美的情感，丰富幼儿的审美经验。

2. 使幼儿通过刺绣，体验人与人之间相互关爱和协作的重要性和愉悦感。

3. 使幼儿养成良好的行为习惯和安全意识，能有始有终地完成自己的作品。在制作过程中，能合理利用各项材料，不浪费。

二、活动材料

各种颜色毛线若干、针一包、纱网一张、固定框架一架和白布若干。

三、活动步骤

1. 教师与幼儿一起选出喜欢的图案，并将其画在纱网上（见图 14.1）。

2. 用毛线勾出图案的边框（见图 14.2）。

3. 幼儿自由选择喜欢的颜色进行刺绣，以填充图案的内部（见图 14.3）。

4. 作品展示（见图 14.4）。

5. 幼儿其他刺绣作品（见图 14.5）。

四、指导要点

1. 提醒幼儿注意安全，以防针刺到自己或旁边的小朋友。

2. 在刺绣过程中，绣在图案中的线的松紧要适中。

3. 每针之间的衔接处要在一个格中，以防重叠太多或空隙太大。

图 14.1

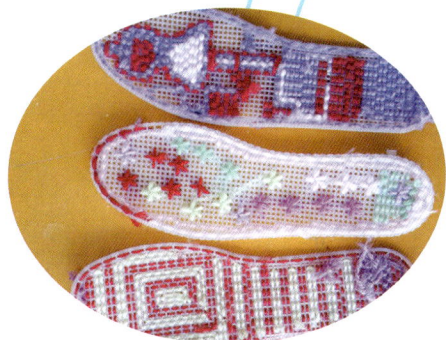

图 14.5

图 14.2

图 14.4

图 14.3

区域游戏活动 15

彩色编织

一、活动目标

1. 培养幼儿的想象力、创造力及动手能力。
2. 锻炼幼儿手的灵活性及色彩搭配能力。

二、活动材料

各种不同无纺布图案、五彩线条。

三、活动步骤

1. 幼儿选择自己喜欢的图案（见图 15.1）。

图 15.1

2．幼儿把彩条穿插到图案中（见图 15.2）。

3．幼儿展示编好的成品（见图 15.3）。

图 15.2

图 15.3

四、指导要点

能够学会搭配五彩线条。

区域游戏活动 16

立体编织

一、活动目标

1. 培养幼儿的观察力、想象力、创造力及动手能力。
2. 促进幼儿小肌肉的发育和手眼协调动作的发展。

二、活动材料

编织架、五彩线条。

三、活动步骤

1. 幼儿选择自己喜欢的五彩线条（见图 16.1）。
2. 幼儿把彩条创造性地穿插到图案中（见图 16.2～图 16.4）。

图 16.1

图 16.2

图 16.3

图 16.4

四、指导要点

使幼儿能够学会搭配五彩线条。

区域游戏活动 17

剪 窗 花

一、活动材料

1. 在欣赏活动中，引导幼儿感受剪纸艺术的美，激发其创作兴趣。
2. 锻炼幼儿的手部灵活性、运用剪刀的能力。

二、活动材料

彩纸、剪刀、铅笔、膜。

三、活动步骤

1. 幼儿选择彩纸进行折纸（见图 17.1）。

图 17.1

2. 幼儿把折好的彩纸进行创造性的绘图（见图 17.2）。

3. 幼儿根据自己创作的图进行裁剪（见图 17.3）。

4. 幼儿展示剪好的窗花（见图 17.4）。

图 17.2

图 17.3

图 17.4

四、指导要点

1. 能够正确地绘制出漂亮的图案。

2. 能够学会使用剪刀。

区域游戏活动 18

缝 鞋 垫

一、活动目标

1. 培养幼儿感受美、体验美的能力。
2. 锻炼幼儿手部的灵活性和运用针线的能力。

二、活动材料

鞋垫、五彩毛线、针。

三、活动步骤

1. 幼儿选择五彩线穿针（见图 18.1）。

图 18.1

2. 幼儿把准备好的针线穿到鞋垫（见图 18.2）。

3. 幼儿根据自己的创作意图缝制。

4. 幼儿展示缝好的鞋垫（见图 18.3）。

图 18.2

图 18.3

四、指导要点

1. 能够正确地绘制出漂亮的图案。

2. 能够学会搭配五彩线。

区域游戏活动 19

小小织布机

一、活动目标

1. 在动手操作中，让幼儿体验劳动的兴趣，感受传统文化。
2. 锻炼幼儿手部的灵活性及创造能力。

二、活动材料

织布机、五彩毛线、梭子。

三、活动步骤

1. 幼儿选择五彩线制作梭子（见图 19.1）。

图 19.1

2．幼儿把制作好的梭子穿到织布机上（见图 19.2 ）。

3．幼儿拉好织布机档子（见图 19.3 ）。

4．幼儿展示织好的围巾（见图 19.4 ）。

图 19.2

图 19.3

图 19.4

四、指导要点

1．学会正确制作梭子。

2．能够学会搭配五彩线。

区域游戏活动 20

石膏娃娃

一、活动目标

1. 让幼儿了解石膏遇水凝固的特点。
2. 锻炼幼儿动手操作的能力。
3. 培养幼儿的色彩感知力。

二、活动材料

石膏粉、小盆、温水、模具、小盘、调色盘、毛笔、丙烯颜料。

三、活动步骤

1. 通过视频让幼儿大体了解石膏娃娃成型的过程。
2. 幼儿开始和浆。石膏粉和温水的比例是 1 : 3.5，调成糊状（见图 20.1）。

图 20.1

3．把和好的浆倒入模具。

4．20分钟后，慢慢地把模具打开（见图20.2）。

5．给成型的作品涂色（见图20.3）。

6．作品展示（见图20.4）。

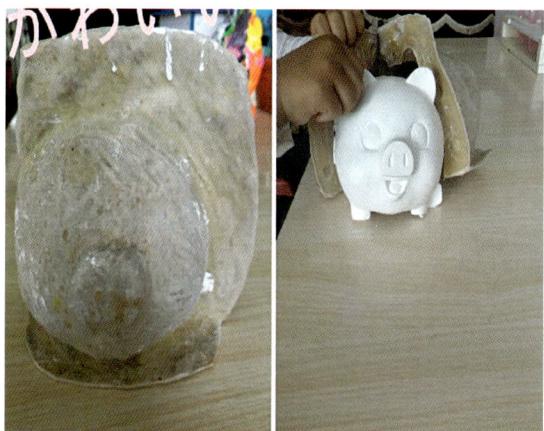

图 20.2

图 20.3

图 20.4

四、指导要点

在和浆的时候一定调成糊状。把浆倒入模具的时候要多转动模具。

区域游戏活动 21

玩转四大发明——活字印刷术

一、活动目标

1. 使幼儿了解活字印刷术的出现以及发展演变。
2. 培养幼儿的好奇心和探索欲，调动幼儿学习科学的积极性。
3. 激发幼儿进一步了解印刷术的兴趣。

二、活动材料

活字印刷版、胶辊、拓印圆盘、油墨、宣纸、塑料垫板（见图 21.1）。

三、活动步骤

1. 在塑料垫板上挤上油墨（见图 21.2）。

图 21.1

图 21.2

2. 用刷墨胶辊在油墨上滚一滚，在活字印刷版上均匀地滚上油墨（见图 21.3）。

3. 把宣纸放在活字印刷版上，一只手固定纸张，一只手用拓印圆盘轻轻压印纸张，油墨会慢慢浸入纸张中（见图 21.4）。

4. 作品展示（见图 21.5、图 21.6）。

图 21.3

图 21.4

图 21.5

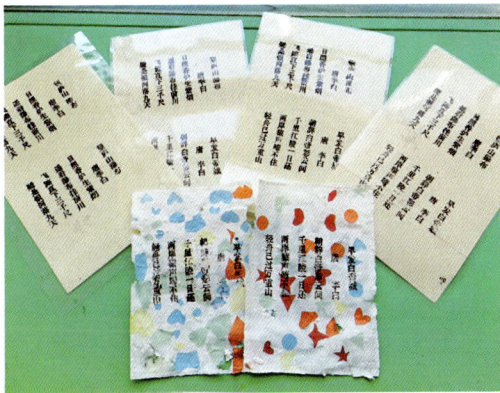

图 21.6

四、指导要点

1. 活动完成后，可用湿巾简单擦拭活字，字模会光亮如新。

2. 制作时要耐心、细致，作品才完美。

区域游戏活动 22

玩转四大发明——造纸术

一、活动目标

1. 引领幼儿了解我国古代的四大发明，激发创作兴趣。
2. 使幼儿感受造纸术的神奇。
3. 使幼儿感悟我们祖先的聪明才智。

二、活动材料

纱网、纸浆、彩纸、剪刀、勺子、清水（见图 22.1）。

三、活动步骤

1. 将纸浆加水稀释，将稀释好的纸浆放在纱网上脱水（见图 22.2）。

2. 在纱网上放上自己剪的彩色图案进行装饰（见图 22.3）。

3. 装饰完成进行晾干（见图 22.4）。

图 22.1

图 22.2

4．轻轻取下晾干的纸（见图 22.5）。

5．作品展示（见图 22.6）。

图 22.3

图 22.4

图 22.5

图 22.6

四、指导要点

1．稀释纸浆时要掌握好加水量。

2．制作时要耐心、细致，作品才漂亮。

区域游戏活动 23

手指便利店

一、活动目标

1. 培养幼儿的观察力、想象力、创造力以及动手能力。
2. 促进幼儿小肌肉的发育和手眼协调动作的发展。

二、活动材料

线若干和小篮子一个。

三、活动步骤

1. 了解编织的方法，以及注意的事项。
2. 幼儿动手进行编织（见图 23.1）。
3. 与同伴分享自己的编织过程及成果（见图 23.2）。

四、指导要点

在幼儿操作过程中，教师可给予适当的指导，帮助幼儿编出不同的图案。

图 23.1

图 23.2

中班活动篇

区域游戏活动 24

皮影大剧场

一、活动目标

1. 锻炼幼儿手部灵活性和手眼协调性。
2. 培养幼儿语言能力的发展。

二、活动材料

塑封膜若干，丙烯若干，毛笔若干，剪刀若干，打孔器两个，操作杆若干，皮影扣若干，幕布一块，强光灯一个。

三、活动步骤

1. 在塑封膜上画好轮廓，幼儿进行均匀涂色（见图 24.1）。
2. 对晾干涂好的塑封膜压膜，并沿着轮廓剪下来（见图 24.2）。
3. 幼儿根据示范图用皮影扣对各个部分拼接，并按好操作杆（见图 24.3）。
4. 根据自己的喜好选择皮影，并进行创作型表演（见图 24.4、图 24.5）。

图 24.1

图 24.2

图 24.3

图 24.4

图 24.5

四、指导要点

1. 提高幼儿的动手操作能力。
2. 鼓励幼儿用完整的语言讲述故事。

区域游戏活动 25

五彩印象——湿拓画

湿拓画是土耳其传统艺术之一。将颜料滴在画液中，用画笔拉出漂亮花纹，最后转印到纸上。

一、活动目标

1. 锻炼幼儿手部灵活性和手眼协调性。
2. 培养幼儿初步的色彩搭配能力。

二、活动材料

画液若干、颜料若干、A4 纸若干、绘画工具若干。

三、活动步骤

1. 幼儿摆放材料（见图 25.1）。
2. 幼儿用画笔沾上颜料滴入画液中，颜料随水波晕开（见图 25.2）。
3. 幼儿不断滴入颜料作画。
4. 将纸放入水中，静止 5 秒，把纸拿起，画就拓到纸上去了（见图 25.3）。

四、指导要点

1. 提高幼儿的绘画能力，让幼儿自由创作。
2. 鼓励幼儿用完整的语言表达自己的操作过程和结果。

图 25.1

图 25.2

图 25.3

区域游戏活动 26

毛线编织

一、活动目标

1. 通过幼儿积极的思维活动调动起幼儿战胜困难，挑战自我的勇气，培养他们的运算和推理能力，促进思维和认知水平的发展。

2. 满足幼儿好动手的需求，增强他们感官的灵敏性和手指的灵活性，提高生活自理能力，为将来的学习能力打下良好的基础。

3. 通过为幼儿提供分享经验的机会，加强同伴之间的合作与学习。

二、活动材料

毛线若干、编织器若干、鞋垫若干、针若干。

三、活动步骤

1. 教师先示范，幼儿观察各种各样的编织器。

2. 幼儿根据教师的讲解完成自己的作品（见图 26.1～图 26.4）。

四、指导要点

要让幼儿自己想象创造，教师不能一味地给幼儿制定模板，限制幼儿的想象力及创造力。

图 26.1

图 26.2

图 26.3

图 26.4

区域游戏活动 27

走 迷 宫

一、活动目标

1. 通过幼儿积极的思维活动调动起幼儿战胜困难，挑战自我的勇气，提高他们的运算和推理能力，促进思维和认知水平的发展。

2. 满足幼儿好动手的需求，增强他们感官的灵敏性和手指的灵活性，提高生活自理能力，为培养学习能力打下良好的基础。

3. 通过为幼儿提供分享经验的机会，加强同伴之间的合作与学习。

二、活动材料

磁铁若干，制作好的迷宫六个。

三、活动步骤

1. 教师引导幼儿先观察迷宫的构造（见图 27.1）。

2. 幼儿根据教师提供的路线进行尝试（见图 27.2、图 27.3）。

3. 幼儿大胆想象，自己找出走出迷宫的办法。

四、指导要点

要让幼儿自己想象创造，教师不能一味地给幼儿制定模板，限制幼儿的想象力及创造力。

图 27.1

图 27.2

图 27.3

区域游戏活动 28

图形变变变

一、活动目标

1. 让幼儿在操作游戏中复习巩固对圆形、三角形、长方形、正方形的认识。
2. 让幼儿大胆想象，运用几何图形进行拼搭创建。
3. 培养幼儿的观察力、想象力、思维能力和语言能力。

二、活动材料

各种各样的图形插板若干。

三、活动步骤

1. 教师引导幼儿先认识基本的图形，如圆形、三角形、正方形、长方形（见图 28.1～图 28.3）。

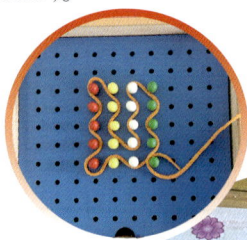

图 28.1

图 28.2

图 28.3

2. 幼儿根据图形自己拼搭（见图 28.4～图 28.6 ）。

图 28.4

图 28.5

图 28.6

四、指导要点

要让幼儿自己想象创造，教师不能一味地给幼儿制定模板，限制幼儿的想象力及创造力。

区域游戏活动 29

多变的扣子

一、活动目标

1. 锻炼幼儿手部灵活性和手眼协调性。
2. 培养幼儿初步的色彩搭配能力。

二、活动材料

各色扣子若干、胶水若干、吹塑板若干。

三、活动步骤

1. 准备材料（见图 29.1）。
2. 幼儿在吹塑板上涂上胶水（见图 29.2）。
3. 幼儿进行粘贴（见图 29.3、图 29.4）。
4. 作品展示（见图 29.5）。

四、指导要点

1. 提高幼儿的动手操作能力。
2. 鼓励幼儿用完整的语言表达自己的操作过程。

图 29.1

图 29.2

图 29.5

图 29.3

图 29.4

区域游戏活动 30

软陶DIY空间

一、活动目标

1. 通过对泥的抓握，锻炼幼儿手部肌肉的发展，揉搓、摔打泥团使幼儿的体力及身体机能得到训练。

2. 通过与陶泥的接触，培养幼儿对物的喜爱及亲和力。

3. 通过陶艺素质教育，培养幼儿的观察力和创造力，以及爱动手、爱劳动的品质。

二、活动材料

陶泥机（大、小）、陶泥、各种颜色的丙烯、小刷子若干。

三、活动步骤

1. 揉土。软陶制作必需的步骤就是揉土，只有经过仔细、匀称地揉土，才能将软陶内部的密度增大，将内部的气泡、裂痕赶出去，在制作软陶制品的时候更顺手（见图 30.1）。

2. 造型。这是决定软陶成品关键的一步，可以选择自己喜欢的图案造型，从简单的圆形、长条形开始操作；熟悉之后可根据自己的想象力自由搭配（见图 30.2）。

3. 配色。软陶之所以被称为"彩陶"，就是因为它颜色多样化。其最基本的颜色是红、黄、蓝，也可以加入其他色彩，使整个作品更饱满（见图 30.3）。

四、指导要点

教师引导幼儿充分发挥想象力，完成一件完整的作品。

图 30.1

图 30.2

图 30.3

区域游戏活动 31

木工大厂房

一、活动目标

1. 引导幼儿从简单的敲敲打打发展到能够运用多种方法进行复杂的建构和组合，发展动手、动脑和解决问题的能力。

2. 幼儿在与材料充分接触的过程中，不仅获取了丰富的造型经验和乐趣，还培养了对大自然的热爱之情。

二、活动材料

大小不一的木块、锯子、锤子、钉子、木尺、万能胶、刷子、钻孔器。

三、活动步骤

1. 幼儿用敲打、拼装的方法制作（见图31.1）。
2. 让幼儿在相互合作的过程中，体验合作游戏的快乐（见图31.2）。
3. 幼儿能按自己的意愿用工具材料进行拼图，体验成功的快乐（见图31.3）。

四、指导要点

1. 请幼儿介绍游戏情况及提出遇到的困难。
2. 幼儿间相互评价。
3. 提出下次游戏的设想。
4. 在幼儿使用锯子、锤子、钉子等有风险的工具时，一定要加强安全指导，防止危险的发生。

图 31.2

图 31.1

图 31.3

区域游戏活动 32

纸艺大观园

一、活动目标

1. 通过幼儿动手操作,激发幼儿对纸艺的兴趣,调动他们学习剪纸及纸艺活动的积极性和主动性。
2. 通过剪、折等方法,鼓励幼儿动手操作,培养幼儿的创造力。

二、活动材料

彩纸、剪刀、镊子、铅笔、各色纸浆、吹塑板若干。

三、活动步骤

1. 幼儿选择彩纸进行折纸。
2. 幼儿把折好的彩纸进行创造性的绘图(见图32.1)。

图 32.1

3. 幼儿根据自己创作的图进行裁剪（见图 32.2）。

图 32.2

4. 幼儿展示剪好的作品。
5. 幼儿在带有简笔画图案的吹塑板上运用各色纸浆进行制作。
6. 幼儿自由选择各色纸浆，根据自己喜欢的颜色进行制作（见图 32.3）。

图 32.3

四、指导要点

1. 使幼儿能够正确地绘制出漂亮的图案。
2. 使幼儿能够学会使用剪刀。
3. 使幼儿能够学会使用镊子，并能匀称平铺画面。

区域游戏活动 33

神奇的种子

一、活动目标

1. 锻炼幼儿手部灵活性和手眼协调性。
2. 指导幼儿认识各类种子。

二、活动材料

各类种子若干，乳胶若干，镊子若干，刷子若干。

图 33.1

三、活动步骤

1. 准备材料（见图 33.1）。
2. 幼儿将画好的画板进行粘贴（见图 33.2～图 33.4）。

四、指导要点

1. 提高幼儿的动手操作能力，让幼儿自由创作。
2. 鼓励幼儿用完整的语言表达自己的操作过程和结果。

图 33.2

图 33.3

图 33.4

区域游戏活动 34

玩 转 毛 线

一、活动目标

1. 锻炼幼儿手部灵活性和手眼协调性。
2. 培养幼儿初步的色彩搭配能力。

二、活动材料

毛线若干、毛线编织机、毛线针若干。

三、活动步骤

1. 准备材料（见图 34.1）。
2. 幼儿将毛线缠成球体（见图 34.2～图 34.5）。

3. 幼儿用毛线编织机完成作品（见图 34.6）。

4. 作品展示（见图 34.7）。

图 34.1

四、指导要点

1. 提高幼儿的动手操作能力，让幼儿自由创作。

2. 用完整的语言大胆表达自己的操作过程和结果。

图 34.2

图 34.3

图 34.4

图 34.5

图 34.6

图 34.7

区域游戏活动 35

纸杯搭搭乐

一、活动目标

1. 锻炼幼儿的搭建能力。
2. 培养幼儿在游戏活动中的合作能力，体验合作游戏的快乐。
3. 能够根据搭建情况尝试提出自己的意见。

二、活动材料

纸杯若干、纸板若干（见图 35.1）。

三、活动步骤

1. 用纸杯进行基本简单的搭建（见图 35.2）。
2. 搭建基本完成的城堡（见图 35.3）。
3. 加上纸板进行搭建（见图 35.4）。
4. 用纸杯、纸板搭建城堡（见图 35.5）。

图 35.1

图 35.2

图 35.3

图 35.4

图 35.5

四、指导要点

1. 提醒幼儿搭建过程中要轻拿轻放。

2. 鼓励幼儿在搭建过程中要有足够的耐心，要坚持。

区域游戏活动 36

创意工作室

一、活动目标

1. 培养幼儿对色彩、形状的观察力，玩耍中加强幼儿的视觉辨识能力，同时也加强幼儿对事物完整性的认识。

2. 通过反复拿、转动不同方向、拼拼凑凑，将图块嵌入正确的位置等动作，既可以促进幼儿肌肉的灵活发展，又可促进幼儿动手的习惯。

3. 使幼儿学习利用已知的线索，了解未知的世界，达到眼、手、脑协调教育的效果。

4. 通过反复组合，完成图案，提高幼儿的记忆能力、判断能力和思考能力，促进大脑思维的发育。

图 36.1

图 36.2

二、活动材料

各种马赛克贴画若干。

三、活动步骤

1. 幼儿可以参照卡片上的数字、彩色图案提示或自由发挥将马赛克图形贴逐一贴在卡通图案内，颜色不需分先后，随意贴即可（见图 36.1）。

2. 完成一幅漂亮的贴画后，可将多余的材料充分利用，贴在卡纸的四边或空白部位（见图 36.2）。

四、指导要点

引导孩子们充分发挥自己的想象力、动手能力，创作出一幅漂亮生动的作品。

小 班 活 动 篇

区域游戏活动 37

钓鱼、小鱼游

一、活动目标

1. 探索鱼上钩的奥秘。
2. 培养幼儿对钓鱼的兴趣。
3. 锻炼幼儿的协调能力和动手能力。

二、活动材料

纸浆小鱼、钓鱼小桶若干、自制鱼竿若干，木工池塘一个和磁铁若干。

三、活动步骤

1. 活动材料（见图 37.1）。
2. 幼儿开始钓鱼（见图 37.2、图 37.3）。
3. 幼儿钓起小鱼（见图 37.4）。

图 37.1

图 37.2

4. 幼儿玩小鱼戏水（见图 37.5、图 37.6）。

图 37.3

图 37.4

图 37.5

图 37.6

四、指导要点

1. 指导幼儿正确钓鱼方法。
2. 在幼儿钓鱼过程中，注意告知幼儿磁铁的相吸现象。

区域游戏活动 38

吸 吸 乐 园

一、活动目标

1. 培养幼儿探索、求知的欲望。
2. 体验捉毛毛虫的乐趣。

二、活动材料

毛毛虫若干、纸浆制作的大树两棵和磁铁若干。

三、活动步骤

1. 准备材料（见图 38.1）。
2. 给大树捉毛毛虫（见图 38.2）。

图 38.1

图 38.2

3. 捉毛毛虫喂小鸟（见图 38.3、图 38.4）。

图 38.3

图 38.4

四、指导要点

1. 毛毛虫不要塞太深，否则不容易吸出。
2. 指导幼儿用磁铁吸毛毛虫。

区域游戏活动 39

系 扣 子

一、活动目标

1. 培养幼儿的动手能力。

2. 锻炼幼儿的手部肌肉。

二、活动材料

纽扣若干、小布垫两个、无纺布两块（见图 39.1）。

三、活动步骤

1. 水果类：认识水果，分类系扣子（见图 39.2）。

图 39.1

图 39.2

2．动物类：认识动物，分类系扣子（见图 39.3）。

3．小布垫当背包（见图 39.4、图 39.5）。

图 39.3

图 39.4

图 39.5

四、指导要点

1．让幼儿学会分类系扣子。

2．让幼儿认识各种水果、动物。

区域游戏活动 40

沙 画

一、活动目标

1. 培养幼儿的审美情趣。
2. 培养幼儿对沙画的兴趣。

二、活动材料

沙子若干和沙盒六个。

三、活动步骤

1. 准备材料，开始区角游戏（见图 40.1）。
2. 幼儿在沙画盒上自由画画、自由发挥（见图 40.2）。
3. 幼儿画出美丽沙画（见图 40.3、图 40.4）。

四、指导要点

在玩沙画过程中沙画不要溢出或撒在桌子上。

图 40.1

图 40.2

图 40.3

图 40.4

区域游戏活动 41

好玩的瓶盖

一、活动目标

1. 培养幼儿的创造性。
2. 使幼儿认识各种样式、不同颜色的瓶盖。
3. 鼓励幼儿勇于尝试，体验用瓶盖摆出物体造型的乐趣。

二、活动材料

瓶盖若干和图案四个。

三、活动步骤

1. 准备材料，先设计若干图案（见图 41.1）。
2. 用彩色瓶盖进行拼图（见图 41.2）。

图 41.1   图 41.2

3．用彩色瓶盖摆出不同造型（见图 41.3、图 41.4）。

图 41.3

图 41.4

四、指导要点

通过认识瓶盖的各种样式、颜色，用瓶盖进行搭建，发展幼儿的思维能力。

区域游戏活动 42

拼装特工队

一、活动目标

1. 锻炼幼儿的动手能力，通过让幼儿动手操作锻炼手部的协调性。
2. 锻炼幼儿的感官触觉，玩拼装玩具能刺激幼儿神经元的发展。
3. 培养孩子的想象力，幼儿可以自行发挥自己的想象力进行创作。

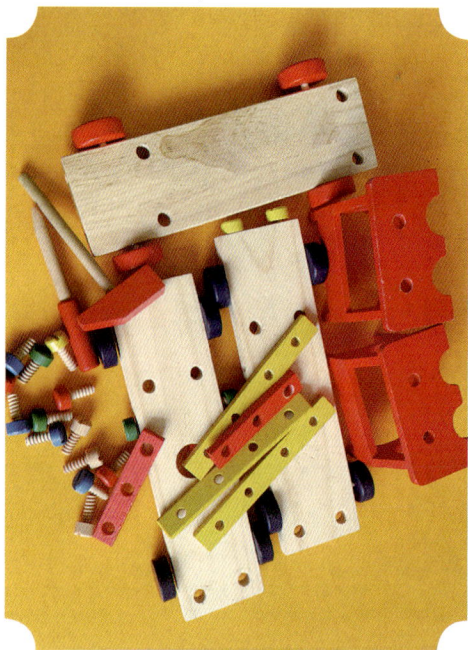

图 42.1

二、活动材料

可拼装玩具若干（见图 42.1）。

三、活动步骤

1. 幼儿自由选择活动材料（见图 42.2）。
2. 选择好合适的工具、部件开始组装（见图 42.3）。
3. 自由拼装完成（见图 42.4）。

四、指导要点

1. 指导幼儿正确使用工具。根据自己的需要准确选择材料。
2. 幼儿不能独立完成的部分，求助小伙伴共同完成。

图 42.2

图 42.3

图 42.4

区域游戏活动 43

两个好朋友

一、活动目标

1. 锻炼幼儿的手眼协调能力。
2. 提高幼儿的观察能力。

二、活动材料

钥匙和锁若干（见图 43.1）。

图 43.1

三、活动步骤

1. 认识锁、钥匙（见图 43.2）。
2. 分别找到一把锁和钥匙，尝试用钥匙打开锁（见图 43.3）。
3. 若不能打开，换其他钥匙再次尝试（见图 43.4）。
4. 直到可以打开锁（见图 43.5）。

四、指导要点

1. 引导幼儿要有耐心，要敢于尝试。
2. 引导幼儿观察钥匙上的标志物，以免用一把钥匙重复开启。

区域游戏活动 56

图形宝宝找家

一、活动目标

1. 使幼儿学会根据图形的形状、颜色进行分类。
2. 使幼儿能用清晰的语言表达自己的想法。
3. 使幼儿乐于参与数学游戏，在游戏中体验数学的乐趣。

图 56.1

二、活动材料

图形若干、图形乐园 1 幅（有圆形、正方形、三角形的空格，见图 56.1、图 56.2）。

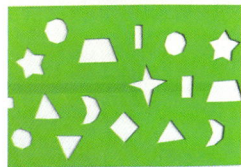

图 56.2

三、活动步骤

1. 根据形状和大小，把彩色的图形宝宝贴到画面中相应的位置上（见图 56.3、图 56.4）。
2. 所找的位置要和彩色的图形宝宝形状、大小相同。
3. 教师巡视、指导，帮助个别幼儿完成作品。
4. 操作完成，整理图形。

图 56.3

图 56.4

四、指导要点

1. 教师引导幼儿根据图形特征进行分类。
2. 教师引导幼儿能够在观察、判断的基础上排除颜色的干扰进行分类。

图 43.2

图 43.3

图 43.4

图 43.5

区域游戏活动 44

快乐小屋

一、活动目标

1. 能够感知和区分物体大小、多少等量方面的特点。
2. 能够通过一一对应的方法比较两组物体的多少。
3. 能够手口一致地点数五个以内的物体，并说出总数。

二、活动材料

快乐小屋一个、数字卡片若干和图形卡片若干。

三、活动步骤

1. 准备快乐小屋（见图 44.1）。

图 44.1

2．根据提示进行游戏：数一数（见图 44.2）；排排队（见图 44.3）；妈咪宝贝（见图 44.4）。

图 44.2

图 44.3

图 44.4

四、指导要点

1．引导幼儿积极观察，进行正确的点物数数。

2．活动结束后让幼儿自觉分类整理好所用材料。

3．引导幼儿尝试用数字描述事物或动作。

区域游戏活动 45

桌上的芭蕾舞者

一、活动目标

1. 引导幼儿运用观察、比较等方法探索陀螺旋转的秘密。
2. 培养幼儿参与探索活动，体验在游戏中探索发现的乐趣。
3. 锻炼幼儿的手部肌肉。

二、活动材料

废旧光盘和彩笔制作的陀螺若干（见图 45.1）。

三、活动步骤

1. 选择一个自己喜欢的陀螺（见图 45.2）。

图 45.1

图 45.2

2. 动手尝试用多种方法让陀螺旋转（见图 45.3）。

3. 与小朋友比赛，看谁的陀螺旋转时间较长（见图 45.4）。

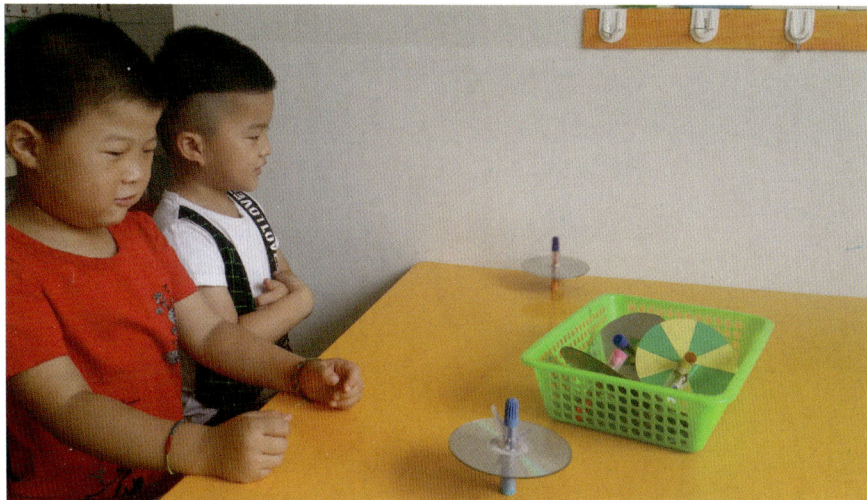

图 45.3

图 45.4

四、指导要点

1. 引导幼儿耐心尝试，发现不同的旋转方法。

2. 注意陀螺旋转时陀螺的落地方式。

区域游戏活动　46

卷出来的艺术

一、活动目标

1. 满足幼儿的好奇心和爱动、爱模仿、爱探索的天性,培养幼儿的动手能力、观察能力、想象能力、创新能力、语言表达能力和审美能力。

2. 提高幼儿的综合素质,幼儿在做做、卷卷中感知衍纸独有的卷曲艺术特性。

图 46.1

二、活动材料

衍纸工具一套、胶一盒(见图 46.1)。

三、活动步骤

1. 取纸条,用卷纸工具将纸条卷成纸卷(见图 46.2)。

图 46.2

2. 将纸卷根据需要放入工具盘中定型（见图 46.3）。

3. 将定型好的纸卷粘好尾端备用（见图 46.4）。

4. 用镊子将纸卷夹起，放到合适位置（见图 46.5）。

5. 作品完成（见图 46.6）。

图 46.3

图 46.4

图 46.5

图 46.6

四、指导要点

1. 注意纸卷的松紧度，以方便定型。

2. 观察底图中需要的纸卷形状，认真选择合适的纸卷。

区域游戏活动 47

七彩玉米粒

一、活动目标

培养幼儿的专注力，锻炼手部灵活性，培养幼儿的手眼协调能力和对美工活动的兴趣。

二、活动材料

彩色玉米粒若干、水、卫生纸（湿的）适量、带有图案的卡纸两份。

三、活动步骤

1. 取彩色玉米粒在湿卫生纸上蘸一下（见图 47.1）。
2. 沿图案进行粘贴（见图 47.2）。
3. 沾水时不要太用力，以免玉米粒变形。
4. 作品完成，摆放展示（见图 47.3）。

四、指导要点

沾水时不要过于用力，以免沾水太多破坏图片效果。

图 47.1

图 47.2

图 47.3

区域游戏活动 48

小动物喂食

一、活动目标

1. 使幼儿能说出动物的名称及它们喜欢吃的食物名称。

2. 通过活动使幼儿练习发音：吃；学习语汇：小猫、小鱼、小狗、骨头、小兔、萝卜等。

3. 通过给小动物"喂"食，培养幼儿的爱心。

二、活动材料

贴有小动物的盒子六个和各种食物（无纺布）若干（见图 48.1、图 48.2）。

图 48.1

图 48.2

三、活动步骤

1. 教师引导幼儿认识各种动物、食物的名称。

2. 幼儿从盒子里拿出食物，放到相应的贴有小动物的盒子里（见图48.3、图48.4）。

3. 幼儿帮助小动物们依次找到爱吃的食物。边喂食边说话，如：小猴子爱吃桃子。依此类推。

4. 操作结束后，将食物收起来放回盒子。

图 48.3

图 48.4

四、指导要点

鼓励幼儿大声地跟同伴说出小动物爱吃什么食物。

区域游戏活动 49

小小建筑师

图 49.1

图 49.2

图 49.3

一、活动目标

1. 让幼儿利用小葵花片锻炼插接技能，展现花的美丽。

2. 培养幼儿对生活中美好事物的感受力、表现力，并发挥一定的想象力进行初步的建构和创造。

二、活动材料

彩色葵花片若干（见图 49.1）。

三、活动步骤

1. 情境导入，激发幼儿的建构兴趣。

2. 教师示范拼搭的方法和技能，让幼儿自主操作（见图 49.2、图 49.3）。

四、指导要点

1. 表扬能大胆建构、大胆创造的幼儿。

2. 在游戏过程中引导幼儿对积木轻拿轻放、安静地整理积木，建构时要仔细认真。

区域游戏活动 50

看谁跑得快

一、活动目标

1. 使幼儿通过不同跑道的实验证明自己猜想的结果，养成实事求是的科学态度。

2. 使幼儿感受不同的跑道与乒乓球下落速度的关系。

3. 使幼儿体验操作活动的乐趣，增强幼儿的合作意识。

图 50.1

二、活动材料

动物跑道三个、乒乓球和纸浆小球若干（见图 50.1）。

三、活动步骤

1. 引导幼儿猜想，哪个跑道中的乒乓球下落速度最快。

图 50.2

2. 动手操作，验证猜想（见图 50.2、图 50.3）。

3. 通过设疑—猜想—验证一系列的活动，引导幼儿探讨、感受乒乓球下落速度与跑道的关系。

四、指导要点

1. 引导幼儿尝试不同的跑道，获得更丰富的操作体验。

2. 交流分享实验结果，体验科学实验的乐趣。

图 50.3

区域游戏活动 51

蔬菜拓印画

图 51.1

图 51.2

图 51.3

图 51.4

一、活动目标

1. 让幼儿认识莲藕、青椒、胡萝卜、油菜、土豆等蔬菜的切面形状。

2. 让幼儿尝试用莲藕、青椒、胡萝卜等蔬菜的切面拓印不同造型的图案。

3. 让幼儿感受合作拓印的乐趣。

二、活动材料

丙烯颜料一套、莲藕、青椒和胡萝卜模具适量（见图 51.1）。

三、活动步骤

1. 把蔬菜的切面雕刻成不同的形状，将丙烯颜料调兑好（见图 51.2）。

2. 将蔬菜的切面蘸上不同的颜料，在已画好图案的宣纸上印画，印出自己喜欢的造型（见图 51.3、图 51.4）。

四、指导要点

1. 已经蘸了颜料的蔬菜不能再去蘸其他的颜色。

2. 小手蘸上颜料了不要往衣服上抹，要用卫生纸擦手。

区域游戏活动 52

数字毛毛虫

一、活动目标

1. 通过游戏配对的形式增强幼儿对数量概念的认识。
2. 使幼儿能够手口一致地对 5 以内的数量进行点数。
3. 使幼儿体验数活动游戏的乐趣。

二、活动材料

数字毛毛虫若干（见图 52.1）。

图 52.1

三、活动步骤

教师引导幼儿把相同颜色的数字按顺序排列到一个毛毛虫上面（见图 52.2、图 52.3）。

图 52.2

四、指导要点

按顺序从前往后排序，不能倒着排列。

图 52.3

区域游戏活动 53

图 形 屋

图 53.1

图 53.2

图 53.3

一、活动目标

1. 使幼儿能正确辨认三角形、圆形、长方形、梯形，并能说出图形的名称。

2. 使幼儿在认识图形的基础上，体验游戏的愉悦。

二、活动材料

各种图形的无纺布碎片若干和图形屋一个（见图 53.1）。

三、活动步骤

1. 教师引导幼儿认识各种图形。

2. 幼儿根据小动物嘴巴的形状找到合适的图形（见图 53.2、图 53.3）。

四、指导要点

由于小班幼儿年龄较小，有些幼儿的自控能力较差，注意力容易转移，教师要及时引导。

区域游戏活动 54

我和纸杯做游戏

一、活动目标

1. 培养幼儿探究一次性纸杯的多种玩法。
2. 培养幼儿与同伴合作进行搭建游戏。
3. 培养幼儿的创新思维和大胆尝试的精神。

图 54.1

二、活动材料

一次性纸杯若干（见图 54.1）。

三、活动步骤

1. 探究纸杯的玩法。
2. 幼儿用纸杯摆造型，尝试多个纸杯放在一起可以怎样玩（见图 54.2）。
3. 尝试不同的方法（大杯口朝下或小杯口朝下），体验玩搭建游戏的快乐（见图 54.3）。

图 54.2

四、指导要点

比一比谁搭建的高楼最高，谁的高楼最奇妙。请幼儿用最快的速度将纸杯扣在一起，也是一种玩法，锻炼幼儿做事有始有终的好习惯。

图 54.3

区域游戏活动 55

数字章鱼

一、活动目标

培养幼儿感知 5 以内的数。

二、活动材料

数字、粘扣和章鱼若干。

三、活动步骤

1. 把章鱼散放在篮子里（见图 55.1）。

2. 取出底板看看上面粘着数字儿（见图 55.2）。

3. 根据上面显示的数字，粘上相应的数字，并能按物点数（见图 55.3）。

4. 操作结束，把章鱼拆下放回小篮子里。

四、指导要点

根据幼儿的发展水平进行练习。

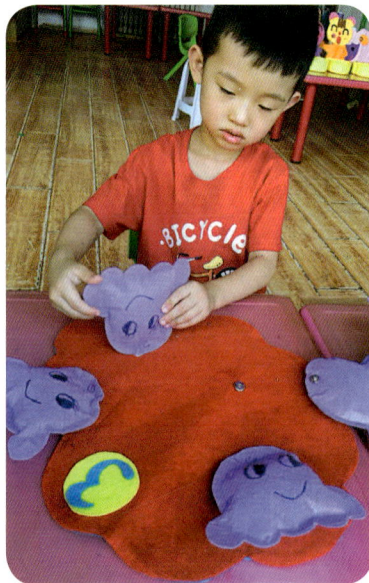

图 55.1   图 55.2   图 55.3

"十三五"国家重点出版物出版规划项目

名校名家基础学科系列

微 积 分

第 3 版

范周田　张汉林　董庆华　彭　娟◎编

机械工业出版社

前言

微积分是一门学习如何运用数学知识解决问题的课程. 尽管有些人可能在毕业之后不再用到微积分, 但是他们仍然可以从微积分的学习中受益, 因为学习微积分的好处不仅体现在专业上而且还体现在智力上. 我们编写本书的目的是期望读者能够更顺利地完成微积分的学习.

本书逻辑简约, 语言科学、平易, 取国内外优秀教材的众家之长, 秉承"透彻研究、简单呈现"的原则, 对微积分内容及叙述方式进行了梳理.

本书拥有丰富的配套资源, 包括习题解答、视频讲解等, 可通过扫描书中二维码访问相关小程序或网站学习使用.

由于编者水平和时间所限, 书中不妥之处在所难免, 敬请广大读者批评指正.

编　者

目录

为了方便阅读本书,我们把初等数学中已经涉及又和微积分密切相关的一些知识进行罗列或重新叙述,如函数的概念、某些特殊形式的函数,以及基本初等函数的图像与性质等,以备读者参考、查阅.

1.1　函　数

在微积分中,我们主要研究数值之间的对应关系,即函数.

设 D 为实数集 $\mathbf{R}$ 的一个非空子集. 如果对 D 中的任意**一个数值** x,都存在 $\mathbf{R}$ **中唯一的一个数值** y 与之对应,那么我们称这两个数值之间的对应关系为函数,记为 f,并记 $y = f(x)$,把 x 称为**自变量**,把 y 称为**因变量**,自变量的取值范围称为函数的定义域,因变量的取值范围称为函数的值域,分别记为 D_f 和 R_f.

视频:函数
概念解析

我们通过一个简单的例子来进行说明.

令 $D = \{1,2,3\}$,D 到 $\mathbf{R}$ 的对应关系是:1 对应 5;

$$2 \text{ 对应 } 10;$$
$$3 \text{ 对应 } 15.$$

这个对应方式满足唯一性的要求,因此是一个函数,记为 f. 函数 f 可以描述为:D 中的每个数值都对应其自身的 5 倍.

把集合 D 内的数值用 x 表示,即 x 取值可以是 $1,2,3$ 这三个数值中的任意一个,则函数 f 可以描述为:x 对应 $5x$,记为 $y = f(x) = 5x$. 定义域 $D_f = \{1,2,3\}$,值域 $R_f = \{5,10,15\}$.

需要注意的是,f 与 $f(x)$ 是有所不同的,f 是对应关系,即函数,而 $f(x)$ 表示函数 f 在 x 处的值. 一般情况下不做严格区分,我们说函数 f,也可以说函数 $f(x)$ 或者说函数 $y = f(x)$. 另外,函数表示与自变量和因变量所使用的字母是无关的,也**不一定要有表达式**.

如果函数是用于表达实际问题,那么它的定义域也由实际问题确定. 例如,设半径为 r 的圆的面积为 S,则有函数关系

$$S = \pi r^2,$$

由于 r 表示半径,因此有 $r > 0$.

微积分中许多时候不涉及函数的实际意义,只讨论函数的表达式.在这种情况下,函数的定义域是使表达式有意义的所有值构成

的集合.例如,函数 $y = \pi x^2$ 的定义域是 $(-\infty, +\infty)$.

函数 $y = f(x)$ 是一元函数.如果一个函数用来表示一个变量与另外一组变量之间的确定关系,即当这一组变量的取值都确定后,这个变量的取值也随之唯一确定,这一组中有几个变量就称函数是几元函数.

1.2　几种具有特殊性质的函数

1. 单调函数

设函数 $y = f(x)$ 的定义域为 D.如果对任意的 $x_1 > x_2 \in D$,都有 $f(x_1) > f(x_2)$,就称 $f(x)$ 是单调递增函数,简称单增.如果对任意的 $x_1 > x_2 \in D$,都有 $f(x_1) < f(x_2)$,就称 $f(x)$ 是单调递减函数,简称单减.单调递增函数和单调递减函数统一称为单调函数.

一般而言,一个函数往往在其定义域中的某些区间上是单增的,而在另外的区间上是单减的,这样的区间称为函数的单调区间.例如,函数 $y = x^2$ 在 $[0, +\infty)$ 上单调递增,在 $(-\infty, 0]$ 上单调递减,$[0, +\infty)$ 和 $(-\infty, 0]$ 就是函数 $y = x^2$ 的单调区间.

2. 奇函数与偶函数

设函数 $y = f(x)$ 的定义域为 D.如果对任意 $x \in D$,都有 $-x \in D$,我们就说 D 关于原点对称.

如果函数 $y = f(x)$ 的定义域 D 关于原点对称,而且 $y = f(x)$ 的图形关于坐标系原点对称,就称函数 $y = f(x)$ 为奇函数.即如果对任意 $x \in D$,都有 $f(-x) = -f(x)$,则称 $f(x)$ 为奇函数.

如果函数 $y = f(x)$ 的定义域 D 关于原点对称,而且 $y = f(x)$ 的图形关于 y 轴对称,就称函数 $y = f(x)$ 为偶函数.即如果对任意 $x \in D$,都有 $f(-x) = f(x)$,则称 $f(x)$ 为偶函数.

例如,$y = x^2, x \in (-\infty, +\infty)$ 是偶函数,而 $y = x^3, x \in (-\infty, +\infty)$ 是奇函数.

3. 周期函数

设 $y = f(x)$ 为函数.如果存在正数 T,使得 $f(x) = f(x+T)$ 对定义域中的任意 x 成立,则称 $y = f(x)$ 为周期函数,T 是一个周期.

通常情况下,我们关心周期函数的最小正周期,简称周期.例如,正弦函数 $y = \sin x$ 和余弦函数 $y = \cos x$ 的周期是 2π,而正切函数 $y = \tan x$ 和余切函数 $y = \cot x$ 的周期是 π.

当然也有例外的情况,例如,常数函数 $y \equiv C$ 是周期函数,任意正数都是它的周期,因此它没有最小正周期.

4. 有界函数

设 $f(x)$ 在 D 上有定义.若存在常数 $M > 0$,使得一切 $x \in D$,有 $|f(x)| \leqslant M$,则称 $f(x)$ 在 D 上有界,也称 $f(x)$ 是 D 上的有

界函数.

例如,因 $|\sin x|\leqslant 1$,故 $y=\sin x$ 在 $(-\infty,+\infty)$ 上有界.有界函数也可以如下定义:若存在常数 m 和 M,使得一切 $x\in D$,有 $m\leqslant f(x)\leqslant M$,则称 $f(x)$ 在 D 上有界,其中 m 称为函数 $f(x)$ 的一个下界,M 称为函数 $f(x)$ 的一个上界.

例如,函数 $y=\dfrac{1}{x}$ 在 $[1,+\infty)$ 上有界,因 $0<\dfrac{1}{x}\leqslant 1,x\in[1,+\infty)$.

1.3 反函数

设 f 为一元函数.如果对任意的 $y\in R_f$,都存在唯一的 $x\in D_f$,使得 $y=f(x)$,则称函数 f 有**反函数**.f 的反函数记为 f^{-1}.

函数 $y=f(x)$ 的反函数可以记为 $x=f^{-1}(y)$,也可以记为 $y=f^{-1}(x)$.函数 $y=f(x)$ 与 $x=f^{-1}(y)$ 的图像是相同的,与 $y=f^{-1}(x)$ 的图像关于直线 $y=x$ 对称.

视频:反函数的概念

例如,$y=\sqrt{x}$ 有反函数 $x=y^2$,也可以说 $y=\sqrt{x}$ 的反函数是 $y=x^2$.

一般地,不是任意的函数都有反函数.例如,$y=x^2,-\infty<x<+\infty$ 就没有反函数.

函数 $y=f(x)$ 存在反函数的充分必要条件是对任意的 $x_1,x_2\in D_f$,如果 $x_1\neq x_2$,则 $f(x_1)\neq f(x_2)$.特别地,**单调的函数有反函数**.

例如,正弦函数 $y=\sin x$ 在 $(-\infty,+\infty)$ 有定义但没有反函数.对任意给定的整数 k,函数 $y=\sin x$ 在区间 $\left[k\pi-\dfrac{\pi}{2},k\pi+\dfrac{\pi}{2}\right]$ 上单调,因此有反函数.特别地,我们把正弦函数 $y=\sin x$ 在区间 $\left[-\dfrac{\pi}{2},\dfrac{\pi}{2}\right]$ 上的反函数记为 $y=\arcsin x,x\in[-1,1],y\in\left[-\dfrac{\pi}{2},\dfrac{\pi}{2}\right]$.

类似地,反余弦函数、反正切函数和反余切函数见表 1-4～表 1-6.

1.4 函数的表示

通常可以用集合、图表、数据对应、图形和解析表达式等表示函数.

1. 解析表达式(显函数)

我们在初等数学中熟知的函数,如多项式函数 $y=x^2+5x+3$,正弦函数 $y=\sin x$,指数函数 $y=a^x$,对数函数 $y=\log_a x$ 等都是用解析表达式表示的.

2. 分段函数

一个函数在其定义域的不同部分可以有不同的表达式,即所谓的分段函数.

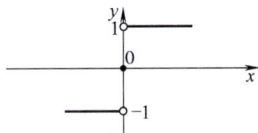

例 1.1 符号函数

$$y = \text{sgn}x = \begin{cases} 1, & x > 0, \\ 0, & x = 0, \\ -1, & x < 0. \end{cases}$$

图 1-1

如图 1-1 所示,该分段函数的定义域为 $(-\infty, +\infty)$,值域为 $\{-1, 0, 1\}$. 由符号函数的定义,对任意实数 x,都有 $x = |x|\, \text{sgn}x$.

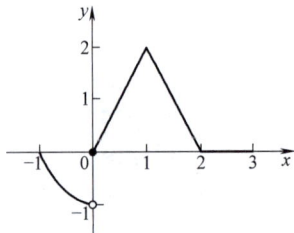

例 1.2 设分段函数

$$y = \begin{cases} x^2 - 1, & x \in [-1, 0), \\ 2x, & x \in [0, 1), \\ -2x + 4, & x \in [1, 2), \\ 0, & x \in [2, 3]. \end{cases}$$

整个函数定义在 $[-1, 3]$ 上,如图 1-2 所示.

图 1-2

例 1.3 取整函数

对任意实数 x,用 $y = f(x) = [x]$ 表示不超过 x 的最大整数,称为取整函数,其定义域为 $(-\infty, +\infty)$,值域为整数集 **Z**. 函数曲线呈阶梯状,又称为阶梯形曲线,如图 1-3 所示.

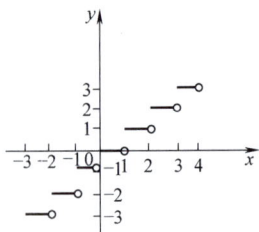

例 1.4 狄利克雷(Dirichlet) 函数

$$D(x) = \begin{cases} 1, & x \in \mathbf{Q}, \\ 0, & x \in \mathbf{R} \backslash \mathbf{Q}. \end{cases}$$

图 1-3

狄利克雷函数十分特殊:$D(x)$ 是有界的函数,$|D(x)| \leqslant 1$;$D(x)$ 是偶函数,即 $D(-x) = D(x)$;$D(x)$ 是周期函数,以任意的正有理数为周期,由于没有最小的正有理数,所以 $D(x)$ 也就没有最小正周期. 另外,我们无法画出 $D(x)$ 的图像.

3. 隐函数

在平面直角坐标系 Oxy 中,以坐标系原点为圆心的单位圆可以用方程 $x^2 + y^2 = 1$ 表示. 如果只考虑上半圆,即 $y \geqslant 0$,则可以从方程 $x^2 + y^2 = 1$ 中解出 $y = \sqrt{1 - x^2}$;如果只考虑下半圆,即 $y \leqslant 0$,则可以从方程 $x^2 + y^2 = 1$ 中解出 $y = -\sqrt{1 - x^2}$. 我们说函数 $y = \sqrt{1 - x^2}$ 和函数 $y = -\sqrt{1 - x^2}$ 都是由方程 $x^2 + y^2 = 1$ 确定的函数,称为隐函数. 需要注意的是,如果不对 y 进行任何限制,则将有两函数 $y = f(x)$ 满足方程 $x^2 + y^2 = 1$.

一般地,如果函数 $y = f(x)$ 满足方程 $F(x, y) = 0$,即 $F(x, f(x)) = 0$,我们就说 y 是方程 $F(x, y) = 0$ 所确定的 x 的隐函数.

通常情况下,即使知道 y 是方程 $F(x, y) = 0$ 所确定的 x 的隐函数,也不一定能够从方程 $F(x,y)=0$ 中把 y 解出来.

1.5 基本初等函数

基本初等函数没有十分明确的规定.本书为了方便,除了较特殊的**常数函数** $y=C$ 外,把微积分中最常见的函数分为五类,称为**基本初等函数**,包括幂函数 $y=x^\mu$ ($\mu\neq0$),指数函数 $y=a^x(a>0,a\neq1)$,对数函数 $y=\log_a x(a>0,a\neq1)$,三角函数 $\sin x,\cos x,\tan x,\cot x$,以及反三角函数 $\arcsin x,\arccos x,\arctan x,\mathrm{arccot}\,x$.

1. 幂函数 $y=x^\mu$ ($\mu\neq0$)

幂函数的定义域稍显复杂,与 μ 的具体取值有关:当 μ 为正整数时,定义域为 $(-\infty,+\infty)$;当 μ 为负整数时,定义域为 $(-\infty,0)\bigcup(0,+\infty)$;其他情况详见表 1-1,其中 p,q 是正整数.

表 1-1 幂函数的定义域

函数	$y=x^\mu$ ($\mu\neq0$)				
μ	$\mu=\dfrac{q}{2p}$	$\mu=\dfrac{q}{2p+1}$	$\mu=-\dfrac{q}{2p}$	$\mu=-\dfrac{q}{2p+1}$	μ 为无理数
定义域	$[0,+\infty)$	$(-\infty,+\infty)$	$(0,+\infty)$	$(-\infty,0)\bigcup(0,+\infty)$	$(0,+\infty)$

注:表中的分数为既约分数.

由表 1-1 可见,对于任意实数 $\mu\neq0$,幂函数 $y=x^\mu$ 都在 $(0,+\infty)$ 上有定义.当 $\mu>0$ 时,$y=x^\mu$ 在 $(0,+\infty)$ 上单调递增;当 $\mu<0$ 时,$y=x^\mu$ 在 $(0,+\infty)$ 上单调递减.

2. 指数函数与对数函数(见表 1-2)

表 1-2 指数函数与对数函数

函 数	指数函数 $y=a^x(a>0,a\neq1)$	对数函数 $y=\log_a x(a>0,a\neq1)$
定义域	$(-\infty,+\infty)$	$(0,+\infty)$
值 域	$(0,+\infty)$	$(-\infty,+\infty)$
图形		
性质	当 $a>1$ 时,$y=a^x$ 单调递增 当 $0<a<1$ 时,$y=a^x$ 单调递减	当 $a>1$ 时,$y=\log_a x$ 单调递增 当 $0<a<1$ 时,$y=\log_a x$ 单调递减

当 $a=\mathrm{e}$ 时,相应的指数函数为 $y=\mathrm{e}^x$,相应的对数函数为 $y=\ln x$,又称为**自然对数**.其底数 $\mathbf{e}=\mathbf{2.718\ 281\ 828\ 459\ 045\ 09\cdots}$,

它是一个无理数，e^x 和 $\ln x$ 在微积分中使用的频率很高.

3. 三角函数与反三角函数

三角函数与反三角函数的图像与性质见表 1-3 ～ 表 1-6.

表 1-3　正弦函数与反正弦函数

函　数	正弦函数 $y = \sin x$	反正弦函数主值 $y = \arcsin x$
定义域	$(-\infty, +\infty)$	$[-1, 1]$
值　域	$[-1, 1]$	$\left[-\dfrac{\pi}{2}, \dfrac{\pi}{2}\right]$
图　形		
奇偶性	$\sin x$ 为奇函数，图形关于原点对称	$\arcsin x$ 为奇函数，图形关于原点对称
周期性	最小正周期 2π	非周期函数
单调性	在 $\left(-\dfrac{\pi}{2} + 2k\pi, \dfrac{\pi}{2} + 2k\pi\right)$，$k \in \mathbf{Z}$ 上单调递增 在 $\left(\dfrac{\pi}{2} + 2k\pi, \dfrac{3\pi}{2} + 2k\pi\right)$，$k \in \mathbf{Z}$ 上单调递减	单调递增

表 1-4　余弦函数与反余弦函数

函　数	余弦函数 $y = \cos x$	反余弦函数主值 $y = \arccos x$
定义域	$(-\infty, +\infty)$	$[-1, 1]$
值　域	$[-1, 1]$	$[0, \pi]$
图　形		
奇偶性	$\cos x$ 为偶函数，图形关于 y 轴对称	$\arccos x$ 非奇非偶

（续）

周期性	最小正周期 2π	非周期函数
单调性	在 $(2k\pi,\pi+2k\pi),k\in\mathbf{Z}$ 上单调递减 在 $(-\pi+2k\pi,2k\pi),k\in\mathbf{Z}$ 上单调递增	单调递减

表 1-5　正切函数与反正切函数

函　数	正切函数 $y=\tan x$	反正切函数主值 $y=\arctan x$
定义域	$x\neq k\pi+\dfrac{\pi}{2},k\in\mathbf{Z}$	$(-\infty,+\infty)$
值　域	$(-\infty,+\infty)$	$\left(-\dfrac{\pi}{2},\dfrac{\pi}{2}\right)$
图　形		
奇偶性	$\tan x$ 为奇函数,图形关于原点对称	$\arctan x$ 为奇函数,图形关于原点对称
周期性	最小正周期 π	非周期函数
单调性	在每个周期内都单调递增	单调递增

表 1-6　余切函数与反余切函数

函　数	余切函数 $y=\cot x$	反余切函数主值 $y=\text{arccot}\,x$
定义域	$x\neq k\pi,k\in\mathbf{Z}$	$(-\infty,+\infty)$
值　域	$(-\infty,+\infty)$	$(0,\pi)$
图　形		
奇偶性	$\cot x$ 为奇函数,图形关于原点对称	$\text{arccot}\,x$ 非奇非偶
周期性	最小正周期 π	非周期函数
单调性	在每个周期中都单调递减	单调递减

下列函数也属于常用函数.

正割函数　　　$y = \sec x = \dfrac{1}{\cos x}, x \neq k\pi + \dfrac{\pi}{2}, k \in \mathbf{Z}.$

余割函数　　　$y = \csc x = \dfrac{1}{\sin x}, x \neq k\pi, k \in \mathbf{Z}.$

初等数学中,最重要的三角函数公式有两个,即
$$\sin(x \pm y) = \sin x \cos y \pm \cos x \sin y,$$
$$\cos(x \pm y) = \cos x \cos y \mp \sin x \sin y.$$

微积分中需要用到的三角函数公式都可以由这两个公式推导出来.

例如,令 $y = x$,由 $\cos(x - y) = \cos x \cos y + \sin x \sin y$,得到
$$\sin^2 x + \cos^2 x = 1,$$

等式两边同时除以 $\cos^2 x$,得到
$$\tan^2 x + 1 = \frac{1}{\cos^2 x} = \sec^2 x,$$

等式两边同时除以 $\sin^2 x$,得到
$$\cot^2 x + 1 = \frac{1}{\sin^2 x} = \csc^2 x.$$

令 $y = x$,由 $\cos(x + y) = \cos x \cos y - \sin x \sin y$,得到
$$\cos 2x = \cos^2 x - \sin^2 x = 2\cos^2 x - 1 = 1 - 2\sin^2 x.$$

令 $y = x$,由 $\sin(x + y) = \sin x \cos y + \cos x \sin y$,得到
$$\sin 2x = 2\sin x \cos x.$$

另外有:

和差化积公式　$\sin x + \sin y = 2\sin \dfrac{x+y}{2}\cos \dfrac{x-y}{2},$

$\sin x - \sin y = 2\cos \dfrac{x+y}{2}\sin \dfrac{x-y}{2},$

$\cos x + \cos y = 2\cos \dfrac{x+y}{2}\cos \dfrac{x-y}{2},$

$\cos x - \cos y = -2\sin \dfrac{x+y}{2}\sin \dfrac{x-y}{2}.$

积化和差公式　$\sin x \cos y = \dfrac{1}{2}\sin(x+y) + \dfrac{1}{2}\sin(x-y),$

$\cos x \sin y = \dfrac{1}{2}\sin(x+y) - \dfrac{1}{2}\sin(x-y),$

$\cos x \cos y = \dfrac{1}{2}\cos(x+y) + \dfrac{1}{2}\cos(x-y),$

$\sin x \sin y = \dfrac{1}{2}\cos(x-y) - \dfrac{1}{2}\cos(x+y).$

1.6　复合函数

类似于实数,函数之间也可以进行加、减、乘、除的四则运算.此外,函数还可以进行复合运算.

函数 f 和函数 g 的复合函数记为 $f \circ g$,在 x 处的值为 $f \circ g(x) = f(g(x))$. 在形式上,相当于把函数 $u = g(x)$ 代入函数 $y = f(u)$ 中,得到 $y = f(g(x))$. 如果存在 x 使表达式 $y = f(g(x))$ 有意义,则称 $y = f(g(x))$ 为函数 f 与函数 g 的复合函数,称 u 为中间变量.

例如,$y = \arcsin u$ 与 $u = \ln x$ 复合得到 $y = \arcsin \ln x$,定义域为 $x \in \left[\dfrac{1}{e}, e\right]$.

如果表达式 $y = f(g(x))$ 对 x 的任意取值都没有意义,我们也说 $y = f(u)$ 与 $u = g(x)$ 不能复合. 例如,$y = \arcsin u$ 与 $u = \sqrt{4 + x^2}$ 就不能复合.

如此定义的函数复合运算可以推广至任意有限层. 例如 $y = f(u), u = g(v), v = h(s)$,有复合函数

$$y = f[g(h(s))].$$

简单的复合函数就是把基本初等函数的自变量 x 换成函数 $f(x)$,即

$$[f(x)]^a, a^{f(x)}, \log_a f(x), \sin f(x), \cos f(x), \tan f(x), \cot f(x),$$
$$\arcsin f(x), \arccos f(x), \arctan f(x), \operatorname{arccot} f(x),$$

其中 $f(x) \neq x$. 更复杂的复合函数则可以通过多层复合得到.

形如 $f(x)^{g(x)}$ ($f(x) > 0$ 且 $f(x) \neq 1$)的函数称为幂指函数,因为它兼具幂函数和指数函数的特点. 幂指函数也是复合函数,我们有 $f(x)^{g(x)} = e^{g(x) \ln f(x)}$.

由常数函数和基本初等函数经过有限次的四则运算和有限次的复合运算所得到的函数叫作**初等函数**. 初等函数一定可以用一个解析式表示.

1.7 经济学中常用的函数

在经济学的实际问题中,变量之间的相互关系往往十分复杂,为了能够对这些变量进行分析,通常需要建立数学模型对其进行简化. 例如,一件商品的需求量会受到人口、收入、季节、价格等可定量描述因素,以及该商品的实用性和人们对该商品的"偏好"程度等不容易定量描述因素的影响,要想完全真实地描述需求量与这些变量之间的关系几乎是不可能的. 但是,如果我们假定除了价格外其余的变量对需求量的影响都可以忽略不计,就可以认为需求量是价格的函数,这种假定是建立数学模型的基础.

在经济学的简单定量分析中,通常假定某一商品的需求量 Q_D 是价格 P 的函数,即 $Q_D = Q_D(P)$,称为**需求函数**. 一般来说,需求量是价格的减函数,即价格越高,消费者愿意购买的数量越少. 需求函数反映价格为 P 时商品的需求量,也可以说成是消费者购买数

量为 Q_D 的商品时所愿意支付的价格为 P,因此需求函数也常用 $P = P(Q_D)$ 表示.

类似地,也通常假定商品的供给量 Q_S 是价格 P 的函数,即 $Q_S = Q_S(P)$,称为**供给函数**.一般来说,供给量是价格的增函数.供给函数也表示提供数量为 Q_S 的产品时生产者所愿意接受的价格为 P,用 $P = P(Q_S)$ 表示.

当 $Q_D = Q_S$ 时,市场刚好达到供求平衡,满足 $Q_D(P_0) = Q_S(P_0)$ 的价格 P_0 称为**均衡价格**.在实际应用中,通常用一些比较简单的初等函数,如线性函数、幂函数或指数函数来近似表示需求函数和供给函数,这种近似也要满足其单调性的要求.

例 1.5 假设某商品需求函数 $Q_D(P)$ 和供给函数 $Q_S(P)$ 是价格 P 的线性函数,其中

$$Q_D(P) = -10P + 1900, Q_S(P) = 20P + 100,$$

求该商品的均衡价格.

解 令 $Q_D(P) = Q_S(P)$,即

$$-10P + 1900 = 20P + 100,$$

解出 $P = 60$ 即为均衡价格.

生产和经营任何商品都需要资金、设备和原料等投入,这些投入称为**成本**,销售商品后获得的收入称为**收益**,扣除全部成本后的收益就是**利润**.例如,某种商品共生产了 100 件并全部售出,生产和经营这种产品共投入 100 万元,销售所得共 120 万元,则总成本就是 100 万元,总收益是 120 万元,而总利润是 20 万元.

设某商品的产量或销售量为 Q,在一定条件下可以认为总成本、总收益和总利润都是 Q 的函数,习惯分别用 $C(Q)$、$R(Q)$ 和 $L(Q)$ 表示,分别称为**总成本函数**、**总收益函数**和**总利润函数**.

1.8 极坐标系与极坐标方程

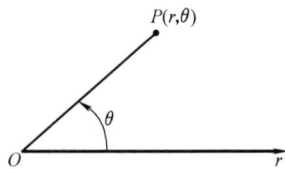

图 1-4

1. 极坐标系

和平面直角坐标系一样,极坐标系也是常用的坐标系之一.由平面上选定的一点称为**极点**,记为 O,和一条从 O 点出发的射线称为**极轴**(通常取与直角坐标系中 x 轴正向相同的指向)就组成了所谓的**极坐标系**,如图 1-4 所示.于是平面上的任何一点 P 都可以用如下定义的一对有序数组 (r, θ) 确定:r 称为**极半径**,表示从 O 到 P 的有向距离(一般规定:$0 \leqslant r < +\infty$),$\boldsymbol{\theta}$ 称为**极角**,表示从极轴出发、以极轴为始边、$\overrightarrow{OP}$ 为终边转过的有向角(按逆时针方向为正,顺时针方向为负).在极坐标系中如此规定的有序数组 (r, θ) 称为点 P 的**极坐标**.应该指出点的极坐标不是唯一的,一般来说,$P(r, \theta)$ 与 $P(r, 2k\pi + \theta)$ 表示平面上的同一个点.所以通常限定极

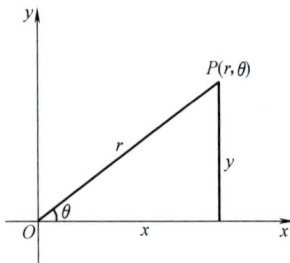

图 1-5

角取值范围为 $0 \leqslant \theta < 2\pi$ 或 $-\pi < \theta \leqslant \pi$.

如图 1-5 所示,直角坐标与极坐标有如下的变换关系式

$$x = r\cos\theta, y = r\sin\theta, x^2 + y^2 = r^2, \frac{y}{x} = \tan\theta. \qquad (1-1)$$

平面上的曲线方程除了可以用直角坐标表示外,还可以用极坐标来表示,例如,在极坐标系下,$r = a$(a 为常数)表示以原点为圆心,以 a 为半径的圆.

$\theta = \varphi$(φ 为常数),表示与 x 轴正向夹角为 φ 的一条**射线**.

2. 平面曲线的极坐标方程

例 1.6 将直线 $y = -\sqrt{3}x, x = \frac{1}{2}$ 和抛物线 $y = x^2$ 转化为极坐标方程.

解 用极坐标变换关系 (1-1),代入直线 $y = -\sqrt{3}x$,有 $\tan\theta = -\sqrt{3}$,即 $\theta = \arctan(-\sqrt{3})$,所以直线 $y = -\sqrt{3}x$ 的极坐标方程为

$$\theta = -\frac{\pi}{3} \text{ 或 } \theta = \frac{2\pi}{3}.$$

对直线 $x = \frac{1}{2}$,用极坐标变换关系 (1-1),得 $r\cos\theta = \frac{1}{2}$,故其极坐标方程是

$$r = \frac{1}{2\cos\theta}.$$

同样用极坐标变换关系 (1-1),代入抛物线方程 $y = x^2$,得 $r\sin\theta = r^2\cos^2\theta$,其极坐标方程为

$$r = \tan\theta\sec\theta.$$

例 1.7 将双纽线和心脏线的直角坐标方程
$$(x^2 + y^2)^2 = a^2(x^2 - y^2)$$
及 $$x^2 + y^2 + ax = a\sqrt{x^2 + y^2}, a > 0$$
分别化成极坐标方程,并画出图形.

解 先将两曲线方程化为极坐标方程.

对双纽线方程 $(x^2 + y^2)^2 = a^2(x^2 - y^2)$ 用极坐标变换关系 (1-1),得

$$(r^2)^2 = a^2(r^2\cos^2\theta - r^2\sin^2\theta),$$

即 $r^2 = a^2(\cos^2\theta - \sin^2\theta)$,亦即 $r^2 = a^2\cos2\theta$ 或
$$r = a\sqrt{\cos2\theta}, a > 0.$$

由 $\cos2\theta = \frac{r^2}{a^2}$ 知,$\cos2\theta \geqslant 0$,解得 $-\frac{\pi}{4} \leqslant \theta \leqslant \frac{\pi}{4}$ 或 $\frac{3\pi}{4} \leqslant \theta \leqslant$

$\frac{5\pi}{4}$,所以双纽线的图形在射线 $\theta = -\frac{\pi}{4}$ 与 $\theta = \frac{\pi}{4}$,以及 $\theta = \frac{3\pi}{4}$ 与

$\theta = \frac{5\pi}{4}$ 之间(这 4 条射线是双纽线的切线),如图 1-6 所示.

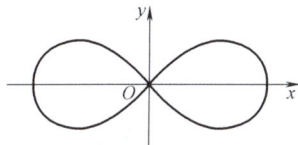

图 1-6

对心脏线方程 $x^2 + y^2 + ax = a\sqrt{x^2 + y^2}$,用极坐标变换关系

(1-1)有

$$r^2 + ar\cos\theta = ar,$$

即得心脏线的极坐标方程

$$r = a(1 - \cos\theta).$$

图 1-7

当 θ 从 0 变到 $\frac{\pi}{2}$ 时，r 由 0 变到 a；

当 θ 从 $\frac{\pi}{2}$ 变到 π 时，r 由 a 变到 $2a$；

当 θ 从 π 变到 $\frac{3\pi}{2}$ 时，r 由 $2a$ 变到 a；

当 θ 从 $\frac{3\pi}{2}$ 变到 2π 时，r 由 a 变到 0，形成封闭曲线. 如图 1-7 所示.

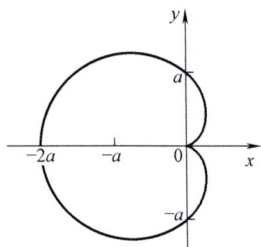

注意：$r = a(1 + \cos\theta)$，$r = a(1 - \sin\theta)$ 以及 $r = a(1 + \sin\theta)$ 都称作心脏线，只是它们的图形的方向不同.

例 1.8 如图 1-8a 所示，圆方程 $x^2 + y^2 = 2y$ 转换成极坐标形式是 $r^2 = 2r\sin\theta$，即

$$r = 2\sin\theta,$$

同理，$(x - 1)^2 + y^2 = 1$ 所对应的极坐标方程是

$$r = 2\cos\theta.$$

以下是一些由极坐标方程给出的曲线的图形，如图 1-8 所示.

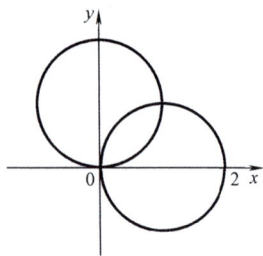

a) 圆 $r = 2\sin\theta$ 和 $r = 2\cos\theta$

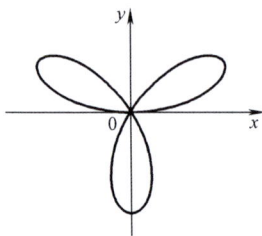

b) 三叶玫瑰线($a=2$) $r = a\sin3\theta$

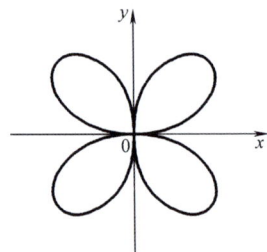

c) 四叶玫瑰线($a=2$) $r = a\sin2\theta$

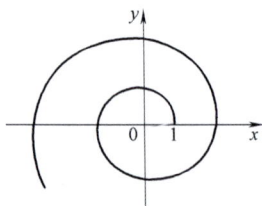

d) 对数螺线 $r = e^{a\theta}$

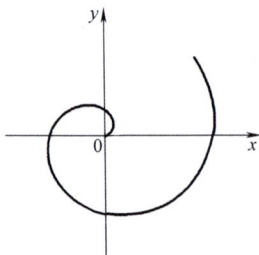

e) 阿基米德螺线($a=2$) $r = a\theta$

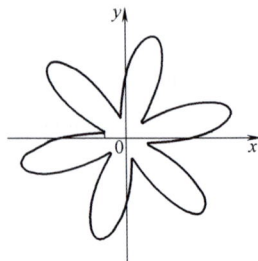

f) $r = 3 + 2\sin6\theta$

图 1-8

1.9 区间与邻域

在一元微积分中,我们通常用 $\mathbf{N}$ 表示自然数集, $\mathbf{Z}$ 表示整数集, $\mathbf{Q}$ 表示有理数集, $\mathbf{R}$ 表示实数集.区间和邻域都是实数集 $\mathbf{R}$ 的特殊子集, 用集合的方式写成

开区间: $(a,b) = \{x \mid a < x < b\}$;

闭区间: $[a,b] = \{x \mid a \leqslant x \leqslant b\}$;

半开半闭区间: $[a,b) = \{x \mid a \leqslant x < b\}, (a,b] = \{x \mid a < x \leqslant b\}$;

无穷区间: $[a,+\infty) = \{x \mid a \leqslant x < +\infty\}, (-\infty,b) = \{x \mid -\infty < x < b\}, (-\infty,+\infty) = \{x \mid -\infty < x < +\infty\}$.

x_0 的 δ 邻域($\delta > 0$)

$$U(x_0,\delta) = \{x \mid x_0 - \delta < x < x_0 + \delta\} \text{ 或 } U(x_0,\delta) = \{x \mid |x - x_0| < \delta\}$$

是一个以 x_0 为中心、长度为 2δ 的对称开区间,区间半长 δ 称作邻域的半径.

x_0 的去心 δ 邻域

$$\overset{\circ}{U}(x_0,\delta) = \{x \mid 0 < |x - x_0| < \delta\}.$$

去心邻域也称空心邻域.

综合习题 1

1.求下列函数的定义域:

(1) $f(x) = -|3-x| + 2$;

(2) $f(x) = \begin{cases} 4 - x^2, & x < 0, \\ \dfrac{3}{2}x + \dfrac{3}{2}, & 0 \leqslant x \leqslant 1, \\ x + 3, & x > 1; \end{cases}$

(3) $f(x) = \dfrac{1}{1 - x^2} + \sqrt{x + 2}$;

(4) $f(x) = \arcsin \dfrac{x-1}{2}$;

(5) $f(x) = \sqrt{\lg \dfrac{5x - x^2}{4}}$;

(6) $f(x) = \dfrac{\arccos \dfrac{2x-1}{7}}{\sqrt{x^2 - x - 6}}$.

2.(1)设 $f(x) = \begin{cases} 2x + 1, & x \geqslant 0, \\ x^2 + 4, & x < 0, \end{cases}$ 求 $f(x-1)$ 和 $f(x+1)$;

(2)已知 $f\left(x + \dfrac{1}{x}\right) = x^2 + \dfrac{1}{x^2}$,求 $f(x)$;

(3)已知 $f\left(\dfrac{1}{x}\right) = x + \sqrt{x^2 + 1}\ (x < 0)$,求 $f(x)$;

(4)已知 $f\left(\sin \dfrac{x}{2}\right) = 1 + \cos x$,求 $f(\cos x)$.

3.求下列函数的反函数:

(1) $y = \lg(x + 2) + 1$;

(2) $y = 2\sin 3x$;

(3) $y = \dfrac{2^x}{2^x + 1}$;

(4) $y = \arctan(2 + 3^x)$;

(5) $y = \dfrac{\mathrm{e}^x - \mathrm{e}^{-x}}{2}$;

(6) $y = \begin{cases} 2x + 1, & x \geqslant 0, \\ x^3, & x < 0. \end{cases}$

4.回答下列问题,并说明理由:

(1) 两个偶函数之积一定是偶函数吗?

(2) 两个奇函数之积会有几种结果?

(3) 有没有一个既是奇函数又是偶函数的函数?

5.将下列初等函数分解成基本初等函数的复合或者四则运算:

(1) $y = \sqrt{4x - 3}$;

(2) $y = (1 + \sin x)^5$;

(3) $y = 2^{\arcsin(1+x^2)}$;

(4) $y = \sqrt{\ln \sqrt{x+2}}$.

6.若 $u(x) = 4x - 5, v(x) = x^2, f(x) = \dfrac{1}{x}$，求下列复合函数的解析表达式：

(1) $u[v(f(x))]$;　　(2) $v[u(f(x))]$;

(3) $f[u(v(x))]$.

7.设 $f(x)$ 是奇函数，$g(x) = f(x) \pm 2$ 与 $h(x) = f(x \pm 2)$ 是否还是奇函数？

8.判断下列函数的奇偶性，是奇函数，偶函数或是非奇非偶函数？

(1) $f(x) = 3x - x^3$;

(2) $f(x) = (1 - \sqrt[3]{x^2}) + (1 + \sqrt[3]{x^2})$;

(3) $f(x) = \lg \dfrac{1-x}{1+x}$;

(4) $f(x) = \lg(x + \sqrt{1+x^2})$.

9.对于任一定义在对称区间 $(-a, a)$ 上的函数 $f(x)$，证明：

(1) $g(x) = \dfrac{1}{2}[f(x) + f(-x)]$ 是偶函数;

(2) $h(x) = \dfrac{1}{2}[f(x) - f(-x)]$ 是奇函数;

(3) $f(x)$ 总可以表示为一个偶函数与一个奇函数之和.

10.设函数 $y = f(x)$ 是以 $T > 0$ 为周期的周期函数，证明：$f(ax)$ 是以 $\dfrac{T}{a}$ 为周期的周期函数.

11.设存在两个实数 $a, b(a < b)$，使得对任意 x，有 $f(x)$ 满足

$f(a-x) = f(a+x)$ 及 $f(b-x) = f(b+x)$，

证明：$f(x)$ 是以 $T = 2(b-a)$ 为周期的周期函数.

12.将下列极坐标方程化为直角坐标方程：

(1) $r\cos\theta + r\sin\theta = 1$;

(2) $r = (\csc\theta)\mathrm{e}^{r\csc\theta}$.

13.将下列直角坐标方程化为极坐标方程：

(1) $x = 7$;　　　　(2) $\dfrac{x^2}{9} + \dfrac{y^2}{4} = 1$;

(3) $x^2 + (y-2)^2 = 4$;　　(4) $y^2 = 3x$.

第1章部分
习题详解

第2章
极限与连续

微积分的研究对象是函数,研究函数的主要工具是导数和积分,即微积分.尽管微积分的思想很早就在人类的生产实践中产生了,但作为一门完整的学科体系却是建立在极限的基础之上的.本章我们试图用最直接的方式介绍极限的基本思想以及函数的连续性.

2.1 数列无穷小与极限

我们对"数"的认识是从自然数开始的.本书中,我们对函数的研究也从自然数集合上的函数——数列开始.微积分学中的数列泛指无限数列,可以看作特殊的函数

$$x_n = f(n), n = 1, 2, 3, \cdots,$$

简记为 $\{x_n\}$.其特殊性主要是指函数的定义域为正整数集.

例如,

$$\frac{1}{2}, \frac{1}{4}, \frac{1}{8}, \cdots, \frac{1}{2^n}, \cdots,$$

$$1, -2, 3, \cdots, (-1)^{n+1}n, \cdots,$$

$$2, 4, 6, \cdots, 2n, \cdots,$$

$$0, \frac{3}{2}, \frac{1}{3}, \cdots, \frac{n + (-1)^n}{n}, \cdots$$

都是数列.

在几何上,数列 $\{x_n\}$ 可看作数轴上的一个动点.依次取数轴上的点 $x_1, x_2, \cdots, x_n, \cdots$.

数列 $\{x_n\}$ 的变化过程包含两个相关的无限过程:自变量 n 的主动变化过程和因变量 x_n 的被动变化过程. n 的主动变化过程是 $n = 1, 2, 3, \cdots$,即 n 从 1 开始,不断增大(每次加 1).我们将 n 的这种变化过程称为 n 趋于无穷大,记为 $n \to \infty$.

对于数列 $\{x_n\}$,在微积分中,我们主要研究当 $n \to \infty$ 时 x_n 的变化趋势.如果当 $n \to \infty$ 时,x_n 无限接近 0,即点 x_n 到坐标原点的距离 $|x_n|$ 无限接近 0,我们就说数列 $\{x_n\}$ 是无穷小,也说数列 $\{x_n\}$ 的极限是 0. 如果当 $n \to \infty$ 时,x_n 无限接近常数 A,即点 x_n 到点 A 的距离 $|x_n - A|$ 无限接近 0,就说数列 $\{x_n\}$ 的极限是 A.

考察数列极限的直观方法是观察数列的数值.

例如,观察数列 $x_n = \dfrac{n^2 + 2n + 10}{n^2 + 1}$ 的极限.

计算数列各项的数值,部分列表如下:

n	1	5	50	100	120
$\dfrac{n^2 + 2n + 10}{n^2 + 1}$	6.5	1.7307692308	1.043582567	1.0208979102	1.0172904659
n	200	500	1000	10000	
$\dfrac{n^2 + 2n + 10}{n^2 + 1}$	1.0102247444	1.0040359839	1.002008998	1.00020009	

于是,认为 $x_n = \dfrac{n^2 + 2n + 10}{n^2 + 1}$ 的极限是 1.

由于这种直观方法计算量大且不太可靠,我们通常用比较大小的方法来研究数列的极限.

考察数列 $x_n = \dfrac{C}{n}$,其中 $C > 0$ 是常数.

对任意给定的 $\varepsilon > 0$,$\dfrac{C}{\varepsilon}$ 是一个确定的正数. 在所有正整数中,大于 $\dfrac{C}{\varepsilon}$ 的正整数有无限多个,我们从中任意选定一个,记为 N,则有 $N > \dfrac{C}{\varepsilon}$,等价地,$\dfrac{C}{N} < \varepsilon$. 简单地说就是:对任意给定的 $\varepsilon > 0$,都存在正整数 N,使得 $\dfrac{C}{N} < \varepsilon$. 于是,当 $n > N$ 时,有

$$\left| \frac{C}{n} - 0 \right| = \frac{C}{n} < \frac{C}{N} < \varepsilon,$$

即数列 $x_n = \dfrac{C}{n}$ 从第 $N + 1$ 项开始,每一项与常数 0 的距离都小于 ε. 而 ε 的任意性刻画了 $x_n = \dfrac{C}{n}$ 与常数 0 无限接近,即 $\dfrac{C}{n}$ 是无穷小.

我们再次考察数列 $x_n = \dfrac{n^2 + 2n + 10}{n^2 + 1}$.

$$\left| \frac{n^2 + 2n + 10}{n^2 + 1} - 1 \right| = \frac{2n + 9}{n^2 + 1} \leqslant \frac{11n}{n^2} = \frac{11}{n}.$$

我们已经知道 $\dfrac{11}{n}$ 是无穷小,因此,当 $n \to \infty$ 时,$x_n = \dfrac{n^2 + 2n + 10}{n^2 + 1}$ 无限接近常数 1,即 $x_n = \dfrac{n^2 + 2n + 10}{n^2 + 1}$ 的极限是 1.

数列极限的精确数学定义如下:

定义 2.1(数列极限的 ε-N 定义) 设 $\{x_n\}$ 为数列,如果对于任意给定的正数 ε,都存在正整数 N,使得当 $n > N$ 时,不等式

$$|x_n| < \varepsilon$$

成立,则称当 $n \to \infty$ 时,数列 $\{x_n\}$ 是无穷小,或称数列 $\{x_n\}$ 的极限是 0,记作 $\lim\limits_{n \to \infty} x_n = 0$.

如果存在某个常数 A，使得 $\lim\limits_{n\to\infty}(x_n - A) = 0$，则称数列 $\{x_n\}$ 的极限是 A，记作 $\lim\limits_{n\to\infty}x_n = A$.

$\lim\limits_{n\to\infty}x_n = A$ 也称数列 $\{x_n\}$ 收敛于 A. 如果当 $n\to\infty$ 时，数列 $\{x_n\}$ 没有极限，则称数列 $\{x_n\}$ 发散.

在实际应用中，往往用已知的无穷小去研究数列极限.

定理 2.1（无穷小比较定理） 设 $\lim\limits_{n\to\infty}x_n = 0$，如果存在正数 C，使得对于所有正整数 n，都有 $|y_n| \leqslant C|x_n|$，则 $\lim\limits_{n\to\infty}y_n = 0$.

证明 对于任意给定的 $\varepsilon > 0$，由 $\lim\limits_{n\to\infty}x_n = 0$，故存在正整数 N，使得当 $n > N$ 时，有 $|x_n| < \dfrac{\varepsilon}{C}$. 于是，当 $n > N$ 时，有

$$|y_n| \leqslant C|x_n| < C \cdot \frac{\varepsilon}{C} = \varepsilon,$$

因此 $\lim\limits_{n\to\infty}y_n = 0$.

无穷小比较定理说明了两件事：

（1）一个无穷小的任意常数倍还是无穷小；

（2）如果一个数列小于某个无穷小，那么它也是无穷小.

我们已经知道了数列 $\left\{\dfrac{1}{n}\right\}$ 是无穷小，即 $\lim\limits_{n\to\infty}\dfrac{1}{n} = 0$，更一般地，对任意的 $p > 0$，有

$$\lim_{n\to\infty}\frac{1}{n^p} = 0.$$

例 2.1 证明：

$$\lim_{n\to\infty}\frac{3\sqrt{n}+1}{n^2+1} = 0.$$

证明

$$\left|\frac{3\sqrt{n}+1}{n^2+1}\right| = \frac{3\sqrt{n}+1}{n^2+1} < \frac{3\sqrt{n}+\sqrt{n}}{n^2} = 4 \cdot \frac{1}{n^{\frac{3}{2}}}.$$

由 $\lim\limits_{n\to\infty}\dfrac{1}{n^{\frac{3}{2}}} = 0$ 及无穷小比较定理，有

$$\lim_{n\to\infty}\frac{3\sqrt{n}+1}{n^2+1} = 0.$$

例 2.2 证明：$\lim\limits_{n\to\infty}\dfrac{3n+1}{n+1} = 3$.

证明 由定义，我们需要证明 $\lim\limits_{n\to\infty}\left(\dfrac{3n+1}{n+1} - 3\right) = 0$.

由 $\left|\dfrac{3n+1}{n+1} - 3\right| = \dfrac{2}{n+1} < \dfrac{2}{n}$，$\lim\limits_{n\to\infty}\dfrac{1}{n} = 0$，以及无穷小的比较

定理,有

$$\lim_{n\to\infty}\frac{3n+1}{n+1}=3.$$

极限 $\lim\limits_{n\to\infty}x_n=A$ 的**几何意义**如下:将数列 $x_1,x_2,\cdots,x_n,\cdots$ 在数轴上对应点标出,对任意给定的 $\varepsilon>0$,做点 A 的 ε-邻域,如图 2-1 所示.

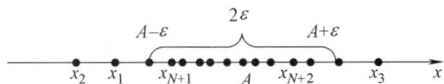

图　2-1

数列 $\{x_n\}$ 中最多只有有限项落在该邻域以外.

习题 2.1

1.证明以下数列是无穷小:

(1) $x_n=\dfrac{2}{n+1}$;　　　(2) $x_n=\dfrac{1}{\sqrt{n+2}}$;

(3) $x_n=\sqrt{n+1}-\sqrt{n}$;　(4) $x_n=\dfrac{1}{\sqrt[5]{n}}e^{\frac{\pi}{4n}}$;

(5) $x_n=\dfrac{1}{n}\sin\dfrac{n}{3}$;　　(6) $x_n=\dfrac{1+(-1)^n}{2n+1}$.

2.证明以下数列极限:

(1) $\lim\limits_{n\to\infty}\dfrac{n-1}{2n+3}=\dfrac{1}{2}$;　　(2) $\lim\limits_{n\to\infty}\dfrac{n^2}{n^2+1}=1$;

(3) $\lim\limits_{n\to\infty}\dfrac{2n+1}{n+2}=2$;　　(4) $\lim\limits_{n\to\infty}\dfrac{3\sqrt{n}-2}{4\sqrt{n}+1}=\dfrac{3}{4}$.

2.2　函数无穷小与极限

上一节我们介绍了数列极限的概念,这一节我们介绍函数的极限.

2.2.1　函数在一点的极限

数列是定义在正整数集合上的函数,而一般的函数的定义域可以是整个或部分实数轴,因此自变量就有了多样的变化形式.

在几何上,常量对应数轴上的定点,变量对应数轴上的动点.我们用 $x\to x_0$ 来表示自变量 x 无限接近但不等于 x_0,即 $x\neq x_0$ 且 x 到 x_0 的距离 $|x-x_0|$ 无限接近 0.

考察函数 $y=x-1$ 和函数 $y=x$. 显然,当 $x\to1$ 时,函数 $y=x-1$ 无限接近 0,而函数 $y=x$ 无限接近 1,我们说当 $x\to1$ 时函数 $y=x-1$ 的极限是 0,也说当 $x\to1$ 时函数 $y=x-1$ 是无穷小,而函数 $y=x$ 的极限是 1.

定义 2.2（函数极限的 ε-δ 定义）　假设当 $0<|x-x_0|<c$ 时, $f(x)$ 有定义.如果对任意给定的 $\varepsilon>0$,总存在 $\delta>0$,当 $0<|x-x_0|<\delta$ 时,有

$$|f(x)| < \varepsilon,$$

则称当 $x \to x_0$ 时 $f(x)$ 的极限是 0，或称当 $x \to x_0$ 时 $f(x)$ 为无穷小，记作 $\lim\limits_{x \to x_0} f(x) = 0$.

如果 A 是常数，且 $\lim\limits_{x \to x_0} [f(x) - A] = 0$，则称当 $x \to x_0$ 时 $f(x)$ 的极限是 A，记作 $\lim\limits_{x \to x_0} f(x) = A$.

除了直接使用函数极限的 $\varepsilon\text{-}\delta$ 定义外，我们也用比较定理来研究函数的极限. 显然，

$$\lim\limits_{x \to x_0} (x - x_0) = 0.$$

例 2.3 证明：$\lim\limits_{x \to \frac{1}{2}} \dfrac{4x^2 - 1}{2x - 1} = 2$.

证明

$$\left| \frac{4x^2 - 1}{2x - 1} - 2 \right| = |2x + 1 - 2| = 2\left| x - \frac{1}{2} \right|,$$

由 $\lim\limits_{x \to \frac{1}{2}} \left(x - \dfrac{1}{2} \right) = 0$，有

$$\lim\limits_{x \to \frac{1}{2}} \frac{4x^2 - 1}{2x - 1} = 2.$$

例 2.4 设 $x_0 > 0$，求证：$\lim\limits_{x \to x_0} \sqrt{x} = \sqrt{x_0}$.

证明

$$\left| \sqrt{x} - \sqrt{x_0} \right| = \frac{\left| \sqrt{x} - \sqrt{x_0} \right| \cdot \left| \sqrt{x} + \sqrt{x_0} \right|}{\sqrt{x} + \sqrt{x_0}} \leqslant \frac{|x - x_0|}{\sqrt{x_0}}$$

由 $\lim\limits_{x \to x_0} (x - x_0) = 0$，有 $\lim\limits_{x \to x_0} \sqrt{x} = \sqrt{x_0}$.

例 2.5 证明：$\lim\limits_{x \to 0} \sin x = 0$.

证明 由 $x \to 0$，不妨设 $0 < |x| < \dfrac{\pi}{2}$. 我们首先考虑 $x > 0$ 的情况，如图 2-2 所示.

显然有

$$S_{\triangle AOB} < S_{\text{扇形} AOB},$$

即

$$\frac{1}{2} \cdot 1 \cdot \sin x < \frac{1}{2} \cdot 1^2 \cdot x,$$

得到

$$\sin x < x.$$

对 $0 < |x| < \dfrac{\pi}{2}$，我们有

$$|\sin x| = \sin |x| < |x|,$$

由 $\lim\limits_{x \to 0} x = 0$，有 $\lim\limits_{x \to 0} \sin x = 0$.

下面我们介绍函数在一点的**单侧极限**.

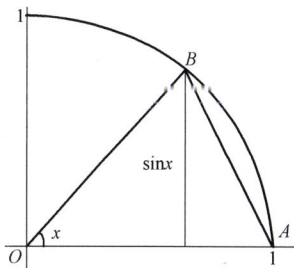

图 2-2

在定义 2.2 中,把 $|x-x_0|$ 分别改为 $x-x_0$ 和 x_0-x,就分别得到 x 从 x_0 的右侧($x>x_0$)和 x 从 x_0 的左侧($x<x_0$)无限接近 x_0 时, $f(x)$ 的极限是 A 的 ε-δ 定义,分别称作 $f(x)$ 在点 x_0 的**右极限**和**左极限**,分别记作 $\lim\limits_{x\to x_0^+}f(x)=A$ 和 $\lim\limits_{x\to x_0^-}f(x)=A$. 左、右极限统一称作单侧极限. 我们有

> **定理 2.2(极限与左、右极限的关系)**
> $$\lim_{x\to x_0}f(x)=A \Leftrightarrow \lim_{x\to x_0^-}f(x)=A \text{ 且 } \lim_{x\to x_0^+}f(x)=A.$$

证明 略.

例 2.6 证明:$\lim\limits_{x\to 0}\dfrac{x}{|x|}$ 不存在.

证明 因为

$$\lim_{x\to 0^+}\frac{x}{|x|}=\lim_{x\to 0^+}\frac{x}{x}=\lim_{x\to 0^+}1=1,$$

$$\lim_{x\to 0^-}\frac{x}{|x|}=\lim_{x\to 0^-}\frac{x}{-x}=\lim_{x\to 0^-}-1=-1,$$

左、右极限都存在但不相等,所以 $\lim\limits_{x\to 0}\dfrac{x}{|x|}$ 不存在.

2.2.2 函数在无穷远的极限

我们用 $x\to\infty$ 表示 x 无限地远离坐标原点,即 $|x|$ 无限增大的过程.

考察函数 $f(x)=\dfrac{1}{x}$. 当 $x\to\infty$ 时, $|x|$ 无限增大,因此 $f(x)=\dfrac{1}{x}$ 无限接近 0. 我们说当 $x\to\infty$ 时函数 $f(x)=\dfrac{1}{x}$ 的极限是 0,也说当 $x\to\infty$ 时函数 $f(x)=\dfrac{1}{x}$ 是无穷小.

> **定义 2.3(函数极限的 ε-X 定义)** 设当 $|x|>c$ 时,函数 $f(x)$ 有定义. 如果对任意给定的 $\varepsilon>0$,总存在 $X>0$,当 $|x|>X$ 时,有
> $$|f(x)|<\varepsilon,$$
> 则称当 $x\to\infty$ 时 $f(x)$ 的极限是 0,或称当 $x\to\infty$ 时 $f(x)$ 为无穷小,记作 $\lim\limits_{x\to\infty}f(x)=0$.
>
> 如果 A 是某个常数,且 $\lim\limits_{x\to\infty}[f(x)-A]=0$,则称当 $x\to\infty$ 时 $f(x)$ 的极限是 A,记作 $\lim\limits_{x\to\infty}f(x)=A$.

用极限的记号写出来,我们有 $\lim\limits_{x\to+\infty}\dfrac{1}{x}=0$.

$\lim\limits_{x\to\infty} f(x) = A$ 的**几何意义**如下：

任意给定 $\varepsilon > 0$，总存在 $X > 0$，当 $|x| > X$ 时，函数 $y = f(x)$ 的图像总落在带型区域 $(-\infty, +\infty) \times (A-\varepsilon, A+\varepsilon)$ 之内（如图2-3 所示）.

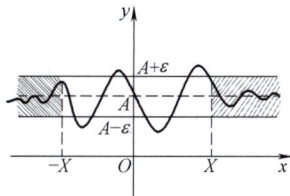

图 2-3

除了直接使用 ε-X 定义外，我们同样可以用比较法的思想来讨论自变量趋于无穷时函数的极限.

例 2.7 证明：$\lim\limits_{x\to\infty} \dfrac{1}{x^n} = 0$，其中 n 为正整数.

证明 由于 $x \to \infty$，我们认为 $|x|$ 可以大于任意给定的正数，因此，不妨设 $|x| > 1$. 我们有

$$\left| \frac{1}{x^n} \right| = \frac{1}{|x|^n} < \frac{1}{|x|} = \left| \frac{1}{x} \right|,$$

由 $\lim\limits_{x\to\infty} \dfrac{1}{x} = 0$，有 $\lim\limits_{x\to\infty} \dfrac{1}{x^n} = 0$.

例 2.8 证明：$\lim\limits_{x\to\infty} \dfrac{x^2 + 2x + 10}{x^2 + 1} = 1$.

证明 由于 $x \to \infty$，不妨设 $|x| > 9$.

$$\left| \frac{x^2 + 2x + 10}{x^2 + 1} - 1 \right| = \left| \frac{2x + 9}{x^2 + 1} \right| \leqslant \frac{2|x| + 9}{x^2} \leqslant \frac{3|x|}{x^2} = 3\left| \frac{1}{x} \right|,$$

由 $\lim\limits_{x\to\infty} \dfrac{1}{x} = 0$，有 $\lim\limits_{x\to\infty} \dfrac{x^2 + 2x + 10}{x^2 + 1} = 1$.

在定义 2.3 中，如果把 $|x|$ 分别改为 x 和 $-x$，我们就分别得到了 $x \to +\infty$ 和 $x \to -\infty$ 时函数 $f(x)$ 的极限是 A 的 ε-X 定义，分别记作 $\lim\limits_{x\to+\infty} f(x) = A$ 和 $\lim\limits_{x\to-\infty} f(x) = A$. 而且有

$$\lim\limits_{x\to\infty} f(x) = A \Leftrightarrow \lim\limits_{x\to+\infty} f(x) = A \text{ 且 } \lim\limits_{x\to-\infty} f(x) = A.$$

例如，$\lim\limits_{x\to+\infty} \arctan x = \dfrac{\pi}{2}$，$\lim\limits_{x\to-\infty} \arctan x = -\dfrac{\pi}{2}$，因而 $\lim\limits_{x\to\infty} \arctan x$ 不存在.

2.2.3 极限的性质

定理 2.3（唯一性） 若 $\lim\limits_{x\to x_0} f(x)$ 存在，则极限值是唯一的.

定理 2.4（局部有界性） 若 $\lim\limits_{x\to x_0} f(x)$ 存在，则 $f(x)$ 在 x_0 的某个空心邻域内有界.

证明 设 $\lim\limits_{x\to x_0} f(x) = A$. 取 $\varepsilon = 1$，由极限的定义，存在 $\delta > 0$，当 $0 < |x - x_0| < \delta$ 时，有 $|f(x) - A| < 1$，因此 $|f(x)| < |A| + 1$. 即 $f(x)$ 在 x_0 的空心邻域 $0 < |x - x_0| < \delta$ 内有界.

定理 2.5（局部保号性） 设 $\lim\limits_{x\to x_0} f(x) = A$.

（1）如果 $A \neq 0$，则 $f(x)$ 在 x_0 的某个空心邻域内与 A 同号；

（2）如果 $f(x)$ 在 x_0 的某个空心邻域内有 $f(x) \geqslant 0$（或 $\leqslant 0$），则 $A \geqslant 0$（或 $\leqslant 0$）.

证明　定理的两个结论互为逆否命题，我们只证明（1）.

不妨设 $A > 0$，因 $\lim\limits_{x \to x_0} f(x) = A$，对 $\varepsilon = \dfrac{A}{2} > 0$，存在 $\delta > 0$，使得当 $0 < |x - x_0| < \delta$ 时，$|f(x) - A| < \dfrac{A}{2}$，于是 $f(x) > A - \dfrac{A}{2} = \dfrac{A}{2} > 0$（同理可证 $A < 0$ 的情况）.

2.2.4　无穷大

视频：极限的概念与证明

我们讨论函数极限不存在的一种特殊情况.

考察函数 $f(x) = \dfrac{x+1}{x-1}$. 当 $x \to 1$ 时，$|f(x)|$ 可以大于任意给定的正数. 我们称 $x \to 1$ 时，$f(x)$ 是无穷大量，简称无穷大，记为 $\lim\limits_{x \to 1} \dfrac{x+1}{x-1} = \infty$.

显然，$\lim\limits_{x \to 1} \dfrac{1}{f(x)} = \lim\limits_{x \to 1} \dfrac{x-1}{x+1} = 0$.

定义 2.4　如果 $\lim\limits_{x \to x_0} \dfrac{1}{f(x)} = 0$，则称当 $x \to x_0$ 时 $f(x)$ 是无穷大，记为 $\lim\limits_{x \to x_0} f(x) = \infty$；

如果 $\lim\limits_{x \to x_0} \dfrac{1}{f(x)} = 0$，且 $f(x) > 0$，则称当 $x \to x_0$ 时 $f(x)$ 是正无穷大，记为 $\lim\limits_{x \to x_0} f(x) = +\infty$；

如果 $\lim\limits_{x \to x_0} \dfrac{1}{f(x)} = 0$，且 $f(x) < 0$，则称当 $x \to x_0$ 时 $f(x)$ 是负无穷大，记为 $\lim\limits_{x \to x_0} f(x) = -\infty$.

例 2.9　证明：$\lim\limits_{x \to 1} \dfrac{x+2}{x^2-1} = \infty$.

证明　只要证明 $\lim\limits_{x \to 1} \dfrac{x^2-1}{x+2} = 0$.

由 $x \to 1$，不妨设 $|x-1| < \dfrac{1}{2}$. 于是

$$\left| \frac{x^2-1}{x+2} \right| = \left| \frac{x+1}{x+2} \right| \cdot |x-1| \leqslant |x-1|,$$

所以 $\lim\limits_{x \to 1} \dfrac{x^2-1}{x+2} = 0$，即 $\lim\limits_{x \to 1} \dfrac{x+2}{x^2-1} = \infty$.

在定义 2.4 中，把 $x \to x_0$ 分别替换为 $n \to \infty, x \to \infty, x \to +\infty,$

$x \to -\infty, x \to x_0^+$ 和 $x \to x_0^-$，就分别得到另外 6 种情况下（正、负）无穷大的定义.

例如，$\lim\limits_{x \to \infty} \dfrac{x^2-1}{x+2} = \infty, \lim\limits_{n \to \infty} \dfrac{n^2-1}{n+2} = \infty.$

常见的无穷大有 $\lim\limits_{x \to +\infty} e^x = +\infty, \lim\limits_{x \to +\infty} \ln x = +\infty,$ 和 $\lim\limits_{x \to +\infty} x^p = +\infty,$ 其中 $p > 0$.

注意：正、负无穷大都是无穷大. 无穷大不是数，不能将其和很大的数相混淆.

习题 2.2

1. 证明以下函数是无穷小：

(1) $f(x) = \dfrac{x^2-1}{x+1} + 2, x \to -1$；

(2) $f(x) = \dfrac{2}{\sqrt{x+3}} - 1, x \to 1^+$；

(3) $f(x) = \cos 2x - 1, x \to 0$.

2. 证明以下函数是无穷小：

(1) $f(x) = \dfrac{2x-2}{x^2}, x \to \infty$；

(2) $f(x) = \sin\dfrac{1}{x} \cdot \sin x, x \to \infty$；

(3) $f(x) = \dfrac{1}{\sqrt{x}} \cos x, x \to +\infty$.

3. 证明下列极限：

(1) $\lim\limits_{x \to 2}(4x+1) = 9$；　(2) $\lim\limits_{x \to -\frac{1}{2}} \dfrac{1-4x^2}{2x+1} = 2$；

(3) $\lim\limits_{x \to \infty} \dfrac{1+2x^3}{2x^3} = 1$；　(4) $\lim\limits_{x \to +\infty} \dfrac{\sin x}{\sqrt{x}} = 0$.

4. 设 $f(x) = \begin{cases} 3x, & x \geqslant 0, \\ 5\sin x, & x < 0, \end{cases}$ 证明：$\lim\limits_{x \to 0} f(x) = 0.$

5. 设 $f(x) = \begin{cases} 2x-1, & x \geqslant 2, \\ x^2+3, & x < 2, \end{cases}$ 证明：$\lim\limits_{x \to 2} f(x)$ 不存在.

6. 证明：

(1) $\lim\limits_{x \to \infty}(3x+1) = \infty$；　(2) $\lim\limits_{x \to 3} \dfrac{x^2+9}{x^2-9} = \infty$.

2.3 极限的运算法则

对于函数 $f(x)$，我们可以考察 $x \to \infty, x \to +\infty, x \to -\infty, x \to x_0, x \to x_0^+$ 或 $x \to x_0^-$ 时函数的极限，加上数列的极限，我们通常需要讨论 7 种极限过程. 为了叙述方便，我们只写出 $x \to x_0$ 的情况，其余情形则可以做类似推广.

> **定理 2.6** 两个无穷小之和为无穷小，即如果 $\lim\limits_{x \to x_0} f(x) = 0$ 且 $\lim\limits_{x \to x_0} g(x) = 0$，则 $\lim\limits_{x \to x_0}[f(x) + g(x)] = 0$.

证明 对于任意给定的 $\varepsilon > 0$，由 $\lim\limits_{x \to x_0} f(x) = 0$ 且 $\lim\limits_{x \to x_0} g(x) = 0$，当 x 与 x_0 足够接近，即 $|x-x_0|$ 足够小时，总有 $|f(x)| < \dfrac{\varepsilon}{2}$ 且 $|g(x)| < \dfrac{\varepsilon}{2}$，于是

$$|f(x) + g(x)| \leqslant |f(x)| + |g(x)| < \varepsilon,$$

即 $\lim\limits_{x \to x_0}[f(x) + g(x)] = 0$.

由定理 2.6,立即得出:有限多个无穷小之和是无穷小.

定理 2.7 无穷小与有界函数的乘积为无穷小.

定理 2.7 其实是无穷小比较法的直接推论.由于无穷小一定有界,因此两个无穷小的乘积还是无穷小.

例 2.10 求 $\lim\limits_{x \to 0} x \cos \dfrac{1}{x}$.

解 因为 $\lim\limits_{x \to 0} x = 0$,$\left| \cos \dfrac{1}{x} \right| \leqslant 1$,所以由定理 2.7 可知

$$\lim\limits_{x \to 0} x \cos \frac{1}{x} = 0.$$

定理 2.8(极限四则运算法则) 如果 $\lim\limits_{x \to x_0} f(x)$ 和 $\lim\limits_{x \to x_0} g(x)$ 都存在,则

(1) $\lim\limits_{x \to x_0} [f(x) \pm g(x)] = \lim\limits_{x \to x_0} f(x) \pm \lim\limits_{x \to x_0} g(x)$;

(2) $\lim\limits_{x \to x_0} f(x)g(x) = \lim\limits_{x \to x_0} f(x) \cdot \lim\limits_{x \to x_0} g(x)$;

(3) $\lim\limits_{x \to x_0} \dfrac{f(x)}{g(x)} = \dfrac{\lim\limits_{x \to x_0} f(x)}{\lim\limits_{x \to x_0} g(x)}$,其中 $\lim\limits_{x \to x_0} g(x) \neq 0$.

极限四则运算法则是说,在一定条件下,函数先进行四则运算再取极限等于先分别取极限再进行四则运算.

证明 我们只证明(1),其余留作练习.

设 $\lim\limits_{x \to x_0} f(x) = A$,$\lim\limits_{x \to x_0} g(x) = B$,我们证明 $\lim\limits_{x \to x_0} [f(x) + g(x)] = A + B$.

显然,$[f(x) + g(x)] - (A + B) = [f(x) - A] + [g(x) - B]$.

由 $\lim\limits_{x \to x_0} f(x) = A$,$\lim\limits_{x \to x_0} g(x) = B$,有 $f(x) - A$ 和 $g(x) - B$ 都是无穷小.

由定理 2.6,有 $\lim\limits_{x \to x_0} [f(x) + g(x)] = A + B$.

注意:(1)和(2)可以推广到有限多个函数,即有限多个函数的代数和的极限等于其极限的代数和,有限多个函数的乘积的极限等于其极限的乘积.特别地,有

$$\lim\limits_{x \to x_0} Cf(x) = C \lim\limits_{x \to x_0} f(x),$$

即常数 C 可以提到极限符号的外面.

利用极限的四则运算法则已经可以求解一些简单函数,例如有理函数的极限问题.反复使用极限的四则运算法则和 $\lim\limits_{x \to x_0} C = C$,$\lim\limits_{x \to x_0} x = x_0$,对任意的多项式函数

$$P_n(x) = a_0 x^n + a_1 x^{n-1} + \cdots + a_n$$

有
$$\lim\limits_{x \to x_0} P_n(x) = P_n(x_0).$$

例 2.11 求 $\lim\limits_{x\to 2}\dfrac{x^3-1}{x^2-3x+1}$.

解 因为

$$\lim_{x\to 2}(x^3-1)=2^3-1=7,$$
$$\lim_{x\to 2}(x^2-3x+1)=2^2-3\times 2+1=-1\neq 0,$$

由函数商的极限法则,有

$$\lim_{x\to 2}\frac{x^3-1}{x^2-3x+1}=\frac{\lim\limits_{x\to 2}(x^3-1)}{\lim\limits_{x\to 2}(x^2-3x+1)}=\frac{7}{-1}=-7.$$

例 2.12 求 $\lim\limits_{x\to 1}\dfrac{x^3-1}{x^2-3x+2}$.

解 消去分子、分母的无穷小公因式

$$\lim_{x\to 1}\frac{x^3-1}{x^2-3x+2}=\lim_{x\to 1}\frac{(x-1)(x^2+x+1)}{(x-1)(x-2)}=\lim_{x\to 1}\frac{x^2+x+1}{x-2}=-3.$$

例 2.13 求 $\lim\limits_{x\to\infty}\dfrac{x^3+7x-1}{2x^3-5x+2}$.

解 分子、分母同时除以最高次幂

$$\lim_{x\to\infty}\frac{x^3+7x-1}{2x^3-5x+2}=\lim_{x\to\infty}\frac{1+\dfrac{7}{x^2}-\dfrac{1}{x^3}}{2-\dfrac{5}{x^2}+\dfrac{2}{x^3}}=\frac{1}{2}.$$

一般地,

$$\lim_{x\to\infty}\frac{a_0x^n+a_1x^{n-1}+\cdots+a_n}{b_0x^m+b_1x^{m-1}+\cdots+b_m}=\begin{cases}\dfrac{a_0}{b_0}, & n=m,\\[2mm] 0, & n<m,\\[2mm] \infty, & n>m.\end{cases}$$

其中,$a_0b_0\neq 0$.

例 2.14 求 $\lim\limits_{x\to +\infty}\left(\sqrt{x+10}-\sqrt{x}\right)$.

解 根式有理化

$$\lim_{x\to +\infty}\left(\sqrt{x+10}-\sqrt{x}\right)=\lim_{x\to +\infty}\frac{(\sqrt{x+10}-\sqrt{x})(\sqrt{x+10}+\sqrt{x})}{\sqrt{x+10}+\sqrt{x}}$$
$$=\lim_{x\to +\infty}\frac{10}{\sqrt{x+10}+\sqrt{x}}=0.$$

除了四则运算之外,函数还可以进行复合运算.

定理 2.9(复合函数的极限法则) 设复合函数 $f(g(x))$ 在 x_0 的某个空心邻域内有定义. 如果 $\lim\limits_{x\to x_0}g(x)=u_0$(当 $x\neq x_0$ 时 $g(x)\neq u_0$),$\lim\limits_{u\to u_0}f(u)=A$,则

$$\lim_{x\to x_0}f(g(x))=A.$$

视频:复合函数的极限法则

在定理 2.9 的条件中, $\lim\limits_{u \to u_0} f(u) = A$ 是说:只要自变量趋于(但不等于) u_0 ,就有函数趋于 A ;而 $\lim\limits_{x \to x_0} g(x) = u_0$ ($g(x) \neq u_0$)是说:当 $x \to x_0$ 时, $g(x)$ 趋于但不等于 u_0 ,所以有 $\lim\limits_{x \to x_0} f(g(x)) = A$.

根据复合函数的极限法则,为了求 $\lim\limits_{x \to x_0} f(g(x))$,令 $u = g(x)$ (称为**变量代换**),先求出 $\lim\limits_{x \to x_0} g(x) = u_0$,再求 $\lim\limits_{u \to u_0} f(u)$.

例 2.15　求 $\lim\limits_{x \to 0} \sin(3x^2 + 2x)$.

解　由 $\lim\limits_{x \to 0}(3x^2 + 2x) = 0, \lim\limits_{u \to 0} \sin u = 0$,有 $\lim\limits_{x \to 0} \sin(3x^2 + 2x) = 0$.

复合函数的极限运算法则实际上包含许多种形式,我们用定理形式给出一个例子.

> **定理 2.10**　如果 $\lim\limits_{x \to x_0} f(x) = A, \lim\limits_{n \to \infty} x_n = x_0$,且 $x_n \neq x_0 (n \geqslant 1)$,则 $\lim\limits_{n \to \infty} f(x_n) = A$.

例 2.16　证明: $\lim\limits_{x \to 0} \sin \dfrac{1}{x}$ 不存在.

证明　令 $x_n = \dfrac{1}{n\pi}$,则 $\lim\limits_{n \to \infty} \sin \dfrac{1}{x_n} = \lim\limits_{n \to \infty} \sin(n\pi) = 0$.

令 $y_n = \dfrac{1}{2n\pi + \dfrac{\pi}{2}}$,则 $\lim\limits_{n \to \infty} \sin \dfrac{1}{y_n} = \lim\limits_{n \to \infty} \sin\left(2n\pi + \dfrac{\pi}{2}\right) = 1$.

如果 $\lim\limits_{x \to 0} \sin \dfrac{1}{x}$ 存在,设 $\lim\limits_{x \to 0} \sin \dfrac{1}{x} = A$,则由定理 2.10 有 $A = 0$ 且 $A = 1$,矛盾! 所以该极限不存在.

习题 2.3

1. 指出下列运算是否正确:

(1) $\lim\limits_{x \to 1} \dfrac{x}{1-x} = \dfrac{\lim\limits_{x \to 1} x}{\lim\limits_{x \to 1}(1-x)} = \infty$;

(2) $\lim\limits_{x \to 0} x \sin \dfrac{1}{x} = \lim\limits_{x \to 0} x \cdot \lim\limits_{x \to 0} \sin \dfrac{1}{x} = 0$;

(3) $\lim\limits_{n \to \infty}\left(\dfrac{1}{n} + \dfrac{1}{n} + \cdots + \dfrac{1}{n}\right) = \lim\limits_{n \to \infty} \dfrac{1}{n} + \cdots + \lim\limits_{n \to \infty} \dfrac{1}{n} = 0$.

2. 求下列极限:

(1) $\lim\limits_{x \to \sqrt{3}} \dfrac{x^2 - 3}{x^2 + 1}$;　　(2) $\lim\limits_{x \to \infty}\left(2 - \dfrac{1}{x} + \dfrac{1}{x^2}\right)$;

(3) $\lim\limits_{x \to 0} x^2 \sin \dfrac{1}{x}$;　　(4) $\lim\limits_{x \to 2} \dfrac{x^2 - 4}{x - 2}$;

(5) $\lim\limits_{x \to 1} \dfrac{x^2 - 3x + 2}{x - 1}$; (6) $\lim\limits_{x \to 1}\left(\dfrac{1}{1-x} - \dfrac{3}{1-x^3}\right)$;

(7) $\lim\limits_{x \to 0} \dfrac{x - \sin x}{x + \sin x}$;

(8) $\lim\limits_{x \to 1} \dfrac{x^m - 1}{x - 1}$ (m 为正整数);

(9) $\lim\limits_{h \to 0} \dfrac{(x+h)^3 - x^3}{h}$;

(10) $\lim\limits_{x \to +\infty} \sqrt{x}(\sqrt{x+2} - \sqrt{x+1})$;

(11) $\lim\limits_{x \to 4} \dfrac{\sqrt{2x+1} - 3}{\sqrt{x-2} - \sqrt{2}}$;

(12) $\lim\limits_{n \to \infty} \dfrac{1 + 2 + \cdots + n}{n^2}$.

3. 证明:当 $x \to 1$ 时,函数

$$f(x) = 10^{100}(x-1)^2 + \sqrt[3]{x-1} \sin \dfrac{1}{2(x-1)}$$

是无穷小.

4.确定 a,b 的值,使下列极限等式成立:

(1) $\lim\limits_{x\to 1}\dfrac{x^2+ax+2}{x-1}=b$;

(2) $\lim\limits_{x\to\infty}\left(\dfrac{x^2+1}{x+1}-ax+b\right)=0$.

5.证明: $\lim\limits_{x\to 0^+}\cos\dfrac{1}{\sqrt{x}}$ 不存在.

2.4 极限存在准则与两个重要极限

这一节介绍极限存在的两个充分条件,称之为极限存在准则,并用它们来证明两个重要的极限.

准则 I (夹挤定理) 设 $f(x),h(x)$ 和 $g(x)$ 满足:

(1) 在 x_0 的某个空心邻域内有 $f(x)\leqslant h(x)\leqslant g(x)$;

(2) $\lim\limits_{x\to x_0}f(x)=\lim\limits_{x\to x_0}g(x)=A$.

则 $\lim\limits_{x\to x_0}h(x)=A$.

证明 由 $f(x)\leqslant h(x)\leqslant g(x)$,有

$$|h(x)-A|\leqslant |f(x)-A|+|g(x)-A|,$$

又由 $\lim\limits_{x\to x_0}f(x)=\lim\limits_{x\to x_0}g(x)=A$,有 $|f(x)-A|+|g(x)-A|$ 为无穷小,所以

$$\lim\limits_{x\to x_0}h(x)=A.$$

注 1 夹挤定理也称**夹逼定理**,更有人将其形象地称为**三明治定理**.它是无穷小比较定理的一般化,本质上和无穷小比较定理等价.

注 2 把夹挤定理中的 $x\to x_0$ 替换为 $x\to\infty,x\to+\infty,x\to-\infty$,$x\to x_0^+$ 或 $x\to x_0^-$,并相应修改不等式 $f(x)\leqslant h(x)\leqslant g(x)$ 成立的范围,定理仍然成立.另外,把 x 替换为 n,同时把 $x\to x_0$ 替换为 $n\to\infty$ 就得到数列形式的夹挤定理.

例 2.17 证明: $\lim\limits_{n\to\infty}\sqrt[m]{1+\dfrac{1}{n}}=1,m$ 为自然数.

证明 由 m 为自然数,有

$$1\leqslant\sqrt[m]{1+\dfrac{1}{n}}\leqslant 1+\dfrac{1}{n},$$

注意到 $\lim\limits_{n\to\infty}\left(1+\dfrac{1}{n}\right)=1$, $\lim\limits_{n\to\infty}1=1$,由夹挤定理,有

$$\lim\limits_{n\to\infty}\sqrt[m]{1+\dfrac{1}{n}}=1.$$

下面我们用夹挤定理证明 $\lim\limits_{x\to 0}\dfrac{\sin x}{x}=1$. 求解三角函数中的许多极限问题时都要用到这一结果,人们把它称为第一个重要极限.

第一个重要极限: $\lim\limits_{x\to 0}\dfrac{\sin x}{x}=1$.

证明　首先,考虑 $x \to 0^+$,不妨设 $0 < x < \dfrac{\pi}{2}$. 如图 2-4 所示,显然有

$$\triangle OAP \text{ 的面积} < \text{扇形 } OAP \text{ 的面积} < \triangle OAT \text{ 的面积},$$

即

$$\frac{1}{2} \cdot 1 \cdot \sin x < \frac{1}{2} \cdot x \cdot 1 < \frac{1}{2} \cdot 1 \cdot \tan x,$$

亦即

$$\sin x < x < \tan x,$$

两边同时除以 $\sin x$,得

$$1 < \frac{x}{\sin x} < \frac{1}{\cos x},$$

变形得

$$\cos x < \frac{\sin x}{x} < 1,$$

又因为

$$0 < 1 - \cos x = 2 \sin^2 \frac{x}{2} < \frac{x^2}{2},$$

由夹挤定理有 $\lim\limits_{x \to 0^+}(1 - \cos x) = 0$,即 $\lim\limits_{x \to 0^+} \cos x = 1$.

再次使用夹挤定理,得到

$$\lim_{x \to 0^+} \frac{\sin x}{x} = 1.$$

其次考虑 $x \to 0^-$,不妨设 $-\dfrac{\pi}{2} < x < 0$. 注意到 $\dfrac{\sin x}{x} = \dfrac{\sin(-x)}{-x}$,令 $y = -x$,则当 $x \to 0^-$ 时,有 $y \to 0^+$. 于是

$$\lim_{x \to 0^-} \frac{\sin x}{x} = \lim_{x \to 0^-} \frac{\sin(-x)}{-x} = \lim_{y \to 0^+} \frac{\sin y}{y} = 1,$$

所以

$$\lim_{x \to 0} \frac{\sin x}{x} = 1.$$

在这个证明过程中我们得到了一个简单但又很有用的不等式

$$|\sin x| \leqslant |x| \leqslant |\tan x|, \quad |x| < \frac{\pi}{2},$$

其中等号仅在 $x = 0$ 时成立.

由复合函数的极限法则,第一个重要极限的一般形式为

$$\lim_{u(x) \to 0} \frac{\sin u(x)}{u(x)} = 1.$$

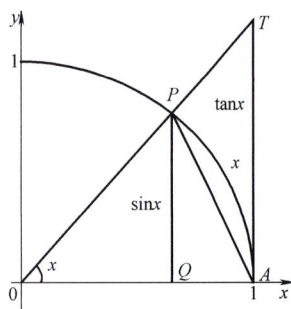

图　2-4

例 2.18　求下列极限:

(1) $\lim\limits_{x \to 0} \dfrac{\sin 3x}{x}$;　　(2) $\lim\limits_{x \to 0} \dfrac{\tan 5x}{\sin x}$;　　(3) $\lim\limits_{x \to 0} \dfrac{1 - \cos x}{x^2}$;

(4) $\lim\limits_{x \to 0} \dfrac{x \tan x}{2 - 2\cos x}$.

解

(1) $\lim\limits_{x \to 0} \dfrac{\sin 3x}{x} = \lim\limits_{x \to 0} \left(\dfrac{\sin 3x}{3x} \cdot 3 \right) = 3$;

(2) $\lim\limits_{x\to 0}\dfrac{\tan 5x}{\sin x}=\lim\limits_{x\to 0}\dfrac{\sin 5x}{\cos 5x\cdot\sin x}=\lim\limits_{x\to 0}\left(\dfrac{\sin 5x}{5x}\cdot\dfrac{x}{\sin x}\cdot 5\cdot\dfrac{1}{\cos 5x}\right)$

$$=1\times 1\times 5\times\dfrac{1}{1}=5;$$

(3) $\lim\limits_{x\to 0}\dfrac{1-\cos x}{x^2}=\lim\limits_{x\to 0}\dfrac{2\sin^2\dfrac{x}{2}}{x^2}$

$$=\dfrac{1}{2}\lim\limits_{x\to 0}\dfrac{\sin\dfrac{x}{2}}{\dfrac{x}{2}}\cdot\lim\limits_{x\to 0}\dfrac{\sin\dfrac{x}{2}}{\dfrac{x}{2}}$$

$$=\dfrac{1}{2};$$

(4) $\lim\limits_{x\to 0}\dfrac{x\tan x}{2-2\cos x}=\dfrac{1}{2}\lim\limits_{x\to 0}\left(\dfrac{x^2}{1-\cos x}\cdot\dfrac{1}{x^2}\cdot\dfrac{x\sin x}{\cos x}\right)$

$$=\dfrac{1}{2}\lim\limits_{x\to 0}\left(\dfrac{x^2}{1-\cos x}\cdot\dfrac{\sin x}{x}\cdot\dfrac{1}{\cos x}\right)$$

$$=1.$$

> **准则 Ⅱ** 单调有界数列必有极限.
>
> 单调数列包括单调增数列和单调减数列. 设 $\{x_n\}$ 为数列, 如果
> $$x_1\leqslant x_2\leqslant x_3\leqslant\cdots\leqslant x_n\leqslant x_{n+1}\cdots,$$
> 则称数列 $\{x_n\}$ 是单调增数列. 易见, 单调增数列一定有下界 x_1, 因此单调增的有界数列主要是指其有上界. 类似地, 如果
> $$x_1\geqslant x_2\geqslant x_3\geqslant\cdots\geqslant x_n\geqslant x_{n+1}\cdots,$$
> 则称数列 $\{x_n\}$ 是单调减数列. 易见, 单调减数列一定有上界 x_1, 因此单调减的有界数列主要是指其有下界.

准则 Ⅱ 是说单调增有上界的数列和单调减有下界的数列一定有极限. 我们用它来证明**第二个重要极限**:

(1) 数列形式 $\lim\limits_{n\to\infty}\left(1+\dfrac{1}{n}\right)^n$ 存在(记为 e);

(2) 函数形式 $\lim\limits_{x\to\infty}\left(1+\dfrac{1}{x}\right)^x=\mathrm{e}.$

证明 (1) 我们通过证明数列 $\left\{\left(1+\dfrac{1}{n}\right)^n\right\}$ 单调增加且有上界来证明极限 $\lim\limits_{n\to\infty}\left(1+\dfrac{1}{n}\right)^n$ 存在. 首先, 证明数列 $\left\{\left(1+\dfrac{1}{n}\right)^n\right\}$ 单调增加, 即

$$\left(1+\dfrac{1}{n}\right)^n<\left(1+\dfrac{1}{n+1}\right)^{n+1}, n\geqslant 1,$$

这等价于

$$\left[\left(1+\dfrac{1}{n}\right)^n\right]^{\frac{1}{n+1}}<1+\dfrac{1}{n+1}, n\geqslant 1,$$

由均值不等式,有

$$\left[1\cdot\left(1+\frac{1}{n}\right)^n\right]^{\frac{1}{n+1}}<\frac{1+n\left(1+\frac{1}{n}\right)}{n+1}=1+\frac{1}{n+1},$$

所以数列 $\left\{\left(1+\dfrac{1}{n}\right)^n\right\}$ 是严格单调递增的.

其次,我们证明数列 $\left\{\left(1+\dfrac{1}{n}\right)^n\right\}$ 有上界.由二项式定理,有

$$\left(1+\frac{1}{n}\right)^n=\sum_{k=0}^{n}C_n^k\frac{1}{n^k}=1+1+\sum_{k=2}^{n}\frac{1}{k!}\cdot\frac{n\cdot\cdots\cdot(n-k+1)}{n^k}$$

$$\leqslant 2+\sum_{k=2}^{n}\frac{1}{k!}\leqslant 2+\sum_{k=2}^{n}\frac{1}{(k-1)k}$$

$$=2+\left(1-\frac{1}{2}\right)+\left(\frac{1}{2}-\frac{1}{3}\right)+\cdots+\left(\frac{1}{n-1}-\frac{1}{n}\right)$$

$$=3-\frac{1}{n}<3.$$

综合上述结果,数列 $\left\{\left(1+\dfrac{1}{n}\right)^n\right\}$ 是严格单调递增且有上界的,由极限存在准则 II,$\displaystyle\lim_{n\to\infty}\left(1+\frac{1}{n}\right)^n$ 存在.

许多数学家发现这一极限值在微积分学中有重要应用,瑞士数学家欧拉(L. Euler)最先用字母 e 表示这个极限并一直沿用至今,即 $\displaystyle\lim_{n\to\infty}\left(1+\frac{1}{n}\right)^n=$ e. e 是一个无理数,前 30 位数字为

2.718 281 828 495 045 235 360 287 471 35.

欧拉(L. Euler,1707—1783),瑞士数学家,物理学家.

(2)首先,证明 $\displaystyle\lim_{x\to+\infty}\left(1+\frac{1}{x}\right)^x=$ e.

不妨设 $x>1$,我们用 n 表示 x 的整数部分($n\leqslant x\leqslant n+1$),则有

$$\left(1+\frac{1}{n+1}\right)^n<\left(1+\frac{1}{x}\right)^x\leqslant\left(1+\frac{1}{n}\right)^{n+1}.$$

注意到当 $x\to+\infty$ 时,有 $n\to\infty$,而且

$$\lim_{n\to\infty}\left(1+\frac{1}{n+1}\right)^n=\lim_{n\to\infty}\left(1+\frac{1}{n+1}\right)^{n+1}\Big/\left(1+\frac{1}{n+1}\right)=\frac{\mathrm{e}}{1}=\mathrm{e},$$

$$\lim_{n\to\infty}\left(1+\frac{1}{n}\right)^{n+1}=\lim_{n\to\infty}\left(1+\frac{1}{n}\right)^n\cdot\left(1+\frac{1}{n}\right)=\mathrm{e}\cdot 1=\mathrm{e},$$

由夹挤定理有 $\displaystyle\lim_{x\to+\infty}\left(1+\frac{1}{x}\right)^x=$ e.

令 $y=-x$,则有

$$\lim_{x\to-\infty}\left(1+\frac{1}{x}\right)^x=\lim_{y\to+\infty}\left(1+\frac{1}{-y}\right)^{-y}=\lim_{y\to+\infty}\left(\frac{y-1}{y}\right)^{-y}$$

$$=\lim_{y\to+\infty}\left(\frac{y}{y-1}\right)^y=\lim_{y\to+\infty}\left(1+\frac{1}{y-1}\right)^{y-1}\cdot\left(1+\frac{1}{y-1}\right)$$

视频:风起于青萍之末(一)

$$= e \cdot 1 = e,$$

所以，$\lim\limits_{x \to \infty} \left(1 + \dfrac{1}{x}\right)^x = e.$

由复合函数的极限法则，第二个重要极限的一般形式为

$$\lim_{v(x) \to \infty} \left[1 + \frac{1}{v(x)}\right]^{v(x)} = e \text{ 或 } \lim_{u(x) \to 0} [1 + u(x)]^{\frac{1}{u(x)}} = e.$$

视频：数 e 的
经济意义

例 2.19 求 $\lim\limits_{x \to 0} (1 - x)^{\frac{1}{x}}$.

解 令 $t = \dfrac{-1}{x}$，则

$$\lim_{x \to 0} (1 - x)^{\frac{1}{x}} = \lim_{t \to \infty} \left(1 + \frac{1}{t}\right)^{-t}$$

$$= \frac{1}{\lim\limits_{t \to \infty} \left(1 + \dfrac{1}{t}\right)^{t}}$$

$$= \frac{1}{e}.$$

例 2.20 求 $\lim\limits_{x \to \infty} \left(1 - \dfrac{2}{x}\right)^x$

解 $\lim\limits_{x \to \infty} \left(1 - \dfrac{2}{x}\right)^x = \lim\limits_{x \to \infty} \left(1 + \dfrac{2}{-x}\right)^{\frac{-x}{2} \cdot (-2)}.$

注意到当 $x \to \infty$ 时，有 $-\dfrac{x}{2} \to \infty$. 由第二个重要极限和复合

函数的极限法则，有

$$\lim_{x \to \infty} \left(1 - \frac{2}{x}\right)^x = \lim_{x \to \infty} \left[\left(1 + \frac{2}{-x}\right)^{\frac{-x}{2}}\right]^{-2} = e^{-2}.$$

习题 2.4

1. 利用第一个重要极限求下列极限：

(1) $\lim\limits_{x \to 0} \dfrac{\sin 5x}{3x}$;　　　(2) $\lim\limits_{x \to 0} x \cot x$;

(3) $\lim\limits_{x \to 1} \dfrac{\sin(x^2 - 1)}{x - 1}$;　(4) $\lim\limits_{x \to 0} \dfrac{1 - \cos 2x}{x \sin x}$;

(5) $\lim\limits_{x \to 0} \dfrac{3x - \sin x}{3x + \sin x}$;

(6) $\lim\limits_{n \to \infty} 2^n \sin \dfrac{x}{2^n}$ （$x \neq 0$ 为常数）;

(7) $\lim\limits_{x \to 0} \dfrac{\sin(\sin x)}{x}$;　　(8) $\lim\limits_{x \to \infty} x^2 \sin \dfrac{1}{2x^2}$.

2. 利用第二个重要极限求下列极限：

(1) $\lim\limits_{x \to 0} (1 - x)^{\frac{2}{x}}$;　　(2) $\lim\limits_{x \to 0} (1 + 2x)^{\frac{2}{x}}$;

(3) $\lim\limits_{x \to \infty} \left(\dfrac{1 + x}{x}\right)^{2x}$;　(4) $\lim\limits_{x \to \infty} \left(1 + \dfrac{2}{x}\right)^{x+2}$;

(5) $\lim\limits_{x \to \infty} \left(\dfrac{x^2 - 1}{x^2}\right)^{x^2}$;　(6) $\lim\limits_{x \to +\infty} \left(1 - \dfrac{3}{\sqrt{x}}\right)^{3\sqrt{x}}$.

3. 根据所给 x 的各种变化情况，讨论下列函数的极限：

(1) $f(x) = \dfrac{1}{x} \cos \dfrac{1}{x}, x \to \infty$;

(2) $f(x) = \begin{cases} \dfrac{\sin x}{x}, & x < 0, \\ (1 + x)^{\frac{1}{x}}, & x > 0, \end{cases}$ $x \to 0^+,$
$x \to 0^-, x \to 0.$

4. 设 $f(x) = \begin{cases} (1 + ax)^{\frac{1}{x}}, & x > 0, \\ \dfrac{\sin bx}{x} + 3, & x < 0, \end{cases}$ 当 a, b 满足

什么条件时 $\lim\limits_{x \to 0} f(x) = 2.$

5. 用夹挤定理证明下列极限：

(1) $\lim\limits_{n \to \infty} n \cdot \left(\dfrac{1}{n^2 + \pi} + \dfrac{1}{n^2 + 2\pi} + \cdots + \dfrac{1}{n^2 + n\pi}\right) = 1$;

(2) $\lim\limits_{n \to \infty} \left(\dfrac{3^n + 5^n}{2} \right)^{\frac{1}{n}} = 5.$

6.利用单调有界极限存在原理证明:数列 $\sqrt{2}$,

$\sqrt{2+\sqrt{2}}, \sqrt{2+\sqrt{2+\sqrt{2}}}, \cdots$ 的极限存在,并求出极限值.

2.5　函数的连续性

这一节我们首先介绍函数连续性的概念、函数的间断点及其分类,然后介绍初等函数的连续性,最后介绍闭区间上连续函数的性质及其应用.

2.5.1　函数连续性的概念

定义 2.5 (函数在一点的连续性)　如果 $\lim\limits_{x \to x_0} f(x) = f(x_0)$,则称 $f(x)$ 在点 x_0 处连续.

注意:函数在一点的连续性包含以下三个条件.

(1) $f(x)$ 在点 x_0 处有定义,即 $f(x_0)$ 有意义;

(2)极限 $\lim\limits_{x \to x_0} f(x)$ 存在;

(3) $\lim\limits_{x \to x_0} f(x) = f(x_0).$

记自变量 x 在点 x_0 处的增量为 Δx ,对应函数增量为

$$\Delta y = f(x_0 + \Delta x) - f(x_0),$$

则 $f(x)$ 在点 x_0 处连续等价于

$$\lim\limits_{\Delta x \to 0} \Delta y = \lim\limits_{\Delta x \to 0} [f(x_0 + \Delta x) - f(x_0)] = 0,$$

即当函数自变量的改变量 $\Delta x \to 0$ 时,相应地也有函数的改变量 $\Delta y \to 0$, 即 Δx 为无穷小时, Δy 也为无穷小.

定义 2.6 (函数在一点左、右连续)　如果 $\lim\limits_{x \to x_0^-} f(x) = f(x_0)$,则称 $f(x)$ 在点 x_0 处**左连续**.如果 $\lim\limits_{x \to x_0^+} f(x) = f(x_0)$,则称 $f(x)$ 在点 x_0 处**右连续**.

由极限与左、右极限的关系得到

$f(x)$ 在点 x_0 **处连续** $\Leftrightarrow f(x)$ 在点 x_0 **处既左连续也右连续**.

例 2.21

讨论函数 $f(x) = \begin{cases} \dfrac{\sin x}{x}, & x < 0, \\ 1, & x = 0, \\ \dfrac{(1+x)^{\frac{1}{x}}}{\mathrm{e}}, & x > 0 \end{cases}$ 在点 $x = 0$ 处的

连续性.

解 由于

$$\lim_{x \to 0^-} f(x) = \lim_{x \to 0^-} \frac{\sin x}{x} = 1 = f(0),$$

$$\lim_{x \to 0^+} f(x) = \lim_{x \to 0^+} \frac{(1+x)^{\frac{1}{x}}}{e} = 1 = f(0),$$

所以 $f(x)$ 在点 $x = 0$ 处**左连续且右连续**，即 $f(x)$ 在点 $x = 0$ 处**连续**.

> **定义 2.7（函数在区间连续）** 如果 $f(x)$ 在开区间 (a, b) 内的每一点连续，则称它在开区间 (a, b) 内连续. 如果 $f(x)$ 在开区间 (a, b) 内连续，且在 a 点右连续，在 b 点左连续，则称它在闭区间 $[a, b]$ 上连续.

通常把所有区间 I 上的连续函数构成的集合记作 $C(I)$，如闭区间 $[a, b]$ 上连续函数的全体记为 $C[a, b]$.

例 2.22 证明：$y = \sin x$ 在 $(-\infty, +\infty)$ 上连续.

证明 对任意的 $x_0 \in (-\infty, +\infty)$，我们证明 $y = \sin x$ 在点 x_0 处连续，即 $\lim\limits_{x \to x_0} \sin x = \sin x_0$.

注意到

$$0 \leqslant |\sin x - \sin x_0| = \left| 2\cos \frac{x+x_0}{2} \sin \frac{x-x_0}{2} \right| \leqslant |x - x_0|,$$

由夹挤定理有 $\lim\limits_{x \to x_0} \sin x = \sin x_0$.

类似地，$y = \cos x$ 在 $(-\infty, +\infty)$ 上连续.

结合极限的运算法则和连续性的定义，有

> **定理 2.11（函数四则运算的连续性）** 设 $f(x)$ 和 $g(x)$ 在点 x_0 处连续，则
> (1) $f(x) \pm g(x)$ 在点 x_0 处连续；
> (2) $f(x)g(x)$ 在点 x_0 处连续；
> (3) $\dfrac{f(x)}{g(x)}$ 在点 x_0 处连续（若 $g(x_0) \neq 0$）.

例如，由 $y = \sin x$ 和 $y = \cos x$ 在 $(-\infty, +\infty)$ 上连续，利用函数四则运算的连续性可以推出 $y = \tan x$ 和 $y = \cot x$ 在各自定义区间内连续.

> **定理 2.12（复合函数的连续性）** 设函数 $u = \varphi(x)$ 在点 x_0 处连续，函数 $y = f(u)$ 在点 $u_0 = \varphi(x_0)$ 处连续，则复合函数 $f(\varphi(x))$ 在点 $x = x_0$ 处也连续.

例如，由 $y = e^x$ 和 $y = \mu \ln x$ 在 $(0, +\infty)$ 上连续，利用复合函数的连续性可以推出 $x^\mu = e^{\mu \ln x}$ 在 $(0, +\infty)$ 上连续，其中 μ 为实数.

另外，有反函数的连续性定理.

> **定理 2.13**　设函数 $y = f(x)$ 在区间 I 上单调而且连续,则其反函数也单调且连续.

由于我们可以把一个函数及其反函数看作同一条曲线,因此反函数的连续性是显而易见的.

例如,由 $\sin x, \cos x, \tan x$ 和 $\cot x$ 的连续性可以分别推得 $\arcsin x, \arccos x, \arctan x$ 和 $\text{arccot} x$ 的连续性.

综合上述结论,我们有:

> **定理 2.14（初等函数的连续性）**　初等函数在其定义区间内连续.

初等函数的连续性提供了简单极限的求法.

例 2.23　求 $\lim\limits_{x \to 1}\left[\sqrt{1 + \ln x} + (x^2 - 1)^{\frac{2}{3}}\right]$.

解　函数 $\sqrt{1 + \ln x} + (x^2 - 1)^{\frac{2}{3}}$ 的定义域为 $x \geqslant \mathrm{e}^{-1}$, $x = 1$ 是定义区间内的点,所以,由初等函数的连续性有

$$\lim_{x \to 1}\left[\sqrt{1 + \ln x} + (x^2 - 1)^{\frac{2}{3}}\right] = \sqrt{1 + \ln 1} + (1^2 - 1)^{\frac{2}{3}} = 1.$$

简单地说,只要 $f(x)$ 可以用一个表达式表示且在 x_0 的某个邻域内有意义,就有

$$\lim_{x \to x_0} f(x) = f(x_0).$$

例 2.24　已知 $\lim\limits_{x \to x_0} f(x) = A$, 其中 $A > 0$, $\lim\limits_{x \to x_0} g(x) = B$, 求 $\lim\limits_{x \to x_0} f(x)^{g(x)}$.

解　因为 $\lim\limits_{x \to x_0} f(x) = A$ 且 $A > 0$,由极限的保号性,在 x_0 的某个空心邻域内,有 $f(x) > 0$. 在这个空心邻域内有恒等式

$$f(x)^{g(x)} = \mathrm{e}^{g(x) \ln f(x)},$$

由指数函数和对数函数的连续性,有

$$\lim_{x \to x_0} f(x)^{g(x)} = \lim_{x \to x_0} \mathrm{e}^{g(x) \ln f(x)} = \mathrm{e}^{\lim\limits_{x \to x_0} g(x) \ln f(x)} = \mathrm{e}^{B \ln A} = A^B.$$

例 2.25　求 $\lim\limits_{x \to 0} (\cos x)^{\frac{1}{x^2}}$.

解

$$\lim_{x \to 0} (\cos x)^{\frac{1}{x^2}} = \lim_{x \to 0} (\cos^2 x)^{\frac{1}{2x^2}}$$

$$= \lim_{x \to 0} (1 - \sin^2 x)^{\frac{1}{2x^2}}$$

$$= \lim_{x \to 0} \left[(1 - \sin^2 x)^{\frac{-1}{\sin x^2}}\right]^{\frac{-\sin^2 x}{2x^2}},$$

由第二个重要极限有

$$\lim_{x \to 0} (1 - \sin^2 x)^{\frac{-1}{\sin x^2}} = \mathrm{e},$$

由第一个重要极限有

$$\lim_{x \to 0} \frac{-\sin^2 x}{2x^2} = -\frac{1}{2},$$

所以,

$$\lim_{x \to 0} (\cos x)^{\frac{1}{x^2}} = e^{-\frac{1}{2}}.$$

2.5.2 函数的间断点

如果 $f(x)$ 在点 x_0 处不连续,则称点 x_0 是 $f(x)$ 的一个间断点.

当 $f(x)$ 在点 x_0 处间断,即不满足连续定义时,下列三种情形中至少有一种会发生:

(1) $f(x)$ 在点 x_0 处无定义;

(2)极限 $\lim\limits_{x \to x_0} f(x)$ 不存在;

(3) $\lim\limits_{x \to x_0} f(x) \neq f(x_0)$.

例如,

$f(x) = \begin{cases} 1, & x \geq 0, \\ 0, & x < 0 \end{cases}$ 和 $g(x) = \dfrac{x^2 - 1}{x - 1}$ 的图形分别如图 2-5 和

图 2-6所示.

在图 2-5 中,函数在点 $x = 0$ 处的左、右极限都存在但不相等,所以 $x = 0$ 为 $f(x)$ 的**间断点**.在图 2-6 中,函数在点 $x = 1$ 处的左、右极限都存在且相等,但函数在点 $x = 1$ 处没有定义,所以 $x = 1$ 为 $g(x)$ 的**间断点**.

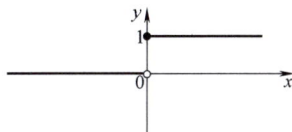

图 2-5

如果 $\lim\limits_{x \to x_0^+} f(x)$ 和 $\lim\limits_{x \to x_0^-} f(x)$ 两者中至少有一个不存在,则 $\lim\limits_{x \to x_0} f(x)$ 不存在,点 x_0 是间断点.例如,考虑函数 $f(x) = \begin{cases} \dfrac{1}{x^2}, & x \neq 0, \\ 1, & x = 0. \end{cases}$ 因为

$$\lim_{x \to 0^+} f(x) = \lim_{x \to 0^+} \frac{1}{x^2} = +\infty, \lim_{x \to 0^-} f(x) = \lim_{x \to 0^-} \frac{1}{x^2} = +\infty,$$

$f(x)$ 在点 $x = 0$ 处的左、右极限都不存在,所以 $x = 0$ 是 $f(x)$ 的间断点.

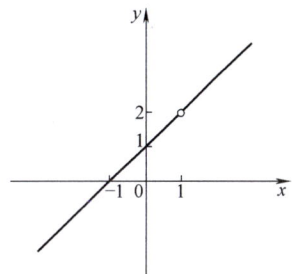

图 2-6

另外,$x = 0$ 也是 $g(x) = \begin{cases} \sin \dfrac{1}{x}, & x \neq 0, \\ 1, & x = 0 \end{cases}$ 的间断点.

根据间断点的具体情形,可以对其做如下分类.

第一类间断点:设 x_0 是 $f(x)$ 的一个间断点,如果 $\lim\limits_{x \to x_0^+} f(x)$ 和 $\lim\limits_{x \to x_0^-} f(x)$ 都存在,则称 x_0 是 $f(x)$ 的第一类间断点.

第一类间断点又可以分成两种情形:如果左、右极限相等则称其为**可去间断点**;如果左、右极限不相等,则称为**跳跃间断点**.

例如,$x = 0$ 是 $f(x) = \begin{cases} 1, & x \geq 0, \\ 0, & x < 0 \end{cases}$ 的跳跃间断点.

$x = 1$ 是 $g(x) = \dfrac{x^2 - 1}{x - 1}$ 的可去间断点. $g(x)$ 在 $x = 1$ 间断的原因是因为函数在这个点没有定义,如果补充定义 $g(1) = 2$,那么它就在 $x = 1$ 连续了. 这也是把 $x = 1$ 称为可去间断点的原因.

第二类间断点:除去第一类间断点之外的间断点统称为第二类间断点.

事实上,$\lim\limits_{x \to x_0^+} f(x)$ 和 $\lim\limits_{x \to x_0^-} f(x)$ 两者中至少有一个不存在的点就是 $f(x)$ 的第二类间断点. 例如,$x = 0$ 是函数 $f(x) = \dfrac{1}{x^2}$ 的第二类间断点.

在第二类间断点中,如果 $\lim\limits_{x \to x_0^+} f(x) = \infty$ 或 $\lim\limits_{x \to x_0^-} f(x) = \infty$,也称 x_0 是 $f(x)$ 的**无穷间断点**,这在几何上有特别的意义.

例 2.26　讨论函数 $f(x) = \dfrac{\sin x}{x(x - 1)}$ 的连续性,并判断其间断点的类型.

解　函数的定义域为 $(-\infty, 0) \bigcup (0, 1) \bigcup (1, +\infty)$. 由初等函数的连续性,函数 $f(x)$ 在其定义域内连续. 因此,$f(x) = \dfrac{\sin x}{x(x - 1)}$ 只可能有 $x = 0$ 和 $x = 1$ 两个间断点.

由
$$\lim\limits_{x \to 0} f(x) = \lim\limits_{x \to 0} \frac{\sin x}{x(x - 1)} = -1,$$
故 $x = 0$ 是 $f(x)$ 的可去间断点.

由
$$\lim\limits_{x \to 1} f(x) = \lim\limits_{x \to 1} \frac{\sin x}{x(x - 1)} = \infty,$$
故 $x = 1$ 是 $f(x)$ 的第二类间断点.

2.5.3　闭区间上连续函数的性质

下面讨论有限闭区间上连续函数的性质及其应用. 这些重要性质可以通过实数的连续性公理加以证明. 由于证明过程较长,限于篇幅我们将其省略.

首先回顾函数最大、最小值的定义. 设 $f(x)$ 在区间 I 有定义. 如果存在 $x_0 \in I$,使得对任意的 $x \in I$ 都有
$$f(x) \leqslant f(x_0) \quad (f(x_0) \leqslant f(x)),$$
则称 $f(x_0)$ 是函数 $f(x)$ 在区间 I 的最大值(最小值).

例如,$f(x) = \sin x$ 在 $(-\infty, +\infty)$ 有最大值 1 和最小值 -1. 又如 $f(x) = x$ 在闭区间 $[a, b]$ 上有最大值 b 和最小值 a,但在开区间 (a, b) 既无最大值也无最小值. 下面的最大最小值定理给出了函数存在最大、最小值的充分条件.

定理 2.15（最大最小值定理）　如果 $f(x)$ 在 $[a, b]$ 上连续,则 $f(x)$ 在 $[a, b]$ 上有最大值和最小值. 即如果 $f(x)$ 在 $[a, b]$ 上连续,则至少存在两点 $x_1, x_2 \in [a, b]$,使得
$$f(x_1) \leqslant f(x) \leqslant f(x_2), \forall x \in [a, b].$$

注意:当区间不是有限闭区间或者函数不连续时,最大最小值定理的结论有可能不成立,即在该区间上函数可能不存在最大值或最小值. 如 $y = \dfrac{1}{x}$ 在 $(0,1)$ 内无最大值和最小值;$y = \arctan x$ 在 $(-\infty, +\infty)$ 内无最大值和最小值;函数 $f(x) = \begin{cases} \dfrac{1}{x}, & x \in [-1,0) \cup (0,1], \\ 1, & x = 0 \end{cases}$ 在点 $x = 0$ 处间断,在闭区间 $[-1,1]$ 上无最大、最小值.

推论 2.1(有界性定理) 如果 $f(x)$ 在 $[a,b]$ 上连续,则 $f(x)$ 在 $[a,b]$ 上有界.

显而易见,函数的最大值和最小值分别是它的一个上界和一个下界.

定理 2.16(零点定理) 设 $f(x)$ 在 $[a,b]$ 上连续,如果 $f(a)f(b) < 0$ 则至少存在一点 $\xi \in (a,b)$,使得 $f(\xi) = 0$.

方程 $f(x) = 0$ 的根又称为函数 $f(x)$ 的零点,所以该定理称为零点定理.在几何上,$f(a)f(b) < 0$ 保证函数曲线的端点分别在 x 轴的两侧,零点定理则肯定了连接这样两点的连续曲线至少穿过 x 轴一次.

例 2.27 设 $f(x) = 1 + 5x - x^4$,证明:方程 $f(x) = 0$ 至少有一个小于 3 的正实根.

证明 方程 $f(x) = 0$ 至少有一个小于 3 的正实根是说函数 $f(x)$ 在 $(0,3)$ 内至少有一个零点.

显然,初等函数 $f(x) = 1 + 5x - x^4$ 在 $[0,3]$ 上连续.由
$$f(0) = 1 > 0, \quad f(3) = 1 + 15 - 81 = -65 < 0,$$
于是 $f(0)f(3) < 0$.由零点定理,至少存在一点 $\xi \in (0,3)$,使得 $f(\xi) = 0$.证毕.

例 2.28 证明:方程 $e^x = 5x$ 至少有一个小于 1 的正根.

证明 令 $f(x) = e^x - 5x$,则 $f(x)$ 在 $[0,1]$ 上连续.因为
$$f(0) = 1 > 0, \quad f(1) = e - 5 < 0,$$
由零点定理,至少存在一点 $\xi \in (0,1)$,使得 $f(\xi) = 0$,即方程 $e^x = 5x$ 至少有一个小于 1 的正根.证毕.

定理 2.17(介值定理) 设 $f(x)$ 在 $[a,b]$ 上连续,若 $f(a) \neq f(b)$,且 μ 是介于 $f(a)$ 与 $f(b)$ 之间的任一数值,则至少存在一点 $\xi \in (a,b)$,使得 $f(\xi) = \mu$.

证明 令 $F(x) = f(x) - \mu$,则 $F(x)$ 在 $[a,b]$ 上连续,由条件不妨设 $f(a) < \mu < f(b)$,则
$$F(a) = f(a) - \mu < 0, \quad F(b) = f(b) - \mu > 0,$$

根据零点定理,至少存在一点 $\xi \in (a,b)$,使得 $F(\xi) = f(\xi) - \mu = 0$,即 $f(\xi) = \mu$. 证毕.

> **推论 2.2**　设 $f(x)$ 在 $[a,b]$ 上连续,则 $f(x)$ 可以取到介于它的最大值 M 与最小值 m 之间的任一数值.

例 2.29　设 $f(x)$ 在 $[a,b]$ 上连续,且 $f(a) + f(b) = 2$. 证明:至少存在一点 $\xi \in [a,b]$,使得 $f(\xi) = 1$.

证明　不妨设 $f(a) \leqslant f(b)$,则

$$f(a) \leqslant \frac{f(a) + f(b)}{2} = 1, f(b) \geqslant \frac{f(a) + f(b)}{2} = 1,$$

如果 $f(a) = 1$,则题目结论成立. 如果 $f(a) < 1$,则 $f(b) > 1$. 由介值定理,至少存在一点 $\xi \in (a,b)$,使得 $f(\xi) = 1$,即题目结论成立.

习题 2.5

1. 讨论下列函数的连续性,若有间断点,指出其间断点的类型:

(1) $f(x) = \dfrac{x^2 - 1}{x^2 - 3x + 2}$;　(2) $f(x) = \dfrac{\tan x}{x}$;

(3) $f(x) = \dfrac{1 - \cos x}{x^2}$;

(4) $f(x) = \begin{cases} \dfrac{\sin x}{x}, & x < 0, \\ x^2 - 1, & x \geqslant 0. \end{cases}$

2. 确定常数 a,使下列函数为连续函数:

(1) $f(x) = \begin{cases} a + x, & x \leqslant 2, \\ (x - 2)^2, & x > 2; \end{cases}$

(2) $f(x) = \begin{cases} \arctan \dfrac{1}{x - 3}, & x < 3, \\ a + \sqrt{x - 3}, & x \geqslant 3; \end{cases}$

(3) $f(x) = \begin{cases} 1 + \sqrt{x + 2}, & x \geqslant 2, \\ ax + 2, & x < 2. \end{cases}$

3. 求下列函数的极限:

(1) $\lim\limits_{x \to 1} \dfrac{\sin x}{x}$;　　(2) $\lim\limits_{x \to 0} \dfrac{\ln(1 + \cos x)}{e^x + 1}$;

(3) $\lim\limits_{x \to 0} \ln \dfrac{\sin x}{x}$;　(4) $\lim\limits_{x \to 1} (1 + x^2)^{x^2}$;

(5) $\lim\limits_{x \to \infty} \left(\dfrac{x^2 - 1}{x^2 + 1} \right)^{x^2 + 2}$;　(6) $\lim\limits_{x \to 0^+} (\cos x)^{\frac{2}{x^2}}$.

4. 证明:方程 $x^5 - 3x = 1$ 至少有一个根介于 1 和 2 之间.

5. 证明:方程 $x^3 - 3x^2 - x + 3 = 0$ 有三个根,它们分别在区间 $(-2,0)$,$(0,2)$,$(2,4)$ 内.

6. 证明:方程 $\cos x = x$ 至少有一个根.

7. 设 $f(x)$,$g(x)$ 都在 $[a,b]$ 上连续,且 $f(a) < g(a)$,$f(b) > g(b)$,试证明:在 (a,b) 内至少存在一点 ξ,使得 $f(\xi) = g(\xi)$.

2.6　无穷小的比较

当 $x \to 0$ 时,我们有 $\lim\limits_{x \to 0} x = 0$,$\lim\limits_{x \to 0} x^2 = 0$,即当 $x \to 0$ 时 x^2 和 x 都是无穷小. 但这两个无穷小趋于零的速度是明显不同的,$\lim\limits_{x \to 0} \dfrac{x^2}{x} = 0$ 说明 x^2 比 x 趋于零的速度快得多. 无穷小的比较就是对无穷小趋于零的速度进行比较.

> **定义 2.8（无穷小的阶的比较）**　设 $\lim\limits_{x \to x_0} f(x) = 0$,$\lim\limits_{x \to x_0} g(x) = 0$,即当 $x \to x_0$ 时 $f(x)$,$g(x)$ 都是无穷小.

(1) 若 $\lim\limits_{x \to x_0} \dfrac{g(x)}{f(x)} = 1$，则称当 $x \to x_0$ 时 $g(x)$ 与 $f(x)$ 是**等价**的无穷小，并记作 $g(x) \sim f(x)$；

(2) 若 $\lim\limits_{x \to x_0} \dfrac{g(x)}{f(x)} = C \neq 0$，则称当 $x \to x_0$ 时 $g(x)$ 与 $f(x)$ 是**同阶**的无穷小；

(3) 若 $\lim\limits_{x \to x_0} \dfrac{g(x)}{f(x)} = 0$，则称当 $x \to x_0$ 时 $g(x)$ 是 $f(x)$ 的**高阶**的无穷小，记作 $g(x) = o(f(x))$.

例 2.30 证明：当 $x \to 0$ 时，

(1) $\sin x$ 和 x 是等价的无穷小；

(2) $1 - \cos x$ 和 x^2 是同阶的无穷小；

(3) $x^2 \sin \dfrac{1}{x}$ 是 x 的高阶的无穷小.

证明 (1) 因为 $\lim\limits_{x \to 0} \dfrac{\sin x}{x} = 1$，所以 $\sin x$ 和 x 是等价的无穷小；

(2) 因为 $\lim\limits_{x \to 0} \dfrac{1 - \cos x}{x^2} = \dfrac{1}{2}$，所以 $1 - \cos x$ 和 x^2 是同阶的无穷小；

(3) $\lim\limits_{x \to 0} \dfrac{x^2 \sin \dfrac{1}{x}}{x} = 0$，所以 $x^2 \sin \dfrac{1}{x}$ 是 x 的高阶的无穷小.

例 2.31 （常用的等价无穷小）当 $x \to 0$ 时，证明：

(1) $\ln(1 + x) \sim x$； (2) $a^x - 1 \sim x\ln a$；

(3) $(1 + x)^\alpha - 1 \sim \alpha x$； (4) $1 - \cos x \sim \dfrac{1}{2}x^2$；

(5) $\sin x \sim x$； (6) $\tan x \sim x$；

(7) $\arctan x \sim x$； (8) $\arcsin x \sim x$.

证明 (1) 由

$$\lim_{x \to 0} \frac{\ln(1 + x)}{x} = \lim_{x \to 0} \ln(1 + x)^{\frac{1}{x}} = \ln e = 1,$$

即得 $\ln(1 + x) \sim x$.

(2) 令 $t = a^x - 1$，则 $\lim\limits_{x \to 0} t = 0$，且 $x = \dfrac{\ln(1 + t)}{\ln a}$. 于是

$$\lim_{x \to 0} \frac{a^x - 1}{x\ln a} = \lim_{t \to 0} \frac{t}{\dfrac{\ln(1 + t)}{\ln a} \ln a} = 1,$$

即 $a^x - 1 \sim x\ln a$.

(3) 注意到 $\lim\limits_{x \to 0} \alpha\ln(1 + x) = 0$，$(1 + x)^\alpha - 1 = e^{\alpha\ln(1 + x)} - 1$，由 (2) 有

$$(1 + x)^\alpha - 1 \sim \alpha\ln(1 + x),$$

再由 (1)，有

$$(1 + x)^\alpha - 1 \sim \alpha x.$$

其余留作练习.

利用等价无穷小可以简化极限的计算过程,我们有以下定理:

> **定理 2.18（无穷小的等价代换）**　设 $\lim\limits_{x \to x_0} f(x) = 0, \lim\limits_{x \to x_0} g(x) = 0$,
>
> 且 $f(x) \sim \alpha(x), g(x) \sim \beta(x)$,则 $\lim\limits_{x \to x_0} \dfrac{g(x)}{f(x)} = \lim\limits_{x \to x_0} \dfrac{\beta(x)}{\alpha(x)}$.

证明　$f(x) \sim \alpha(x)$,$g(x) \sim \beta(x) \Leftrightarrow \lim\limits_{x \to x_0} \dfrac{f(x)}{\alpha(x)} = 1$,

$\lim\limits_{x \to x_0} \dfrac{g(x)}{\beta(x)} = 1$.

于是

$$\lim_{x \to x_0} \frac{g(x)}{f(x)} = \lim_{x \to x_0} \frac{g(x)}{\beta(x)} \cdot \frac{\beta(x)}{\alpha(x)} \cdot \frac{\alpha(x)}{f(x)}$$

$$= \lim_{x \to x_0} \frac{g(x)}{\beta(x)} \cdot \lim_{x \to x_0} \frac{\beta(x)}{\alpha(x)} \cdot \lim_{x \to x_0} \frac{\alpha(x)}{f(x)}$$

$$= \lim_{x \to x_0} \frac{\beta(x)}{\alpha(x)}.$$

例 2.32　用无穷小的等价代换求 $\lim\limits_{x \to 0} \dfrac{(1 + 2x^2)^3 - 1}{\tan x \cdot \arcsin x}$.

解　当 $x \to 0$ 时,有 $[(1 + 2x^2)^3 - 1] \sim 6x^2, \tan x \sim x$,$\arcsin x \sim x$,故

$$\lim_{x \to 0} \frac{(1 + 2x^2)^3 - 1}{\tan x \cdot \arcsin x} = \lim_{x \to 0} \frac{6x^2}{x \cdot x} = 6.$$

例 2.33　求 $\lim\limits_{x \to 0} \dfrac{\tan x - \sin x}{\sin x^3}$.

解

$$\lim_{x \to 0} \frac{\tan x - \sin x}{\sin x^3} = \lim_{x \to 0} \frac{\tan x - \sin x}{x^3}$$

$$= \lim_{x \to 0} \frac{\tan x (1 - \cos x)}{x^3}$$

$$= \lim_{x \to 0} \frac{x \cdot \dfrac{x^2}{2}}{x^3} = \frac{1}{2}.$$

注意:代数和中的无穷小不能随意用等价无穷小代换. 例如,当 $x \to 0$ 时,由 $\tan x \sim x \sim \sin x$,代换到上例,则有 $\lim\limits_{x \to 0} \dfrac{\tan x - \sin x}{\sin x^3} = 0$,显然是错误的.

特别地,如果当 $x \to 0$ 时函数 $f(x)$ 是无穷小,则习惯将 $f(x)$ 同幂函数进行比较. 如果 $\lim\limits_{x \to 0} \dfrac{f(x)}{x^k} = C (C \neq 0, k > 0$ 为常数),则称 $f(x)$ 是 k 阶无穷小.

例 2.34　当 $x \to 0$ 时,试确定下列无穷小的阶数:

(1) $\cos x - \cos 2x$；　　(2) $\sqrt{1 + \tan x} - \sqrt{1 + \sin x}$.

解　(1) $\lim\limits_{x \to 0} \dfrac{\cos x - \cos 2x}{x^2} = -\lim\limits_{x \to 0} \dfrac{2 \sin^2 \dfrac{x}{2} - 2 \sin^2 x}{x^2} = \dfrac{3}{2}$,

所以 $\cos x - \cos 2x$ 是 2 阶无穷小.

(2)

$$\lim_{x \to 0} \frac{\sqrt{1+\tan x} - \sqrt{1+\sin x}}{x^3} = \lim_{x \to 0} \frac{\tan x - \sin x}{x^3 (\sqrt{1+\tan x} + \sqrt{1+\sin x})}$$

$$= \lim_{x \to 0} \frac{\tan x - \sin x}{2x^3}$$

$$= \lim_{x \to 0} \frac{1}{\cos x} \cdot \frac{\sin x}{x} \cdot \frac{1 - \cos x}{2x^2}$$

$$= \frac{1}{4}.$$

所以 $\sqrt{1+\tan x} - \sqrt{1+\sin x}$ 是 3 阶无穷小.

注:在定义 2.8 和定理 2.18 中,可以用 $x \to x_0^+, x \to x_0^-, x \to \infty$,$x \to +\infty$ 或 $x \to -\infty$ 代替 $x \to x_0$.

习题 2.6

1. 设 $\alpha = 5x, \beta = kx + 3x^2$($k$ 为常数),当 $x \to 0$ 时,求 k 的值,使

(1) $\alpha \sim \beta$;   (2) $\beta = o(\alpha)$.

2. 求常数 a,使得当 $x \to 0$ 时,$(1+ax^2)^{\frac{1}{3}} - 1 \sim x^2$.

3. 当 $x \to 0$ 时,试确定下列无穷小的阶数:

(1) $x^4 + \sin 2x$;   (2) $\sqrt{x^2(1 - \cos x)}$;

(3) $\cos x - \cos 2x$;   (4) $\sqrt{1+\tan x} - \sqrt{1+\sin x}$.

4. 求下列极限:

(1) $\lim\limits_{x \to 0} \dfrac{\sin(\sin x)}{\arcsin x}$;   (2) $\lim\limits_{x \to 0} \dfrac{\ln \cos 2x}{\ln \cos x}$;

(3) $\lim\limits_{x \to \pi} \dfrac{\tan x}{x - \pi}$;   (4) $\lim\limits_{x \to 0} \dfrac{\arcsin x^2}{(e^{2x}-1)\ln(1-x)}$;

(5) $\lim\limits_{x \to 0} \dfrac{3\sin x + x^2 \cos \dfrac{1}{x}}{(1+\cos x)(e^{-x}-1)}$;

(6) $\lim\limits_{x \to 0} \dfrac{x\tan 2x}{\ln(1-x^2)}$;   (7) $\lim\limits_{x \to 0} \dfrac{\sqrt{1+x+x^2}-1}{\sin 2x}$;

(8) $\lim\limits_{x \to 0} \dfrac{x^3 + \sin x^2}{\sqrt{1+x+x^2}-1}$;

(9) $\lim\limits_{x \to 0} \dfrac{(\sqrt{1+\sin x^2}-1)(e^{x^2}+1)}{(e^{x^2}-1)}$;

(10) $\lim\limits_{x \to 1} \dfrac{x^3 \ln x}{\arctan(x^2 - 1)}$;

(11) $\lim\limits_{x \to e} \dfrac{\ln x - 1}{x - e}$;   (12) $\lim\limits_{x \to 0} \dfrac{e^{ax} - e^{\beta x}}{\sin 2x}$.

5. 求常数 a, b,使 $\lim\limits_{x \to 0} \dfrac{a - \cos x}{(e^x - 1)\arcsin x} = b$ 成立.

6. 求常数 a, b,使下列函数在点 $x = 0$ 处连续:

$$f(x) = \begin{cases} \dfrac{\tan ax}{x}, & x > 0, \\ 2, & x = 0, \\ \dfrac{1}{bx}(e^{-3x}-1), & x < 0. \end{cases}$$

2.7 经济应用

本节我们介绍极限与连续在金融活动中的应用.

2.7.1 利息与贴现

我们把 1000 万元资金存入银行,银行把 1000 万元借贷给生产经营者,经营者把 1000 万元投入生产经营,这些活动都可以称为投资,这 1000 万元就是本金. 假设经营者利用这 1000 万元通过一年的经营使得资金增值为 1500 万元,给予银行的投资回报是 400 万元,银行给存款人的回报是 50 万元,则 50 万元是本金 1000 万元的存款利息,400 万元是 1000 万元的贷款利息,经营者的利润是 100

万元. 资金的这种随着时间进程的延长而增值的能力就是所谓"**资金的时间价值**",利润和利息是资金的时间价值的基本形式.

很明显,从获取利益的角度,主要应该关注**一定时间内**的利息与本金的百分比,即利率,计算公式为

$$利率 = \frac{利息}{本金} \times 100\%.$$

这里的"一定时间"通常是一年,计算所得的利率是年利率,也称**名义利率**. 但是在实际操作过程中,往往不是一年才计算一次利息. 例如,我国多数银行实际上是按月计息,假设年利率为 12%,则月利率为 1%. 这里的一个月就是计息周期,12 是利息周期数.

利息的计算方法可分为单利计息与复利计息两种. 所谓单利,是指只计算原始本金的利息,而复利,是指以本金与累计利息的和作为下一周期计算的本金. 由于复利计息中已有的利息产生新的利息,故俗称"利滚利".

例如,假设本金为 L_0,利率为 r,利息周期数为 n,则

单利的期末本息之和为

$$L = L_0(1 + nr).$$

复利的期末本息之和为

$$L = L_0(1 + r)^n.$$

当 $n > 1$ 时,$(1 + r)^n > 1 + nr$,因此在本金相同的情况下,按照复利计算可以得到更多的利息.

例 2.35　设年利率为 12%,按月以复利方式计息,求实际的年利率.

解　由题意得月利率为 1%. 设本金为 L_0,则一年末的本息合计为

$$L_1 = L_0(1 + 0.01)^{12}.$$

实际年利率为

$$R = \frac{L_1 - L_0}{L_0} = (1 + 0.01)^{12} - 1 \approx 12.68\%.$$

如果年利率为 r,k 是计息周期数,即每年计息 k 次,则一个计息周期的利率是 $\frac{r}{k}$. 不难得到:

第一年末的本息合计为 $L_1 = L_0\left(1 + \dfrac{r}{k}\right)^k$,因此实际年利率为

$$R = \frac{L_1 - L_0}{L_0} = \left(1 + \frac{r}{k}\right)^k - 1.$$

第二年末的本息之和为 $L_2 = L_1\left(1 + \dfrac{r}{k}\right)^k = L_0\left(1 + \dfrac{r}{k}\right)^{2k}$.

$$\vdots$$

第 n 年末的本息之和为 $L_n = L_{n-1}\left(1 + \dfrac{r}{k}\right)^k = L_0\left(1 + \dfrac{r}{k}\right)^{kn}$.

注意：$L_0 \left(1 + \dfrac{r}{k}\right)^{kn}$ 是关于 k 单调增加的，这意味着 k 越大收益就越大. 如果令每年之内的计息次数 $k \to \infty$，则有

$$L_n = \lim_{k \to \infty} L_0 \left(1 + \frac{r}{k}\right)^{nk} = L_0 \mathrm{e}^{nr},$$

当 $k \to \infty$ 时，复利的计算周期 $\dfrac{1}{k} \to 0$，这意味着每一时刻的利息都随时记入本金，因此把这样的计息方式称为连续复利，实际年利率是 $R = \mathrm{e}^r - 1$.

例 2.36 李先生为了给孩子储备未来上大学的学费，从一周岁开始每年孩子生日那天都要去银行存款 1000 元，如果年利率为 4％，按连续复利计息，那么当孩子 18 周岁上大学的时候本息之和共有多少？

解 孩子 18 周岁时的本息合计为 18 个 1000 元分别存了 0 到 17 年，令 $r = 4％$，则

$$\begin{aligned} L_{18} &= 1000 + 1000\mathrm{e}^r + \cdots + 1000\mathrm{e}^{17r} \\ &= 1000(1 + \mathrm{e}^r + \cdots + \mathrm{e}^{17r}) \\ &= 1000\,\frac{\mathrm{e}^{18r} - 1}{\mathrm{e}^r - 1} \approx 25837.13. \end{aligned}$$

例 2.37 凯恩斯（Keynes）倍数效应. 所谓倍数效应（Multiplier Effect），简要来讲，就是假如一个国家增加一笔投资 ΔI，那么在国民经济重新达到均衡状态的时候，由此引起的国民收入增加量 ΔY 并不仅限于这笔初始的投资量，而是初始投资量的若干倍，即

$$\Delta Y = k\Delta I, k > 1,$$

其中 k 称为投资倍数. 假设国民经济中总是把新增收入的 60％ 用于再消费，求投资倍数.

解 记 $b = 60％$. 国家增加一笔投资 ΔI，则第一轮导致国民收入增加 $\Delta Y_1 = \Delta I$，第二轮导致国民收入增加 $\Delta Y_2 = b\Delta I$，第三轮导致国民收入增加 $\Delta Y_3 = b^2 \Delta I$，…. 如此继续下去，引起的收入增加合计为

$$\begin{aligned} \Delta Y &= \Delta Y_1 + \Delta Y_2 + \cdots + \Delta Y_n + \cdots \\ &= \Delta I + b\Delta I + \cdots + b^n \Delta I + \cdots \\ &= \Delta I(1 + b + \cdots + b^n + \cdots) \\ &= \Delta I \lim_{n \to \infty} \frac{1 - b^n}{1 - b}(0 < b < 1) \\ &= \frac{1}{1 - b}\Delta I, \end{aligned}$$

所以投资倍数 $k = \dfrac{1}{1 - b} = \dfrac{1}{d}$，其中 b 为边际消费倾向，d 为边际储蓄倾向. 当 $b = 60％$ 时，$k = 2.5$.

下面讨论贴现问题. 所谓贴现是指为了要在将来的某个时间点

上收取一笔资金需要现在投资的数量.例如,年利率为 12%,按月计息,为了在一年后收入 10000 元,现在需要投入多少元? 如果我们假设需要投资 x 元,则

$$x(1+0.01)^{12} = 10000$$

的解为 $x \approx 8874.49$. 8874.49 就是一年后收益 10000 元的现值.类似计算可得两年后收益 10000 元的现值是 7875.66 元.

例 2.38 **现值的计算**. 设年利率为 4%,按连续复利计息. 为了从下一年开始,每年有 30 万元的固定收益(无限期),现在需要投资多少万元?

解 记 $r=4\%$,$V=30$ 万元,则第 n 年收益 V 的现值为 $\dfrac{V}{\mathrm{e}^{nr}} = V\mathrm{e}^{-nr}$,到第 n 年需要的投资总和为

$$\begin{aligned}
L_n &= V\mathrm{e}^{-r} + V\mathrm{e}^{-2r} + \cdots + V\mathrm{e}^{-nr} \\
&= V\mathrm{e}^{-r}[1 + \mathrm{e}^{-r} + \cdots + \mathrm{e}^{-(n-1)r}] \\
&= V\mathrm{e}^{-r}\frac{1-\mathrm{e}^{-nr}}{1-\mathrm{e}^{-r}},
\end{aligned}$$

$$\lim_{n\to\infty} L_n = \lim_{n\to\infty} V\mathrm{e}^{-r}\frac{1-\mathrm{e}^{-nr}}{1-\mathrm{e}^{-r}} = \frac{V\mathrm{e}^{-r}}{1-\mathrm{e}^{-r}} = \frac{V}{\mathrm{e}^r-1}$$

为现在需要的总投资.

$r=4\%$,$V=30$ 万元时,$\lim\limits_{n\to\infty} L_n = 735.099997$,即现在需投资约 735 万元.

2.7.2 函数连续性的经济应用

经济学中涉及的许多变量都只能取整数值或有限个值,讨论变量间的关系往往过于烦琐,为了简化,往往假设变量可以在某个区间上任意取值.例如,生产一万辆同样汽车共用螺栓 950 万个,则汽车产量 y 与所用螺栓数 x 之间的函数关系 $y = \dfrac{1}{950}x$ 可以理解为连续函数.

例 2.39 **不同的收入支持计划** 假设某地方政府要对本地居民中无固定工作收入的人按月发放每人每月不超过 500 元的救济金.某人每工作一小时可挣得 20 元,每月工作时长可以自主掌握.试对以下两种不同的收入支持计划进行分析.

计划一:只对无任何工作收入的人每月发放 500 元救济金.如果领取者获得工作收入,无论多少都停止救济金支付.

计划二:对无固定工作收入的人每月发放 500 元救济金.如果领取者获得工作收入,则首先将其收入的一半用于偿还政府的救济金,直到偿还全部 500 元为止.

解 设 y 为月收入,t 为工作时间(单位:h).

计划一：$y = \begin{cases} 500, & t = 0, \\ 20t, & t > 0, \end{cases}$ 如图 2-7 所示.

计划二：$y = \begin{cases} 500 + 10t, & t \leqslant 50, \\ 20t, & t > 50, \end{cases}$ 如图 2-8 所示.

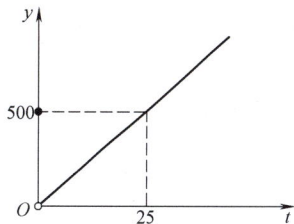

图 2-7

计划一的特点是"全部或者没有"，即要么得到全部救济金，要么得不到任何救济金. 身处这个计划的人如果每月工作不到 25h 就不如不工作，这可以看作是计划对工作的惩罚机制. 从数学上来看，这是因为在 $t = 0$ 处的值大于函数在 $0 < t < 25$ 的值.

计划二可以反映出"多劳多得"的公平分配原则，因为收入函数是随工作时间单调增加的，努力工作的结果是在改善工作者经济状况的同时还降低了政府援助计划的成本.

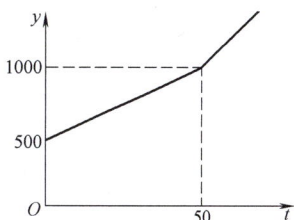

图 2-8

例 2.40 带奖金的工资方案 假设某产品的销售员的月工资由以下几个部分构成：

(1)基本工资 800 元；

(2)10% 的月销售额提成；

(3)如果月销售额达到 20000 元，则一次性奖励 500 元. 试画出月工资的函数图形并做简单分析.

解 设 y 为月工资，s 为月销售额（单位：元），则

$$y = \begin{cases} 800 + 0.1s, & s < 20000, \\ 3300 + 0.1s, & s \geqslant 20000, \end{cases}$$

图形如图 2-9 所示.

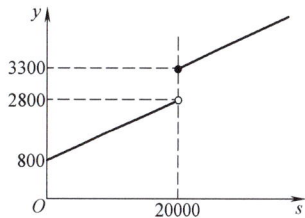

图 2-9

函数在点 $s = 20000$ 处的左、右极限分别为 2800 和 3300，图形有幅度为 500 的向上跳跃. 这意味着如果某人的销售额接近但尚未达到 20000 元，那么他将更努力地工作以期获得额外的奖金. 如果销售额远远未达到 20000 元或者已经超过了 20000 元，那么这种额外的刺激就不复存在了.

例 2.41 完全竞争市场模型通常限于描述这样的商品市场：该商品有大量的生产者，每个生产者的产量都比较小且产品的品质完全相同. 在这样的市场中，单个生产者的产量变化不会影响市场价格，因此可以将市场价格看作固定值. 某厂生产一种电子产品的情况如下：

(1)准备成本 B_0，如生产资质鉴定费和专利转让费等；

(2)固定成本 C_0，如设备投入等；

(3)生产成本（如人力及各种消耗资源等）与产量的平方根成正比.

设该厂的产量为 x，试根据完全竞争模型求其**收益函数**、**成本函数**和**利润函数**.

解 设每个电子产品的市场价格为 p，则其收益函数 $R(x) = px$.

成本函数

$$C(x) = \begin{cases} C_0, & x = 0, \\ B_0 + C_0 + w\sqrt{x}, & x > 0. \end{cases}$$

利润函数

$$L(x) = R(x) - C(x) = \begin{cases} -C_0, & x = 0, \\ px - B_0 - C_0 - w\sqrt{x}, & x > 0. \end{cases}$$

由于准备成本的存在,成本函数和利润函数在 $x = 0$ 都不是右连续的.

例 2.42 价格竞争的勃兰特(J. Bertrand)模型是考虑市场中有两个或两个以上销售者但数量却达不到完全竞争的要求时,销售者之间进行价格竞争的模型.这个模型假定所有消费者只购买价格最低的产品,如果几个销售者的价格相同都是最低,则消费者在他们之间平均分配.假设市场上只有两个销售者,p 为产品的单位价格,**需求函数**(市场的需求量)为 $y = 20 - 2p$,**边际成本**(每多生产一个单位产品所需要的成本)为 $c = 4$ 元.根据价格竞争的勃兰特模型分析这两个销售者的定价策略.

解 首先,考虑市场的总利润.

成本函数

$$C(p) = 4y = 4(20 - 2p).$$

收益函数

$$R(p) = py = p(20 - 2p).$$

利润函数 $L(p) = R(p) - C(p) = p(20 - 2p) - 4(20 - 2p)$
$$= 2(-p^2 + 14p - 40)$$
$$= -2(p - 7)^2 + 18.$$

因此,市场在 $p = 7$ 时取得最大利润 18.

假设第一个销售者的定价是 $p = 7$,我们考虑第二个销售者的定价策略.按照勃兰特模型,利润函数如下:

$$L_2(p) = \begin{cases} 0, & p > 7, \\ 9, & p = 7, \\ -2(p - 7)^2 + 18, & p < 7. \end{cases} \text{如图 2-10 所示.}$$

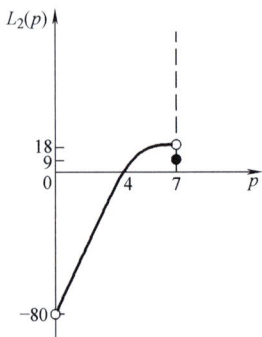

图 2-10

设第一个销售者的定价为 p_1,为了赢得市场并获得最大的经济利益,第二个销售者的定价 p_2 绝不会超过 p_1:当 $4 < p_1 \le 7$ 时,取 p_2 略微小于 p_1 即可赢得所有市场;当 $7 < p_1 \le 10$ 时,取 $p_2 = 7$ 即可赢得所有市场并取得最大利润.

习题 2.7

1. 设年利率为 3%,求在下列情况下,10000 元的投资额产生的未来收益:

　(1)以半年为期进行复利计算,1 年末的收益;

　(2)以半年为期进行复利计算,5 年末的收益;

　(3)按月进行复利计算,1 年末的收益;

　(4)按月进行复利计算,5 年末的收益;

　(5)连续复利计算,1 年末的收益;

　(6)连续复利计算,5 年末的收益.

2. 设年利率为 8%, 未来收益为 25000 元, 求在下列情况下的现值:

(1) 按年进行复利计算, 未来收益在 1 年末取得;

(2) 按年进行复利计算, 未来收益在 20 年末取得;

(3) 按季度进行复利计算, 未来收益在 1 年末取得;

(4) 按季度进行复利计算, 未来收益在 20 年末取得;

(5) 连续复利计算, 未来收益在 1 年末取得;

(6) 连续复利计算, 未来收益在 20 年末取得.

3. 政府支出 200 亿元, 经济个体将增加收入的 70% 用于购买国内产品, 根据凯恩斯倍数效应模型求政府支出增加的总效应.

4. 假设每年支付相等的 10000 元, 终身支付, 年利率为 6%, 以年为周期计算复利, 求:

(1) 全部收益的现值;

(2) 在第 50 年之后收取款项的现值;

(3) 前 50 年收取款项的现值.

5. 假设政府对年收入的税收政策如下:

(1) 25000 元及以下免税;

(2) 超过 25000 部分征收 40%;

(3) 对达到或超过 100000 元的征收一次性附加税 2000 元.

把税后收入写成税前收入的函数, 画出函数图形, 讨论函数的连续性, 并讨论该税收政策对工作的影响.

6. 假设某产品的销售员的月工资构成为:

(1) 基本工资 500 元;

(2) 当月销售额不超过 20000 元时提成 10%;

(3) 当月销售额超过 20000 元时提成 20%.

试画出月工资与销售业绩的函数图形并做简单分析.

综合习题 2

一、选择或填空题

1. 设数列 $\{a_n\}, \{b_n\}, \{c_n\}$ 满足 $a_n \leqslant c_n \leqslant b_n, n \geqslant 1$, 且极限 $\lim\limits_{n \to \infty} a_n$ 与 $\lim\limits_{n \to \infty} b_n$ 均存在, 则( ).

A. $\{c_n\}$ 必收敛   B. $\{c_n\}$ 必单调

C. $\{c_n\}$ 必有界   D. 以上结论都不对

2. 函数 $f(x)$ 在 $x = x_0$ 处有定义是当 $x \to x_0$ 时函数 $f(x)$ 有极限的( ).

A. 必要条件   B. 充分条件

C. 充分必要条件   D. 无关的条件

3. 函数 $f(x)$ 在 $x = x_0$ 处有定义是函数在 $x = x_0$ 处连续的( ).

A. 必要条件   B. 充分条件

C. 充分必要条件   D. 无关的条件

4. 若 $\lim\limits_{x \to \infty} f(x) = \infty, \lim\limits_{x \to \infty} g(x) = \infty$, 则必有( ).

A. $\lim\limits_{x \to \infty} [f(x) + g(x)] = \infty$

B. $\lim\limits_{x \to \infty} [f(x) - g(x)] = \infty$

C. $\lim\limits_{x \to \infty} \dfrac{1}{f(x) + g(x)} = 0$

D. $\lim\limits_{x \to \infty} kf(x) = \infty$ (k 为非零常数)

5. 若 $\lim\limits_{x \to a} f(x) = A, \lim\limits_{x \to a} g(x) = A$ (A 为有限值), 则下列哪个关系式不一定成立( ).

A. $\lim\limits_{x \to a} [f(x) + g(x)] = 2A$

B. $\lim\limits_{x \to a} [f(x) - g(x)] = 0$

C. $\lim\limits_{x \to a} f(x) \cdot g(x) = A^2$

D. $\lim\limits_{x \to a} \dfrac{f(x)}{g(x)} = 1$

6. 函数 $f(x)$ 在 $x \to x_0$ 时, 若 $f(x)$ ( ).

A. 不是无穷大, 则必为有界

B. 极限不存在, 则必为无界

C. 是无界的, 则必为无穷大

D. 存在极限, 则必为有界

7. 下列极限中存在的有( ).

A. $\lim\limits_{x \to \infty} \dfrac{x(x+2)}{x^2 - 1}$ B. $\lim\limits_{x \to 0} \dfrac{1}{2^x - 1}$

C. $\lim\limits_{x \to \infty} \sqrt{\dfrac{x^2 + 1}{x + 2}}$ D. $\lim\limits e^{\frac{1}{x-1}}$

8. 当 $x \to 0$ 时, 无穷小量 $\sin(3x + 2x^2)$ 是 x 的( )无穷小.

A. 高阶   B. 低阶

C. 同阶但非等价   D. 等价

9. 设函数 $f(x) = \begin{cases} \dfrac{\sin 2x}{x}, & x < 0, \\ a, & x = 0, \\ x\sin\dfrac{1}{x} + 2, & x > 0 \end{cases}$ 在其定义域内连续, 则 a 等于( ).

10. 设函数 $f(x) = \begin{cases} \dfrac{1}{e}(1+x)^{\frac{1}{x}}, & x \neq 0, \\ f(0), & x = 0 \end{cases}$ 在点 $x = 0$ 处连续, 则 $f(0)$ 等于( ).

11. 若 $\lim\limits_{x \to 1} \dfrac{x^3 + kx^2 + 3x - 2}{x^2 - 1} = 1$, 则 k 等于( ).

12. $\lim\limits_{x \to 0} \left(x\sin\dfrac{1}{2x} + \dfrac{1}{x}\sin 2x \right) = ($).

13. 若 $\lim\limits_{x \to 0}(1-x)^{\frac{k}{x}} = e^3$，则 k 等于（   ）.

14. 若 $\lim\limits_{n \to \infty}\left(\dfrac{n^3+3n-1}{n^2}+kn\right) = 0$，则 k 等于（   ）.

15. $\lim\limits_{x \to \infty}\dfrac{3x^2+5x-2}{2x^2+1} = $（   ）.

16. $\lim\limits_{x \to 0}\dfrac{\sin(x^2+2x)}{x} = $（   ）.

二、计算或证明题

1. 证明以下数列是无穷小：

(1) $x_n = \dfrac{1+(-1)^n n}{n^2}$；

(2) $x_n = \dfrac{n!}{n^n}$.

2. 证明以下数列极限：

(1) $\lim\limits_{n \to \infty}\dfrac{\sqrt{n^2+a^2}}{n} = 1$，$a$ 是常数；

(2) $\lim\limits_{n \to \infty}\left(1-\dfrac{1}{2^n}\right) = 1$.

3. 证明以下函数是无穷小：

(1) $f(x) = \dfrac{1}{\sqrt{x+1}}\sin(x+1)$，$x \to +\infty$；

(2) $f(x) = \dfrac{x^2-4}{x^2+1}$，$x \to 2$.

4. 设 $f(x) = a\dfrac{|x-x_0|}{x-x_0}$，证明：当 $x \to x_0$ 时，$f(x)$ 极限存在的充分必要条件是 $a = 0$.

5. 设 $f(x) = \begin{cases} x^2 e^{-2x}, & x \geqslant 0, \\ (3x^2+2)\sin 5x, & x < 0, \end{cases}$ 证明：当 $x \to 0$ 时，$f(x)$ 是无穷小.

6. 求下列极限：

(1) $\lim\limits_{n \to \infty}\dfrac{3^{n+1}+5^{n+1}}{3^n+5^n}$；

(2) $\lim\limits_{n \to \infty}\left[1-\dfrac{1}{2}+\dfrac{1}{2^2}-\dfrac{1}{2^3}+\cdots+(-1)^n\dfrac{1}{2^n}\right]$；

(3) $\lim\limits_{x \to \infty}\dfrac{x^2+2}{x^3+x}(5+\cos 2x)$；

(4) $\lim\limits_{h \to 0}\dfrac{\sqrt{h^2+4h+5}-\sqrt{5}}{h}$；

(5) $\lim\limits_{x \to +\infty}\sqrt{\dfrac{x^2-2x+3}{x^2+2x-5}}$；

(6) $\lim\limits_{x \to -\infty}\dfrac{x+2}{\sqrt{x^2+2x-5}}$；

(7) $\lim\limits_{x \to +\infty}\left(\sqrt{x^2+x+1}-x\right)$；

(8) $\lim\limits_{x \to \infty}\left(\sqrt{x^2+x}-\sqrt{x^2-x}\right)$；

(9) $\lim\limits_{x \to 0}\dfrac{\tan x-\sin x}{\sin^3 x}$；

(10) $\lim\limits_{x \to 0}\dfrac{\sqrt{1+\sin^2 x}-1}{x\tan x}$；

(11) $\lim\limits_{x \to \pi}\dfrac{\sin x}{x-\pi}$；

(12) $\lim\limits_{x \to 1}(1-x)\tan\dfrac{\pi x}{2}$；

(13) $\lim\limits_{x \to \infty}\left(\dfrac{x+n}{x}\right)^{mx}$（$m$，$n$ 为正整数）；

(14) $\lim\limits_{x \to \infty}\left(1-\dfrac{1}{x}\right)^{kx}$；

(15) $\lim\limits_{n \to \infty}\left(1+\dfrac{2}{3^n}\right)^{3^n}$；

(16) $\lim\limits_{x \to 0}(1+3x)^{\frac{1}{x}-1}$.

7. 推断下列极限值：

(1) 若 $\lim\limits_{x \to -2}\dfrac{f(x)}{x^2} = 1$，求 $\lim\limits_{x \to -2}\dfrac{f(x)}{x}$；

(2) 若 $\lim\limits_{x \to 2}\dfrac{f(x)-5}{x-2} = 3$，求 $\lim\limits_{x \to 2}f(x)$；

(3) 若 $\lim\limits_{x \to x_0}\dfrac{f(x)-f(x_0)}{x-x_0} = A$，求 $\lim\limits_{x \to x_0}f(x)$.

8. 设 $f(x) = \begin{cases} e^{x-x_0}+2, & x \geqslant x_0, \\ (x-x_0)\cos\dfrac{\pi}{x-x_0}+3, & x < x_0, \end{cases}$

证明：$\lim\limits_{x \to x_0}f(x) = 3$.

9. 证明：当 $x \to 0$ 时，$\sqrt{x+4}-2$ 与 $\sqrt{x+9}-3$ 是同阶的无穷小.

10. 讨论下列函数的连续性，若有间断点，指出其间断点的类型：

(1) $f(x) = \begin{cases} x\sin\dfrac{1}{x}, & x \neq 0, \\ 1, & x = 0; \end{cases}$

(2) $f(x) = e^{x+\frac{1}{x}}$.

11. 确定常数 a，b，使下列函数为连续函数：

(1) $f(x) = \begin{cases} \dfrac{\sin ax}{x}, & x > 0, \\ 2, & x = 0, \\ \dfrac{1}{bx}\ln(1-3x), & x < 0; \end{cases}$

(2) $f(x) = \begin{cases} \sqrt{x^2-1}, & x < -1, \\ b, & x = -1, \\ a+\arccos x, & x > -1. \end{cases}$

12. 研究下列函数的连续性：

(1) $f(x) = \lim\limits_{n \to \infty}\sqrt{x^2+\dfrac{2}{n}}$；

(2) $f(x) = \lim\limits_{n \to \infty}\dfrac{x^n}{1+x^n}$，$x \geqslant 0$.

13. 求常数 a，b，c 使得当 $x \to \infty$ 时，$\dfrac{1}{ax^2+bx+c} \sim \dfrac{1}{x+1}$.

14. 求常数 a,b,c 使得当 $x \to \infty$ 时，$\dfrac{1}{ax^2+bx+c} = o\left(\dfrac{1}{x+1}\right)$.

15. 设 $f(x) = \dfrac{px^2-2}{x^2+1} + 3qx + 5$，求 p,q 的值使得

(1) 当 $x \to \infty$ 时，$f(x)$ 是无穷小；

(2) 当 $x \to \infty$ 时，$f(x)$ 是无穷大.

16. 设 $f(x) = e^x - 2$，证明：至少存在一点 $\xi \in (0,2)$，使得 $f(\xi) = \xi$.

17. 设 $f(x) \in C[a,b]$，若 $f(x)$ 在 $[a,b]$ 上恒不为零，则 $f(x)$ 在 $[a,b]$ 上恒正或恒负.

18. 设 $f(x) \in C[a,b]$，$\alpha, \beta > 0$，证明：至少存在一点 $\xi \in [a,b]$，使得

$$f(\xi) = \frac{\alpha f(a) + \beta f(b)}{\alpha + \beta}.$$

第2章部分
习题详解

3

第3章

导数与微分

导数是一元微分学中最核心的概念. 本章我们将从导数概念引入的本源问题出发, 介绍导数的概念和性质, 推导基本初等函数的求导公式, 研究函数的求导法则, 最后介绍微分的概念及简单应用.

3.1 导　　数

导数问题是对一大类实际问题的数学抽象, 它有着广泛而深刻的应用背景. 本节我们从几何和经济中的几个典型的问题出发来引入导数的概念.

3.1.1 切线与边际问题

引例 1 平面曲线的切线及切线的斜率.

切线的概念最早见于初等数学中圆的切线. 圆的切线定义为与圆周只有一个交点的直线, 它是切线定义的特例. 一般地, 我们用曲线的割线和极限来定义平面曲线的切线.

设 Γ 是一条平面曲线, 过 Γ 上任意两点的直线称为 Γ 的一条割线, 连接这两点的线段称为 Γ 的一条弦.

设点 M 是 Γ 上一个定点. 任意取定 Γ 上的动点 N, 当动点 N 沿曲线 Γ 移动时, 割线 MN 绕点 M 转动. 如果当动点 N 沿曲线 Γ 无限趋近于定点 M 时, 割线 MN 无限接近于某定直线 MT, 则称 MT 为曲线 Γ 在 M 处的切线.

例如, 直线上任意一点的切线都是直线本身, 圆上任意一点的切线为与圆周只在该点相交的直线.

当平面曲线 Γ 由方程 $y = f(x)$ 表示时 (见图 3-1), 我们进一步考察曲线切线的斜率.

设定点 M 的坐标为 (x_0, y_0) $(y_0 = f(x_0))$, 动点 N 的坐标为 (x, y), 其中 $x = x_0 + \Delta x, y = f(x_0 + \Delta x)$, 则割线 MN 的斜率为

$$\tan\varphi = \frac{\Delta y}{\Delta x} = \frac{f(x_0 + \Delta x) - f(x_0)}{\Delta x}.$$

注意到

$$动点\ N \xrightarrow{\text{沿曲线}} 定点\ M \Leftrightarrow \Delta x \to 0,$$

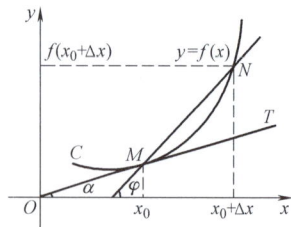

图　3-1

故切线 MT 的斜率为

$$k = \tan\alpha = \lim_{\Delta x \to 0} \frac{\Delta y}{\Delta x} = \lim_{\Delta x \to 0} \frac{f(x_0 + \Delta x) - f(x_0)}{\Delta x}. \quad (3\text{-}1)$$

引例 2 边际问题.

设 $C(Q)$ 为某种商品的总成本函数,Q 为商品产量.当产量由 Q_0 增加到 $Q_0 + \Delta Q$ 时,成本的增加量为 $\Delta C = C(Q_0 + \Delta Q) - C(Q_0)$. $\frac{\Delta C}{\Delta Q} = \frac{C(Q_0 + \Delta Q) - C(Q_0)}{\Delta Q}$ 表示的是当产量增加一个单位时成本的平均变化率,也称其为产量由 Q_0 增加到 $Q_0 + \Delta Q$ 时的平均边际成本.如果这个值为正,值越大说明多生产一个单位产品的成本就增加得越多,生产者可以考虑减少产量;如果这个值为负,值越小说明多生产一个单位产品的成本就减少得越多,生产者可以考虑增加产量.值得注意的是,随着 ΔQ 的不同取值,成本的平均变化率 $\frac{\Delta C}{\Delta Q}$ 也可能不同.毫无疑问,ΔQ 越小,$\frac{\Delta C}{\Delta Q}$ 就越能反映成本函数 $C(Q)$ 在点 Q_0 附近的变化情况,如果极限

$$\lim_{\Delta Q \to 0} \frac{\Delta C}{\Delta Q} = \lim_{\Delta Q \to 0} \frac{C(Q_0 + \Delta Q) - C(Q_0)}{\Delta Q} \quad (3\text{-}2)$$

存在,就称这个极限值是生产这种商品时在点 Q_0 的边际成本.

以上两个问题有着不同的背景,但它们在数量关系上并没有区别,都可以归结为求同一种形式的极限,即在自变量增量趋于零时,函数增量与自变量增量之比(称为**平均变化率**)的极限(称为**瞬时变化率**).

还有许多重要的概念都可以归结为函数的瞬时变化率,例如,需求函数、供给函数、总收益函数和总利润函数的瞬时变化率分别称为**边际需求**、**边际供给**、**边际收益**和**边际利润**,它们在经济分析中都有着重要应用.

抛开这些问题的具体含义,抽象出它们在数量关系上的共性,就有了导数的概念.

3.1.2 导数的概念

定义 3.1(导数的概念) 设函数 $y = f(x)$ 在点 x_0 的某个邻域内有定义,如果极限

$$\lim_{\Delta x \to 0} \frac{\Delta y}{\Delta x} = \lim_{\Delta x \to 0} \frac{f(x_0 + \Delta x) - f(x_0)}{\Delta x} \quad (3\text{-}3)$$

存在,则称函数 $y = f(x)$ 在点 x_0 处可导,并称该极限值为函数 $y = f(x)$ 在点 x_0 处的导数,记为 $y'\big|_{x=x_0}$,$f'(x_0)$,$\dfrac{\mathrm{d}y}{\mathrm{d}x}\Big|_{x=x_0}$ 或 $\dfrac{\mathrm{d}f(x)}{\mathrm{d}x}\Big|_{x=x_0}$,即

$$y'\big|_{x=x_0} = \lim_{\Delta x \to 0} \frac{\Delta y}{\Delta x} = \lim_{\Delta x \to 0} \frac{f(x_0 + \Delta x) - f(x_0)}{\Delta x}.$$

视频:导数概念浅析

如果极限(3-3)不存在,则称函数 $y = f(x)$ 在点 x_0 处不可导,也称导数不存在.

注意:当极限(3-3)为无穷大时,习惯上也称函数 $y = f(x)$ 在点 x_0 处的导数为无穷大,记作 $f'(x_0) = \infty$.

为了书写方便,导数可以使用上述 4 种不同记号,也可以使用不同形式的表达式定义,即

$$y'\big|_{x=x_0} = f'(x_0) = \frac{\mathrm{d}y}{\mathrm{d}x}\bigg|_{x=x_0} = \frac{\mathrm{d}f(x)}{\mathrm{d}x}\bigg|_{x=x_0} = \lim_{\Delta x \to 0} \frac{\Delta y}{\Delta x}$$

$$= \lim_{\Delta x \to 0} \frac{f(x_0 + \Delta x) - f(x_0)}{\Delta x}$$

$$= \lim_{h \to 0} \frac{f(x_0 + h) - f(x_0)}{h}$$

$$= \lim_{x \to x_0} \frac{f(x) - f(x_0)}{x - x_0}.$$

我们首先从两个侧面进一步理解导数的概念.

1. 可导函数一定连续

定理 3.1 若函数 $y = f(x)$ 在点 x_0 处可导,则 $y = f(x)$ 在点 x_0 处连续.

证明 由函数 $y = f(x)$ 在点 x_0 处可导有

$$\lim_{\Delta x \to 0} \frac{\Delta y}{\Delta x} = f'(x_0),$$

所以

$$\lim_{\Delta x \to 0} \Delta y = \lim_{\Delta x \to 0} \frac{\Delta y}{\Delta x} \cdot \Delta x = f'(x_0) \cdot 0 = 0,$$

故 $f(x)$ 在点 x_0 处连续.

定理 3.1 说明,如果一个函数在某个点不连续,那么它在该点就一定不可导.

2. 导数的几何意义

曲线 $y = f(x)$ 在点 $(x_0, f(x_0))$ 处切线的斜率等于函数 $y = f(x)$ 在 x_0 点的导数 $f'(x_0)$.

导数的几何意义是由导数的定义及引例 1 给出的.作为练习,读者也可以结合引例 2 来探讨导数在经济学中的意义.

根据导数的几何意义,我们可以方便地求出曲线的切线方程和法线方程.例如,曲线 $y = f(x)$ 在点 $(x_0, y_0)(y_0 = f(x_0))$ 处的切线方程为

$$y - y_0 = f'(x_0)(x - x_0).$$

曲线 $y = f(x)$ 在点 (x_0, y_0) 处的法线是指过点 (x_0, y_0) 且和曲线在这点的切线垂直的直线,因此法线方程为

$$y - y_0 = -\frac{1}{f'(x_0)}(x - x_0).$$

特别地,当 $f'(x_0) = 0$ 时,切线方程为 $y = y_0$,法线方程为 $x = x_0$,即曲线 $y = f(x)$ 在该点的切线与 x 轴平行而法线与 x 轴垂直.

例 3.1 求抛物线 $y = x^2 + 1$ 在点 $x = 1$ 处的切线方程和法线方程.

解 当 $x = 1$ 时,$y = 1^2 + 1 = 2$. 求抛物线 $y = x^2 + 1$ 在点 $x = 1$ 处的切线方程和法线方程就是求抛物线 $y = x^2 + 1$ 在点 $(1,2)$ 处的切线方程和法线方程. 为此我们需要求函数 $y = x^2 + 1$ 在点 $x = 1$ 处的导数.

$$y'\,|_{x=1} = \lim_{x \to 1} \frac{x^2 + 1 - 2}{x - 1} = \lim_{x \to 1}(x + 1) = 2.$$

抛物线 $y = x^2 + 1$ 在点 $x = 1$ 处的切线方程为
$$y - 2 = 2(x - 1).$$

法线方程为
$$y - 2 = -\frac{1}{2}(x - 1).$$

视频:导数的意义

在上面的例子中,我们直接用定义求出了函数在一个点的导数. 如果需要求函数在多个点的导数,这种方法使用起来就显得不太方便了. 为此我们做进一步的讨论.

如果函数 $y = f(x)$ 在开区间 I 内每一点都可导,则称 $f(x)$ 在开区间 I 内可导. 此时,对任意 $x \in I$,都对应着一个确定的导数值,这样就定义了开区间 I 上的一个新函数,称此函数为 $y = f(x)$ 在开区间 I 内的导函数,简称导数,记为
$$y',\, f'(x),\, \frac{\mathrm{d}y}{\mathrm{d}x} \ 或 \ \frac{\mathrm{d}f(x)}{\mathrm{d}x}.$$

如果函数 $y = f(x)$ 的导函数 $f'(x)$ 存在,则 $y = f(x)$ 在点 x_0 处的导数就是 $f'(x)$ 在点 x_0 处的值,即
$$f'(x_0) = f'(x)\,|_{x=x_0}.$$

例 3.2 $y = \sin x$,求 y'.

解
$$y' = \lim_{\Delta x \to 0} \frac{\sin(x + \Delta x) - \sin x}{\Delta x}$$
$$= \lim_{\Delta x \to 0} \frac{2\cos\left(x + \frac{\Delta x}{2}\right)\sin\frac{\Delta x}{2}}{\Delta x}$$
$$= \cos x,$$

即 $(\sin x)' = \cos x$. 类似地,有
$$(\cos x)' = -\sin x.$$

例 3.3 $y = x^n$(n 为正整数),求 y'.

解 由二项式定理,有

$$(x^n)' = \lim_{\Delta x \to 0} \frac{(x+\Delta x)^n - x^n}{\Delta x}$$

$$= \lim_{\Delta x \to 0} \frac{n\Delta x \cdot x^{n-1} + \frac{n(n-1)}{2}(\Delta x)^2 x^{n-2} + \cdots + (\Delta x)^n}{\Delta x}$$

$$= nx^{n-1},$$

即 $(x^n)' = nx^{n-1}$.

例 3.4　求函数 $y = \ln x$ 的导数.

解

$$y' = \lim_{h \to 0} \frac{\ln(x+h) - \ln x}{h}$$

$$= \lim_{h \to 0} \frac{\ln(1 + h/x)}{h}$$

$$= \lim_{h \to 0} \frac{h/x}{h} \qquad （等价无穷小代换）$$

$$= \frac{1}{x},$$

即 $(\ln x)' = \dfrac{1}{x}$.

例 3.5　求曲线 $y = \cos x$ 在点 $\left(\dfrac{\pi}{3}, \dfrac{1}{2}\right)$ 处的切线方程和法线方程.

解　由 $y' = (\cos x)' = -\sin x$，所求切线的斜率为

$$k = -\sin x \Big|_{x = \frac{\pi}{3}} = -\frac{\sqrt{3}}{2},$$

切线方程为
$$y - \frac{1}{2} = -\frac{\sqrt{3}}{2}\left(x - \frac{\pi}{3}\right),$$

法线方程为
$$y - \frac{1}{2} = \frac{2\sqrt{3}}{3}\left(x - \frac{\pi}{3}\right).$$

在经济学中，通常把导数称为边际或边际函数. 例如，如果 $C(Q)$ 是成本函数，则 $C'(Q)$ 是边际成本；$Q_D(P)$ 是需求函数，则 $Q'_D(P)$ 是边际需求函数等.

例 3.6　设某商品的需求函数 $Q_D(P) = -10P + 2000$，求边际需求函数 $Q'_D(P)$.

解

$$Q'_D(P) = \lim_{\Delta P \to 0} \frac{-10(P + \Delta P) + 2000 - (-10P + 2000)}{\Delta P} = -10.$$

这一结果表示该商品的价格每增加 1 个单位，需求量就会减少 10 个单位.

在实际应用中，我们还经常需要研究函数的**单侧导数**.

如果右极限

$$\lim_{\Delta x \to 0^+} \frac{\Delta y}{\Delta x} = \lim_{\Delta x \to 0^+} \frac{f(x_0 + \Delta x) - f(x_0)}{\Delta x}$$

存在,则称其为函数 $f(x)$ 在点 x_0 处的**右导数**,记为 $f'_+(x_0)$.

如果左极限

$$\lim_{\Delta x \to 0^-} \frac{\Delta y}{\Delta x} = \lim_{\Delta x \to 0^-} \frac{f(x_0 + \Delta x) - f(x_0)}{\Delta x}$$

存在,则称其为函数 $f(x)$ 在点 x_0 处的**左导数**,记为 $f'_-(x_0)$.

利用极限与左、右极限的关系有

$$f(x) \text{ 在 } x_0 \text{ 处可导} \Leftrightarrow f'_-(x_0) = f'_+(x_0).$$

例 3.7 讨论 $f(x) = |x|$ 在 $x = 0$ 处的连续性和可导性.

解 由 $\quad \lim_{x \to 0} f(x) = \lim_{x \to 0} |x| = 0 = f(0)$

有 $f(x) = |x|$ 在 $x = 0$ 处连续.

由左、右导数的定义分别有

$$
\begin{aligned}
f'_-(0) &= \lim_{x \to 0^-} \frac{f(x) - f(0)}{x} \\
&= \lim_{x \to 0^-} \frac{|x|}{x} \\
&= \lim_{x \to 0^-} \frac{-x}{x} = -1, \\
f'_+(0) &= \lim_{x \to 0^+} \frac{f(x) - f(0)}{x} \\
&= \lim_{x \to 0^+} \frac{|x|}{x} \\
&= \lim_{x \to 0^+} \frac{x}{x} = 1.
\end{aligned}
$$

因为 $f'_-(0) \neq f'_+(0)$,所以 $f(x)$ 在 $x = 0$ 处不可导.

本例说明,**连续函数不一定可导**.

习题 3.1

1.用导数定义求下列函数的导数:

(1) $f(x) = x^2 + 2x$; (2) $f(x) = \dfrac{1}{x}$.

2.设下列各题中的 $f'(x_0)$ 均存在,求下列各式的极限值:

(1) $\lim\limits_{\Delta x \to 0} \dfrac{f(x_0 - \Delta x) - f(x_0)}{\Delta x}$;

(2) $\lim\limits_{h \to 0} \dfrac{f(x_0 + h) - f(x_0 - h)}{h}$;

(3) $\lim\limits_{n \to \infty} n\left[f\left(x_0 + \dfrac{1}{n}\right) - f(x_0) \right]$;

(4) $\lim\limits_{x \to x_0} \dfrac{f^2(x) - f^2(x_0)}{x - x_0}$.

3.讨论下列函数在 $x = 0$ 处的连续性与可导性:

(1) $f(x) = x|x|$;

(2) $f(x) = \begin{cases} x^2, & x \geqslant 0, \\ xe^x, & x < 0. \end{cases}$

4.讨论函数

$$f(x) = \begin{cases} x - 1, & x \leqslant 0, \\ 2x, & 0 < x \leqslant 1, \\ x^2 + 1, & 1 < x \leqslant 2, \\ \dfrac{1}{2}x + 4, & x > 2 \end{cases}$$

在点 $x = 0, x = 1$ 及 $x = 2$ 处的连续性和可导性.

5.一物体的运动方程为 $s = t^2 + 4$,求该物体在 $t = 10\text{s}$ 时的瞬时速度(单位:m/s).

6.求曲线 $f(x) = x^3$ 在点 $(1,1)$ 处的切线方程和法线方程.

7.试确定常数 a,b 的值,使得函数 $f(x) = \begin{cases} x^2+1, & x \geqslant 1, \\ ax+b, & x < 1 \end{cases}$ 在 $x=1$ 处可导.

8.证明:在曲线 $xy = 1$ 上任意一点处的切线与两个坐标轴所构成的面积都等于2.

9.证明:函数 $f(x) = \begin{cases} \dfrac{\sqrt{x+1}-1}{\sqrt{x}}, & x > 0, \\ 0, & x \leqslant 0 \end{cases}$ 在 $x = 0$ 处连续,但不可导.

10.设某商品的需求函数为 $Q_D(P) = -5P + 1000$,求它的边际需求函数 $Q'_D(P)$.

3.2　导数的计算

前一节我们学习了导数的概念,并根据导数定义求出了一些简单函数的导数.本节我们将以极限理论和导数定义为基础建立若干求导法则,使函数的求导计算系统化、简单化.利用这些法则,我们可以在基本初等函数的求导公式基础上,较为方便地求出初等函数的导数.

3.2.1　导数的四则运算法则

定理 3.2　若函数 $f(x),g(x)$ 可导,则它们的和、差、积、商(分母不为零)均可导,且

(1)函数代数和的求导法则
$$[f(x) \pm g(x)]' = f'(x) \pm g'(x);$$

(2)函数乘积的求导法则
$$[f(x)g(x)]' = f'(x)g(x) + f(x)g'(x);$$

(3)函数商的求导法则
$$\left[\frac{f(x)}{g(x)}\right]' = \frac{f'(x)g(x) - f(x)g'(x)}{g^2(x)}, 其中, g(x) \neq 0.$$

特别地,$\left[\dfrac{1}{g(x)}\right]' = -\dfrac{g'(x)}{g^2(x)}.$

证明　我们只证明法则(2),其余给读者留作练习.由
$$\frac{f(x+\Delta x)g(x+\Delta x) - f(x)g(x)}{\Delta x}$$
$$= \frac{f(x+\Delta x) - f(x)}{\Delta x}g(x+\Delta x) + f(x)\frac{g(x+\Delta x) - g(x)}{\Delta x},$$

并令 $\Delta x \to 0$,注意到
$$\lim_{\Delta x \to 0} \frac{f(x+\Delta x) - f(x)}{\Delta x} = f'(x),$$
$$\lim_{\Delta x \to 0} \frac{g(x+\Delta x) - g(x)}{\Delta x} = g'(x),$$
$$\lim_{\Delta x \to 0} g(x+\Delta x) = g(x),$$

有(2)成立.

函数乘积的求导法则的一个特例是 $[cf(x)]' = cf'(x)$ (c 为常数),即常数可以提到导数符号的外面.

代数和的求导法则和乘积的求导法则可推广到任意有限个可导函数的情形,例如,设 f,g,h 均可导,则有

$$(f+g+h)' = f'+g'+h',$$
$$(fgh)' = f'gh+fg'h+fgh'.$$

利用函数商的求导法则和 $\sin x$、$\cos x$ 的求导公式,可直接得到 $\tan x$ 和 $\cot x$ 的求导公式

$$(\tan x)' = \sec^2 x,$$
$$(\cot x)' = -\csc^2 x.$$

例 3.8 设 $f(x) = x^3 + 4\cos x + \sin \dfrac{\pi}{2}$,求 $f'\left(\dfrac{\pi}{2}\right)$.

解
$$f'(x) = (x^3)' + 4(\cos x)' + \left(\sin \frac{\pi}{2}\right)'$$
$$= 3x^2 - 4\sin x + 0,$$

故
$$f'\left(\frac{\pi}{2}\right) = \frac{3}{4}\pi^2 - 4.$$

例 3.9 设 $y = \mathrm{e}^x \tan x$,求 y'.

解
$$y' = (\mathrm{e}^x)' \tan x + \mathrm{e}^x (\tan x)'$$
$$= \mathrm{e}^x \tan x + \mathrm{e}^x \sec^2 x$$
$$= \mathrm{e}^x (\tan x + \sec^2 x).$$

3.2.2 反函数的求导法则

定理 3.3 设 $y = f(x)$ 单调、可导且 $f'(x) \neq 0$,则它的反函数 $x = \varphi(y)$ 也可导,且有 $\varphi'(y) = \dfrac{1}{f'(x)}$,即 $\dfrac{\mathrm{d}x}{\mathrm{d}y} = \dfrac{1}{\dfrac{\mathrm{d}y}{\mathrm{d}x}}$.

证明 由于 $y = f(x)$ 单调,所以反函数 $x = \varphi(y)$ 也单调,因此当 $\Delta y \neq 0$ 时,$\Delta x \neq 0$,并且 $\Delta y \to 0$ 时,$\Delta x \to 0$,于是反函数 $x = \varphi(y)$ 对 y 的导数为

$$\frac{\mathrm{d}x}{\mathrm{d}y} = \lim_{\Delta y \to 0} \frac{\Delta x}{\Delta y} = \lim_{\Delta x \to 0} \frac{1}{\dfrac{\Delta y}{\Delta x}} = \frac{1}{\dfrac{\mathrm{d}y}{\mathrm{d}x}}.$$

由三角函数的求导公式和反函数的求导法则,不难求出反三角函数的导数.

例 3.10 求 $y = \arcsin x$ 的导数.

解 因为 $y = \arcsin x, x \in (-1,1)$ 是 $x = \sin y, y \in \left(-\dfrac{\pi}{2}, \dfrac{\pi}{2}\right)$ 的反函数,由 $x = \sin y$ 在 $\left(-\dfrac{\pi}{2}, \dfrac{\pi}{2}\right)$ 内单调增加、可导,且 $\dfrac{\mathrm{d}x}{\mathrm{d}y} = \cos y > 0$,所以 $y = \arcsin x$ 在 $(-1,1)$ 内可导,且

$$y' = (\arcsin x)'$$

$$= \frac{1}{\dfrac{\mathrm{d}x}{\mathrm{d}y}} = \frac{1}{\cos y}$$

$$= \frac{1}{\sqrt{1 - \sin^2 y}}$$

$$= \frac{1}{\sqrt{1 - x^2}}, x \in (-1, 1).$$

类似可得

$$(\arccos x)' = -\frac{1}{\sqrt{1 - x^2}},$$

$$(\arctan x)' = \frac{1}{1 + x^2},$$

$$(\operatorname{arccot} x)' = -\frac{1}{1 + x^2}.$$

3.2.3　复合函数的求导法则

视频:复合函数
的求导法则

> **定理 3.4** 设函数 $y = f(g(x))$ 由 $y = f(u)$ 和 $u = g(x)$ 复合而成. 如果 $u = g(x)$ 在点 x 处可导，$y = f(u)$ 在点 $u = g(x)$ 处可导，则复合函数 $y = f(g(x))$ 在点 x 处可导，且
> $$[f(g(x))]' = f'(g(x))g'(x)$$
> 或
> $$\frac{\mathrm{d}y}{\mathrm{d}x} = \frac{\mathrm{d}y}{\mathrm{d}u}\frac{\mathrm{d}u}{\mathrm{d}x}.$$

如果对任意的 $\Delta x \neq 0$，都有 $\Delta u \neq 0$，令
$$\Delta y = f(g(x + \Delta x)) - f(g(x)) = f(u + \Delta u) - f(u),$$
则有
$$\frac{\Delta y}{\Delta x} = \frac{\Delta y}{\Delta u}\frac{\Delta u}{\Delta x}.$$

令 $\Delta x \to 0$，得到
$$[f(g(x))]' = f'(g(x))g'(x),$$
即使对某些 $\Delta x \neq 0$，有 $\Delta u = 0$，定理结论仍然成立.

复合函数的求导公式可以推广到多层函数复合的情形. 使用该公式时，关键在于弄清函数的复合关系，将一个复杂的函数分解成几个基本初等函数，由外向内逐层求导，不能脱节，这个法则被人们形象地称为"链式法则".

视频:导数
与变化率

例 3.11 设 $y = \mathrm{e}^{x^3}$，求 $\dfrac{\mathrm{d}y}{\mathrm{d}x}$.

解 $y = \mathrm{e}^{x^3}$ 可视为由基本初等函数 $y = \mathrm{e}^u$ 和 $u = x^3$ 复合而成，因此

$$\frac{\mathrm{d}y}{\mathrm{d}x} = \frac{\mathrm{d}y}{\mathrm{d}u}\frac{\mathrm{d}u}{\mathrm{d}x}$$

$$= \mathrm{e}^u 3x^2$$

$$= 3x^2 \mathrm{e}^{x^3}.$$

例 3.12 设 $y = \sin(1+x^2)$，求 $\dfrac{\mathrm{d}y}{\mathrm{d}x}$.

解 $y = \sin(1+x^2)$ 可看作 $y = \sin u$ 和 $u = 1+x^2$ 复合而成. 又因为

$$\frac{\mathrm{d}y}{\mathrm{d}u} = \cos u, \frac{\mathrm{d}u}{\mathrm{d}x} = 2x,$$

所以

$$\frac{\mathrm{d}y}{\mathrm{d}x} = \cos u \cdot 2x = 2x\cos(1+x^2).$$

对于复合函数的分解比较熟悉后，就不必再写出中间变量，只要认清函数的复合层次，然后逐层求导就行了.

例 3.13 设 $y = \sqrt[3]{1-2x^2}$，求 y'.

解
$$
\begin{aligned}
y' &= \left[(1-2x^2)^{\frac{1}{3}}\right]' \\
&= \frac{1}{3}(1-2x^2)^{-\frac{2}{3}} \cdot (1-2x^2)' \\
&= \frac{-4x}{3\sqrt[3]{(1-2x^2)^2}}.
\end{aligned}
$$

例 3.14 $y = x^{\mu}\,(x > 0, \mu \in \mathbf{R})$，求 $\dfrac{\mathrm{d}y}{\mathrm{d}x}$.

解 由 $y = x^{\mu} = \mathrm{e}^{\mu\ln x}$，有

$$\frac{\mathrm{d}y}{\mathrm{d}x} = \mathrm{e}^{\mu\ln x}(\mu\ln x)' = x^{\mu}\mu\frac{1}{x} = \mu x^{\mu-1}.$$

由于初等函数是由常数和基本初等函数经过有限次的四则运算和有限次的复合所得到的函数，所以任何初等函数都可以按基本初等函数的导数公式、函数四则运算的求导法则和复合函数的求导法则求出导数. 为了便于查阅，我们将常数和基本初等函数的导数公式集中列出，称为**导数基本公式**.

(1) $(C)' = 0$；
(2) $(x^{\mu})' = \mu x^{\mu-1}$；

(3) $(a^x)' = a^x\ln a$，特别地，$(\mathrm{e}^x)' = \mathrm{e}^x$；

(4) $(\log_a x)' = \dfrac{1}{x\ln a}$，特别地，$(\ln x)' = \dfrac{1}{x}$；

(5) $(\sin x)' = \cos x$；
(6) $(\cos x)' = -\sin x$；

(7) $(\tan x)' = \sec^2 x$；
(8) $(\cot x)' = -\csc^2 x$；

(9) $(\arcsin x)' = \dfrac{1}{\sqrt{1-x^2}}$；
(10) $(\arccos x)' = -\dfrac{1}{\sqrt{1-x^2}}$；

(11) $(\arctan x)' = \dfrac{1}{1+x^2}$；
(12) $(\text{arccot}\,x)' = -\dfrac{1}{1+x^2}$；

(13) $(\sec x)' = \sec x\tan x$；
(14) $(\csc x)' = -\csc x\cot x$.

在所有的求导法则中，复合函数的求导法则是最基本也是最重要的. 复合函数的求导法则不仅用于求复合函数的导数，而且也是后面学习其他的求导法的基础，应当熟练而准确地掌握.

例 3.15 $y = \ln(x + \sqrt{1+x^2})$，求 $\dfrac{\mathrm{d}y}{\mathrm{d}x}$.

解 $y' = \left[\ln(x + \sqrt{1+x^2})\right]'$

$= \dfrac{1}{x + \sqrt{1+x^2}}(x + \sqrt{1+x^2})'$

$= \dfrac{1}{x + \sqrt{1+x^2}}\left[1 + \dfrac{1}{2\sqrt{1+x^2}}(1+x^2)'\right]$

$= \dfrac{1}{x + \sqrt{1+x^2}}\left(1 + \dfrac{x}{\sqrt{1+x^2}}\right) = \dfrac{1}{\sqrt{1+x^2}}.$

3.2.4 高阶导数

在变速直线运动中，位移 $s(t)$ 对时间 t 的导数是速度 $v(t)$，而速度 $v(t)$ 对时间 t 的变化率是加速度 $a(t)$，即

$$a(t) = v'(t) = [s'(t)]'.$$

称 $a(t)$ 为 $s(t)$ 对时间 t 的二阶导数. 一般地，我们有如下定义.

定义 3.2 设函数 $y = f(x)$ 在区间 I 上可导，若导函数 $f'(x)$ 在区间 I 上仍可导，即对任意的 $x \in I$，

$$[f'(x)]' = \lim_{\Delta x \to 0}\frac{f'(x+\Delta x) - f'(x)}{\Delta x}$$

存在，则称函数 $f(x)$ 在区间 I 上二阶可导，称 $[f'(x)]'$ 为 $f(x)$ 的二阶导数，记为

$$y'',\; f''(x),\; \frac{\mathrm{d}^2 y}{\mathrm{d}x^2} \text{ 或 } \frac{\mathrm{d}^2 f(x)}{\mathrm{d}x^2}.$$

一般地，$f(x)$ 的 $(n-1)$ 阶导数的导数称为 $f(x)$ 的 n 阶导数，记为

$$y^{(n)},\; f^{(n)}(x),\; \frac{\mathrm{d}^n y}{\mathrm{d}x^n} \text{ 或 } \frac{\mathrm{d}^n f(x)}{\mathrm{d}x^n}.$$

习惯上，我们把二阶以及二阶以上的导数称为高阶导数. 为统一起见，称 $f'(x)$ 为 $f(x)$ 的一阶导数，并约定 $f(x)$ 本身为 $f(x)$ 的零阶导数，即 $f^{(0)}(x) = f(x)$.

根据高阶导数的定义，函数 n 阶导数就是函数 $n-1$ 阶导数的导数，因此可以应用前面所学的求导方法计算高阶导数，本质上并不需要新的求导法则.

例 3.16 求下列函数的 n 阶导数：

(1) $y = \mathrm{e}^x$；

(2) $y = \dfrac{1}{1-x}$；

(3) $y = \sin x$.

解 (1) $y = \mathrm{e}^x$，则 $y' = \mathrm{e}^x = y$，反复求导有

$$(\mathrm{e}^x)^{(n)} = \mathrm{e}^x.$$

(2) $y = \dfrac{1}{1-x}$，则

$$y' = \dfrac{1}{(1-x)^2}, y'' = \dfrac{2}{(1-x)^3}, y''' = \dfrac{3 \times 2}{(1-x)^4}, \cdots$$

一般地，$y^{(n)} = \dfrac{n!}{(1-x)^{n+1}}, n \geqslant 1$，即

$$\left(\dfrac{1}{1-x} \right)^{(n)} = \dfrac{n!}{(1-x)^{n+1}}, n \geqslant 1.$$

(3)直接求导有 $(\sin x)' = \cos x,$

$$(\sin x)'' = (\cos x)' = -\sin x,$$

$$(\sin x)''' = (-\sin x)' = -\cos x,$$

$$(\sin x)^{(4)} = (-\cos x)' = \sin x.$$

至此，我们已经可以求出 $\sin x$ 的任意阶导数！为了便于记忆，我们给出其统一表达式

$$(\sin x)^{(n)} = \sin\left(x + \dfrac{n\pi}{2} \right), n \geqslant 0.$$

关于高阶导数，我们有如下求导法则：

> **定理 3.5** 设函数 $u(x), v(x)$ 都是 n 阶可导的，则
>
> (1) $(u \pm v)^{(n)} = u^{(n)} \pm v^{(n)}$；
>
> (2) $(Cu)^{(n)} = Cu^{(n)}$，C 为常数；
>
> (3) $(uv)^{(n)} = \displaystyle\sum_{k=0}^{n} C_n^k u^{(n-k)} v^{(k)}$ （莱布尼茨公式）.

定理的前两部分容易由定义直接得到，第三部分则可以用数学归纳法证明.

例 3.17   设 $y = x^2 \ln x$，求 $y^{(n)}$.

解 $y' = 2x\ln x + x, y'' = 2\ln x + 3$，

令 $u(x) = x^2, v(x) = \ln x$，则

$$u'(x) = 2x, u''(x) = 2, u^{(k)}(x) = 0, k = 3, 4, 5, \cdots,$$

$$v^{(k)}(x) = \dfrac{(-1)^{k-1}(k-1)!}{x^k}, k \geqslant 1.$$

对 $n \geqslant 3$，由莱布尼茨公式得

$$y^{(n)} = v^{(n)}(x)u(x) + C_n^1 v^{(n-1)}(x)u'(x) + C_n^2 v^{(n-2)}(x)u''(x) + 0$$

$$= \dfrac{(-1)^{n-1}(n-1)!}{x^n} \cdot x^2 + n \cdot \dfrac{(-1)^{n-2}(n-2)!}{x^{n-1}} \cdot 2x +$$

$$\dfrac{n(n-1)}{2} \cdot \dfrac{(-1)^{n-3}(n-3)!}{x^{n-2}} \cdot 2$$

$$= (-1)^{n-1}(n-3)![(n-1)(n-2) - 2n(n-2) + n(n-1)]\dfrac{1}{x^{n-2}}$$

$$= \dfrac{2(-1)^{n-1}(n-3)!}{x^{n-2}}.$$

3.2.5　几种特殊的求导法

1. 隐函数的导数

我们假定 $y = y(x)$ 是由方程 $F(x, y) = 0$ 所确定的 x 的隐函数,即 $F(x, y(x)) \equiv 0$,而且 $y = y(x)$ 可导,我们通过具体的例子来说明如何求这个隐函数的导数 $\dfrac{\mathrm{d}y}{\mathrm{d}x}$.

例 3.18　求由 Kepler 方程 $x - y + \varepsilon \sin y = 0 (0 < \varepsilon < 1)$ 确定的隐函数 y 的导数 $\dfrac{\mathrm{d}y}{\mathrm{d}x}$.

解　将方程中的 y 看作是由方程所确定的隐函数 $y = y(x)$,由于方程是一个恒等式,方程两边对 x 求导仍是恒等式,所以

$$\frac{\mathrm{d}}{\mathrm{d}x}(x - y + \varepsilon \sin y) = \frac{\mathrm{d}}{\mathrm{d}x}(0),$$

即

$$1 - \frac{\mathrm{d}y}{\mathrm{d}x} + \varepsilon \frac{\mathrm{d}y}{\mathrm{d}x} \cos y = 0,$$

因此

$$\frac{\mathrm{d}y}{\mathrm{d}x} = \frac{1}{1 - \varepsilon \cos y}.$$

例 3.19　设 $y = y(x)$ 由方程 $\mathrm{e}^y + xy - \mathrm{e} = 0$ 确定,求 $\dfrac{\mathrm{d}y}{\mathrm{d}x}$,$y''(0)$.

解　方程 $\mathrm{e}^y + xy - \mathrm{e} = 0$ 两边同时对 x 求导,有

$$\mathrm{e}^y \cdot \frac{\mathrm{d}y}{\mathrm{d}x} + y + x \cdot \frac{\mathrm{d}y}{\mathrm{d}x} = 0,$$

于是

$$\frac{\mathrm{d}y}{\mathrm{d}x} = -\frac{y}{x + \mathrm{e}^y},$$

方程 $\mathrm{e}^y \cdot \dfrac{\mathrm{d}y}{\mathrm{d}x} + y + x \cdot \dfrac{\mathrm{d}y}{\mathrm{d}x} = 0$ 两边同时对 x 求导,有

$$\mathrm{e}^y \left(\frac{\mathrm{d}y}{\mathrm{d}x}\right)^2 + \mathrm{e}^y \frac{\mathrm{d}^2 y}{\mathrm{d}x^2} + 2 \frac{\mathrm{d}y}{\mathrm{d}x} + x \frac{\mathrm{d}^2 y}{\mathrm{d}x^2} = 0.$$

把 $x = 0$ 代入方程 $\mathrm{e}^y + xy - \mathrm{e} = 0$,解出 $y = 1$. 所以

$$\frac{\mathrm{d}y}{\mathrm{d}x}\bigg|_{x=0} = -\frac{y}{x + \mathrm{e}^y}\bigg|_{\substack{x=0 \\ y=1}} = -\frac{1}{\mathrm{e}},$$

代入得

$$\mathrm{e}\left(-\frac{1}{\mathrm{e}}\right)^2 + \mathrm{e}y''(0) - \frac{2}{\mathrm{e}} + 0 \cdot y''(0) = 0,$$

解出 $y''(0) = \mathrm{e}^{-2}$.

例 3.20　求由方程 $x^4 + y^4 = 16$ 确定的隐函数 y 的二阶导数 y''.

解　方程两边对 x 求导,得

$$4x^3 + 4y^3 y' = 0,$$

解得

$$y' = -\frac{x^3}{y^3},$$

视频:导函数有界性

由二阶导数的定义,有

$$y'' = \frac{\mathrm{d}}{\mathrm{d}x}\left(-\frac{x^3}{y^3}\right) = -\frac{3x^2y^3 - 3x^3y^2y'}{y^6}.$$

将 $y' = -\dfrac{x^3}{y^3}$ 代入,得

$$y'' = -\frac{3x^2y^3 - 3x^3y^2\left(-\dfrac{x^3}{y^3}\right)}{y^6}$$

$$= -\frac{3x^2(y^4 + x^4)}{y^7},$$

因为 x,y 满足方程 $x^4 + y^4 = 16$,所以 $y'' = -\dfrac{48x^2}{y^7}$.

2. 对数求导法

这种方法是先在 $y = f(x)$ 的两边取对数,然后利用复合函数求导法求出 y 的导数. 此方法适合于幂指函数 $y = u(x)^{v(x)}$ 及由若干因式的乘积或商的形式构成的函数的求导,本质上它利用了对数函数的性质.

例 3. 21 求 $y = x^{\ln x}$ 的导数.

解 将方程两边取对数,有

$$\ln y = \ln x \cdot \ln x = (\ln x)^2,$$

方程两边对 x 求导,得

$$\frac{y'}{y} = 2\ln x \cdot \frac{1}{x},$$

所以

$$y' = y \cdot \frac{2}{x}\ln x = 2x^{(\ln x)-1} \cdot \ln x.$$

例 3. 22 求 $y = \dfrac{\sqrt[5]{x-3} \cdot \sqrt[3]{2x-1}}{\sqrt{x+1}}$ 的导数.

解 将方程两边取对数,有

$$\ln|y| = \frac{1}{5}\ln|x-3| + \frac{1}{3}\ln|2x-1| - \frac{1}{2}\ln|x+1|,$$

方程两边对 x 求导,得

$$\frac{y'}{y} = \frac{1}{5} \cdot \frac{1}{x-3} + \frac{1}{3} \cdot \frac{2}{2x-1} - \frac{1}{2} \cdot \frac{1}{x+1},$$

于是

$$y' = \frac{\sqrt[5]{x-3} \cdot \sqrt[3]{2x-1}}{\sqrt{x+1}}\left(\frac{1}{5} \cdot \frac{1}{x-3} + \frac{2}{3} \cdot \frac{1}{2x-1} - \frac{1}{2} \cdot \frac{1}{x+1}\right).$$

习题 3. 2

1.利用导数的四则运算法则,求下列函数的导数:

(1) $y = 2x^4 - 3x^3 + 2 - x^{-2}$;

(2) $y = (x+a)(x+b)$;　(3) $y = \dfrac{1+x}{1-x}$;

(4) $y = x\ln x$;　(5) $y = 4\mathrm{e}^x \cdot \ln x$;

(6) $y = x\arcsin x$；　　　　(7) $y = 2^x \cdot x^2$；

(8) $y = x^3\cos x$；　　　　(9) $y = \dfrac{1-\sin x}{1+\sin x}$；

(10) $y = \ln x^2 + x^2\ln x$　(11) $y = x\sin x + \cos x$；

(12) $y = x\mathrm{e}^x - \ln x$；　(13) $y = \dfrac{\cos x}{1+\sin x}$；

(14) $y = x^2\arctan x$；　　(15) $y = \dfrac{a-\ln x}{a+\ln x}$；

(16) $y = x\sin x \cdot \ln x$.

2. 求下列函数的导数：

(1) $y = (1+x^3)^2$；　　　(2) $y = 2^{2x+1}$；

(3) $y = \sqrt{1+\ln x}$；　　(4) $y = \mathrm{e}^{\sin x}$；

(5) $y = (\arctan x)^3$；　　(6) $y = \tan x^3$；

(7) $y = \tan^3 x$；

(8) $y = \mathrm{e}^x\sin\mathrm{e}^x + \cos\mathrm{e}^x$；

(9) $y = \sin^2(\cos x)$；

(10) $y = (\sqrt{1+x}+\sqrt{1-x})^2$；

(11) $y = \ln(x+\sqrt{x^2+a^2})$；

(12) $y = \mathrm{e}^{ax}(\sin bx + \cos bx)$.

3. 设 $f(x)$ 可导，求下列函数的导数：

(1) $y = xf(x^2)$；　　　(2) $y = (1+x^2)f(\arctan x)$；

(3) $y = \dfrac{f(\mathrm{e}^x)}{\mathrm{e}^x}$；　　　(4) $y = xf(\ln x)$.

4. 求下列分段函数的导数：

(1) $f(x) = \begin{cases} \dfrac{\sin^2 x}{x}, & x \neq 0, \\ 0, & x = 0; \end{cases}$

(2) $f(x) = \begin{cases} \dfrac{x}{1+\mathrm{e}^{1/x}}, & x \neq 0, \\ 0, & x = 0. \end{cases}$

5. 求下列函数的二阶导数：

(1) $y = \ln(1+x^2)$；　　(2) $y = \sin 2x \cdot \mathrm{e}^x$；

(3) $y = x\cos x$；　　　　(4) $y = \dfrac{1}{1-x^2}$.

6. 验证函数 $y = \mathrm{e}^x \cdot \sin x$ 满足关系式 $y'' - 2y' + 2y = 0$.

7. 求下列方程所确定的隐函数的导数 $\dfrac{\mathrm{d}y}{\mathrm{d}x}$：

(1) $xy + \mathrm{e}^y + y = 2$；　(2) $x^3 + y^3 - 3xy = 0$；

(3) $y - x^2\mathrm{e}^y = 1$；　　(4) $xy = \mathrm{e}^{x+y}$；

(5) $\ln y = xy + \cos x$；　(6) $\sin y + \mathrm{e}^y - xy^2 = \mathrm{e}$.

8. 若 y 是由方程 $y = 1 - x\mathrm{e}^y$ 所确定的隐函数，求 $\dfrac{\mathrm{d}^2 y}{\mathrm{d}x^2}\bigg|_{x=0}$.

9. 求曲线 $x^{\frac{2}{3}} + y^{\frac{2}{3}} = a^{\frac{2}{3}}$ 在点 $\left(\dfrac{\sqrt{2}}{4}a, \dfrac{\sqrt{2}}{4}a\right)$ 处的切线方程和法线方程.

10. 利用对数求导法，求下列函数的导数 $\dfrac{\mathrm{d}y}{\mathrm{d}x}$：

(1) $y = x^x$；

(2) $y = x^{\ln 2x}$；

(3) $y = \sqrt{\dfrac{(1+x)(2+x)}{(3+x)(4+x)}}$；

(4) $y = \dfrac{(1-x)(2+x)^3}{\sqrt{(x+1)^5}}$.

11. 求下列函数的 n 阶导数：

(1) $y = \mathrm{e}^{2x+1}$；　　　(2) $y = \dfrac{1}{2-x}$.

3.3　微分

视频：函数微分

微分是与导数密切相关同时又别有侧重的一个概念，它在近似计算中有重要应用.

3.3.1　微分的定义

设函数 $y = f(x)$ 的自变量在 x_0 处的增量为 Δx，对应函数增量为 $\Delta y = f(x_0 + \Delta x) - f(x_0)$，导数关注的是函数增量 Δy 对自变量增量 Δx 的变化率 $\dfrac{\Delta y}{\Delta x}$ 的极限，而微分则主要关注函数增量 Δy 及其近似计算问题.

例如，球的体积函数 $V = \dfrac{4}{3}\pi r^3$，体积增量

$$\Delta V = \frac{4}{3}\pi (r + \Delta r)^3 - \frac{4}{3}\pi \cdot r^3$$

$$= 4\pi r^2 \cdot \Delta r + 4\pi r \cdot (\Delta r)^2 + \frac{4}{3}\pi \cdot (\Delta r)^3.$$

函数增量比函数本身还要复杂. 这促使我们, 在保证一定的计算精度的条件下, 对 ΔV 进行必要的简化.

注意到 $4\pi r \cdot (\Delta r)^2 + \frac{4}{3}\pi \cdot (\Delta r)^3$ 是 Δr 的高阶无穷小, $4\pi r^2 \cdot \Delta r$ 是 Δr 的线性函数, 不但容易计算, 而且在 ΔV 的计算中起主要作用, 即

$$\Delta V \approx 4\pi r^2 \cdot \Delta r.$$

这种近似具有普遍性. 事实上

$\lim\limits_{\Delta x \to 0} \dfrac{\Delta y}{\Delta x} = f'(x_0)$ 等价于 $\lim\limits_{\Delta x \to 0} \dfrac{\Delta y - f'(x_0)\Delta x}{\Delta x} = 0$, 即 $\Delta y = f'(x_0)\Delta x + o(\Delta x)$,

因此, $\Delta y \approx f'(x_0)\Delta x$. 为了一般地研究 Δy 的线性主要部分, 我们引入微分的概念.

> **定义 3.3 (微分定义)** 设函数 $y = f(x)$ 在点 x_0 可导, 则称 $\mathrm{d}y = f'(x_0)\Delta x$ 为函数 $y = f(x)$ 在点 x_0 的微分.

注意: 微分 $\mathrm{d}y = f'(x_0)\Delta x$ 中没有 $\Delta x \to 0$ 的条件, 当 Δx 较小时有 $\Delta y \approx \mathrm{d}y$.

当 $y = f(x) = x$ 时, $\mathrm{d}y = f'(x)\Delta x$, 即为 $\mathrm{d}x = 1 \cdot \Delta x$, 亦即 $\mathrm{d}x = \Delta x$, 因此通常记 $\mathrm{d}y = f'(x)\mathrm{d}x$, 并称 $\mathrm{d}x$ 为自变量 x 的微分.

在纯粹的形式上, 如果把导数记号 $\dfrac{\mathrm{d}y}{\mathrm{d}x}$ 中的 $\mathrm{d}y$ 和 $\mathrm{d}x$ 都看作微分, 则复合函数的求导法则 $\dfrac{\mathrm{d}y}{\mathrm{d}x} = \dfrac{\mathrm{d}y}{\mathrm{d}u}\dfrac{\mathrm{d}u}{\mathrm{d}x}$ 在形式上等同于分式的运算.

下面我们从几何上来分析微分的意义. 如图 3-2 所示, 函数 $y = f(x)$ 的图像是一条曲线, 曲线在点 $M(x_0, f(x_0))$ 处的切线斜率 $\tan\alpha = f'(x_0)$, 因此

$$\mathrm{d}y = f'(x_0)\mathrm{d}x = \tan\alpha \cdot MQ = PQ.$$

这就是说, 函数 $y = f(x)$ 在 x_0 处的微分表示当自变量的改变量为 Δx 时, 曲线 $y = f(x)$ 在对应的点 M 处的切线上纵坐标的改变量. 当 $|\Delta x|$ 很小时, $|\Delta y - \mathrm{d}y|$ 比 $|\Delta x|$ 小得多, 所以在点 M 的附近, 我们可以用切线段近似代替曲线段 (以直代曲).

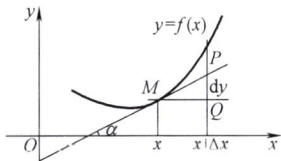
图 3-2

3.3.2 微分的运算法则

由导数的基本公式和求导法则立即得到微分基本公式和微分法则.

1. 微分基本公式

(1) $d(C) = 0$; (2) $d(x^\mu) = \mu x^{\mu-1} dx$;

(3) $d(a^x) = a^x \ln a dx$, 特别地, $d(e^x) = e^x dx$;

(4) $d(\log_a x) = \dfrac{1}{x \ln a} dx$, 特别地, $d(\ln x) = \dfrac{1}{x} dx$;

(5) $d(\sin x) = \cos x dx$; (6) $d(\cos x) = -\sin x dx$;

(7) $d(\tan x) = \sec^2 x dx$;

(8) $d(\cot x) = -\csc^2 x dx$;

(9) $d(\arcsin x) = \dfrac{1}{\sqrt{1-x^2}} dx$;

(10) $d(\arccos x) = -\dfrac{1}{\sqrt{1-x^2}} dx$;

(11) $d(\arctan x) = \dfrac{1}{1+x^2} dx$;

(12) $d(\text{arccot} x) = -\dfrac{1}{1+x^2} dx$;

(13) $d(\sec x) = \sec x \tan x dx$;

(14) $d(\csc x) = -\csc x \cot x dx$.

2. 函数四则运算的微分法则

$$d(u \pm v) = du \pm dv,$$

$$d(uv) = v du + u dv,$$

$$d\left(\frac{u}{v}\right) = \frac{v du - u dv}{v^2} (v \neq 0),$$

特别地, $d(Cu) = C du$.

3. 一阶微分的形式不变性

设 $y = f(u), u = \varphi(x)$, 则复合函数 $y = f(\varphi(x))$ 的微分为

$$dy = [f(\varphi(x))]' dx = f'(u)\varphi'(x) dx,$$

由于 $\varphi'(x) dx = du$, 所以上式可以写成

$$dy = f'(u) du,$$

由此可见, 无论 u 是自变量还是另一个变量的函数, 微分形式 $dy = f'(u) du$ 都保持不变. 这一性质称为**一阶微分的形式不变性**.

例 3.23 求函数 $y = \sin(3x+1)$ 的微分.

解 令 $u = 3x+1$, 则

$$\begin{aligned} dy &= \cos u \cdot du \\ &= \cos(3x+1) d(3x+1) \\ &= 3\cos(3x+1) dx. \end{aligned}$$

例 3.24 求函数 $y = \ln(2 + e^{x^2})$ 的导数.

解

$$\begin{aligned} dy &= d\ln(2 + e^{x^2}) \\ &= \frac{1}{2 + e^{x^2}} d(2 + e^{x^2}) \end{aligned}$$

$$= \frac{1}{2 + e^{x^2}} \cdot e^{x^2} \cdot dx^2$$

$$= \frac{1}{2 + e^{x^2}} \cdot e^{x^2} \cdot 2x \cdot dx$$

$$= \frac{2x}{2 + e^{x^2}} \cdot e^{x^2} \cdot dx,$$

所以

$$\frac{dy}{dx} = \frac{2xe^{x^2}}{2 + e^{x^2}}.$$

3.3.3 高阶微分

设函数 $y = f(x)$ 在区间 (a,b) 内可微分,则它的微分为 $dy = f'(x)dx$. 把 dy 看作 x 的一元函数,若该函数在区间 (a,b) 内还是可微分的,则它的微分为

$d(dy) = d[f'(x)dx] = df'(x)dx = f''(x)dxdx = f''(x)(dx)^2$. $d(dy)$ 称为 $y = f(x)$ 的二阶微分,记为 d^2y,即 $d^2y = d(dy)$. 记 $(dx)^2 = dx^2$,于是

$$d^2y = f''(x)dx^2.$$

类似地,可定义更高阶的微分. 若该函数在区间 (a,b) 内 n 阶可导,则它的 n 阶微分为

$$d^ny = d(d^{(n-1)}y) = f^{(n)}(x)dx^n,$$

为统一起见,函数的微分也称为函数的一阶微分. 二阶及二阶以上的微分统称为高阶微分.

应当注意的是,高阶微分不再具有形式不变性.

3.3.4 微分在近似计算中的应用

利用微分可以将一些复杂的计算公式用简单的近似公式来代替,这样做可以使某些复杂计算得到简化,其基本思想是在微小局部将给定的函数线性化. 具体来说,当 $|\Delta x| = |x - x_0|$ 充分小时,有

$$\Delta y \approx dy = f'(x_0)\Delta x,$$

即

$$\Delta y = f(x_0 + \Delta x) - f(x_0) \approx f'(x_0)\Delta x$$

或

$$f(x_0 + \Delta x) \approx f(x_0) + f'(x_0)\Delta x$$

或

$$f(x) \approx f(x_0) + f'(x_0)(x - x_0).$$

例 3.25 在 $x = 0$ 附近求函数 $f(x) = e^x$ 的近似式,并近似计算 $e^{-0.002}$.

解
$$f(x) \approx f(0) + f'(0)x,$$

视频:可微性
与函数局部
线性化

对于 $f(x) = \mathrm{e}^x$ 有

$$f(0) = f'(0) = \mathrm{e}^0 = 1,$$

因而 $\mathrm{e}^x \approx 1 + x$. 由此得

$$\mathrm{e}^{-0.002} \approx 1 - 0.002 = 0.998.$$

类似地,可推出一些常见的函数在 $x = 0$ 附近的一次近似式.例如,当 $|x|$ 充分小时,有

$$\mathrm{e}^x \approx 1 + x, \sin x \approx x, \tan x \approx x, (1+x)^\alpha \approx 1 + \alpha x, \ln(1+x) \approx x.$$

例 3.26　求 $\sqrt[5]{270}$ 的近似值.

解　由于

$$\sqrt[5]{270} = \sqrt[5]{243 + 27} = \sqrt[5]{3^5 \times \left(1 + \frac{1}{9}\right)} = 3 \times \left(1 + \frac{1}{9}\right)^{\frac{1}{5}}.$$

由

$$(1+x)^\alpha \approx 1 + \alpha x,$$

取 $x = \frac{1}{9}$,得

$$\sqrt[5]{270} = 3\left(1 + \frac{1}{9}\right)^{\frac{1}{5}}$$

$$\approx 3\left(1 + \frac{1}{5} \times \frac{1}{9}\right)$$

$$\approx 3.0667.$$

例 3.27　求 $\sin 30°30'$ 的近似值.

解　因为 $30°30' = \frac{\pi}{6} + \frac{\pi}{360}$,

$$\sin x \approx \sin x_0 + \cos x_0 \cdot (x - x_0).$$

令

$$x_0 = \frac{\pi}{6}, x = \frac{\pi}{6} + \frac{\pi}{360},$$

于是

$$\sin 30°30' \approx \sin \frac{\pi}{6} + \cos \frac{\pi}{6} \times \frac{\pi}{360}$$

$$= \frac{1}{2} + \frac{\sqrt{3}}{2} \times \frac{\pi}{360}$$

$$\approx 0.5076.$$

习题 3.3

1.已知 $y = x^2 - x$,计算当 $x = 2, \Delta x = 0.01$ 时的 Δy 及 $\mathrm{d}y$.

2.求下列函数的微分:

(1) $y = \dfrac{1}{x} + 3\sqrt{x}$;　　(2) $y = x\cos 2x$;

(3) $y = (x+1)\mathrm{e}^x$;　　(4) $y = [\ln(1-x)]^2$;

(5) $y = x^2\mathrm{e}^{2x}$;　　(6) $y = \sin^2(x^2 + 2)$;

(7) $y = \mathrm{e}^{1-3x}\ln x$;　　(8) $y = \ln^2(1 + \sin x)$;

(9) $y = \arcsin 2x^2$;　　(10) $y = \arctan(1 + x^2)$.

3.求由方程 $x + \mathrm{e}^y = 2xy$ 所确定的函数 $y = y(x)$ 的微分 $\mathrm{d}y$.

4.一个直径为 20cm 的球,球壳厚度为 0.2cm,求该球壳体积的近似值.

5.计算下列各题的近似值:

(1) $\cos 29°$;　　(2) $\ln 1.001$.

3.4 弹性分析

本节我们讨论导数在经济学中的应用.

3.4.1 函数的弹性

函数 $y = f(x)$ 在 x_0 处的导数是函数增量 $\Delta y = f(x_0 + \Delta x) - f(x_0)$ 与自变量增量 Δx 之比,即 $\dfrac{\Delta y}{\Delta x} = \dfrac{f(x_0 + \Delta x) - f(x_0)}{\Delta x}$ 当 $\Delta x \to 0$ 时的极限,但对于一些特定的实际问题,仅仅这样研究导数是不够的,下面我们对此做简单讨论.

首先,平均变化率 $\dfrac{\Delta y}{\Delta x}$ 受量纲的影响可能较大.我们考虑圆的面积 y 对其半径 x 的变化率.如果长度单位为 cm,面积单位为 cm²,则 $y = \pi x^2$;如果长度单位为 cm,面积单位为 m²,则 $y = \dfrac{1}{10000} \pi x^2$. 由于量纲不同求得的平均变化率也不同.

其次,当函数值较大而函数增量较小时,增量的作用和意义不再明显.例如,考察函数 $y = f(x)$,假设 $f(1) = 10000, f'(1) = 1$. 当自变量由 1 改变为 $1 + \Delta x$ 时,函数增量 $\Delta y \approx \mathrm{d}y = \Delta x$,相对于 $f(1) = 10000$,这个增量许多时候甚至可以忽略不计.

"弹性"一词在生活中通常用来表示物体的形变能力,经济学借用了这一说法,从而引出了函数的弹性概念.

> **定义 3.4** 若函数 $y = f(x)$ 在区间 (a,b) 内可导,并且 $f(x) \neq 0$,则称 $\dfrac{Ey}{Ex} = f'(x) \cdot \dfrac{x}{y}$ 为函数 $y = f(x)$ 在区间 (a,b) 内的点弹性函数,简称弹性函数.

特别声明:本书为书写方便,将弹性函数 $\dfrac{Ey}{Ex} = f'(x) \cdot \dfrac{x}{y}$ 记成 $E_x y$ 或 $E_x f(x)$,即

$$E_x y = E_x f(x) = \frac{Ey}{Ex} = f'(x) \cdot \frac{x}{y},$$

点弹性记为 $\dfrac{Ey}{Ex}\Big|_{x=x_0} = E_x f(x_0)$.甚至,在不会引起异议时,下标 x 也可以省略.

我们可以从下面的式子来理解函数的弹性:

$$E_x f(x_0) = f'(x_0) \cdot \frac{x_0}{y_0} \approx \frac{\Delta y}{\Delta x} \cdot \frac{x_0}{y_0} = \frac{\dfrac{\Delta y}{y_0}}{\dfrac{\Delta x}{x_0}},$$

即 $\dfrac{\Delta y}{y_0} \approx E_x f(x_0) \dfrac{\Delta x}{x_0}$,也就是说,当自变量相对变化 1% 时函数值

相对变化近似是 $E_x f(x_0)$ %.

在应用中,往往把"近似"二字直接省略掉.不仅如此,点弹性 $E_x f(x_0)$ 的符号也有明确意义:当 $E_x f(x_0) > 0$ 时,$\dfrac{\Delta y}{y_0}$ 与 $\dfrac{\Delta x}{x_0}$ 的单调性相同;当 $E_x f(x_0) < 0$ 时,$\dfrac{\Delta y}{y_0}$ 与 $\dfrac{\Delta x}{x_0}$ 的单调性相反.

习惯上按照函数在点 x_0 处的弹性的绝对值 $|E_x f(x_0)|$ 的大小来宏观说明函数在点 x_0 附近的弹性:

(1) $|E_x f(x_0)| = 1$,称函数是单位弹性;

(2) $|E_x f(x_0)| > 1$,称函数富有弹性;

(3) $|E_x f(x_0)| < 1$,称函数缺乏弹性.

3.4.2　弹性函数的性质

我们简单讨论一下弹性函数的性质,这些讨论将为弹性分析提供方便.

性质 1　$E_x x = 1$.

性质 2　$E_x(kf(x)) = E_x f(x)$,其中 $k \neq 0$.

性质 3　$E_x([f(x)]^a) = aE_x f(x)$,其中 a 是常数.

性质 4　$E_x(f(x)g(x)) = E_x f(x) + E_x g(x)$.

当 $f(x), g(x)$ 可导,且 $f(x)g(x) \neq 0$ 时,性质 4 可以直接用导数公式推出.

$$
\begin{aligned}
E_x(f(x)g(x)) &= \frac{x}{f(x)g(x)}[f(x)g(x)]' \\
&= \frac{x}{f(x)g(x)}[f'(x)g(x) + f(x)g'(x)] \\
&= \frac{x}{f(x)}f'(x) + \frac{x}{g(x)}g'(x) \\
&= E_x f(x) + E_x g(x).
\end{aligned}
$$

例如,总收益 $R(P)$ 是商品价格 P 与销售数量 $Q(P)$ 的乘积,即 $R = P \cdot Q(P)$,我们有

$$E_P R = 1 + E_P Q.$$

3.4.3　需求弹性与供给弹性

价格的变动会引起需求量(或供给量)的波动.但是,不同商品的需求量(或供给量)对价格的反应程度是不一样的,即使同一种商品,在不同价位上的反应程度也不一样.例如,粮食价格的增减引起

的需求量的变化程度较小,而汽车价格的增减则会引起需求量较大的变化.需求(供给)弹性可以用来对价格变化引起的需求量(或供给量)的变化进行定量分析.

设需求量 Q_D 是关于价格 P 的可导函数 $Q_D = Q(P)$,则需求函数的弹性

$$E_P Q_D = \lim_{\Delta P \to 0} \frac{\Delta Q}{\Delta P} \cdot \frac{P}{Q} = \frac{\mathrm{d}Q}{\mathrm{d}P} \cdot \frac{P}{Q}$$

就是所谓的**需求弹性**.一般来说,商品的价格越高,需求量就越小,所以需求函数关于价格单调递减,即 $\dfrac{\mathrm{d}Q}{\mathrm{d}P} < 0$,从而需求弹性 $E_P Q = \dfrac{\mathrm{d}Q_D}{\mathrm{d}P} \cdot \dfrac{P}{Q} < 0$.

类似地,如果供给量 Q_S 是关于价格 P 的可导函数 $Q_S = Q(P)$,则供给函数的弹性

$$E_P Q_S = \lim_{\Delta P \to 0} \frac{\Delta Q}{\Delta P} \cdot \frac{P}{Q} = \frac{\mathrm{d}Q}{\mathrm{d}P} \cdot \frac{P}{Q}$$

就是所谓的**供给弹性**.一般来说,商品的供给函数关于价格单调递增,即 $\dfrac{\mathrm{d}Q}{\mathrm{d}P} > 0$,从而供给弹性 $E_P Q_S = \dfrac{\mathrm{d}Q_S}{\mathrm{d}P} \cdot \dfrac{P}{Q} > 0$.

令 $\lambda = E_P Q_D$(或 $\lambda = E_P Q_S$)

(1)如果 $|\lambda| = 1$,则价格每变化 1%,需求(或供给)量也相应地变化 1%,此时需求(或供给)是单元弹性的;

(2)如果 $|\lambda| > 1$,则价格每变动 1%,需求(或供给)量的变动大于 1%,此时需求(或供给)是富于弹性的(例如,高档轿车、珠宝首饰等奢侈品的需求都是富于弹性的);

(3)如果 $|\lambda| < 1$,则价格每变动 1%,需求(或供给)量的变动小于 1%,此时需求(或供给)是缺乏弹性的(例如,面粉、食盐等生活必需品的需求都是缺乏弹性的).

下面我们通过两个具体的例子说明弹性函数的应用.

例 3.28 我国为了切实鼓励农业发展,真正增加农民收入,计划于明年春天开始采取提高关税等措施限制从某些地区进口小麦,估计这些措施将会使小麦总供给量减少 20%,如果小麦的需求价格弹性为 -0.8,那么预计从明年起,我国小麦的价格会上涨多少?

解 $E_P Q = \dfrac{\dfrac{\Delta Q}{Q}}{\dfrac{\Delta P}{P}} = -0.8$,

$$\frac{\Delta P}{P} = \frac{\dfrac{\Delta Q}{Q}}{E_P Q} = \frac{-0.2}{-0.8} = \frac{1}{4} = 25\%,$$

即明年起小麦的价格会上涨 25%.

例 3.29　设某超市某种品牌巧克力的需求量 Q（单位：kg）是价格 P（单位：元）的函数，即

$$Q = f(P) = \frac{1000}{(2P+1)^2}.$$

（1）求需求弹性函数；

（2）求当 $P = 10$ 时的需求弹性，并说明其经济意义；

（3）当 $P = 10$ 时，如果价格上涨 1%，总收益是增加还是减少？变化多少？

解　（1）$E_P Q = \dfrac{\mathrm{d}Q}{\mathrm{d}P} \cdot \dfrac{P}{Q} = -4000(2P+1)^{-3} \cdot \dfrac{P}{Q} = -\dfrac{4P}{2P+1}.$

（2）$E_P Q(10) = -\dfrac{4P}{2P+1}\bigg|_{P=10} = -\dfrac{40}{21}.$

巧克力的需求弹性的绝对值 $\left|-\dfrac{40}{21}\right| = \dfrac{40}{21} > 1$，说明巧克力的需求函数是富于弹性的，需求量随价格变化会呈现较大波动. 同时，弹性 $-\dfrac{40}{21} < 0$ 则说明需求量随价格变化会呈现反向波动，即涨价则需求量减小，降价则需求量增加. 仅就这个问题而言，某种程度上巧克力是一种生活中的奢侈品.

（3）总收益函数 $R(P) = P \cdot Q(P)$，所以

$$E_P R(10) = 1 + E_P Q(10) = 1 - \frac{40}{21} = -\frac{19}{21},$$

$$\frac{\Delta R}{R}\bigg|_{P=10} = -\frac{19}{21} \cdot \frac{\Delta P}{P} = -\frac{19}{21} \times 1\% \approx -0.9\%,$$ 即总收益量将减少 0.9%.

习题 3.4

1. 设需求函数 $P = 1000 - 2Q$，求：

（1）当 $P = 210$ 下降到 $P = 200$ 时的平均弹性；

（2）当 $P = 200$ 时的点弹性.

2. 设需求函数 $P = 96 - 4Q$，求价格 $P = 24$ 时的需求弹性，并说明在此价格上需求是缺乏弹性、单位弹性还是富有弹性。

3. 设某产品的总成本 C（单位：万元）是产量 Q（单位：kg）的函数，即

$$C = C(Q) = 1000 + 7Q + 50\sqrt{Q},$$

产品销售价格为 P 万元/kg，需求函数为

$$Q = Q(P) = 1600 \cdot \left(\frac{1}{2}\right)^P.$$

试求：

（1）产量为 100 kg 水平上的边际成本值；

（2）销售价格为 $P = 4$ 万元/kg 水平上的需求弹性值，并说明其经济意义；

（3）当 $P = 4$ 万元/kg 时，如果价格上涨 1%，总收益增加还是减少？变化多少？

综合习题 3

一、选择题

1. 设函数 $f(x)$ 在 $x = x_0$ 处可导，则下列极限值等于 $f'(x_0)$ 的是（　）.

A. $\lim\limits_{h \to 0} \dfrac{f(x_0 + 2h) - f(x_0)}{h}$

B. $\lim\limits_{h \to 0} \dfrac{f(x_0 - 2h) - f(x_0)}{h}$

C. $\lim\limits_{h \to 0} \dfrac{f(x_0) - f(x_0 - h)}{h}$

D. $\lim\limits_{h \to 0} \dfrac{f(x_0) - f(x_0 + h)}{h}$

2. 已知 $f(0) = 0$，若极限 $\lim\limits_{x \to 0} \dfrac{f(2x)}{x} = 3$，则 $f'(0)$ 等于（ ）.

A. $\dfrac{3}{2}$　　B. $\dfrac{2}{3}$　　C. 2　　D. 3

3. 函数 $f(x)$ 在点 x_0 处连续是其在该点可导的（ ）.

A. 充分而必要条件　　B. 必要而非充分条件

C. 充分条件　　　　　D. 必要条件

二、计算或证明题

1. 设函数 $f(x)$ 满足 $f(1 + x) = af(x)$，且 $f'(0) = b$，其中 a, b 均为常数，证明：$f(x)$ 在 $x = 1$ 处可导，且 $f'(1) = ab$.

2. 讨论下列函数在 $x = 0$ 处的连续性与可导性：

(1) $f(x) = \begin{cases} x^2, & x \geqslant 0, \\ \ln(1 + x), & x < 0; \end{cases}$

(2) $f(x) = \begin{cases} \sin x, & -1 < x \leqslant 0, \\ \sqrt{1 + x} - \sqrt{1 - x}, & 0 < x < 1. \end{cases}$

3. 函数 $f(x) = \begin{cases} x^2 \sin \dfrac{1}{x}, & x \neq 0, \\ 0, & x = 0. \end{cases}$ 在 $x = 0$ 处是否连续，是否可导？

4. 设 $f(x)$ 为可导的偶函数，证明：$f'(0) = 0$.

5. 当 a 为何值时，抛物线 $y = ax^2$ 与 $y = \ln x$ 相切（在某点处有相同的切线）？并求切点和切线方程.

6. 设函数 $\varphi(x)$ 在 $x = a$ 处连续，$f(x) = (x - a)\varphi(x)$，证明：函数 $f(x)$ 在 $x = a$ 处可导. 若 $g(x) = |(x - a)|\varphi(x)$，函数 $g(x)$ 在 $x = a$ 处可导吗？

7. 设 $f(x)$ 在 $x = 0$ 处连续，且 $\lim\limits_{x \to 0} \dfrac{f(x)}{x} = A$，证明：$f(0) = 0$，$f'(0) = A$.

8. 设函数 $f(x)$ 在 $(-\infty, +\infty)$ 内可导，且 $F(x) = f(x^2 - 1) + f(1 - x^2)$，证明：$F'(-1) = F'(1)$.

9. 若 $f(x)$ 是可导的函数，求下列函数的导数：

(1) $y = f[(x + a)^n]$；

(2) $y = [f(x + a)]^n$.

10. 设 $y = e^{f^2(x)}$，且 $f(a)f'(a) = \dfrac{1}{2}$，证明：$y(a) = y'(a)$.

11. 设 $f(x)$ 是 $(-\infty, +\infty)$ 内可导且周期为 4 的周期函数，又 $\lim\limits_{x \to 0} \dfrac{f(1) - f(1 - x)}{2x} = -1$，求曲线 $y = f(x)$ 在点 $x = 5$ 处的切线斜率.

12. 设函数 $f(x)$ 在 $x = a$ 处可导，$f(a) > 0$，试求极限

$$\lim_{n \to \infty} \left[\dfrac{f\left(a + \dfrac{1}{n}\right)}{f(a)} \right]^n.$$

第 3 章部分
习题详解

第4章

导数的应用

本章我们首先学习用导数求函数的极限（即洛必达法则），然后介绍微分中值定理，并以此为基础来介绍导数在几何和最优化方面的应用，最后介绍柯西中值定理和泰勒公式及其应用.

4.1 洛必达法则

本节主要研究不能直接用极限的四则运算法则求解的极限问题，共有以下 4 种形式：

$$\frac{0}{0}, \quad \frac{\infty}{\infty}, \quad 0 \cdot \infty, \quad \infty - \infty,$$

其中 0 表示无穷小，∞ 表示无穷大.

考虑到幂指函数的恒等式 $f(x)^{g(x)} = e^{g(x)\ln f(x)}$，以下 3 种形式也不能直接用极限的四则运算法则求解：

$$1^{\infty}, 0^{0}, \infty^{0}.$$

以上 7 种形式的极限称为未定式的极限. 在这些形式中，$\frac{0}{0}$ 和 $\frac{\infty}{\infty}$ 型是两种最基本的形式，**洛必达法则**给出了这两种未定式的一种求法.

我们首先考虑 $\frac{0}{0}$ 的情形. 设 $f(x_0) = g(x_0) = 0, f'(x), g'(x)$ 连续，且 $g'(x_0) \neq 0$. 则有

$$\lim_{x \to x_0} \frac{f(x)}{g(x)} = \lim_{x \to x_0} \frac{f(x) - f(x_0)}{g(x) - g(x_0)}$$

$$= \lim_{x \to x_0} \frac{\dfrac{f(x) - f(x_0)}{x - x_0}}{\dfrac{g(x) - g(x_0)}{x - x_0}}$$

$$= \frac{f'(x_0)}{g'(x_0)}$$

$$= \lim_{x \to x_0} \frac{f'(x)}{g'(x)},$$

也就是说，在一定条件下，我们有 $\lim\limits_{x \to x_0} \dfrac{f(x)}{g(x)} = \lim\limits_{x \to x_0} \dfrac{f'(x)}{g'(x)}$. 严格的叙

述见下面的定理.

定理 4.1（洛必达法则） 如果 $f(x),g(x)$ 满足条件：

(1) $\lim\limits_{x\to\tau}f(x)=0$ 且 $\lim\limits_{x\to\tau}g(x)=0$，或 $\lim\limits_{x\to\tau}f(x)=\infty$ 且 $\lim\limits_{x\to\tau}g(x)=\infty$；

(2) 极限 $\lim\limits_{x\to\tau}\dfrac{f'(x)}{g'(x)}$ 存在或为 ∞.

则
$$\lim_{x\to\tau}\frac{f(x)}{g(x)}=\lim_{x\to\tau}\frac{f'(x)}{g'(x)}.$$

我们首先对定理 4.1 做一些说明.

（i）极限 $\lim\limits_{x\to\tau}$ 包含 6 种情况，读者可以一一详细写出.

（ii）洛必达法则的条件（1）限定 $\lim\limits_{x\to\tau}\dfrac{f(x)}{g(x)}$ 只能是 $\dfrac{0}{0}$ 或 $\dfrac{\infty}{\infty}$ 型，如果不是则不能使用，因此必须在**使用前验证**；条件（2）极限 $\lim\limits_{x\to\tau}\dfrac{f'(x)}{g'(x)}$ 存在或为 ∞，首先必须保证 $f(x)$ 和 $g(x)$ 在 τ 的附近可导（因而必然连续），且 $g'(x)\neq 0$.

洛必达（L'Hôpital，1661—1704），法国数学家.

例 4.1 求 $\lim\limits_{x\to 0}\dfrac{\sin x}{x}$.

解 由 $\lim\limits_{x\to 0}\sin x=\sin 0=0,\lim\limits_{x\to 0}x=0$，该极限为 $\dfrac{0}{0}$ 型.

由洛必达法则，有
$$\lim_{x\to 0}\frac{\sin x}{x}=\lim_{x\to 0}\frac{\cos x}{1}=1.$$

注意：在本例中，我们在验证了 $\lim\limits_{x\to 0}\dfrac{\sin x}{x}$ 是 $\dfrac{0}{0}$ 型后就直接使用了洛必达法则，对 $\lim\limits_{x\to 0}\dfrac{(\sin x)'}{(x)'}=\lim\limits_{x\to 0}\dfrac{\cos x}{1}$ 是否存在或为 ∞ 并未事先加以验证，而求出 $\lim\limits_{x\to 0}\dfrac{\cos x}{1}=1$ 之后自然说明了 $\lim\limits_{x\to 0}\dfrac{(\sin x)'}{(x)'}$ 存在. 一般来说，洛必达法则的条件（2）可以边使用边验证，即**使用后验证**. 如果能够用这一方法求出极限，就自然说明这个条件已经被满足了；如果求不出来则需要考虑用其他方法.

例 4.2 求 $\lim\limits_{x\to 0}\dfrac{x-\sin x}{x^3}$.

解 显然，该极限为 $\dfrac{0}{0}$ 型. 由洛必达法则
$$\lim_{x\to 0}\frac{x-\sin x}{x^3}=\lim_{x\to 0}\frac{1-\cos x}{3x^2}$$
$$=\lim_{x\to 0}\frac{\sin x}{6x}$$

$$= \frac{1}{6}.$$

注意:洛必达法则可以多次使用.

例 4.3　求 $\lim\limits_{x \to +\infty} x\left(\frac{\pi}{2} - \arctan x\right).$

解　$\lim\limits_{x \to +\infty} x\left(\frac{\pi}{2} - \arctan x\right) = \lim\limits_{x \to +\infty} \dfrac{\frac{\pi}{2} - \arctan x}{\frac{1}{x}}$

$$= \lim\limits_{x \to +\infty} \dfrac{-\frac{1}{1+x^2}}{-\frac{1}{x^2}}$$

$$= \lim\limits_{x \to +\infty} \frac{x^2}{1+x^2} = 1.$$

例 4.4　求 $\lim\limits_{x \to 0} \dfrac{\sin^2 x - x \sin x \cos x}{\tan^4 x}.$

解　原式 $= \lim\limits_{x \to 0} \dfrac{\sin^2 x - x \sin x \cos x}{x^4}$

$$= \lim\limits_{x \to 0} \frac{\sin x}{x} \cdot \lim\limits_{x \to 0} \frac{\sin x - x \cos x}{x^3}$$

$$= \lim\limits_{x \to 0} \frac{\cos x - \cos x + x \sin x}{3x^2}$$

$$= \lim\limits_{x \to 0} \frac{\sin x}{3x}$$

$$= \frac{1}{3}.$$

注意:使用洛必达法则需要对函数进行化简,使计算(主要是求导)简化.

例 4.5　求 $\lim\limits_{x \to +\infty} \dfrac{\ln x}{x^n}$,其中 $n > 0.$

解　这是 $\dfrac{\infty}{\infty}$ 型的未定式,应用洛必达法则,得

$$\lim\limits_{x \to +\infty} \frac{\ln x}{x^n} = \lim\limits_{x \to +\infty} \frac{\frac{1}{x}}{nx^{n-1}}$$

$$= \lim\limits_{x \to +\infty} \frac{1}{nx^n} = 0.$$

例 4.6　求 $\lim\limits_{x \to +\infty} \dfrac{x^n}{e^{\lambda x}}$,其中 $n \in \mathbf{N}^+, \lambda > 0.$

解　连续 n 次使用洛必达法则,得

$$\lim\limits_{x \to +\infty} \frac{x^n}{e^{\lambda x}} = \lim\limits_{x \to +\infty} \frac{nx^{n-1}}{\lambda e^{\lambda x}} = \lim\limits_{x \to +\infty} \frac{n(n-1)x^{n-2}}{\lambda^2 e^{\lambda x}} = \cdots = \lim\limits_{x \to +\infty} \frac{n!}{\lambda^n e^{\lambda x}} = 0.$$

例 4.7   求 $\lim\limits_{x \to 0} \dfrac{\tan x - x}{x - \sin x}$.

解 $\lim\limits_{x \to 0} \dfrac{\tan x - x}{x - \sin x} = \lim\limits_{x \to 0} \dfrac{\sec^2 x - 1}{1 - \cos x}$

$$= \lim\limits_{x \to 0} \left(\dfrac{1}{\cos^2 x} \cdot \dfrac{1 - \cos^2 x}{1 - \cos x} \right)$$

$$= \lim\limits_{x \to 0} \dfrac{1 + \cos x}{\cos^2 x} = 2.$$

对于其他类型的未定式 $0 \cdot \infty, \infty - \infty, 1^\infty, 0^0, \infty^0$，我们都可以将它们转化为 $\dfrac{0}{0}$ 或 $\dfrac{\infty}{\infty}$ 型未定式，进而用洛必达法则求解. 具体办法是：对 $0 \cdot \infty$、$\infty \pm \infty$ 型未定式，可通过代数恒等变形化为 $\dfrac{0}{0}$、$\dfrac{\infty}{\infty}$ 型未定式. 而对 0^0、1^∞、∞^0 未定式，则可通过取对数的方式，转化为 $0 \cdot \infty$ 型未定式，再化为 $\dfrac{0}{0}$、$\dfrac{\infty}{\infty}$ 型未定式.

例 4.8   求 $\lim\limits_{x \to 0^+} x^n \ln x$，其中 $n > 0$.

解   这是 $0 \cdot \infty$ 型的未定式.

$$\lim\limits_{x \to 0^+} x^n \ln x = \lim\limits_{x \to 0^+} \dfrac{\ln x}{x^{-n}}$$

$$= \lim\limits_{x \to 0^+} \dfrac{\dfrac{1}{x}}{-nx^{-n-1}} = \lim\limits_{x \to 0^+} \dfrac{-x^n}{n} = 0.$$

例 4.9   求 $\lim\limits_{x \to 0} \left(\dfrac{1}{e^x - 1} - \dfrac{1}{x} \right)$.

解   这是 $\infty - \infty$ 型未定式，可变为 $\dfrac{0}{0}$ 型.

$$\lim\limits_{x \to 0} \left(\dfrac{1}{e^x - 1} - \dfrac{1}{x} \right) = \lim\limits_{x \to 0} \dfrac{x - e^x + 1}{x(e^x - 1)} = \lim\limits_{x \to 0} \dfrac{x - e^x + 1}{x^2}$$

$$= \lim\limits_{x \to 0} \dfrac{1 - e^x}{2x} = -\dfrac{1}{2}.$$

例 4.10   求 $\lim\limits_{x \to +\infty} x^{\frac{1}{x}}$.

解   这是 ∞^0 型未定式.

$$\lim\limits_{x \to +\infty} x^{\frac{1}{x}} = e^{\lim\limits_{x \to +\infty} \frac{\ln x}{x}} = e^{\lim\limits_{x \to +\infty} \frac{1}{x}} = e^0 = 1.$$

例 4.11   求 $\lim\limits_{x \to 0} (\cos x + x \sin x)^{\frac{1}{x^2}}$.

解   这是 1^∞ 型未定式.

令 $y = (\cos x + x \sin x)^{\frac{1}{x^2}}$，取对数得

$$\ln y = \dfrac{1}{x^2} \ln(\cos x + x \sin x),$$

当 $x \to 0$ 时，上式右端是 $\dfrac{0}{0}$ 型未定式. 因为

$$\lim_{x\to 0}\ln y = \lim_{x\to 0}\frac{\ln(\cos x + x\sin x)}{x^2}$$

$$= \lim_{x\to 0}\frac{\dfrac{1}{\cos x + x\sin x}(-\sin x + \sin x + x\cos x)}{2x}$$

$$= \lim_{x\to 0}\frac{\cos x}{2(\cos x + x\sin x)} = \frac{1}{2},$$

所以，

$$\lim_{x\to 0}(\cos x + x\sin x)^{\frac{1}{x^2}} = \lim_{x\to 0}e^{\ln y} = e^{\lim_{x\to 0}\ln y} = e^{\frac{1}{2}}.$$

由于数列没有导数，所以不能直接用洛必达法则求数列的极限. 但如果 $\lim\limits_{x\to +\infty}f(x) = A$，则有 $\lim\limits_{n\to \infty}f(n) = A$. 因此，对于 $\dfrac{0}{0}$ 或 $\dfrac{\infty}{\infty}$ 型的数列极限，如果可以转化为函数极限，就可以间接地使用洛必达法则来求.

例 4.12　求 $\lim\limits_{n\to \infty}\sqrt[n]{n}$，$n$ 为正整数.

解　令 $f(x) = x^{\frac{1}{x}}(x > 0)$，则 $f(n) = \sqrt[n]{n}$. 因为 $\lim\limits_{x\to +\infty}x^{\frac{1}{x}} = 1$，所以 $\lim\limits_{n\to \infty}\sqrt[n]{n} = 1$.

习题 4.1

1. 用洛必达法则计算下列极限：

(1) $\lim\limits_{x\to 0}\dfrac{\sin 2x}{\tan 3x}$；

(2) $\lim\limits_{x\to a}\dfrac{\sin x - \sin a}{x - a}$；

(3) $\lim\limits_{x\to 0}\dfrac{x - \ln(1+x)}{x^2}$；

(4) $\lim\limits_{x\to 0}\dfrac{\tan x - x}{x^2\sin x}$；

(5) $\lim\limits_{x\to 0}\dfrac{x - \arctan x}{\ln(1+x^2)}$；

(6) $\lim\limits_{x\to 0}\dfrac{\ln(1+2x)}{x + \sin x}$；

(7) $\lim\limits_{x\to 1}\left(\dfrac{2}{x^2-1} - \dfrac{1}{x-1}\right)$；

(8) $\lim\limits_{x\to \frac{\pi}{2}^+}(\sec x - \tan x)$；

(9) $\lim\limits_{x\to +\infty}\dfrac{\ln(1+e^x)}{5x}$；

(10) $\lim\limits_{x\to 1}\dfrac{x^2-1+\ln x}{e^x - e}$；

(11) $\lim\limits_{x\to 1}\left(\dfrac{1}{x-1} - \dfrac{1}{\ln x}\right)$；

(12) $\lim\limits_{x\to 0}x^2 e^{-\frac{1}{x^2}}$；

(13) $\lim\limits_{x\to +\infty}\dfrac{1-e^x}{x+e^x}$；

(14) $\lim\limits_{x\to 1^+}(x-1)\tan\dfrac{\pi}{2}x$；

(15) $\lim\limits_{x\to 0}\left(\dfrac{1}{x}\right)^{\tan x}$；

(16) $\lim\limits_{x\to +\infty}\left(\dfrac{2}{\pi}\arctan x\right)^x$.

2. 确定常数 a,b，使得 $\lim\limits_{x\to 0}\dfrac{\ln(1+x)-(ax+bx^2)}{x^2} = 2$.

3. 下列解法是否正确？若有错，请给予修改.

(1) $\lim\limits_{x\to 0}\dfrac{x^2+1}{x^2-1} = \lim\limits_{x\to 0}\dfrac{(x^2+1)'}{(x^2-1)'} = \lim\limits_{x\to 0}\dfrac{2x}{2x} = 1$；

(2) 因 $\lim\limits_{x\to \infty}\dfrac{\sin x + x}{x} = \lim\limits_{x\to \infty}\dfrac{(\sin x + x)'}{x'} = \lim\limits_{x\to \infty}(\cos x + 1)$ 不存在，故 $\lim\limits_{x\to \infty}\dfrac{\sin x + x}{x}$ 不存在.

4.2 微分中值定理

本节我们学习微分中值定理,它们是导数应用的理论基础.

我们从函数在取得最大、最小值时点的性质开始讨论.

视频:达布定理

定理 4.2(费马引理)
设 $f(x_0)$ 是 $f(x)$ 在点 x_0 的某邻域 $U(x_0)$ 内的最大值或最小值,并且 $f(x)$ 在 x_0 处可导,则 $f'(x_0) = 0$.

证明 我们只证明 $f(x_0)$ 为局部最大值的情况.

对于 $x_0 + \Delta x \in U(x_0)$,有

$$f(x_0 + \Delta x) \leqslant f(x_0),$$

从而当 $\Delta x > 0$ 时,

$$\frac{f(x_0 + \Delta x) - f(x_0)}{\Delta x} \leqslant 0,$$

当 $\Delta x < 0$ 时,

$$\frac{f(x_0 + \Delta x) - f(x_0)}{\Delta x} \geqslant 0,$$

由函数 $f(x)$ 在 x_0 处可导及极限的保号性,得

$$f'(x_0) = f'_+(x_0) = \lim_{\Delta x \to 0^+} \frac{f(x_0 + \Delta x) - f(x_0)}{\Delta x} \leqslant 0,$$

$$f'(x_0) = f'_-(x_0) = \lim_{\Delta x \to 0^-} \frac{f(x_0 + \Delta x) - f(x_0)}{\Delta x} \geqslant 0,$$

所以,$f'(x_0) = 0$.

在几何上,费马引理表明,如果曲线 $y = f(x)$ 在 x_0 处达到局部的最高点或最低点,且曲线在该点有切线,那么此切线必定平行于 x 轴,即切线是水平直线.

费马(Fermat,1601—1665),法国数学家.

由费马引理立刻推出罗尔定理.

定理 4.3(罗尔定理) 如果函数 $f(x)$ 满足条件:
(1)在闭区间 $[a,b]$ 上连续,
(2)在开区间 (a,b) 内可导,
(3)$f(a) = f(b)$,
则至少存在一点 $\xi \in (a,b)$,使得 $f'(\xi) = 0$.

证明 因为 $f(x)$ 在 $[a,b]$ 上连续,故 $f(x)$ 在 $[a,b]$ 上存在最大值 M 与最小值 m.

如果 $M = m$,则对任一 $x \in [a,b]$,$f(x) = M$. 此时任取 $\xi \in (a,b)$,都有 $f'(\xi) = 0$ 成立. 否则的话,一定有 $M > m$. 因此,M 与 m 中至少有一个不取 $f(a) = f(b)$,不妨设 $M \neq f(a)$,那么在

(a,b) 内必定有一点 ξ，使得 $f(\xi) = M$，由费马引理知 $f'(\xi) = 0$.

罗尔定理的几何解释为：在定理的条件下，在开区间 (a,b) 内至少存在一点，曲线在该点处的切线平行于 x 轴，也平行于连接点 $(a,f(a))$ 和点 $(b,f(b))$ 的弦（见图 4-1）.

> **推论 4.1**　可微函数 $f(x)$ 的任意两个零点之间至少有 $f'(x)$ 的一个零点.

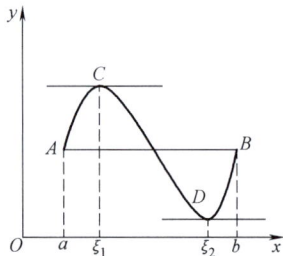

图　4-1

罗尔（Rolle，1652—1719），法国数学家.

罗尔定理可用于讨论方程根的个数.

视频：达布定理的应用

例 4.13　证明：$x = 0$ 是方程 $e^x = 1 + x$ 唯一的根.

证明　令 $f(x) = e^x - 1 - x$. 显然 $x = 0$ 是方程 $f(x) = 0$ 的根. 若此方程还有另外的根 $x = x_0 \neq 0$，则有 $f(0) = 0$，$f(x_0) = 0$，根据罗尔定理，在 0 和 x_0 之间至少存在一点 ξ，使得 $f'(\xi) = 0$. 但 $f'(x) = e^x - 1$，$\xi \neq 0$，$f'(\xi) \neq 0$，矛盾. 所以原方程 $e^x = 1 + x$ 只有唯一的根 $x = 0$.

下面，我们简单分析一下罗尔定理的条件与结论之间的关系，并给出一种构造满足罗尔定理条件的辅助函数的方法.

一方面，当 $f(x)$ 在 $[a,b]$ 连续，在 (a,b) 可微，只要 $f(x)$ 不严格单调，就一定有使 $f'(x) = 0$ 的点，不需要 $f(a) = f(b)$.

另一方面，不难构造满足罗尔定理的函数. 假设连续、可微的函数 $f(x)$，$g(x)$ 都不满足罗尔定理的条件，即 $f(a) \neq f(b)$，$g(a) \neq g(b)$，则 $\dfrac{f(b) - f(a)}{g(b) - g(a)}$ 是一个常数，令其为 k，即

$$\frac{f(b) - f(a)}{g(b) - g(a)} = k,$$

则 $f(b) - kg(b) = f(a) - kg(a)$. 令 $F(x) = f(x) - kg(x)$，则 $F(x)$ 在 $[a,b]$ 上满足罗尔定理的条件. 这种构造辅助函数的方法，称为**常数 k 法**.

例 4.14　设 $f(x)$ 在 $[a,b]$ 上连续，在 (a,b) 内可导，证明：在 (a,b) 内至少存在一点 ξ，使得 $\dfrac{bf(b) - af(a)}{b - a} = f(\xi) + \xi f'(\xi)$ 成立.

证明　令　$\dfrac{bf(b) - af(a)}{b - a} = k$，

把和 a、b 有关的项分别写到等式的两边，得

$$bf(b) - kb = af(a) - ka.$$

令 $F(x) = xf(x) - kx$，则 $F(a) = F(b)$.

由 $f(x)$ 在 $[a,b]$ 上连续，在 (a,b) 内可导，$F(x) = xf(x) - kx$ 在 $[a,b]$ 上满足罗尔定理的条件.

$$F'(x) = f(x) + xf'(x) - k.$$

由罗尔定理,至少存在一点 $\xi \in (a,b)$,使得 $F'(\xi) = f(\xi) + \xi f'(\xi) - k = 0$,即

$$\frac{bf(b) - af(a)}{b - a} = f(\xi) + \xi f'(\xi).$$

证毕.

拉格朗日中值定理是罗尔定理的推广.

定理 4.4(拉格朗日中值定理) 如果函数 $f(x)$ 满足:

(1)在闭区间 $[a,b]$ 上连续,

(2)在开区间 (a,b) 内可导,

那么在 (a,b) 内至少有一点 ξ,使得

$$\frac{f(b) - f(a)}{b - a} = f'(\xi).$$

证明 令 $\dfrac{f(b) - f(a)}{b - a} = k$,则 $f(b) - kb = f(a) - ka$.

作辅助函数 $F(x) = f(x) - kx$,则 $F(a) = F(b)$.

因为函数 $f(x)$ 在闭区间 $[a,b]$ 上连续,在开区间 (a,b) 内可导,因而 $F(x)$ 也在闭区间 $[a,b]$ 上连续,在开区间 (a,b) 内可导,所以 $F(x)$ 满足罗尔定理的条件.

$$F'(x) = f'(x) - k.$$

由罗尔定理,在 (a,b) 内至少存在一点 ξ,使得

$$F'(\xi) = f'(\xi) - k = 0,$$

即

$$\frac{f(b) - f(a)}{b - a} = f'(\xi).$$

拉格朗日中值定理的**几何解释**为:在定理的条件下,在开区间 (a,b) 内至少存在一点,曲线在该点处的切线平行于连接 $(a, f(a))$ 和 $(b, f(b))$ 两点的弦,如图 4-2 所示.罗尔定理实际上是拉格朗日中值定理在 $f(a) = f(b)$ 时的特殊情况.

拉格朗日中值定理的结论也可以写成

$$f(b) - f(a) = f'(\xi)(b - a), \quad \xi \in (a,b).$$

此式也称拉格朗日中值公式.

如果取 x 与 $x + \Delta x$ 为 $[a,b]$ 内任意两点,在 x 与 $x + \Delta x$ 之间应用拉格朗日中值定理,则有

$$\Delta y = f(x + \Delta x) - f(x) = f'(x + \theta \Delta x)\Delta x, \quad 0 < \theta < 1,$$

此式称为**有限增量公式**,它建立了函数在区间上的改变量与函数在区间内某点的导数之间的关系,从而我们可以利用导数来研究函数在区间上的变化情况.

拉格朗日(Lagrange,1736—1813),法国数学家、力学家、天文学家.

简单不等式证明是拉格朗日中值定理的一个直接应用:由

$$f(b) - f(a) = f'(\xi)(b - a),$$

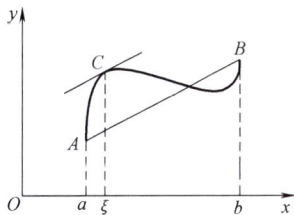

图 4-2

只要估计出 $A \leqslant f'(\xi) \leqslant B$，就可以同时得到两个不等式

$$A(b-a) \leqslant f(b) - f(a) \leqslant B(b-a).$$

例 4.15　证明：不等式 $\dfrac{a-b}{a} < \ln \dfrac{a}{b} < \dfrac{a-b}{b}(a > b > 0)$.

证明　选择函数 $f(t) = \ln t$，由拉格朗日中值定理，存在 $\xi \in (b,a)$，使得

$$\ln a - \ln b = \frac{1}{\xi}(a-b),$$

由 $\dfrac{1}{a} < \dfrac{1}{\xi} < \dfrac{1}{b}$，即得

$$\frac{a-b}{a} < \ln \frac{a}{b} < \frac{a-b}{b}(a > b > 0).$$

例 4.16　如果函数 $f(x)$ 在闭区间 $[a,b]$ 上连续，在开区间 (a,b) 内可导，且 $f'(x) \equiv 0$，则 $f(x)$ 在 $[a,b]$ 上恒为常数.

证明　我们证明在 $[a,b]$ 上有 $f(x) \equiv f(a)$.

任意取定 $x \in (a,b)$，在区间 $[a,x]$ 上，由拉格朗日中值定理有

$$f(x) - f(a) = f'(\xi)(x-a), a < \xi < x.$$

由 $f'(x) \equiv 0$，有 $f'(\xi) = 0$，所以 $f(x) = f(a)$，即 $f(x)$ 在 $[a,b]$ 上恒为常数.

证明函数恒等式相对简单. 证明 $f(x) \equiv C$ 分为两步：

(1)证明 $f'(x) \equiv 0$；

(2)证明存在 x_0 使得 $f(x_0) = C$.

例 4.17　证明：当 $|x| < 1$ 时，有 $\arcsin x + \arccos x = \dfrac{\pi}{2}$.

证明　令

$$f(x) = \arcsin x + \arccos x.$$

当 $|x| < 1$ 时，有

$$f'(x) = \frac{1}{\sqrt{1-x^2}} - \frac{1}{\sqrt{1-x^2}} = 0,$$

故 $f(x) = C$（C 为常数）. 令 $x = 0$，得 $f(0) = \dfrac{\pi}{2}$，即 $C = \dfrac{\pi}{2}$.

习题 4.2

1. 对函数 $y = x^2 - 3x + 2$ 在区间 $[1,2]$ 上验证罗尔中值定理的正确性.

2. 对函数 $y = \ln(1+x)$ 在区间 $[0,1]$ 上验证拉格朗日中值定理的正确性.

3. 设 $b > a > 0$，试证：存在 $\xi \in (a,b)$，使得

(1) $ab(e^b - e^a) = (b-a)\xi^2 e^\xi$；

(2) $2\xi(\ln b - \ln a) = b^2 - a^2$.

4. 证明：当 $|x| < 1$ 时，有 $\arctan \sqrt{\dfrac{1-x}{1+x}} + \dfrac{1}{2}\arcsin x = \dfrac{\pi}{4}$.

5. 证明下列不等式：

(1) $|\sin a - \sin b| \leqslant |a - b|$；

(2) $|\arctan x - \arctan y| \leqslant |x - y|$.

4.3 单调性及其应用

本节我们用导数研究函数曲线的几何形态,主要是函数的单调性和极值.

4.3.1 函数的单调性

直接使用定义讨论函数的单调性一般比较困难.下面的定理告诉我们可以通过导数的正、负来判定函数的单调性.

> **定理 4.5** 设函数 $f(x)$ 在区间 $[a,b]$ 上连续,在 (a,b) 内可导:
> (1)如果 $f'(x)>0,x\in(a,b)$,则函数 $f(x)$ 在 $[a,b]$ 上单调递增;
> (2)如果 $f'(x)<0,x\in(a,b)$,则函数 $f(x)$ 在 $[a,b]$ 上单调递减.

证明 我们只证明情形(1),情形(2)可类似得到.

在区间 $[a,b]$ 上任取两点 $x_1,x_2(x_1<x_2)$,在 $[x_1,x_2]$ 上应用拉格朗日中值定理,有

$$f(x_2)-f(x_1)=f'(\xi)(x_2-x_1),x_1<\xi<x_2$$

由 $f'(x)>0,x\in(a,b)$,有 $f'(\xi)>0$,于是

$$f(x_1)<f(x_2),$$

即 $f(x)$ 在 $[a,b]$ 上单调递增.

例 4.18 证明:函数 $f(x)=x-\sin x$ 在 $(-\infty,+\infty)$ 上单调递增.

证明 $f'(x)=1-\cos x\geqslant 0$,而且

$$f'(x)=0\Leftrightarrow x=2k\pi,k\in\mathbf{Z},$$

所以 $f(x)$ 在

$$[2k\pi,2k\pi+2\pi],k\in\mathbf{Z}$$

上单调递增,所以 $f(x)=x-\sin x$ 在 $(-\infty,+\infty)$ 上单调递增.

例 4.19 讨论函数 $f(x)=e^x-x-1$ 的单调性.

解 函数 $f(x)=e^x-x-1$ 的定义域为 $(-\infty,+\infty)$.

$$f'(x)=e^x-1,$$

在区间 $(-\infty,0)$ 内,$f'(x)<0$,所以函数在区间 $(-\infty,0]$ 单调递减;

在区间 $(0,+\infty)$ 内,$f'(x)>0$,所以函数在区间 $[0,+\infty)$ 单调递增.

例 4.20 讨论函数 $f(x)=\sqrt[3]{x^2}$ 的单调性.

解 函数 $f(x)=\sqrt[3]{x^2}$ 的定义域为 $(-\infty,+\infty)$.

$$f'(x) = \frac{2}{3 \cdot \sqrt[3]{x}}, x \neq 0.$$

$f(x)$ 在 $x = 0$ 处的导数不存在.

在区间 $(-\infty, 0)$ 内, $f'(x) < 0$, 所以函数在区间 $(-\infty, 0]$ 单调递减;

在区间 $(0, +\infty)$ 内, $f'(x) > 0$, 所以函数在区间 $[0, +\infty)$ 单调递增.

一般地, 在讨论函数的单调性时, 应当先求出导数等于零的点和导数不存在的点, 利用它们把函数的定义域分为若干个子区间, 然后考察在每个区间上 $f'(x)$ 的符号, 由此判定函数在该子区间上的单调性.

例 4.21 讨论函数 $y = \dfrac{x}{x^2 + 1}$ 的单调性.

解 函数 $y = \dfrac{x}{x^2+1}$ 在区间 $(-\infty, +\infty)$ 上连续、可导, 求导得

$$y' = \frac{x^2 + 1 - x \cdot 2x}{(x^2+1)^2} = \frac{1 - x^2}{(x^2+1)^2},$$

解方程 $y' = 0$, 得 $x = \pm 1$. 它们将 $(-\infty, +\infty)$ 分成三部分(见下表).

x	$(-\infty, -1)$	$(-1, 1)$	$(1, +\infty)$
y'	$-$	$+$	$-$
y	单调递减	单调递增	单调递减

单调性是证明函数不等式的一个有效方法.

例 4.22 证明: 当 $x > 0$ 时, 有 $1 + x\ln(x + \sqrt{1+x^2}) > \sqrt{1+x^2}$.

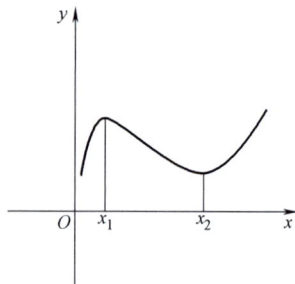

证明 令

$$f(x) = 1 + x\ln(x + \sqrt{1+x^2}) - \sqrt{1+x^2},$$

则

$$f'(x) = \ln(x + \sqrt{1+x^2}) + \frac{x}{\sqrt{1+x^2}} - \frac{x}{\sqrt{1+x^2}}$$

$$= \ln(x + \sqrt{1+x^2}).$$

当 $x > 0$ 时, $f'(x) > 0$, 所以函数 $f(x)$ 在区间 $[0, +\infty)$ 单调递增. 又 $f(0) = 0$, 因此当 $x > 0$ 时, $f(x) > f(0) = 0$, 即有

$$1 + x\ln(x + \sqrt{1+x^2}) > \sqrt{1+x^2}.$$

4.3.2 函数的极值

连续函数在其单调性发生改变的点取得局部的最大值或最小值. 设函数 $f(x)$ 的图像如图 4-3 所示.

图 4-3

曲线在 $x = x_1$ 处出现"峰",即点 x_1 处的函数值比点 x_1 两侧各点的值都要大;在 $x = x_2$ 处出现"谷",即点 x_2 处的函数值比点 x_2 两侧各点的值都要小. 这种局部的最大值与最小值在应用上有重要的意义,下面我们对此做一般性的讨论.

定义 4.1 设 $f(x)$ 在 x_0 的某邻域内有定义. 如果在 x_0 的某个空心邻域内,不等式 $f(x) < f(x_0)(f(x) > f(x_0))$ 恒成立,就称 $f(x_0)$ 是函数 $f(x)$ 的一个极大(小)值. x_0 称为 $f(x)$ 的一个极值点.

函数的极大值和极小值统称为函数的极值.

注意:如果在 x_0 的某个邻域内有 $f(x) \leqslant f(x_0)(f(x) \geqslant f(x_0))$,则 $f(x_0)$ 是函数 $f(x)$ 的一个局部最大(小)值. 因此,极值一定是局部最大(小)值,但局部最大(小)值则不一定是极值.

下面我们来讨论函数取得极值的必要条件和充分条件. 首先,我们由费马引理直接得到:

定理 4.6(极值的必要条件) 设函数 $f(x)$ 在点 x_0 处可导,且在点 x_0 处取得极值,则 $f'(x_0) = 0$.

定理 4.6 表明,函数的极值点只可能是它的驻点或导数不存在的点. 但反过来,函数的驻点或导数不存在的点却不一定是极值点. 例如,$x = 0$ 是 $f(x) = x^3$ 的驻点,但却不是 $f(x) = x^3$ 的极值点. 因此,求得可能的极值点(驻点和导数不存在的点)后,需要做进一步的判定. 我们将借助极值的充分条件进行判别.

定理 4.7(极值的第一充分条件) 设函数 $f(x)$ 在 x_0 处连续,在 x_0 的某空心邻域内可导. 则

(1)若 $x < x_0$ 时,$f'(x) > 0$,且 $x > x_0$ 时,$f'(x) < 0$,则 $f(x)$ 在点 x_0 处取得极大值;

(2)若 $x < x_0$ 时,$f'(x) < 0$,且 $x > x_0$ 时,$f'(x) > 0$,则 $f(x)$ 在点 x_0 处取得极小值;

(3)若 $f'(x)$ 在 x_0 的左、右两侧同号,则点 x_0 不是 $f(x)$ 的极值点.

证明 我们只证明情形(1),情形(2)与(3)的证明完全类似.

在 x_0 的空心邻域内,当 $x < x_0$ 时,由 $f'(x) > 0$,有 $f(x)$ 单调递增,故 $f(x) < f(x_0)$;当 $x > x_0$ 时,由 $f'(x) < 0$,有 $f(x)$ 单调递减,故 $f(x) < f(x_0)$. 即在该空心邻域内有

$$f(x) < f(x_0).$$

所以,$f(x_0)$ 是 $f(x)$ 的极大值,即 $f(x)$ 在点 x_0 处取得极

大值.

求函数极值的基本步骤如下:

(1)求出 $f(x)$ 的所有可能的极值点,即 $f(x)$ 的不可导的点和 $f'(x) = 0$ 的点;

(2)对(1)中求得的每个点,根据 $f'(x)$ 在其左、右是否变号,确定该点是否为极值点,如果是极值点,进一步确定是极大值点还是极小值点;

(3)求出各极值点处的函数值,得到相应的极值.

例 4.23　求函数 $f(x) = \sqrt[3]{x(1-x)^2}$ 的极值.

解　函数 $f(x) = \sqrt[3]{x(1-x)^2}$ 在 $(-\infty, +\infty)$ 上连续,且

$$f'(x) = \frac{1-3x}{3 \cdot \sqrt[3]{x^2(1-x)}}.$$

$x = 0$ 与 $x = 1$ 为不可导的点. 令 $f'(x) = 0$,解得驻点 $x = \dfrac{1}{3}$. 因此,可能的极值点为

$$x = 0, x = \frac{1}{3}, x = 1,$$

讨论见下表.

x	$(-\infty, 0)$	0	$\left(0, \frac{1}{3}\right)$	$\frac{1}{3}$	$\left(\frac{1}{3}, 1\right)$	1	$(1, +\infty)$
$f'(x)$	$+$	不存在	$+$	0	$-$	不存在	$+$
$f(x)$	单调递增	无极值	单调递增	极大值	单调递减	极小值	单调递增

由上表可知,$x = 0$ 不是极值点,$x = \dfrac{1}{3}$ 为极大值点,$f\left(\dfrac{1}{3}\right) = \dfrac{1}{3}\sqrt[3]{4}$ 为极大值,$x = 1$ 为极小值点,$f(1) = 0$ 为极小值.

极值的第一充分条件指出,当 $\dfrac{f'(x)}{x-x_0} < 0$ 时,$f(x)$ 在点 x_0 处取得极大值;当 $\dfrac{f'(x)}{x-x_0} > 0$ 时,$f(x)$ 在点 x_0 处取得极小值. 当函数 $f(x)$ 在驻点 x_0 处具有二阶导数时,我们有

$$\lim_{x \to x_0} \frac{f'(x)}{x-x_0} = \lim_{x \to x_0} \frac{f'(x) - f'(x_0)}{x-x_0} = f''(x_0).$$

定理 4.8(极值的第二充分条件)　设函数 $f(x)$ 在点 x_0 处有二阶导数,且 $f'(x_0) = 0$,$f''(x_0) \neq 0$,则

(1)若 $f''(x_0) < 0$,则 $f(x_0)$ 是极大值;

(2)若 $f''(x_0) > 0$,则 $f(x_0)$ 是极小值.

4.3.3　函数的最值

设 $f(x_0)$ 是 $f(x)$ 在 $[a, b]$ 上的最值,则 x_0 只可能是 $f(x)$ 的

驻点、不可导点、区间 $[a,b]$ 的端点 a 或 b，即函数在闭区间上的最值只可能在驻点、不可导点或区间端点取得. 因此我们只要求出 $f(x)$ 所有的驻点和不可导点，并将这些点处的函数值与端点处的函数值 $f(a)$ 及 $f(b)$ 比较，就可以得到 $f(x)$ 在 $[a,b]$ 上的最大值与最小值. 我们首先考察求闭区间上连续函数的最值.

例 4.24　求函数 $f(x)=2x^3-3x^2$ 在 $[-1,4]$ 上的最大值与最小值.

解　显然 $f(x)$ 在 $(-1,4)$ 内可导. 求导得
$$f'(x)=6x^2-6x=6x(x-1),$$
令 $f'(x)=0$，解得 $f(x)$ 在 $(-1,4)$ 内的驻点为 $x=0,x=1$. 由于
$$f(-1)=-5,f(0)=0,f(1)=-1,f(4)=80,$$
比较可得最大值为 $f(4)=80$，最小值为 $f(-1)=-5$.

在实际问题的应用中，问题本身可以保证目标函数 $f(x)$ 的最大值或最小值一定存在，我们通常用这种思想来求取应用问题的最值.

例 4.25　欲建造一个粮仓，粮仓内部的下半部分为圆柱形，顶部为半球形. 设用于建造圆柱形部分的材料的单价为 c（元/m²），用于建造半球形部分的材料的单价为 $2c$（元/m²）. 如果粮食只能储存在圆柱形部分，且规定粮仓储藏量为 a（m³），问如何选取圆柱形的尺寸能使造价最低？

解　设圆柱的高和半径分别为 h 和 r，则粮仓的内表面积为
$$S=2\pi rh+\pi r^2+2\pi r^2,$$
材料的总价为
$$C=(2\pi rh+\pi r^2)c+2\pi r^2\cdot(2c),$$
根据题意有 $\pi r^2h=a$，即有 $h=\dfrac{a}{\pi r^2}$，代入上式可得目标函数
$$C=\frac{2ca}{r}+5\pi cr^2,0<r<+\infty.$$

现在的问题是求目标函数 C 的最小值. 求导得
$$\frac{\mathrm{d}C}{\mathrm{d}r}=\frac{-2ca}{r^2}+10\pi cr,$$
令 $\dfrac{\mathrm{d}C}{\mathrm{d}r}=0$，得驻点 $r=\left(\dfrac{a}{5\pi}\right)^{\frac{1}{3}}$. 它是可导的目标函数的唯一驻点，且所求的问题最小值一定存在，所以此驻点即是问题的最小值点，即
$$r=\left(\frac{a}{5\pi}\right)^{\frac{1}{3}},h=\left(\frac{25a}{\pi}\right)^{\frac{1}{3}}=5r$$
时，造价最低.

例 4.26　铁路线上 AB 段的距离为 $100\mathrm{km}$. 工厂 C 距 A 处为 $20\mathrm{km}$，AC 垂直于 AB（如图 4-4 所示）. 为了运输需要，要在 AB 线上选定一点 D 向工厂修筑一条公路. 已知铁路上每公里货运的费

用与公路上每公里的费用之比为 $3:5$. 为了使货物从供应站 B 运到工厂 C 的运费最少,问点 D 应选在何处?

解 设 $AD = x$,则

$$DB = 100 - x, CD = \sqrt{20^2 + x^2} = \sqrt{400 + x^2}$$

图　4-4

由于铁路上每公里货运的费用与公路上每公里的费用之比为 $3:5$,我们不妨设铁路上每公里货运的费用为 $3k$,公路上每公里的费用 $5k$(k 为某正数).设从点 B 到点 C 的总运费为 y,则

$$y = 5k \cdot CD + 3k \cdot DB,$$

即

$$y = 5k \cdot \sqrt{400 + x^2} + 3k(100 - x), 0 \leqslant x \leqslant 100.$$

原问题归结为求目标函数 y 在区间 $[0, 100]$ 上的最小值.求导得

$$y'(x) = k \cdot \left(\frac{5x}{\sqrt{400 + x^2}} - 3 \right),$$

令 $y'(x) = 0$,解得 $x = 15\text{km}$,它是目标函数在区间 $[0, 100]$ 上的唯一驻点,而此问题又存在最小值,所以此驻点也是目标函数在区间 $[0, 100]$ 上的最小值点.即当 $AD = 15\text{km}$ 时,总运费最少.

4.3.4　经济学中的静态分析

静态经济学中总是假定所讨论的变量与时间无关,这样的假设在相对较短的时间段内可以认为是合理的.我们通过几个具体的例子说明导数在经济学的静态分析中的应用.

设某种商品的产量为 Q,其成本函数和收益函数分别为 $C(Q)$ 和 $R(Q)$,则利润函数为 $L(Q) = R(Q) - C(Q)$.设利润函数 $L(Q)$ 在点 Q_0 达到最大,则

$$L'(Q_0) = R'(Q_0) - C'(Q_0) = 0,$$

即在利润最大的点,边际收益=边际成本.

例 4.27 设商品的需求函数为 $P + Q = 30$,总成本函数为 $C(Q) = \frac{1}{2}Q^2 + 6Q + 7$,其中 P 表示商品价格,Q 表示产出水平.

(1)找出使总收益最大的产出水平;

(2)找出使总利润最大的产出水平.

解 (1)设总收益函数为 $R(Q)$,则

$$R(Q) = PQ = (30 - Q)Q = -Q^2 + 30Q,$$

$$R'(Q) = -2Q + 30, R''(Q) = -2.$$

令 $R'(Q) = 2Q - 30 = 0$,解出 $Q = 15$. 由 $R''(Q) = -2 < 0$,总收益函数 $R(Q)$ 在 $Q = 15$ 处取得最大值.

(2)设总利润函数为 $L(Q)$,则

$$L(Q) = R(Q) - C(Q),$$

$$L(Q) = -Q^2 + 30Q - \left(\frac{1}{2}Q^2 + 6Q + 7\right)$$

$$= -\frac{3}{2}Q^2 + 24Q - 7,$$

$$L'(Q) = -3Q + 24, L''(Q) = -3 < 0.$$

令 $L'(Q) = -3Q + 24 = 0$,解出 $Q = 8$,即在 $Q = 8$ 时总利润最大.

例 4.28 设商品的供给函数和需求函数分别为 $Q_S = P + 9$ 和 $Q_D = -\frac{1}{3}P + 30$,政府决定对单位商品征税 t(其中 P 为商品价格,单位:元).假设市场达到均衡,试最大化政府税收的 t 值.

解 从表面上看,商品的供给函数和需求函数中并没有包含政府的税收,而实际上,商品需求中的价格由供给价格和政府税收两部分组成,即

$$Q_D = -\frac{1}{3}(P + t) + 30.$$

设市场达到均衡即 $Q_S = Q_D$ 时,产量为 Q,则

$$\begin{cases} Q = P + 9, \\ Q = -\frac{1}{3}(P + t) + 30, \end{cases}$$

解出 $Q = \frac{99 - t}{4}$.

政府总税收为 $\quad T = tQ = \frac{99t - t^2}{4}$.

令 $\dfrac{\mathrm{d}T}{\mathrm{d}t} = \dfrac{99 - 2t}{4} = 0$,解出 $t = \dfrac{99}{2}$.

$\dfrac{\mathrm{d}^2 T}{\mathrm{d}t^2} = -\dfrac{1}{2} < 0$,说明 $t = \dfrac{99}{2}$ 时总税收最大.即政府应该对每单位产品征税 49.5 元.

例 4.29 建设一座办公大楼,x 层高,总成本由以下三部分组成:

(1)土地成本 10000 万元;

(2)每层建设成本 250 万元;

(3)每层装修成本 $10x$ 万元.每层平均成本最小时,这栋楼应建多少层?

解 总成本函数

$$C(x) = 10000 + 250x + 10x^2,$$

每层平均成本为

$$\overline{C}(x)=\frac{C(x)}{x}=10000x^{-1}+250+10x,$$

$$\overline{C}'(x)=-10000x^{-2}+10,$$

解出 $x=\pm\sqrt{1000}\approx\pm31.6$. 显然 $x=-31.6$ 可以舍去. 由 $\overline{C}''(x)=20000x^{-3}>0$, 有函数在 $x=31.6$ 处取得最小值.

必须注意的是, $x=31.6$ 没有实际的意义, 楼层数必须是整数, 因此我们需要对 $x=31.6$ 附近的整数点的函数值加以比较, 从中找出合理的解.

$$\overline{C}(31)=\frac{10000}{31}+250+310\approx882.58,$$

$$\overline{C}(32)=\frac{10000}{32}+250+320=882.5.$$

所以建设 32 层楼时每层的平均成本最低.

习题 4.3

1. 求下列函数的单调区间:

(1) $y=\dfrac{1}{1+x^2}$;

(2) $y=x^3+2^x$;

(3) $y=e^x-ex$;

(4) $y=(x^2-3)e^x$.

2. 证明下列不等式:

(1) $e^x>ex, x>1$;

(2) $(1+x)\ln(1+x)>\arctan x, x>0$;

(3) 当 $0\leqslant x\leqslant 1$ 时, $1+\dfrac{1}{2}x^2\geqslant e^{-x}+\sin x$.

3. 求下列函数的极值:

(1) $y=x-\ln(1+x)$;   (2) $y=x+\dfrac{1}{x}$;

(3) $y=3x^2-2x^3+6$;   (4) $y=\dfrac{1}{2}x^2-4\ln x$;

(5) $y=\dfrac{1}{2}x-\sqrt{x}$;   (6) $y=\ln x+\dfrac{2}{x^2}$.

4. 当 a,b 为何值时, 函数 $f(x)=\dfrac{ax^2+bx+a+1}{x^2+1}$ 在 $x=-\sqrt{3}$ 处取得极小值 $f(-\sqrt{3})=0$.

5. 求下列函数在给定区间上的最大值与最小值:

(1) $y=e^x+e^{-x}+2, -1\leqslant x\leqslant 2$;

(2) $y=2x^3-x^2, -2\leqslant x\leqslant 1$;

(3) $y=x+\sqrt{1-x}, -5\leqslant x\leqslant 1$;

(4) $y=\dfrac{x}{1+x^2}, -4\leqslant x\leqslant 3$.

6. 有一个边长为 48cm 的正方形铁皮, 四角各截去一个大小相同的正方形, 然后将四边折起做成一个方形的无盖容器, 问截去的小正方形的边长为多大时, 所得容器的容积最大?

7. 某产品总成本 C(单位:万元)为年产量 x(单位:t)的函数

$$C=C(x)=a+bx^2,$$

其中 a,b 为待定常数. 已知固定成本为 400 万元, 且当年产量 $x=100$ 时, 总成本 $C=500$, 问年产量 x 为多少时, 才能使平均单位成本 $\overline{C}$ 最低? 最低单位成本值为多少?

8. 某产品总成本 C(单位:元)为日产量 x(单位:kg)的函数

$$C=C(x)=\frac{1}{9}x^2+6x+100.$$

设该产品的销售价格为 p 元/kg. 它与日产量 x 的关系为

$$p=p(x)=46-\frac{1}{3}x.$$

问日产量 x 为多少时, 才能使每日产量全部销售后所获得的总利润 L 最大, 最大利润值为多少?

4.4 函数图形

本节我们介绍曲线凹凸性及渐近线,结合函数的单调性与极值,我们可以粗略地描绘函数的图形了.

视频:曲线凹凸性

4.4.1 曲线的凹凸性及拐点

一般来说,函数 $y = f(x)$ 的图像是一条平面曲线,也可以说,$y = f(x)$ 在几何上表示的是一条曲线.函数的单调增或减在几何上就是曲线上升或下降(由左向右).但仅仅知道这些,还不能全面了解曲线的形态,本小节我们继续用导数研究曲线的几何性质.

如图 4-5 所示,图中有两条曲线弧,虽然它们都是单调上升的,但弯曲方向却有显著的不同.

从几何上看,曲线弧 $\overset{\frown}{AB}$ 的弯曲方向是向下的.细致一点说,如果在 $\overset{\frown}{AB}$ 上任取两点,则连接这两点的弦的中点总位于曲线上相应点(具有相同横坐标的点)的上方,也就是两点间的曲线弧总在连接这两点的弦的下方.我们说这样的曲线是向下凸的.$\overset{\frown}{CD}$ 恰好相反,两点间的曲线弧总在连接这两点的弦的上方,这样的曲线说成是向上凸的.

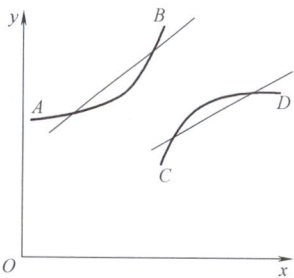

图 4-5

在微积分中,可能是出于字形几何直观的原因,有时把向下凸的弧称为**凹**的,而把向上凸的弧称为**凸**的.曲线的这种性质称作曲线的凹凸性.

直接用定义来判别曲线的凹凸性比较麻烦,当函数 $f(x)$ 有二阶导数时,我们可以利用 $f''(x)$ 的符号来判别曲线 $y = f(x)$ 的凹凸性.

> **定理 4.9** 设 $y = f(x)$ 在区间 $[a,b]$ 上连续,在 (a,b) 内具有二阶导数.则
>
> (1)若 $f''(x) > 0, x \in (a,b)$,则曲线 $y = f(x)$ 在 $[a,b]$ 上是严格向下凸的;
>
> (2)若 $f''(x) < 0, x \in (a,b)$,则曲线 $y = f(x)$ 在 $[a,b]$ 上是严格向上凸的.

定理 4.9 的几何意义非常明显:当 $f''(x) > 0$ 时,曲线的切线斜率单调增加导致曲线向下凸;当 $f''(x) < 0$ 时,曲线的切线斜率单调减小导致曲线向上凸.

例 4.30 判别曲线 $y = \ln x$ 的凹凸性.

解 因为

$$y' = \frac{1}{x}, y'' = -\frac{1}{x^2} < 0 (0 < x < +\infty).$$

所以,曲线 $y = \ln x$ 在 $(0, +\infty)$ 上是向上凸的.

例 4.31　　判别曲线 $y = 3x^2 - x^3$ 的凹凸性.

　　解　因为

$$y' = 6x - 3x^2, y'' = 6 - 6x = 6(1 - x).$$

　　当 $x \in (-\infty, 1)$ 时，$y'' > 0$，所以，曲线在 $(-\infty, 1)$ 上是向下凸的；

　　当 $x \in (1, +\infty)$ 时，$y'' < 0$，所以，曲线在 $(1, +\infty)$ 上是向上凸的.

> **定义 4.2**　连续曲线上凹凸性发生变化的点称为曲线的**拐点**.

　　用一阶导数的符号可判定函数的增减，二阶导数的符号可判定曲线的凹凸，凹凸的转折点为拐点，所以在二阶导数为零或二阶导数不存在的点处，曲线上相应的点处可能会出现拐点.

> **定理 4.10（拐点的充分条件）**　设函数 $y = f(x)$ 在点 x_0 的某邻域 $U(x_0)$ 内连续，在去心邻域 $\mathring{U}(x_0)$ 内 $f''(x)$ 存在. 若在 x_0 的两侧 $f''(x)$ 异号，则点 $(x_0, f(x_0))$ 为曲线 $y = f(x)$ 的一个拐点；若在 x_0 的两侧 $f''(x)$ 同号，则点 $(x_0, f(x_0))$ 不是曲线 $y = f(x)$ 的拐点.

例 4.32　　求曲线 $y = (x - 1)\sqrt[3]{x^2}$ 的凹凸区间及拐点.

　　解　函数在 $(-\infty, +\infty)$ 上连续，且

$$y' = \frac{5}{3}x^{\frac{2}{3}} - \frac{2}{3}x^{-\frac{1}{3}},$$

$$y'' = \frac{2(5x + 1)}{9x^{\frac{4}{3}}},$$

令 $y'' = 0$，得到 $x = -\frac{1}{5}$，而 $x = 0$ 是 y'' 不存在的点. 曲线的凹凸性及拐点列表讨论如下.

x	$\left(-\infty, -\frac{1}{5}\right)$	$-\frac{1}{5}$	$\left(-\frac{1}{5}, 0\right)$	0	$(0, +\infty)$
y''	$-$	0	$+$	不存在	$+$
y	$\cap$	$-\frac{6}{5}\sqrt[3]{\frac{1}{25}}$	$\cup$	0	$\cup$
		拐点 $\left(-\frac{1}{5}, -\frac{6}{5}\sqrt[3]{\frac{1}{25}}\right)$		$(0,0)$ 不是拐点	

　　注：表中符号"$\cup$"表示向下凸，"$\cap$"表示向上凸.

4.4.2　曲线的渐近线

　　除了单调性和凹凸性之外，曲线的渐近线也可以揭示曲线的变化趋势. 如果曲线 $y = f(x)$ 有渐近线，则可分为水平、垂直和斜渐

近线三种情形.

若 $\lim\limits_{x \to \infty(\pm\infty)} f(x) = A$,则直线 $y = A$ 称为曲线 $y = f(x)$ 的**水平渐近线**.

例如,由 $\lim\limits_{x \to +\infty} \arctan x = \dfrac{\pi}{2}$,$\lim\limits_{x \to -\infty} \arctan x = -\dfrac{\pi}{2}$,有 $y = \dfrac{\pi}{2}$ 和 $y = -\dfrac{\pi}{2}$ 是曲线 $y = \arctan x$ 的两条水平渐近线.

若 $\lim\limits_{x \to x_0(x_0^{\pm})} f(x) = \infty$,则直线 $x = x_0$ 称为曲线 $y = f(x)$ 的**垂直渐近线**.

例如,由 $\lim\limits_{x \to 0} \dfrac{x^2 + 1}{x} = \infty$,有 $x = 0$ 是曲线 $y = \dfrac{x^2 + 1}{x}$ 的一条垂直渐近线.

若 $\lim\limits_{x \to \infty(\pm\infty)} \big[f(x) - kx - b \big] = 0$,其中 $k \neq 0$,则直线 $y = kx + b$ 称为曲线 $y = f(x)$ 的**斜渐近线**.

例如,由 $\lim\limits_{x \to \infty} \left(\dfrac{x^2 + x + 1}{x} - x - 1 \right) = 0$,有 $y = x + 1$ 是曲线 $y = \dfrac{x^2 + 1}{x}$ 的一条斜渐近线.

综合函数曲线的单调性、凹凸性和渐近线,我们可以相对准确地描绘出函数的图像.一般步骤可归纳如下:

(1) 确定函数 $y = f(x)$ 的定义域、间断点、奇偶性与周期性.

(2) 确定曲线 $y = f(x)$ 的渐近线,把握函数的变化趋势.

(3) 求出 $f'(x)$ 和 $f''(x)$,并求出方程 $f'(x) = 0$ 和 $f''(x) = 0$ 的所有的实根及函数一、二阶导数不存在的点.

(4) 列表讨论.用(3)中求得的所有点将定义域划分成若干个子区间,确定在这些子区间内 $f'(x)$ 和 $f''(x)$ 的符号,并由此确定函数的增减区间、凹凸区间和拐点.

(5) 绘制图形.借助于关键点的函数值,并结合(4)的结果,从左向右逐区间段的描绘出函数图像.

例 4.33 描绘函数 $y = 1 + \dfrac{36x}{(x+3)^2}$ 的图形.

解 第一步:所给函数 $y = f(x)$ 的定义域为 $(-\infty, -3) \cup (-3, +\infty)$.

第二步:由于 $\lim\limits_{x \to \infty} f(x) = 1$,$\lim\limits_{x \to -3} f(x) = -\infty$,所以有水平渐近线 $y = 1$ 和垂直渐近线 $x = -3$.

第三步:$f'(x) = \dfrac{36(3-x)}{(x+3)^3}$,$f''(x) = \dfrac{72(x-6)}{(x+3)^4}$.

令 $f'(x) = 0$,解出 $x = 3$.令 $f''(x) = 0$,解出 $x = 6$.

第四步:列表讨论.点 $x = -3$、$x = 3$ 和 $x = 6$ 把定义域划分成 4 个区间

$$(-\infty, -3), (-3, 3), (3, 6), (6, +\infty).$$

列表如下：

x	$(-\infty,-3)$	$(-3,3)$	3	$(3,6)$	6	$(6,+\infty)$
$f'(x)$	$-$	$+$	0	$-$	$-$	$-$
$f''(x)$	$-$	$-$	$-$	$-$	0	$+$
$y=f(x)$	$\downarrow$	$\nearrow$	$f(3)=4$	$\downarrow$	拐点 $\left(6,\dfrac{11}{3}\right)$	$\downarrow$

第五步：绘图. 函数 $y=1+\dfrac{36x}{(x+3)^2}$ 的图形如图 4-6 所示.

应该指出，描绘函数图形的最有效的方法是用数学软件实现计算机绘图，这也是研究函数的有效方法.

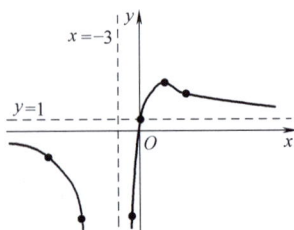

图　4-6

4.4.3　边际效用递减规律

我们从数学的角度对经济学理论中的一个最基本的概念——**边际效用递减规律**给出简单描述. 粗略地说，商品的**效用**是指消费者从消费该商品所获得的满意程度，它是对商品的物质属性的评价. 例如，馒头可以充饥，衣服可以御寒，轿车可以代步就是它们的物质属性，但是对物质属性的评价还依赖于消费者的主观感受.

例如，当你很饿时，你对馒头可以充饥有较高的评价，愿意花 10 元钱买一个馒头，吃下后对馒头可以充饥的评价有所降低，因此在买第二个馒头时也许就只愿意花 5 元钱了；如果消费了 5 个馒头后已经很饱了，就不愿意花钱买第 6 个馒头了. 很明显，馒头越多，总效用就越大，但每个馒头的效用呈递减趋势.

假设商品效用 U 是购买量 Q 的函数，则 $\dfrac{\mathrm{d}U}{\mathrm{d}Q}$ 是商品的边际效用，

$$\frac{\mathrm{d}U}{\mathrm{d}Q}>0,\frac{\mathrm{d}^2U}{\mathrm{d}Q^2}<0,$$

表示商品总效用随 Q 增加，但是该商品的边际效用却随 Q 递减，这就是**边际效用递减规律**. 换言之，商品的效用是单调递增的上凸函数.

习题 4.4

1. 求下列曲线的凹凸区间和拐点：

(1) $y=x^3-3x+1$；

(2) $y=\ln(1+x^2)$；

(3) $y=x-\arctan x$；

(4) $y=2x\ln x-x^2$.

2. 求下列曲线的渐近线：

(1) $y=\dfrac{x^2}{x+1}$；

(2) $y=\dfrac{2x^2+x-1}{x^2-1}$；

(3) $y=\dfrac{x}{\sqrt{4-x^2}}$.

3. 描绘下列函数的图形：

(1) $y=\dfrac{x^2}{x+1}$；

(2) $y=\dfrac{c}{1+be^{-ax}},a>0,b>0,c>0.$

4.5 柯西中值定理与泰勒公式

和拉格朗日中值定理一样,柯西中值定理也是罗尔中值定理的推广.柯西中值定理的重要应用是用来证明洛必达法则和泰勒公式.

4.5.1 柯西中值定理

定理 4.11(柯西中值定理) 如果函数 $f(x),F(x)$ 满足:

(1)在闭区间 $[a,b]$ 上连续,

(2)在开区间 (a,b) 内可导,

(3)$F'(x) \neq 0, x \in (a,b)$,

则在 (a,b) 内至少存在一点 ξ,使得

$$\frac{f(b)-f(a)}{F(b)-F(a)} = \frac{f'(\xi)}{F'(\xi)}.$$

证明 令

$$\frac{f(b)-f(a)}{F(b)-F(a)} = k,$$

不难验证 $G(x) = f(x) - kF(x)$ 在闭区间 $[a,b]$ 上满足罗尔中值定理的条件.

由罗尔中值定理,在 (a,b) 内至少存在一点 ξ,使得

$$G'(\xi) = 0,$$

即

$$f'(\xi) - kF'(\xi) = 0.$$

由 $F'(\xi) \neq 0$,得

$$k = \frac{f'(\xi)}{F'(\xi)},$$

即

$$\frac{f(b)-f(a)}{F(b)-F(a)} = \frac{f'(\xi)}{F'(\xi)}.$$

柯西(Cauchy,1789—1857),法国数学家.

作为例子,我们用柯西中值定理给出洛必达法则已知简单情况的严格证明.

例 4.34 设 $f(x),g(x)$ 在 x_0 的某去心邻域内满足下列条件:

(1) $\lim\limits_{x \to x_0} f(x) = 0, \lim\limits_{x \to x_0} g(x) = 0$,

(2)极限 $\lim\limits_{x \to x_0} \dfrac{f'(x)}{g'(x)}$ 存在或为 ∞,

则

$$\lim\limits_{x \to x_0} \frac{f(x)}{g(x)} = \lim\limits_{x \to x_0} \frac{f'(x)}{g'(x)}.$$

证明　由 $\lim\limits_{x \to x_0} f(x) = 0, \lim\limits_{x \to x_0} g(x) = 0$，不妨设 $f(x_0) = g(x_0) = 0$.
则由以上的条件知 $f(x)$ 与 $g(x)$ 在点 x_0 的某邻域内连续. 设 x 是该邻域内的一点（$x \neq x_0$），则存在介于 x_0 与 x 之间的一点 ξ，使得 $f(x)$ 与 $g(x)$ 满足柯西中值定理的条件，故有

$$\frac{f(x)}{g(x)} = \frac{f(x) - f(x_0)}{g(x) - g(x_0)} = \frac{f'(\xi)}{g'(\xi)}（\xi 介于 x_0 与 x 之间），$$

令 $x \to x_0$，并对上式两端求极限，注意到 $x \to x_0$ 时 $\xi \to x_0$，得

$$\lim\limits_{x \to x_0} \frac{f(x)}{g(x)} = \lim\limits_{\xi \to x_0} \frac{f'(\xi)}{g'(\xi)} = \lim\limits_{x \to x_0} \frac{f'(x)}{g'(x)}.$$

4.5.2　泰勒公式

视频：泰勒公式

在实际问题中，为了便于研究和计算，往往希望用一些较为简单的函数来近似代替复杂的函数. 多项式函数是最简单的一类初等函数，它本身的运算仅是有限项的加减法和乘法，很适合计算机运算. 泰勒公式给出了用多项式来近似复杂函数的方法.

我们首先考虑函数在一点附近的多项式逼近.

如果函数 $f(x)$ 在点 x_0 处可导，则有

$$f(x) = f(x_0) + f'(x_0)(x - x_0) + o(x - x_0)，\tag{4-1}$$

令　　　$T_1(x - x_0) = f(x_0) + f'(x_0)(x - x_0)，$

则式（4-1）可简写为

$$f(x) = T_1(x - x_0) + o(x - x_0)，\tag{4-2}$$

其中 $T_1(x - x_0)$ 是关于 $x - x_0$ 的一次多项式.

式（4-2）可以理解为：如果 $f(x)$ 在点 x_0 可导，则在点 x_0 附近（即在点 x_0 的某个邻域内），$f(x)$ 可用一次多项式 $T_1(x - x_0)$ 来近似，即 $f(x) \approx T_1(x - x_0)$. 也就是说，在点 x_0 附近，我们可以用容易计算的 $T_1(x - x_0)$ 的值来作为 $f(x)$ 的近似值.

有一个问题我们需要考虑：为什么在点 x_0 附近用 $T_1(x - x_0)$ 而不用其他的一次多项式来作为 $f(x)$ 的近似？ 我们对此稍加讨论.

由式（4-2），我们有

$$\lim\limits_{x \to x_0} \frac{f(x) - T_1(x - x_0)}{x - x_0} = 0.$$

对于任意的 $x - x_0$ 的一阶多项式

$$p_1(x - x_0) = a_0 + a_1(x - x_0)，$$

如果 $p_1(x - x_0) \neq T_1(x - x_0)$，则有

$$a_0 \neq f(x_0) \text{ 或 } a_1 \neq f'(x_0)，$$

于是

$$\lim\limits_{x \to x_0} \frac{f(x) - p_1(x - x_0)}{x - x_0} = \lim\limits_{x \to x_0} \frac{f(x) - T_1(x - x_0) + T_1(x - x_0) - p_1(x - x_0)}{x - x_0}$$

$$= \lim\limits_{x \to x_0} \frac{T_1(x - x_0) - p_1(x - x_0)}{x - x_0}$$

$$= \lim\limits_{x \to x_0} \frac{f(x_0) - a_0 + [f'(x_0) - a_1](x - x_0)}{x - x_0}$$

$$= \begin{cases} \infty, & a_0 \neq f(x_0), \\ f'(x_0) - a_1, & a_0 = f(x_0), a_1 \neq f'(x_0). \end{cases}$$

上述讨论说明,**在点 x_0 附近,用 $T_1(x - x_0)$ 作为 $f(x)$ 的近似,其近似精度在所有一次多项式中是最高的.**

当 $f(x)$ 比较复杂时,这种一次多项式的近似往往不能满足计算精度的要求,应该考虑用高次多项式来近似. 于是猜测:当 $f^{(n)}(x_0)$ 存在时,存在 $x - x_0$ 的 n 次多项式

$$T_n(x - x_0) = a_0 + a_1(x - x_0) + a_2 (x - x_0)^2 + \cdots + a_n (x - x_0)^n,$$ 满足

$$f(x) = T_n(x - x_0) + o((x - x_0)^n).$$

此时,由 $f^{(n)}(x_0)$ 存在且 $f(x) = T_n(x) + o((x - x_0)^n)$,用定义求导数,得

$$a_0 = f(x_0), a_1 = f'(x_0), \cdots, a_n = \frac{f^{(n)}(x_0)}{n!},$$

于是有

$$T_n(x - x_0) = f(x_0) + f'(x_0)(x - x_0) + \frac{f''(x_0)}{2!} (x - x_0)^2 +$$

$$\cdots + \frac{f^{(n)}(x_0)}{n!} (x - x_0)^n, \tag{4-3}$$

式(4-3)称为 $f(x)$ 在点 x_0 的 **n 阶泰勒多项式**.

定理 4.12 设 $f^{(n)}(x_0)$ 存在,则

$$f(x) = T_n(x - x_0) + o((x - x_0)^n), \tag{4-4}$$

其中 $T_n(x - x_0)$ 是 $f(x)$ 在 x_0 关于 $x - x_0$ 的 n 阶泰勒多项式.

证明 由高阶无穷小的定义,只要证明

$$\lim_{x \to x_0} \frac{f(x) - T_n(x - x_0)}{(x - x_0)^n} = 0,$$

令 $R_n(x) = f(x) - T_n(x - x_0)$,则由 $T_n(x - x_0)$ 的定义有

$$R_n^{(k)}(x_0) - f^{(k)}(x_0) - f^{(k)}(x_0) = 0 (k = 0, 1, \cdots, n),$$

因此,对

$$\lim_{x \to x_0} \frac{f(x) - T_n(x - x_0)}{(x - x_0)^n} = \lim_{x \to x_0} \frac{R_n(x)}{(x - x_0)^n}$$

可以使用 $(n - 1)$ 次洛必达法则,得

$$\lim_{x \to x_0} \frac{f(x) - T_n(x - x_0)}{(x - x_0)^n} = \lim_{x \to x_0} \frac{f^{(n-1)}(x) - [f^{(n-1)}(x_0) + f^{(n)}(x_0)(x - x_0)]}{n!(x - x_0)}$$

$$= \frac{1}{n!} \lim_{x \to x_0} \left[\frac{f^{(n-1)}(x) - f^{(n-1)}(x_0)}{(x - x_0)} - f^{(n)}(x_0) \right]$$

$$= 0.$$

证明中的最后一个等式由 $f^{(n)}(x_0)$ 的定义得到,不能用洛必达法则. 因为我们只假设 $f(x)$ 在 x_0 有 n 阶导数,没有假设 $f(x)$ 在 x_0 附近有 n 阶导数.

把式(4-4)写成

$$f(x) = T_n(x - x_0) + R_n(x),$$

其中 $R_n(x) = o((x-x_0)^n)$ 称为 **佩亚诺型余项**,式(4-4)称为带佩亚诺型余项的 n **阶泰勒公式**.

佩亚诺(Peano,1858—1932),意大利数学家、逻辑学家.

显然,佩亚诺型余项 $R_n(x)$ 就是用 n 阶泰勒多项式来近似代替函数 $f(x)$ 时所产生的误差,这只是对误差进行了定性的描述,没有给出误差公式,不能对误差做数值分析. 因此,我们还需要寻求 $R_n(x)$ 更具体的表达式.

> **定理 4.13(泰勒中值定理)** 如果函数 $f(x)$ 在开区间 (a,b) 内具有 $(n+1)$ 阶导数,$x_0 \in (a,b)$,那么对于任意的 $x \in (a,b)$,都存在介于 x_0 与 x 之间的一点 ξ,使得
>
> $$f(x) = T_n(x - x_0) + R_n(x), \tag{4-5}$$
>
> 其中
> $$R_n(x) = \frac{f^{(n+1)}(\xi)}{(n+1)!}(x - x_0)^{n+1}. \tag{4-6}$$

证明 我们用柯西中值定理证明

$$R_n(x) = f(x) - T_n(x - x_0) = \frac{f^{(n+1)}(\xi)}{(n+1)!}(x - x_0)^{n+1}.$$

令 $G(x) = (x - x_0)^{n+1}$. 不难验证,$R_n(x)$,$G(x)$ 在邻域 (a,b) 内有 $(n+1)$ 阶导数,且

$$R_n(x_0) = R'_n(x_0) = R''_n(x_0) = \cdots = R_n^{(n)}(x_0) = 0,$$
$$G(x_0) = G'(x_0) = G''(x_0) = \cdots = G^{(n)}(x_0) = 0,$$
$$R_n^{(n+1)}(x) = f^{(n+1)}(x), G^{(n+1)}(x) = (n+1)!,$$

连续 $(n+1)$ 次使用柯西中值定理有

$$\frac{R_n(x)}{(x-x_0)^{n+1}} = \frac{R_n(x) - R_n(x_0)}{G(x) - G(x_0)} = \frac{R'_n(\xi_1)}{G'(\xi_1)} = \frac{R'_n(\xi_1) - R'_n(x_0)}{G'(\xi_1) - G'(x_0)} = \cdots$$
$$= \frac{R_n^{(n)}(\xi_n)}{G^{(n)}(\xi_n)} = \frac{R_n^{(n)}(\xi_n) - R_n^{(n)}(x_0)}{G^{(n)}(\xi_n) - G^{(n)}(x_0)} = \frac{R_n^{(n+1)}(\xi)}{G^{(n+1)}(\xi)}$$
$$= \frac{f^{(n+1)}(\xi)}{(n+1)!}.$$

其中 ξ 是 x_0 与 x 之间的某个值. 因此

$$R_n(x) = \frac{f^{(n+1)}(\xi)}{(n+1)!}(x - x_0)^{n+1}.$$

通常 $R_n(x)$ 被称为 $f(x)$ 在 x_0 的邻域内的**拉格朗日型余项**,式(4-5)称为 $f(x)$ 在 x_0 的邻域内的带拉格朗日型余项的泰勒公式.

如果函数 $f(x)$ 在含 x_0 的某个开区间 (a,b) 内任意阶导数都存在,就有任意阶的泰勒公式成立. 特别地,如果存在常数 $M > 0$,使得对任意 $x \in (a,b)$,都有

$$|f^{(n+1)}(x)| \leqslant M \quad (n = 0, 1, 2, \cdots),$$

则

$$|R_n(x)| = \left| \frac{f^{(n+1)}(\xi)}{(n+1)!}(x-x_0)^{n+1} \right| \leqslant \frac{M}{(n+1)!}|b-a|^{n+1}, x \in (a,b),$$

因此有 $R_n(x) \to 0(n \to \infty)$. 此式的意义在于, 用 $T_n(x-x_0)$ 代替 $f(x)$ 时, 误差 $|f(x) - T_n(x-x_0)|$ 可以通过对阶数 n 的适当选取来达到完全控制. 也就是说, 我们可以用同一个多项式 $T_n(x-x_0)$ 在整个开区间 (a,b) 内以任意指定的精度计算 $f(x)$ 的值.

如果 $x_0 = 0$, 那么式(4-5)变成

$$f(x) = T_n(x) + \frac{f^{(n+1)}(\xi)}{(n+1)!}x^{n+1} \quad (\xi \text{ 在 } 0 \text{ 与 } x \text{ 之间}),$$

其中

$$T_n(x) = f(0) + f'(0)x + \frac{f''(0)}{2!}x^2 + \cdots + \frac{f^{(n)}(0)}{n!}x^n.$$

$$(4-7)$$

记 $\xi = \theta x(0 < \theta < 1)$, 则

$$f(x) = T_n(x) + \frac{f^{(n+1)}(\theta x)}{(n+1)!}x^{n+1} \quad (0 < \theta < 1). \quad (4-8)$$

式(4-7)称为 $f(x)$ 的 n 阶**麦克劳林多项式**, 式(4-8)称为 $f(x)$ 的带拉格朗日型余项的 n 阶**麦克劳林公式**. 而

$$f(x) = T_n(x) + o(x^n)$$

称为 $f(x)$ 的带佩亚诺型余项的 n 阶**麦克劳林公式**.

泰勒(Taylor, 1685—1731), 英国数学家.

麦克劳林(Maclaurin, 1698—1746), 英国数学家.

麦克劳林公式是泰勒公式的一种简单形式, 也是最常用的形式. 下面我们计算几个常见的初等函数的麦克劳林公式.

例 4.35 求指数函数 $f(x) = e^x$ 的 n 阶麦克劳林公式.

解 因为

$$f(x) = f'(x) = \cdots = f'(x) = \cdots = f^{(n)}(x) = e^x,$$

所以

$$f(0) = f'(0) = f''(0) = \cdots = f^{(n)}(0) = 1,$$

代入式(4-7), 并且注意到

$$f^{(n+1)}(\theta x) = e^{\theta x} \quad (0 < \theta < 1),$$

得到

$$e^x = 1 + x + \frac{1}{2!}x^2 + \cdots + \frac{1}{n!}x^n + \frac{e^{\theta x}}{(n+1)!}x^{n+1} \quad (0 < \theta < 1),$$

$$|R_n(x)| = \left| \frac{e^{\theta x}}{(n+1)!}x^{n+1} \right| < \frac{e^{|x|}}{(n+1)!}|x|^{n+1} \quad (0 < \theta < 1).$$

例 4.36 求正弦函数 $f(x) = \sin x$ 的 $2n$ 阶麦克劳林公式.

解 因为

$$f^{(n)}(x) = \sin\left(x + \frac{n\pi}{2}\right) \quad (n = 0, 1, 2, \cdots),$$

所以

$$f^{(n)}(0) = \begin{cases} 0, & \text{当 } n = 2m \text{ 时,} \\ (-1)^m, & \text{当 } n = 2m+1 \text{ 时,} \end{cases} \quad (m = 0, 1, 2, \cdots).$$

于是,由麦克劳林公式得到

$$\sin x = x - \frac{1}{3!}x^3 + \frac{1}{5!}x^5 - \cdots + \frac{(-1)^{n-1}}{(2n-1)!}x^{2n-1} +$$

$$\frac{\sin\left(\theta x + (2n+1)\dfrac{\pi}{2}\right)}{(2n+1)!}x^{2n+1}, \theta \in (0,1).$$

类似地,还可以得到余弦函数 $\cos x$,对数函数 $\ln(1+x)$,幂函数 $(1+x)^\alpha (\alpha \in \mathbf{R})$ 的麦克劳林公式:

$$\cos x = 1 - \frac{1}{2!}x^2 + \frac{1}{4!}x^4 - \cdots + \frac{(-1)^m}{(2m)!}x^{2m} +$$

$$\frac{\cos(\theta x + (m+1)\pi)}{(2m+2)!}x^{2m+2} \quad \theta \in (0,1),$$

$$\ln(1+x) = x - \frac{1}{2}x^2 + \frac{1}{3}x^3 - \cdots + \frac{(-1)^{n-1}}{n}x^n +$$

$$\frac{(-1)^n}{(n+1)(1+\theta x)^{n+1}}x^{n+1} (0 < \theta < 1),$$

$$(1+x)^\alpha = 1 + \alpha x + \frac{\alpha(\alpha-1)}{2!}x^2 + \cdots + \frac{\alpha(\alpha-1)\cdots(\alpha-n+1)}{n!}x^n +$$

$$\frac{\alpha(\alpha-1)\cdots(\alpha-n+1)(\alpha-n)}{(n+1)!}(1+\theta x)^{\alpha-n-1}x^{n+1}$$

$$(0 < \theta < 1).$$

最后,通过几个例子来介绍泰勒公式,特别是麦克劳林公式的应用.

例 4.37　利用带有佩亚诺余项的麦克劳林公式,求

$$\lim_{x \to 0} \frac{\cos x \ln(1+x) - x}{x^2}.$$

解　因为分式函数的分母是 x^2,我们只需要将分子中的 $\cos x$ 与 $\ln(1+x)$ 分别用二阶的麦克劳林公式表示,

$$\cos x = 1 - \frac{1}{2!}x^2 + o(x^2),$$

$$\ln(1+x) = x - \frac{1}{2}x^2 + o(x^2),$$

于是

$$\cos x \cdot \ln(1+x) - x = \left[1 - \frac{1}{2!}x^2 + o(x^2)\right] \cdot \left[x - \frac{1}{2}x^2 + o(x^2)\right] - x,$$

对上式进行运算时可以把所有比 x^2 高阶的无穷小的代数和仍记为 $o(x^2)$,就得到

$$\cos x \cdot \ln(1+x) - x = x - \frac{1}{2}x^2 + o(x^2) - x$$

$$= -\frac{1}{2}x^2 + o(x^2),$$

故

$$\lim_{x \to 0} \frac{\cos x \ln(1+x) - x}{x^2} = \lim_{x \to 0} \frac{-\frac{1}{2}x^2 + o(x^2)}{x^2}$$
$$= -\frac{1}{2}.$$

例 4.38 证明:不等式 $e^x \geqslant 1 + x + \frac{x^2}{2} + \frac{x^3}{6}, x \in (-\infty, +\infty)$.

证明 e^x 的三阶麦克劳林公式为

$$e^x = 1 + x + \frac{x^2}{2!} + \frac{x^3}{3!} + R_3(x), x \in (-\infty, +\infty),$$

其中

$$R_3(x) = \frac{e^\xi}{4!}x^4 > 0, \xi \in (0, x).$$

故

$$e^x \geqslant 1 + x + \frac{x^2}{2} + \frac{x^3}{6}$$

成立(等号在 $x = 0$ 时成立).

例 4.39 近似计算 e 的值,并估计误差.

解 在 e^x 的麦克劳林公式中,取 $x = 1$,就得到 e 的近似式为

$$e \approx 1 + 1 + \frac{1}{2!} + \cdots + \frac{1}{n!},$$

其误差

$$|R_n(1)| < \frac{e}{(n+1)!} < \frac{3}{(n+1)!},$$

因此,只要 n 充分大,用上式近似计算 e 的值,就可以达到所需要的精度. 例如,要使误差不超过 10^{-5},即要求

$$|R_n(1)| < \frac{3}{(n+1)!} < 10^{-5},$$

只要取 $n = 8$ 即可. 于是

$$e \approx 1 + 1 + \frac{1}{2!} + \cdots + \frac{1}{8!} \approx 2.71828.$$

习题 4.5

1. 求函数 $f(x) = x^4 - 3x^3 + x^2 - 2x + 5$ 在 $x = 1$ 处的泰勒公式.

2. 写出下列函数的麦克劳林公式:

(1) $f(x) = \frac{1}{1-x}$;

(2) $f(x) = xe^x$;

(3) $f(x) = \sin^2 x$.

3. 设函数 $f(x) = e^{\sin x}$,求 $f(x)$ 的带佩亚诺型余项的二阶泰勒公式.

4. 求函数 $f(x) = \ln \frac{1-x}{1+x}$ 带佩亚诺型余项的 $2n$ 阶泰勒公式,并求 $f^{(9)}(0)$.

5. 利用泰勒公式求下列极限:

(1) $\lim_{x \to 0} \frac{\sin x - x \cos x}{x^3}$;

(2) $\lim_{x \to 0} \frac{e^x \sin x - x(1+x)}{\sin^3 x}$;

(3) $\lim_{x \to 0} \frac{\cos x - e^{-\frac{x^2}{2}}}{x^4}$;

(4) $\lim_{x \to \infty} \left[x - x^2 \ln \left(1 + \frac{1}{x} \right) \right]$.

6. 试问下列函数当 $x \to 0$ 时是 x 的几阶无穷小：

(1) $\sin x + x$；　　　　(2) $\sin x - x$；

(3) $e^x \sin x - x(1 + x)$；　　(4) $\cos x - 1 + \dfrac{x^2}{2}$.

综合习题 4

一、选择题

1. 设函数 $f(x)$ 在开区间 (a,b) 内二阶可导，且 $f'(x) > 0, f''(x) < 0$，则函数曲线 $y = f(x)$ 在开区间 (a,b) 内（　　）.

　　A. 上升且是下凸的　　　B. 下降且是下凸的

　　C. 上升且是上凸的　　　D. 下降且是上凸的

2. 若点 $(1,4)$ 为函数曲线 $y = ax^3 + bx^2$ 的拐点，则常数 a,b 的值分别为（　　）.

　　A. $a = -2, b = 6$　　　B. $a = 6, b = -2$

　　C. $a = -6, b = 2$　　　D. $a = 2, b = -6$

3. 函数 $f(x) = \dfrac{1}{x}$ 满足拉格朗日中值定理条件的区间是（　　）.

　　A. $[-2,2]$　　　　　B. $[0,1]$

　　C. $[-2,0]$　　　　　D. $[1,2]$

4. 如果函数 $f(x)$ 与 $g(x)$ 对于区间 (a,b) 内的每一点都有 $f'(x) = g'(x)$，则在 (a,b) 内必有（　　）.

　　A. $f(x) = g(x)$

　　B. $f(x) = c_1, g(x) = c_2$（c_1, c_2 为常数）

　　C. $f(x) = cg(x)$

　　D. $f(x) = g(x) + c$　（c 为常数）

5. $f(x) = (x-1)(x-2)(x-3)$，则方程 $f'(x) = 0$ 有（　　）.

　　A. 一个实根　　　　B. 两个实根

　　C. 三个实根　　　　D. 无实根

6. 当 $x < x_0$ 时，$f'(x) > 0$；当 $x > x_0$ 时，$f'(x) < 0$，则 x_0 必定为函数 $f(x)$ 的（　　）.

　　A. 驻点　　　　　　B. 极大值点

　　C. 极小值点　　　　D. 以上都不正确

二、计算或证明题

1. 求下列函数的单调区间与极值：

(1) $y = \ln(x + \sqrt{1 + x^2})$；(2) $y = (2x-5)\sqrt[3]{x^2}$.

2. 计算下列函数的极限：

(1) $\lim\limits_{x \to 0} \dfrac{x - \sin x}{x \ln(1 + x^2)}$；　　(2) $\lim\limits_{x \to 0} \dfrac{\ln(1 + 3x)}{x + \sin x}$；

(3) $\lim\limits_{x \to 1}\left(\dfrac{2}{x^4 - 1} - \dfrac{1}{x^2 - 1}\right)$；(4) $\lim\limits_{x \to a} \dfrac{x^m - a^m}{x^n - a^n}$.

3. 证明下列不等式：

(1) $x - a > \dfrac{1}{a} - \dfrac{1}{x}, x > a > 1$；

(2) $\ln\left(1 + \dfrac{1}{x}\right) > \dfrac{1}{1 + x}, x > 0$；

(3) $2x \arctan x > \ln(1 + x^2), x \neq 0$.

4. 设 $f(x)$ 在区间 $[a,b](a > 0)$ 上可导，证明：至少存在一点 $\xi \in (a,b)$，使得

$$af(b) - bf(a) = ab \ln \dfrac{b}{a}\left[\dfrac{\xi f'(\xi) - f(\xi)}{\xi}\right].$$

5. 某工厂生产某型号的车床，年产量为 a 台，分若干批进行生产，每批生产准备费为 b 元. 设产品均匀投入市场，且上一批销售完后立即生产下一批，即平均库存量为批量的一半. 设每年每台的库存费为 c 元. 求

(1) 一年中库存费与生产准备费的和 $P(x)$ 与批量的函数 x 关系；

(2) 在不考虑生产能力的条件下，每批生产多少台时，$P(x)$ 最小.

6. 某化工厂日产能最高时为 1000t，每日产量的总成本为 C（单位：元）是日产量 x（单位：t）的函数

$$C = C(x) = 800 + 3x + 100\sqrt{x}.$$

(1) 求当日产量为 100t 时的边际成本；

(2) 求当日产量为 100t 时的平均单位成本.

7. 欲造一个容积为 500m^3 的无盖圆柱形蓄水池，已知池底单位造价为周围单位造价的两倍. 问蓄水池的尺寸应如何设计才能使总造价最低？

第 4 章部分
习题详解

第5章

不定积分

导数问题是已知 $f(x)$，求其导数 $f'(x)$；其逆问题是已知 $f'(x)$，求 $f(x)$．这就是所谓的原函数或不定积分问题，也有人简单称之为反导数．因此，不定积分实际上属于微分学的范畴．只不过它是求导数运算在纯粹形式上的逆运算．

另外，仅从几何上讲，曲线的切线问题的研究促进了导数概念的产生和一元微分学的建立，而平面图形求积问题则曾经是导致定积分概念产生的一个重要背景．牛顿和莱布尼茨几乎同时发现了定积分计算和原函数的关系，从而在微分学和积分学之间搭建起一座桥梁．从这一角度看，本章介绍的不定积分是为下一章介绍的定积分所做的必要准备．

必须指出的是，不定积分问题远比导数问题复杂和困难，不存在通用的计算法则，因此，不定积分的学习更具挑战性，请初学者在学习时注意总结．

5.1 不定积分的概念和性质

我们首先介绍原函数的概念．

定义 5.1 如果函数 $F(x)$ 在区间 I 上可导，且 $F'(x) = f(x)$，$x \in I$，则称 $F(x)$ 为 $f(x)$ 在区间 I 上的一个**原函数**．

例如，因为
$$(\sin x)' = \cos x, x \in (-\infty, +\infty),$$
所以 $\sin x$ 是 $\cos x$ 在区间 $(-\infty, +\infty)$ 上的一个原函数．又因为
$$(\sin x + C)' = \cos x (C \text{ 为任意常数}),$$
所以 $\sin x + C$ 也是 $\cos x$ 在区间 $(-\infty, +\infty)$ 上的原函数．

那么满足什么条件才能保证一个函数有原函数呢？我们直接承认如下结论，它的证明将在下一章给出．

定理 5.1 (原函数存在定理) 如果函数 $f(x)$ 在区间 I 上连续，那么在区间 I 上存在可导函数 $F(x)$，使得 $\forall x \in I$，都有 $F'(x) = f(x)$．即连续函数必有原函数．

关于原函数的概念我们需要注意以下几点：

首先，$f(x)$ 的原函数不仅和 $f(x)$ 有关，而且还与 x 所在的区间有关. 例如，由于

$$(\ln x)' = \frac{1}{x}, x \in (0, +\infty),$$

故 $\ln x$ 是 $\frac{1}{x}$ 在区间 $(0, +\infty)$ 上的一个原函数. 又

$$[\ln(-x)]' = \frac{1}{x}, x \in (-\infty, 0),$$

故 $\ln(-x)$ 是 $\frac{1}{x}$ 在区间 $(-\infty, 0)$ 上的一个原函数. 因此，$\ln|x|$ 是 $\frac{1}{x}$ 在 $(-\infty, 0) \bigcup (0, +\infty)$ 上的一个原函数.

其次，**若 $F(x)$ 是 $f(x)$ 在区间 I 上的一个原函数，则 $F(x)+C(C$ 为任意常数)也是 $f(x)$ 的原函数.** 这是显而易见的，注意到 $[F(x)+C]' = F'(x)$ 就够了.

最后，**如果 $F(x)$ 和 $G(x)$ 都是 $f(x)$ 在区间 I 上的原函数，则存在常数 C，使得**

$$G(x) = F(x) + C,$$

证明同样简单，注意到

$$[G(x) - F(x)]' = G'(x) - F'(x) = f(x) - f(x) = 0,$$

所以存在常数 C，在区间 I 上恒有

$$G(x) = F(x) + C.$$

后面的两点表明，一个函数的原函数如果存在就一定不唯一，但只要求出它的一个原函数也就求出了它的所有原函数.

定义 5.2 函数 $f(x)$ 在区间 I 上的原函数的全体称为 $f(x)$ 在区间 I 上的**不定积分**，记为 $\int f(x)\mathrm{d}x$. 其中记号 $\int$ 称为**积分号**，$f(x)$ 称为**被积函数**，$f(x)\mathrm{d}x$ 称为**被积表达式**，x 称为**积分变量**.

关于不定积分的定义请注意以下几个方面.

首先，**不定积分是一个集合**，也称函数族. 如果 $F(x)$ 是 $f(x)$ 在区间 I 上的一个原函数，则

$$\int f(x)\mathrm{d}x = \{F(x) + C \mid C \text{ 为任意常数}\},$$

为简单起见，简记为

$$\int f(x)\mathrm{d}x = F(x) + C(C \text{ 为任意常数}).$$

由定积分的定义及等式

$$\left(\frac{1}{\cos^2 x}\right)' = (\tan^2 x)' = \frac{2\sin x}{\cos^3 x},$$

有

$$\int \frac{2\sin x}{\cos^3 x}\mathrm{d}x = \frac{1}{\cos^2 x} + C = \tan^2 x + C.$$

注意

$$\frac{1}{\cos^2 x} + C = \tan^2 x + C$$

不是普通的等式,而是两个集合相等,即

$$\left\{ \frac{1}{\cos^2 x} + C \,\middle|\, C \text{ 为任意常数} \right\} = \{ \tan^2 x + C \mid C \text{ 为任意常数} \}.$$

其次,**不定积分与区间 I 有关**. 例如,在区间 $(0, +\infty)$ 上,有

$$\int \frac{1}{x}\mathrm{d}x = \ln x + C,$$

而在区间 $(-\infty, 0)$ 上则有

$$\int \frac{1}{x}\mathrm{d}x = \ln(-x) + C.$$

最后,**不定积分与求导数是"互逆"的运算**. 由定义知

$$\frac{\mathrm{d}}{\mathrm{d}x}\left[\int f(x)\mathrm{d}x \right] = f(x),$$

$$\int F'(x)\mathrm{d}x = F(x) + C,$$

这就是说,先积分后求导,函数不变;先求导后积分,两者结果相差一个任意常数.

例 5.1 求不定积分 $\int x^4 \mathrm{d}x$.

解 因为 $\left(\dfrac{x^5}{5} \right)' = x^4$,所以 $\dfrac{x^5}{5}$ 是 x^4 的一个原函数. 故

$$\int x^4 \mathrm{d}x = \frac{x^5}{5} + C.$$

例 5.2 求 $\int \dfrac{1}{1+x^2}\mathrm{d}x$.

解 因 $(\arctan x)' = \dfrac{1}{1+x^2}$,故

$$\int \frac{1}{1+x^2}\mathrm{d}x = \arctan x + C.$$

例 5.3 设曲线通过点 $(1,3)$,且其上任一点处的切线斜率等于该点横坐标的两倍,求此曲线方程.

解 设曲线方程为 $y = F(x)$,由题意知 $\dfrac{\mathrm{d}y}{\mathrm{d}x} = 2x$,即 $F(x)$ 是函数 $y = 2x$ 的一个原函数. 因为 $(x^2)' = 2x$,所以,必然存在某个常数 C,使得 $F(x) = x^2 + C$. 将点 $(1,3)$ 代入,求得 $C = 2$,所求的曲线方程为

$$y = x^2 + 2.$$

函数 $f(x)$ 的原函数的图像称为 $f(x)$ 的**积分曲线**,求不定积分可得到一个积分曲线族,如上例中的 $y = x^2 + 2$ 就是函数 $y =$

$2x$ 的积分曲线族

$$F(x) = x^2 + C \text{（}C\text{ 为任意常数）}$$

中的一条曲线.

由于曲线族 $\int f(x)\mathrm{d}x = F(x) + C$（$C$ 为任意常数）中的任一曲线在横坐标为 x 的点处的切线斜率都为 $f(x)$，所以积分曲线族中不同曲线在横坐标相同的点处的切线都平行. 从几何上看，$f(x)$ 的任意两个不同的原函数的图形彼此之间只差一个平移. $f(x) = \dfrac{1}{4}x$ 的积分曲线族如图 5-1 所示.

由不定积分与微分之间的"互逆"关系，可以从导数基本公式直接推得以下**不定积分基本公式**.

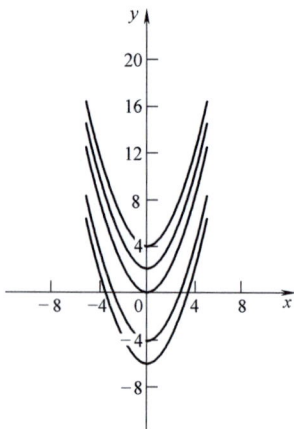

图 5-1

(1) $\int 1\mathrm{d}x = x + C$;

(2) $\int x^{\alpha}\mathrm{d}x = \dfrac{x^{\alpha+1}}{\alpha + 1} + C(\alpha \neq -1)$;

(3) $\int \dfrac{\mathrm{d}x}{x} = \ln|x| + C$;   (4) $\int a^{x}\mathrm{d}x = \dfrac{a^{x}}{\ln a} + C$;

(5) $\int \mathrm{e}^{x}\mathrm{d}x = \mathrm{e}^{x} + C$;   (6) $\int \sin x\mathrm{d}x = -\cos x + C$;

(7) $\int \cos x\mathrm{d}x = \sin x + C$;   (8) $\int \dfrac{1}{\cos^2 x}\mathrm{d}x = \tan x + C$;

(9) $\int \dfrac{1}{\sin^2 x}\mathrm{d}x = -\cot x + C$;

(10) $\int \dfrac{1}{\sqrt{1 - x^2}}\mathrm{d}x = \arcsin x + C$;

(11) $\int \dfrac{1}{1 + x^2}\mathrm{d}x = \arctan x + C$;

不定积分有以下两个基本性质，称为不定积分的线性性质.

性质 5.1 $\int [f(x) \pm g(x)]\mathrm{d}x = \int f(x)\mathrm{d}x \pm \int g(x)\mathrm{d}x.$

证明   因为

$$\left[\int f(x)\mathrm{d}x \pm \int g(x)\mathrm{d}x\right]' = \left[\int f(x)\mathrm{d}x\right]' + \left[\int g(x)\mathrm{d}x\right]'$$
$$= f(x) \pm g(x),$$

所以

$$\int [f(x) \pm g(x)]\mathrm{d}x = \int f(x)\mathrm{d}x \pm \int g(x)\mathrm{d}x.$$

类似地，可以证明下面的性质.

性质 5.2 $\int kf(x)\mathrm{d}x = k\int f(x)\mathrm{d}x$（$k$ 为非零常数）.

利用基本积分表中的公式以及不定积分的线性性质可以求得一些简单函数的不定积分.

例 5.4 求不定积分 $\int\left(\dfrac{3}{1+x^2}-\dfrac{2}{\sqrt{1-x^2}}\right)\mathrm{d}x$.

解
$$\int\left(\frac{3}{1+x^2}-\frac{2}{\sqrt{1-x^2}}\right)\mathrm{d}x=3\int\frac{1}{1+x^2}\mathrm{d}x-2\int\frac{1}{\sqrt{1-x^2}}\mathrm{d}x$$
$$=3\arctan x-2\arcsin x+C.$$

例 5.5 求不定积分 $\int 3^x\mathrm{e}^x\mathrm{d}x$.

解
$$\int 3^x\mathrm{e}^x\mathrm{d}x=\int(3\mathrm{e})^x\mathrm{d}x$$
$$=\frac{(3\mathrm{e})^x}{\ln(3\mathrm{e})}+C$$
$$=\frac{3^x\mathrm{e}^x}{1+\ln 3}+C.$$

例 5.6 求不定积分 $\int\dfrac{1+2x^2}{x^2(1+x^2)}\mathrm{d}x$.

解
$$\int\frac{1+2x^2}{x^2(1+x^2)}\mathrm{d}x=\int\frac{(1+x^2)+x^2}{x^2(1+x^2)}\mathrm{d}x$$
$$=\int\frac{1}{x^2}\mathrm{d}x+\int\frac{1}{1+x^2}\mathrm{d}x$$
$$=-\frac{1}{x}+\arctan x+C.$$

例 5.7 求不定积分 $\int\dfrac{1}{1+\cos 2x}\mathrm{d}x$.

解
$$\int\frac{1}{1+\cos 2x}\mathrm{d}x=\int\frac{1}{2\cos^2 x}\mathrm{d}x$$
$$=\frac{1}{2}\int\frac{1}{\cos^2 x}\mathrm{d}x$$
$$=\frac{1}{2}\tan x+C.$$

习题 5.1

1. 求下列不定积分:

(1) $\int(x^2-3x+2)\mathrm{d}x$;

(2) $\int\left(\dfrac{1}{x}-\dfrac{1}{x^2}\right)\mathrm{d}x$;

(3) $\int(x+1)(x^3-1)\mathrm{d}x$;

(4) $\int\dfrac{(1-x)^2}{x}\mathrm{d}x$;

(5) $\int\dfrac{x^2}{1+x^2}\mathrm{d}x$;

(6) $\int(2\cdot 3^x-5\cdot 2^x)\mathrm{d}x$;

(7) $\int\dfrac{4x^2-1}{1+x^2}\mathrm{d}x$;

(8) $\int\dfrac{\mathrm{e}^{2x}-1}{\mathrm{e}^x+1}\mathrm{d}x$;

(9) $\int\dfrac{1}{x^2(1+x^2)}\mathrm{d}x$;

(10) $\int\dfrac{(1+x)(x+3)}{x}\mathrm{d}x$;

(11) $\int(x+\sin x)\mathrm{d}x$;

$(12) \displaystyle\int \frac{\sqrt{1+x^2}}{\sqrt{1-x^4}} \mathrm{d}x;$

$(13) \displaystyle\int \left(\frac{1}{2}x^2 - 3\cos x\right) \mathrm{d}x;$

$(14) \displaystyle\int \frac{\sin 2x}{\cos x} \mathrm{d}x;$

$(15) \displaystyle\int \frac{\cos 2x}{\cos^2 x \sin^2 x} \mathrm{d}x;$

$(16) \displaystyle\int \frac{\cos 2x}{\cos x - \sin x} \mathrm{d}x.$

2.设曲线通过点 $(e^2, 3)$,且在任一点处的切线的斜率等于该点横坐标的倒数,求该曲线的方程.

3.证明: $-\dfrac{1}{2}\cos 2x, \sin^2 x$ 和 $-\cos^2 x$ 都是 $\sin 2x$ 的原函数.

5.2　换元积分法

在上一节中,我们利用不定积分的基本积分公式和性质求出了一些函数的不定积分.但是这种方法有很大的局限性,所能计算的不定积分非常有限,有必要进一步研究不定积分计算的一般方法.

由于微分和积分互为逆运算,因此对应微分的各种方法,就有相应的积分方法,其中,对应复合函数微分法则的是换元积分法.具体地说,由

$$f(\varphi(x))\varphi'(x)\mathrm{d}x = f(u)\mathrm{d}u,$$

其中 $u = \varphi(x)$. 我们有

$$\int f(\varphi(x))\varphi'(x)\mathrm{d}x = \int f(u)\mathrm{d}u. \tag{5-1}$$

在式(5-1)中,如果右式 $\displaystyle\int f(u)\mathrm{d}u$ 容易计算,我们就可以通过它计算左式 $\displaystyle\int f(\varphi(x))\varphi'(x)\mathrm{d}x$,这就是不定积分的第一换元积分法.如果左式 $\displaystyle\int f(\varphi(x))\varphi'(x)\mathrm{d}x$ 容易计算,我们就可以通过它计算右式 $\displaystyle\int f(u)\mathrm{d}u$,这就是不定积分的第二换元法.

> **定理 5.2（不定积分的第一换元积分法）**
>
> 设 $u = \varphi(x)$ 是可微函数. 如果 $\displaystyle\int f(\varphi(x))\varphi'(x)\mathrm{d}x$ 存在,且 $\displaystyle\int f(u)\mathrm{d}u = F(u) + C$, 则
>
> $$\int f(\varphi(x))\varphi'(x)\mathrm{d}x = F(\varphi(x)) + C.$$

证明　由复合函数求导法则,有

$$\frac{\mathrm{d}}{\mathrm{d}x}[F(\varphi(x))] = F'(\varphi(x))\varphi'(x) = f(\varphi(x))\varphi'(x),$$

根据不定积分的定义

$$\int f(\varphi(x))\varphi'(x)\mathrm{d}x = F(\varphi(x)) + C.$$

不定积分的第一换元积分法又称**凑微分**法.所谓凑微分,是指先把被积分式写成

$$f(\varphi(x))\varphi'(x)\mathrm{d}x,$$

再把 $\varphi'(x)\mathrm{d}x$ 凑成 $\mathrm{d}\varphi(x)$. 通常可以从容易计算的角度去寻求 $u = \varphi(x)$. 我们先看几个简单的例子.

例 5.8 求 $\displaystyle\int \cot^2 2x\,\mathrm{d}x$.

解
$$\int \cot^2(2x)\,\mathrm{d}x = \int \left[\frac{1}{\sin^2(2x)} - 1\right]\mathrm{d}x$$
$$= \frac{1}{2}\int \frac{\mathrm{d}(2x)}{\sin^2 2x} - \int 1\,\mathrm{d}x$$
$$= -\frac{1}{2}\cot 2x - x + C.$$

例 5.9 计算 $\displaystyle\int \tan x\,\mathrm{d}x$.

解 $\displaystyle\int \tan x\,\mathrm{d}x = \int \frac{\sin x}{\cos x}\,\mathrm{d}x = -\int \frac{1}{\cos x}\,\mathrm{d}\cos x,$

令 $u = \cos x$，则

$$\int \tan x\,\mathrm{d}x = -\int \frac{1}{u}\,\mathrm{d}u = -\ln|u| + C = -\ln|\cos x| + C.$$

这里 $u = \cos x$ 是中间变量. 熟悉了第一换元积分法，只要在运算过程中将 $\varphi(x)$ 视为一个变元 u，而不必每次写出中间变量 $u = \varphi(x)$.

类似地，有

$$\int \cot x\,\mathrm{d}x = \ln|\sin x| + C.$$

例 5.10 求不定积分 $\displaystyle\int \frac{1}{a^2 + x^2}\,\mathrm{d}x, a > 0$.

解
$$\int \frac{1}{a^2 + x^2}\,\mathrm{d}x = \frac{1}{a^2}\int \frac{1}{1 + \dfrac{x^2}{a^2}}\,\mathrm{d}x$$
$$= \frac{1}{a}\int \frac{1}{1 + \left(\dfrac{x}{a}\right)^2}\,\mathrm{d}\left(\frac{x}{a}\right)$$
$$= \frac{1}{a}\arctan \frac{x}{a} + C.$$

类似地，可以得到

$$\int \frac{\mathrm{d}x}{\sqrt{a^2 - x^2}} = \arcsin \frac{x}{a} + C.$$

例 5.11 求不定积分 $\displaystyle\int \frac{1}{x^2 - a^2}\,\mathrm{d}x, a > 0$.

解
$$\int \frac{1}{x^2 - a^2}\,\mathrm{d}x = \frac{1}{2a}\int \left(\frac{1}{x-a} - \frac{1}{x+a}\right)\mathrm{d}x$$
$$= \frac{1}{2a}\left[\int \frac{\mathrm{d}(x-a)}{x-a} - \int \frac{\mathrm{d}(x+a)}{x+a}\right]$$
$$= \frac{1}{2a}(\ln|x-a| - \ln|x+a|) + C$$
$$= \frac{1}{2a}\ln\left|\frac{x-a}{x+a}\right| + C.$$

一般地,第一换元法(凑微分法)适合于被积函数为两个函数乘积的形式. 为了便于掌握这一方法,通常要熟悉一些常用的基本**凑微分公式**. 从原则上讲,每个导数或微分公式都可以给出一个凑微分公式,例如,由 $(ax+b)'\mathrm{d}x = a\mathrm{d}x$,有

$$\int f(ax+b)\mathrm{d}x = \frac{1}{a}\int f(ax+b)\mathrm{d}(ax+b), a \neq 0.$$

由 $x^{\mu-1}\mathrm{d}x = \frac{1}{\mu}\mathrm{d}x^{\mu}, \mu \neq 0$,有

$$\int f(x^{\mu})x^{\mu-1}\mathrm{d}x = \frac{1}{\mu}\int f(x^{\mu})\mathrm{d}(x^{\mu}), \mu \neq 0.$$

这样的公式可以写出许多,例如

$$\int \frac{f(\ln x)}{x}\mathrm{d}x = \int f(\ln x)\mathrm{d}(\ln x),$$

$$\int f(a^x)a^x\mathrm{d}x = \frac{1}{\ln a}\int f(a^x)\mathrm{d}a^x,$$

$$\int f(\mathrm{e}^x)\mathrm{e}^x\mathrm{d}x = \int f(\mathrm{e}^x)\,\mathrm{d}\mathrm{e}^x,$$

$$\int f(\sin x)\cos x\mathrm{d}x = \int f(\sin x)\mathrm{d}(\sin x).$$

我们再看几个例子.

例 5.12 求不定积分 $\int \frac{\sin\sqrt{x}}{\sqrt{x}}\mathrm{d}x$.

解 $\int \frac{\sin\sqrt{x}}{\sqrt{x}}\mathrm{d}x = 2\int \sin\sqrt{x}\,\mathrm{d}\sqrt{x} = -2\cos\sqrt{x} + C.$

例 5.13 求不定积分 $\int \frac{1}{x(1+2\ln x)}\mathrm{d}x$.

解 $\begin{aligned}\int \frac{1}{x(1+2\ln x)}\mathrm{d}x &= \int \frac{1}{1+2\ln x}\mathrm{d}(\ln x)\\ &= \frac{1}{2}\int \frac{1}{1+2\ln x}\mathrm{d}(1+2\ln x)\\ &= \frac{1}{2}\ln|1+2\ln x| + C.\end{aligned}$

例 5.14 求不定积分 $\int \cos^5 x\mathrm{d}x$.

解 $\begin{aligned}\int \cos^5 x\mathrm{d}x &= \int \cos^4 x\mathrm{d}(\sin x)\\ &= \int (1-\sin^2 x)^2\mathrm{d}(\sin x)\\ &= \int (1-2\sin^2 x + \sin^4 x)\mathrm{d}(\sin x)\\ &= \sin x - \frac{2}{3}\sin^3 x + \frac{1}{5}\sin^5 x + C.\end{aligned}$

例 5.15 求不定积分 $\int \sin^2 x\mathrm{d}x$.

解 $$\int \sin^2 x \mathrm{d}x = \int \frac{1 - \cos 2x}{2} \mathrm{d}x$$

$$= \frac{1}{2}x - \frac{1}{4}\int \cos(2x)\mathrm{d}(2x)$$

$$= \frac{1}{2}x - \frac{1}{4}\sin 2x + C.$$

凑微分法是求不定积分的重要方法之一,使用起来比较灵活,带有一定的技巧性.

例 5.16 求不定积分 $\int \frac{1}{\sin x}\mathrm{d}x$.

解 $$\int \frac{1}{\sin x}\mathrm{d}x = \int \frac{\sin x}{\sin^2 x}\mathrm{d}x$$

$$= \int \frac{1}{\cos^2 x - 1}\mathrm{d}(\cos x),$$

由例 5.11 有

$$\int \frac{1}{\sin x}\mathrm{d}x = \int \frac{1}{\cos^2 x - 1}\mathrm{d}(\cos x)$$

$$= \frac{1}{2}\ln\left|\frac{\cos x - 1}{\cos x + 1}\right| + C$$

$$= \ln\left|\frac{(1 - \cos x)^2}{(1 + \cos x)(1 - \cos x)}\right|^{\frac{1}{2}} + C$$

$$= \ln\left|\frac{1}{\sin x} - \cot x\right| + C.$$

类似地,可以得到

$$\int \frac{1}{\cos x}\mathrm{d}x = \ln\left|\frac{1}{\cos x} + \tan x\right| + C.$$

下面我们介绍不定积分的第二类换元法.

定理 5.3 (不定积分的第二换元法)

设函数 $f(x)$ 连续,$x = \varphi(t)$ 具有连续导数,且有反函数 $t = \varphi^{-1}(x)$. 如果

$$\int f(\varphi(t))\varphi'(t)\mathrm{d}t = F(t) + C,$$

则 $$\int f(x)\mathrm{d}x = F(\varphi^{-1}(x)) + C.$$

不定积分的第二换元法的意思是,在计算 $\int f(x)\mathrm{d}x$ 时,可以先把 x 换成 $\varphi(t)$,得到 $\int f(\varphi(t))\varphi'(t)\mathrm{d}t = F(t) + C$ 后,再把 t 换回 $\varphi^{-1}(x)$. 在这个过程中,为保证 $x = \varphi(t)$ 有反函数,往往取 $x = \varphi(t)$ 为单调函数.

三角代换、根式代换、倒数代换是三种重要的换元方法.

例 5.17　计算不定积分 $\displaystyle\int \frac{1}{\sqrt{x^2+a^2}}\mathrm{d}x(a>0)$.

解　为了去掉分母中的根号,做变换 $x=a\tan t, t\in\left(-\dfrac{\pi}{2},\dfrac{\pi}{2}\right)$, 则

$$\mathrm{d}x = a\,\frac{1}{\cos^2 t}\mathrm{d}t,$$

于是

$$\int \frac{1}{\sqrt{x^2+a^2}}\mathrm{d}x = \int \frac{1}{a\dfrac{1}{\cos t}}\cdot a\,\frac{1}{\cos^2 t}\mathrm{d}t$$

$$= \int \frac{1}{\cos t}\mathrm{d}t = \ln\left|\frac{1}{\cos t}+\tan t\right|+C.$$

当 $t\in\left(0,\dfrac{\pi}{2}\right)$ 时, $x=a\tan t$ 如图 5-2 所示,可以在形式上求得 $\cos t = \dfrac{a}{\sqrt{x^2+a^2}}$ 和 $\tan t = \dfrac{x}{a}$,于是有

$$\int \frac{1}{\sqrt{x^2+a^2}}\mathrm{d}x = \ln\left|\frac{x}{a}+\frac{\sqrt{x^2+a^2}}{a}\right|+C = \ln\left|x+\sqrt{x^2+a^2}\right|+C.$$

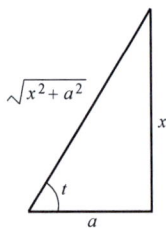

图　5-2

例 5.18　计算不定积分 $\displaystyle\int \frac{1}{\sqrt{x^2-a^2}}\mathrm{d}x, a>0$.

解　做变换 $x=a\,\dfrac{1}{\cos t}, t\in\left(0,\dfrac{\pi}{2}\right)$,如图 5-3 所示. 则有 $\mathrm{d}x = a\,\dfrac{1}{\cos t}\tan t\,\mathrm{d}t$,于是

$$\int \frac{1}{\sqrt{x^2-a^2}}\mathrm{d}x = \int \frac{a\dfrac{1}{\cos t}\cdot\tan t}{a\tan t}\mathrm{d}t$$

$$= \int \frac{1}{\cos t}\mathrm{d}t = \ln\left|\frac{1}{\cos t}+\tan t\right|+C$$

$$= \ln\left|\frac{x}{a}+\frac{\sqrt{x^2-a^2}}{a}\right|+C = \ln\left|x+\sqrt{x^2-a^2}\right|+C$$

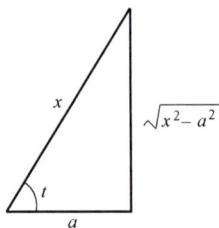

图　5-3

例 5.19　计算不定积分 $\displaystyle\int \sqrt{4-x^2}\,\mathrm{d}x$.

解　做变换 $x=2\sin t, t\in\left(-\dfrac{\pi}{2},\dfrac{\pi}{2}\right)$,则有 $\mathrm{d}x = 2\cos t\,\mathrm{d}t$,于是

$$\int \sqrt{4-x^2}\,\mathrm{d}x = \int \sqrt{4-4\sin^2 t}\cdot 2\cos t\,\mathrm{d}t$$

$$= 4\int \cos^2 t\,\mathrm{d}t$$

$$= 4\int \frac{1+\cos 2t}{2}\mathrm{d}t$$

$$= 2t+\sin 2t+C$$

$$= 2\arcsin\frac{x}{2} + \frac{1}{2}x\sqrt{4-x^2} + C.$$

当 $t \in \left(0, \dfrac{\pi}{2}\right)$ 时，$x = 2\sin t$ 如图 5-4 所示.

上面三个例子我们用的都是三角代换，目的都是去掉根式.

(1)当被积函数中含有 $\sqrt{a^2-x^2}$ 时，可设 $x = a\sin t$；

(2)当被积函数中含有 $\sqrt{a^2+x^2}$ 时，可设 $x = a\tan t$；

(3)当被积函数中含有 $\sqrt{x^2-a^2}$ 时，可设 $x = \dfrac{a}{\cos t}$.

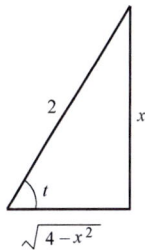

图 5-4

事实上，为去掉根式还可采用其他方法，要根据被积函数的具体情况具体分析. 如下例使用根式代换更为简便.

例 5.20 计算不定积分 $\displaystyle\int \frac{1}{\sqrt{1+e^x}}dx$.

解 做变换 $t = \sqrt{1+e^x}$，则有

$$e^x = t^2 - 1, x = \ln(t^2 - 1), dx = \frac{2t}{t^2-1}dt,$$

$$\int \frac{1}{\sqrt{1+e^x}}dx = \int \frac{2}{t^2-1}dt$$

$$= \int\left(\frac{1}{t-1} - \frac{1}{t+1}\right)dt$$

$$= \ln\left|\frac{t-1}{t+1}\right| + C$$

$$= 2\ln\left|\sqrt{1+e^x} - 1\right| - x + C.$$

当被积函数中分母含有 x 的高次幂项时，往往运用倒数代换 $x = \dfrac{1}{t}$.

例 5.21 计算不定积分 $\displaystyle\int \frac{1}{x(x^7+2)}dx$.

解 做变换 $x = \dfrac{1}{t}$ $(t \neq 0)$，则有 $dx = -\dfrac{1}{t^2}dt$，于是

$$\int \frac{1}{x(x^7+2)}dx = \int \frac{t}{\left(\dfrac{1}{t}\right)^7 + 2} \cdot \left(-\frac{1}{t^2}\right)dt$$

$$= -\int \frac{t^6}{1+2t^7}dt$$

$$= -\frac{1}{14}\ln|1+2t^7| + C$$

$$= -\frac{1}{14}\ln|2+x^7| + \frac{1}{2}\ln|x| + C.$$

本节例题中的一些结论可以作为公式使用. 为方便读者，我们将积分表做如下补充(其中常数 $a > 0$)：

$(12)\displaystyle\int\tan x\,dx = -\ln|\cos x| + C;$

(13) $\int \cot x \mathrm{d}x = \ln|\sin x| + C;$

(14) $\int \dfrac{1}{\cos x}\mathrm{d}x = \ln\left|\dfrac{1}{\cos x} + \tan x\right| + C;$

(15) $\int \dfrac{1}{\sin x}\mathrm{d}x = \ln\left|\dfrac{1}{\sin x} - \cot x\right| + C;$

(16) $\int \dfrac{1}{a^2 + x^2}\mathrm{d}x = \dfrac{1}{a}\arctan \dfrac{x}{a} + C;$

(17) $\int \dfrac{1}{x^2 - a^2}\mathrm{d}x = \dfrac{1}{2a}\ln\left|\dfrac{x-a}{x+a}\right| + C;$

(18) $\int \dfrac{1}{\sqrt{a^2 - x^2}}\mathrm{d}x = \arcsin \dfrac{x}{a} + C;$

(19) $\int \dfrac{1}{\sqrt{x^2 \pm a^2}}\mathrm{d}x = \ln\left|x + \sqrt{x^2 \pm a^2}\right| + C.$

习题 5. 2

1. 求下列不定积分(第一类换元法):

(1) $\int \mathrm{e}^{3x}\mathrm{d}x;$

(2) $\int (5 - 2x)^3\mathrm{d}x;$

(3) $\int \dfrac{1}{1 - 2x}\mathrm{d}x;$

(4) $\int \sqrt[5]{3 - 5x}\,\mathrm{d}x;$

(5) $\int (\mathrm{e}^{\frac{1}{3}x} - \sin 6x)\mathrm{d}x;$

(6) $\int \dfrac{\cos\sqrt{x}}{\sqrt{x}}\mathrm{d}x;$

(7) $\int \dfrac{\ln^2 x}{x}\mathrm{d}x;$

(8) $\int \dfrac{1}{x(2\ln x + 1)}\mathrm{d}x;$

(9) $\int \dfrac{\ln x + 2}{x}\mathrm{d}x;$

(10) $\int \dfrac{\arctan x}{1 + x^2}\mathrm{d}x;$

(11) $\int x^2 \mathrm{e}^{-x^3}\mathrm{d}x;$

(12) $\int \dfrac{1}{\arcsin x \sqrt{1 - x^2}}\mathrm{d}x;$

(13) $\int \dfrac{1}{x^2 - x - 2}\mathrm{d}x;$

(14) $\int \dfrac{1}{x^2 - 2x + 2}\mathrm{d}x;$

(15) $\int \tan\sqrt{1 + x^2} \cdot \dfrac{x\mathrm{d}x}{\sqrt{1 + x^2}};$

(16) $\int \dfrac{\mathrm{d}x}{\mathrm{e}^x + \mathrm{e}^{-x}};$

(17) $\int x^2 \sqrt{1 + x^3}\,\mathrm{d}x;$

(18) $\int \dfrac{1 - x}{\sqrt{9 - 4x^2}}\mathrm{d}x;$

(19) $\int \dfrac{\sin x + \cos x}{\sqrt[3]{\sin x - \cos x}}\mathrm{d}x;$

(20) $\int \dfrac{\sin x\cos x}{1 + \sin^4 x}\mathrm{d}x;$

(21) $\int \dfrac{x^3}{9 + x^2}\mathrm{d}x;$

(22) $\int \dfrac{\mathrm{e}^{3\sqrt{x}+1}}{\sqrt{x}}\mathrm{d}x;$

(23) $\int \dfrac{\arctan\sqrt{x}}{\sqrt{x}\,(1 + x)}\mathrm{d}x;$

(24) $\int \dfrac{\mathrm{d}x}{(2 - x)^{100}};$

(25) $\int \dfrac{10^{2\arccos x}}{\sqrt{1 - x^2}}\mathrm{d}x;$

(26) $\int \dfrac{\ln(\ln x)}{x\ln x}\mathrm{d}x;$

(27) $\int \dfrac{\ln(\tan x)}{\cos x\sin x}\mathrm{d}x;$

(28) $\int \dfrac{1}{\cos^2 x \sqrt{1 + 3\tan x}}\mathrm{d}x;$

(29) $\int \sqrt{\dfrac{a + x}{a - x}}\,\mathrm{d}x;$

(30) $\int \dfrac{\mathrm{d}x}{x\ln x\ln(\ln x)};$

(31) $\int \tan^3 x\sec x\mathrm{d}x;$

(32) $\int \dfrac{1}{\sin x\cos x}\mathrm{d}x.$

2.求下列不定积分(第二类换元法):

(1) $\displaystyle\int \frac{\mathrm{d}x}{1+\sqrt{2x}}$;

(2) $\displaystyle\int \frac{\mathrm{d}x}{1+\sqrt{x+1}}$;

(3) $\displaystyle\int \frac{\mathrm{d}x}{\sqrt{\mathrm{e}^x-1}}$;

(4) $\displaystyle\int \frac{\mathrm{d}x}{\sqrt{1+\mathrm{e}^{2x}}}$;

(5) $\displaystyle\int \frac{\sqrt{x}\,\mathrm{d}x}{x+1}$;

(6) $\displaystyle\int \frac{\sqrt{(x-1)^3}}{x}\mathrm{d}x$;

(7) $\displaystyle\int \frac{1}{x+\sqrt[3]{x}}\mathrm{d}x$;

(8) $\displaystyle\int \frac{1}{\sqrt{x}+\sqrt[3]{x}}\mathrm{d}x$.

5.3 分部积分法

分部积分法与函数乘积的求导法则相对应,也是求不定积分的常用方法之一,主要用于求两个函数乘积的不定积分.

设 $u(x)$ 和 $v(x)$ 是可微函数,由函数乘积的求导公式,即
$$[u(x)v(x)]' = u'(x)v(x) + u(x)v'(x),$$
移项,得
$$u(x)v'(x) = [u(x)v(x)]' - u'(x)v(x),$$
等式两边取不定积分
$$\int u(x)v'(x)\mathrm{d}x = u(x)v(x) - \int u'(x)v(x)\mathrm{d}x,$$
或者写成
$$\int u(x)\mathrm{d}v(x) = u(x)v(x) - \int v(x)\mathrm{d}u(x),$$
或合写成
$$\begin{aligned}\int u(x)v'(x)\mathrm{d}x &= \int u(x)\mathrm{d}v(x)\\ &= u(x)v(x) - \int v(x)\mathrm{d}u(x)\\ &= u(x)v(x) - \int u'(x)v(x)\mathrm{d}x.\end{aligned}$$

这就是**分部积分公式**.从公式可以看出,这种方法首先要对被积函数 $u(x)v'(x)$ 的一部分 $v'(x)$ 进行积分,因而称这种方法为分部积分法,其中的第一步 $\displaystyle\int u(x)v'(x)\mathrm{d}x = \int u(x)\mathrm{d}v(x)$ 实际上是凑微分.

例 5.22 计算不定积分 $\displaystyle\int x\mathrm{e}^x\mathrm{d}x$.

解法一 先对 e^x 积分,即令 $u=x,v'(x)=\mathrm{e}^x$,则 $\mathrm{e}^x\mathrm{d}x = \mathrm{d}\mathrm{e}^x = \mathrm{d}v$,用分部积分公式得
$$\int x\mathrm{e}^x\mathrm{d}x = \int x\mathrm{d}\mathrm{e}^x = x\mathrm{e}^x - \int \mathrm{e}^x\mathrm{d}x = x\mathrm{e}^x - \mathrm{e}^x + C.$$

解法二 先对 x 积分,即令 $u=\mathrm{e}^x,v'(x)=x$,则 $x\mathrm{d}x = \frac{1}{2}\mathrm{d}x^2$,用分部积分公式得
$$\int x\mathrm{e}^x\mathrm{d}x = \int \mathrm{e}^x\frac{1}{2}\mathrm{d}x^2 = \frac{1}{2}x^2\mathrm{e}^x - \frac{1}{2}\int x^2\mathrm{e}^x\mathrm{d}x,$$

至此可以发现,不定积分 $\int x^2 \mathrm{e}^x \mathrm{d}x$ 比 $\int x\mathrm{e}^x \mathrm{d}x$ 更复杂了.

从上面的简单分析可以看出,使用分部积分法的关键是其第一步的凑微分,我们总是从最容易的部分开始尝试,通常可以按照 **"指数函数 (a^x),正、余弦函数,幂函数(x^u,包括常数 1)"** 的次序进行.

例 5.23　计算不定积分 $\int x\sin x\mathrm{d}x$.

解
$$
\begin{aligned}
\int x\sin x\mathrm{d}x &= -\int x\mathrm{d}\cos x \\
&= -x\cos x + \int \cos x\mathrm{d}x \\
&= -x\cos x + \sin x + C.
\end{aligned}
$$

例 5.24　计算不定积分 $\int x\arctan x\mathrm{d}x$.

解
$$
\begin{aligned}
\int x\arctan x\mathrm{d}x &= \int \arctan x\mathrm{d}\frac{x^2}{2} \\
&= \frac{x^2}{2}\arctan x - \int \frac{x^2}{2}\mathrm{d}(\arctan x) \\
&= \frac{x^2}{2}\arctan x - \int \frac{x^2}{2}\cdot\frac{1}{1+x^2}\mathrm{d}x \\
&= \frac{x^2}{2}\arctan x - \int \frac{1}{2}\left(1-\frac{1}{1+x^2}\right)\mathrm{d}x \\
&= \frac{x^2}{2}\arctan x - \frac{1}{2}(x-\arctan x) + C.
\end{aligned}
$$

例 5.25　计算不定积分 $\int x^3\ln x\mathrm{d}x$.

解
$$
\int x^3\ln x\mathrm{d}x = \int \ln x\mathrm{d}\frac{x^4}{4} = \frac{1}{4}x^4\ln x - \frac{1}{4}\int x^3\mathrm{d}x = \frac{1}{4}x^4\ln x - \frac{1}{16}x^4 + C.
$$

我们列出可以使用分部积分法求不定积分的几种经典类型:
$x^k\sin x,\ x^k\cos x,\ x^k\arcsin x,\ x^k\arctan x,\ x^k\ln x,\ x^k a^x,\ a^x\sin x,$
$a^x\cos x.$

例 5.26　已知 $\dfrac{\sin x}{x}$ 是 $f(x)$ 的原函数,求 $\int xf'(x)\mathrm{d}x$.

解　由分部积分法
$$
\begin{aligned}
\int xf'(x)\mathrm{d}x &= \int x\mathrm{d}f(x) = xf(x) - \int f(x)\mathrm{d}x \\
&= xf(x) - \frac{\sin x}{x} + C.
\end{aligned}
$$

因 $\dfrac{\sin x}{x}$ 是 $f(x)$ 的原函数,故
$$
f(x) = \left(\frac{\sin x}{x}\right)' = \frac{x\cos x - \sin x}{x^2},
$$

因而有

$$\int x f'(x)\mathrm{d}x = \frac{x\cos x - \sin x}{x} - \frac{\sin x}{x} + C$$
$$= \cos x - \frac{2\sin x}{x} + C.$$

习题 5.3

求下列不定积分：

(1) $\int \ln x \mathrm{d}x$;

(2) $\int \arcsin x \mathrm{d}x$;

(3) $\int x \mathrm{e}^{-x} \mathrm{d}x$;

(4) $\int x \cos x \mathrm{d}x$;

(5) $\int x \sec^2 x \mathrm{d}x$; (6) $\int \frac{\ln x}{x^2} \mathrm{d}x$;

(7) $\int x^2 \ln x \mathrm{d}x$; (8) $\int x^2 \mathrm{e}^x \mathrm{d}x$;

(9) $\int \mathrm{e}^{3\sqrt{x}} \mathrm{d}x$; (10) $\int \arctan \sqrt{x} \mathrm{d}x$;

(11) $\int \frac{\ln x}{\sqrt{x}} \mathrm{d}x$; (12) $\int \ln(1+x^2) \mathrm{d}x$;

(13) $\int x^3 \mathrm{e}^{x^2} \mathrm{d}x$; (14) $\int x^3 \sin x^2 \mathrm{d}x$.

5.4 有理函数的不定积分

在前三节中我们看到，不定积分的计算不像导数计算那样有固定的公式和法则，因而计算过程更具创造性。本节我们介绍简单有理函数的积分。

多项式的商

$$\frac{P_m(x)}{Q_n(x)} = \frac{a_0 x^m + a_1 x^{m-1} + \cdots + a_{m-1} x + a_m}{b_0 x^n + b_1 x^{n-1} + \cdots + b_{n-1} x + b_n},$$

其中 m, n 是非负整数，$a_0, a_1, \cdots, a_m$ 和 $b_0, b_1, \cdots, b_n$ 是实数，且 $a_0 \neq 0$, $b_0 \neq 0$ 称为**有理函数**或**有理分式**。如果 $m \geqslant n$，则称 $\frac{P_m(x)}{Q_n(x)}$ 为假分式。如果 $m < n$，则称 $\frac{P_m(x)}{Q_n(x)}$ 为真分式。

类似于正整数的除法，也有多项式的除法，详细论述可以参见高等代数方面的书籍。通过多项式除法可以将假分式化成真分式与多项式的和。因此，在考虑有理分式的积分时，我们只需要重点关注真分式的情况。

在真分式中，我们把形如 $\frac{A}{(x-a)^k}$，$\frac{Mx+N}{(x^2+px+q)^k}$（$k$ 为正整数，$p^2 - 4q < 0$）的真分式称为**部分分式**。有理函数的积分主要依据是：

任意真分式都可以写成部分分式之和。

由于这两种部分分式的原函数都是初等函数，所以**有理函数的原函数都是初等函数**。这一结论对不定积分的计算具有指导意义，即当我们把任何一个不定积分化为有理函数的积分后，就知道它一定可以"积出来"了。

因此,计算有理分式的积分的关键是求出真分式的部分分式分解.下面我们不加证明地给出部分分式分解的一般规律:

(1)若分母中有因式 $(x-a)^k,k\geqslant 1$,则可以分解为

$$\frac{A_1}{(x-a)^k}+\frac{A_2}{(x-a)^{k-1}}+\cdots+\frac{A_k}{x-a},$$

其中 $A_1,A_2,\cdots,A_k$ 都是常数. 特别地,当 $k=1$ 时,分解后为 $\frac{A}{x-a}$.

(2)若分母中有因式 $(x^2+px+q)^k,k\geqslant 1$,且 $p^2-4q<0$,则可以分解为

$$\frac{M_1x+N_1}{(x^2+px+q)^k}+\frac{M_2x+N_2}{(x^2+px+q)^{k-1}}+\cdots+\frac{M_kx+N_k}{x^2+px+q},$$

其中 M_i,N_i 都是常数($i=1,2,\cdots,k$).特别地,当 $k=1$ 时,分解后为 $\frac{Mx+N}{x^2+px+q}$.

下面我们用"待定系数法"求有理函数的部分分式分解,继而求其不定积分.

例 5.27　计算不定积分 $I=\displaystyle\int\frac{x+3}{x^2-5x+6}\mathrm{d}x.$

解　将被积函数分解成**部分分式**. 由 $x^2-5x+6=(x-2)(x-3)$,不妨设

$$\frac{x+3}{x^2-5x+6}=\frac{A}{x-2}+\frac{B}{x-3},$$

其中 A,B 为待定系数. 对右式通分,由等式两端分子相等,得

$$x+3=(A+B)x-(3A+2B),$$

比较等式两端系数得

$$\begin{cases}A+B=1,\\ -(3A+2B)=3,\end{cases}$$

解得 $\begin{cases}A=-5,\\ B=6.\end{cases}$ 于是

$$I=\int\left(\frac{-5}{x-2}+\frac{6}{x-3}\right)\mathrm{d}x=-5\ln|x-2|+6\ln|x-3|+C.$$

例 5.28　计算不定积分 $I=\displaystyle\int\frac{1}{x(x-1)^2}\mathrm{d}x.$

解　被积函数可分解为

$$\frac{1}{x(x-1)^2}=\frac{A}{x}+\frac{B}{(x-1)^2}+\frac{C}{x-1},$$

通分后得等式

$$1=A(x-1)^2+Bx+Cx(x-1).$$

代入特殊值确定系数 A,B,C.

令 $x=0$,得 $A=1$;令 $x=1$,得 $B=1$;再令 $x=2$,得 $C=-1$,于是

$$\frac{1}{x\,(x-1)^2} = \frac{1}{x} + \frac{1}{(x-1)^2} - \frac{1}{x-1},$$

$$I = \int\left[\frac{1}{x} + \frac{1}{(x-1)^2} - \frac{1}{x-1}\right]dx = \int\frac{1}{x}dx + \int\frac{1}{(x-1)^2}dx - \int\frac{1}{x-1}dx$$

$$= \ln|x| - \frac{1}{x-1} - \ln|x-1| + C.$$

例 5.29 计算不定积分 $I = \int\dfrac{1}{(1+2x)(1+x^2)}dx$.

解 被积函数可分解为

$$\frac{1}{(1+2x)(1+x^2)} = \frac{A}{1+2x} + \frac{Bx+C}{1+x^2},$$

其中

$$1 = (A+2B)x^2 + (B+2C)x + C + A,$$

比较等式两边 x 幂的各项系数,得

$$\begin{cases} A+2B = 0, \\ B+2C = 0, \\ A+C = 1, \end{cases}$$

解得

$$A = \frac{4}{5}, B = -\frac{2}{5}, C = \frac{1}{5},$$

故

$$\frac{1}{(1+2x)(1+x^2)} = \frac{\dfrac{4}{5}}{1+2x} + \frac{-\dfrac{2}{5}x + \dfrac{1}{5}}{1+x^2},$$

于是

$$I = \int\frac{\dfrac{4}{5}}{1+2x}dx + \int\frac{-\dfrac{2}{5}x + \dfrac{1}{5}}{1+x^2}dx$$

$$= \frac{2}{5}\ln|1+2x| - \frac{1}{5}\int\frac{2x}{1+x^2}dx + \frac{1}{5}\int\frac{1}{1+x^2}dx$$

$$= \frac{2}{5}\ln|1+2x| - \frac{1}{5}\ln(1+x^2) + \frac{1}{5}\arctan x + C.$$

某些无理函数的积分通过适当的变量代换可以化为有理函数的积分. 解决这类问题的指导思想是,通过代换去掉根号,从而把简单无理函数的积分化为有理函数的积分.

例 5.30 计算不定积分 $I = \int\dfrac{x\,dx}{\sqrt{4x-3}}$.

解 令 $t = \sqrt{4x-3}$,则 $x = \dfrac{1}{4}(t^2+3)$,$dx = \dfrac{t}{2}dt$.

$$I = \frac{1}{8}\int(t^2+3)dt$$

$$= \frac{t^3}{24} + \frac{3}{8}t + C$$

$$= \frac{\sqrt{4x-3}}{12}(2x+3) + C.$$

例 5.31 计算不定积分 $I = \int \dfrac{1}{x} \sqrt{\dfrac{1+x}{x}} \, dx$.

解 令 $\sqrt{\dfrac{1+x}{x}} = t$，则 $x = \dfrac{1}{t^2 - 1}$，$dx = -\dfrac{2t \, dt}{(t^2 - 1)^2}$. 于是

$$I = -\int (t^2 - 1) t \, \frac{2t}{(t^2 - 1)^2} \, dt$$

$$= -2 \int \frac{t^2}{t^2 - 1} \, dt$$

$$= -2 \int \left(1 + \frac{1}{t^2 - 1} \right) dt$$

$$= -2t - \ln \left| \frac{t - 1}{t + 1} \right| + C$$

$$= -2 \sqrt{\frac{1 + x}{x}} - \ln \left| x \left(\sqrt{\frac{1 + x}{x}} - 1 \right)^2 \right| + C.$$

例 5.32 计算不定积分 $I = \int \dfrac{1}{\sqrt{x + 1} + \sqrt[3]{x + 1}} \, dx$.

解 令 $t^6 = x + 1$，则 $dx = 6t^5 \, dt$.

$$I = \int \frac{1}{t^3 + t^2} \cdot 6t^5 \, dt$$

$$= 6 \int \frac{t^3}{t + 1} \, dt$$

$$= 6 \int \left(t^2 - t + 1 - \frac{1}{1 + t} \right) dt$$

$$= 2t^3 - 3t^2 + 6t - 6\ln|1 + t| + C$$

$$= 2 \sqrt{x + 1} - 3 \sqrt[3]{x + 1} + 6 \sqrt[6]{x + 1} - 6\ln(\sqrt[6]{x + 1} + 1) + C.$$

本章介绍的是求不定积分的基本方法，也是求定积分和解微分方程的基础，读者应熟练掌握. 另外，随着计算机技术的飞速发展，很多数值计算包括求导数和求积分都可用功能强大的数学软件包来完成，在实际工作中，读者应该尝试学习并使用这些软件.

习题 5.4

求下列不定积分：

(1) $\int \dfrac{2x + 3}{x^2 + 2x - 3} \, dx$；

(2) $\int \dfrac{x - 2}{x^2 - x + 1} \, dx$；

(3) $\int \dfrac{x^2 + 1}{(x + 1)^2 (x - 1)} \, dx$；

(4) $\int \dfrac{x + 3}{x^2 - x - 6} \, dx$；

(5) $\int \dfrac{x + 1}{x^2 + 2x} \, dx$；

(6) $\int \dfrac{3}{x^3 + 1} \, dx$；

(7) $\int \dfrac{x \, dx}{(x + 1)(x + 2)(x + 3)}$；

(8) $\int \dfrac{dx}{(x^2 + 1)(x^2 + x)}$；

(9) $\int \dfrac{x}{\sqrt{2x - 1}} \, dx$；

(10) $\int \dfrac{x}{\sqrt{3x - 2}} \, dx$.

综合习题 5

选择或填空题

1. 设函数 $f(x)$ 的一个原函数是 $\frac{1}{x}$，则 $f'(x) =$ ( ).

　A. $\frac{1}{x}$ 　　　　　B. $\ln|x|$

　C. $\frac{2}{x^3}$ 　　　　　D. $-\frac{1}{x^2}$

2. 如果函数 $F(x)$ 与 $G(x)$ 都是 $f(x)$ 在某个区间 I 上的原函数，则在区间 I 上必有 ( ).

　A. $F(x) = G(x)$

　B. $F(x) = G(x) + C$

　C. $F(x) = \frac{G(x)}{C}, C \neq 0$

　D. $F(x) = C G(x)$

3. 如果 $\int f(x)\mathrm{d}x = \frac{3}{4}\ln\sin 4x + C$，则 $f(x) =$ ( ).

　A. $\cot 4x$ 　　　　B. $-\cot 4x$

　C. $-3\cot 4x$ 　　　D. $3\cot 4x$

4. 如果 $\int f(x)\mathrm{d}x = x^2 \mathrm{e}^{2x} + C$，则 $f(x) =$ ( ).

　A. $2x(x+1)\mathrm{e}^{2x}$ 　　B. $2x\mathrm{e}^{2x}$

　C. $2x^2\mathrm{e}^{2x}$ 　　　　D. $(2x+1)\mathrm{e}^{2x}$

5. 如果 $\int f(x)\mathrm{d}x = F(x) + C$，则 $\int \mathrm{e}^{-x}f(\mathrm{e}^{-x})\mathrm{d}x =$ ( ).

　A. $F(\mathrm{e}^x) + C$ 　　　B. $-F(\mathrm{e}^x) + C$

　C. $F(\mathrm{e}^{-x}) + C$ 　　D. $-F(\mathrm{e}^{-x}) + C$

6. 不定积分 $\int \left(\frac{1}{\cos^2 x} - 1\right)\mathrm{d}(\cos x) =$ ( ).

　A. $-\frac{1}{\cos x} - x + C$ 　　B. $-\frac{1}{\cos x} - \cos x + C$

　C. $-\tan x - x + C$ 　　　D. $\tan x - \cos x + C$

7. 如果 e^{-x} 是 $f(x)$ 的一个原函数，则 $\int xf(x)\mathrm{d}x =$ ( ).

　A. $(1-x)\mathrm{e}^{-x} + C$ 　　B. $(x-1)\mathrm{e}^{-x} + C$

　C. $(x+1)\mathrm{e}^{-x} + C$ 　　D. $-(x+1)\mathrm{e}^{-x} + C$

8. 如果 $\int f(x)\mathrm{d}x = x^2 + C$，则 $\int x^2 f(1-x^3)\mathrm{d}x =$ ( ).

　A. $3(1-x^3)^2 + C$ 　　B. $-3(1-x^3)^2 + C$

　C. $\frac{1}{3}(1-x^3)^2 + C$ 　　D. $-\frac{1}{3}(1-x^3)^2 + C$

9. 不定积分 $\int \frac{x}{4+x^2}\mathrm{d}x =$ ( ).

　A. $\frac{x}{2}\arctan\frac{x}{2} + C$ 　　B. $\frac{1}{2}\arctan\frac{x}{2} + C$

　C. $\frac{1}{2}\ln(4+x^2) + C$ 　　D. $2\ln(4+x^2) + C$

10. 不定积分 $\int \ln\frac{x}{3}\mathrm{d}x =$ ( ).

　A. $x\ln\frac{x}{3} - x + C$ 　　B. $x\ln\frac{x}{3} - 9x + C$

　C. $x\ln\frac{x}{3} - 3x + C$ 　　D. $x\ln\frac{x}{3} - \frac{1}{3}x + C$

11. 若 $\frac{\mathrm{d}}{\mathrm{d}x}\int f(x)\mathrm{d}x = x\sin x$，则 $f'(\pi) =$ ( ).

12. 已知复合函数 $f(x+1) = x^2(x+1)$，则 $\int f(x)\mathrm{d}x =$ ( ).

13. 如果 $\int f(x)\mathrm{d}x = F(x) + C$，则 $\int \frac{f(x)}{F(x)}\mathrm{d}x =$ ( ).

14. 若函数 $f(x)$ 的二阶导数 $f''(x)$ 连续，则 $\int f''(\mathrm{e}^x)\mathrm{e}^{2x}\mathrm{d}x =$ ( ).

15. 若 $F(x)$ 是 $f(x)$ 的一个原函数，则 $\int xf'(x)\mathrm{d}x =$ ( ).

第5章部分
习题详解

6

第6章

定积分及其应用

本章学习定积分及其应用,包括定积分的概念、性质、计算及其应用.其中以牛顿和莱布尼茨两位大数学家命名的牛顿-莱布尼茨公式是整个微积分最关键、最核心的定理.

6.1 定积分的概念与性质

同导数一样,我们仍然从几何和物理两个方面介绍定积分的背景问题,从中引出定积分的概念,然后介绍定积分的性质.

视频:定积分概念浅析

6.1.1 定积分的概念

在初等数学中,有了三角形的面积公式后,由于任意多边形都可以划分成有限个三角形,计算出每个三角形的面积再加起来就得到了多边形的面积.这里用到了面积的**可加性**,即如果把一个图形划分成有限个子图形,则总面积等于各子面积之和.此外,面积还满足**单调性**,即如果图形 A 包含于图形 B,则 A 的面积小于或等于 B 的面积.

下面,我们用极限的思想和面积的性质确定曲边梯形的面积.

引例 1 求曲边梯形的面积.

求由连续曲线 $y = f(x)(f(x) \geqslant 0)$ 与直线 $x = a$ 和 $x = b$ 及 x 轴所围成的曲边梯形(见图 6-1)的面积.

应用极限的思想方法,我们分 4 个步骤来求面积.

1. 划分

将曲边梯形任意划分成 n 个窄曲边梯形:在区间 $[a,b]$ 内任意插入 $n-1$ 个分点

$$x_1, x_2, \cdots, x_{n-1},$$

其中 $a = x_0 < x_1 < x_2 < \cdots < x_{n-1} < x_n = b$.

上述分点把区间 $[a,b]$ 分成了 n 个小区间

$$[x_0, x_1], [x_1, x_2], \cdots, [x_{n-1}, x_n],$$

记 $\Delta x_i = x_i - x_{i-1}$,它表示小区间 $[x_{i-1}, x_i]$ 的长度 $(i = 1, 2, \cdots, n)$,于是对应分点将曲边梯形分割成 n 个窄曲边梯形.

2. 近似

考虑第 $i(1 \leqslant i \leqslant n)$ 个小曲边梯形的面积 ΔA_i(见图 6-2).显

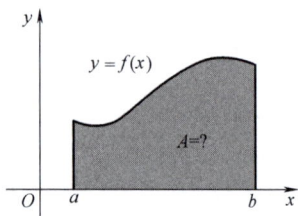

图 6-1

然有

$$m_i \Delta x_i \leqslant \Delta A_i \leqslant M_i \Delta x_i,$$

其中 m_i 和 M_i 分别是 $f(x)$ 在小区间 $[x_{i-1}, x_i]$ 上的最小值和最大值. 在小区间 $[x_{i-1}, x_i]$ 上任意取一点 ξ_i, 得到 ΔA_i 的近似值,

$$\Delta A_i \approx f(\xi_i) \Delta x_i \quad (i = 1, 2, \cdots, n).$$

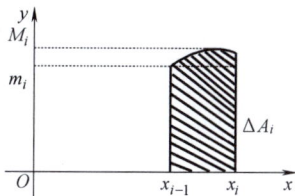

3. 求和

求这些小曲边梯形面积 $\Delta A_i (i = 1, 2, \cdots, n)$ 的和, 得出曲边梯形面积 A 的近似值

$$A = \sum_{i=1}^{n} \Delta A_i \approx \sum_{i=1}^{n} f(\xi_i) \Delta x_i.$$

4. 取极限

显然, 区间划分得越细, 得到的曲边梯形面积 A 的值越精确. 当每个小区间的长度都趋于零, 即各小区间最大长度 $\lambda = \max\{\Delta x_1, \Delta x_2, \cdots, \Delta x_n\}$ 趋于零时, 就得到了曲边梯形的面积, 即

$$A = \lim_{\lambda \to 0} \sum_{i=1}^{n} f(\xi_i) \Delta x_i.$$

引例 2 库存量问题.

设某仓库在时刻 t 的边际库存量为 $f(t)$ (库存量的瞬时变化率), 求该仓库在 $[T_1, T_2]$ 时段上库存的变化总量 S.

在 $[T_1, T_2]$ 中任意插入 $n-1$ 个分点, $T_1 = t_0 < t_1 < t_2 < \cdots < t_n = T_2$, 并记 $\Delta t_i = t_i - t_{i-1}$. 任取 $\tau_i \in [t_{i-1}, t_i], i = 1, 2, \cdots, n$, 则

$$S \approx \sum_{i=1}^{n} f(\tau_i) \Delta t_i,$$

令 $\lambda = \max\{\Delta t_1, \Delta t_2, \cdots, \Delta t_n\}$, 取极限得

$$S = \lim_{\lambda \to 0} \sum_{i=1}^{n} f(\tau_i) \Delta t_i.$$

从以上两个引例可以看出, 尽管所求的量的实际含义不同, 但都可以归结为求结构相同的特殊和式 (通常称为积分和式) 的极限. 它们的值都取决于某个函数及该函数的自变量的变化区间, 而且, 两个引例中的处理方法也完全一样——**划分、近似、求和、取极限**. 为了研究这类问题在数量关系上的共同本质与特性, 我们抽象出定积分的概念.

定义 6.1 设函数 $f(x)$ 在区间 $[a, b]$ 上有界, 在 $[a, b]$ 中依次插入 $n-1$ 个分点 $x_1, x_2, \cdots, x_{n-1}$, 其中 $a = x_0 < x_1 < x_2 < \cdots < x_{n-1} < x_n = b$. 在小区间 $[x_{i-1}, x_i]$ 上 $(i = 1, 2, \cdots, n)$ 任取一点 ξ_i, 做乘积 $f(\xi_i) \Delta x_i$, 其中 $\Delta x_i = x_i - x_{i-1}$, 并求和 $\sum_{i=1}^{n} f(\xi_i) \Delta x_i$. 令 $\lambda = \max\{\Delta x_1, \Delta x_2, \cdots, \Delta x_n\}$. 若对区间 $[a, b]$

的任意划分及 $\xi_i \in [x_{i-1}, x_i]$ 的任意取法，$\lim\limits_{\lambda \to 0} \sum\limits_{i=1}^{n} f(\xi_i) \Delta x_i$ 都存在，则称 $f(x)$ 在区间 $[a, b]$ 可积，并称此极限值为函数 $f(x)$ 在区间 $[a, b]$ 上的定积分，记作 $\int_a^b f(x) \mathrm{d}x$，即

$$\int_a^b f(x) \mathrm{d}x = \lim_{\lambda \to 0} \sum_{i=1}^{n} f(\xi_i) \Delta x_i,$$

其中，$\int$ 称为积分号；$f(x)$ 称为被积函数；$f(x)\mathrm{d}x$ 称为被积表达式；x 称为积分变量；a 称为积分下限；b 称为积分上限；$[a, b]$ 称为积分区间.

引例 1 中曲边梯形的面积可以表示为 $\int_a^b f(x)\mathrm{d}x$. 同样地，引例 2 中库存的变化总量也可以表示为 $\int_{T_1}^{T_2} f(t)\mathrm{d}t$.

值得注意的是，定积分是一个数值，因而与积分变量所采用的字母无关，例如

$$\int_a^b f(x)\mathrm{d}x = \int_a^b f(t)\mathrm{d}t,$$

这也是定积分和不定积分的本质区别.

定积分定义的复杂性主要体现在两个方面，其一，区间的划分是任意的；其二，小区间上 $\xi_i \in [x_{i-1}, x_i]$ 的取法是任意的. 因此直接用定义来验证某个函数是否可积比较困难. 已经得到证明的是：**连续函数一定可积**.

在已知 $f(x)$ 在区间 $[a, b]$ 上可积的情况下，为了计算 $\int_a^b f(x)\mathrm{d}x$，我们可以使用区间的特殊划分——等分和 $\xi_i \in [x_{i-1}, x_i]$ 的特殊取法——取端点.

例 6.1　用定义计算 $\int_0^1 x\mathrm{d}x$.

解　显然，$f(x) = x$ 在 $[0, 1]$ 上连续，因而在 $[0, 1]$ 上可积. 把区间 $[0, 1]$ n 等分，则第 i 个分点为 $\dfrac{i}{n}$，取 $\xi_i = \dfrac{i}{n}$. 于是

$$\int_0^1 x\mathrm{d}x = \lim_{n \to \infty} \sum_{i=1}^{n} \frac{i}{n} \cdot \frac{1}{n}$$

$$= \lim_{n \to \infty} \frac{1}{n^2} \sum_{i=1}^{n} i$$

$$= \lim_{n \to \infty} \frac{\dfrac{n(n+1)}{2}}{n^2} = \frac{1}{2}.$$

黎曼(Riemann，1826—1866)，德国数学家.

按照定积分的定义,当被积函数 $f(x) > 0$ 时,定积分 $\int_a^b f(x)\mathrm{d}x$ 表示曲边梯形的面积,当 $f(x) < 0$ 时,$\int_a^b f(x)\mathrm{d}x$ 表示曲边梯形面积的负值. 一般地,$\int_a^b f(x)\mathrm{d}x$ 表示介于 x 轴、曲线 $f(x)$ 及两条直线 $x = a, x = b$ 之间的各部分面积的代数和. 在 x 轴上方的面积取正号,在 x 轴下方的面积取负号(见图 6-3).

$$\int_a^b f(x)\mathrm{d}x = A_1 - A_2 + A_3 - A_4.$$

因此,定积分的几何意义是曲边梯形面积的代数和.

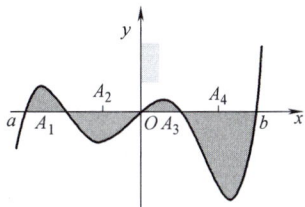

图 6-3

例 6.2 计算 $\int_a^b x\mathrm{d}x$,其中 $b > a > 0$.

解 在几何上,$\int_a^b x\mathrm{d}x$ 是以上底长为 a,下底长为 b,高为 $b - a$ 的直角梯形的面积,所以

$$\int_a^b x\mathrm{d}x = \frac{1}{2}(a + b)(b - a) = \frac{1}{2}(b^2 - a^2).$$

例 6.3 计算 $\int_{-a}^a \sqrt{a^2 - x^2}\,\mathrm{d}x$,其中 $a > 0$.

解 在几何上,$\int_{-a}^a \sqrt{a^2 - x^2}\,\mathrm{d}x$ 是圆心在坐标系原点,以 a 为半径的上半圆的面积,所以

$$\int_{-a}^a \sqrt{a^2 - x^2}\,\mathrm{d}x = \frac{1}{2}\pi a^2.$$

设 $f(x)$ 连续,由定积分的几何意义立即得到下面的几个结论:

(1) $\int_a^b 1\mathrm{d}x = b - a$;

(2) 如果 $f(x)$ 是 $[-a, a]$ 上的奇函数,则 $\int_{-a}^a f(x)\mathrm{d}x = 0$;

(3) 如果 $f(x)$ 是 $[-a, a]$ 上的偶函数,则 $\int_{-a}^a f(x)\mathrm{d}x = 2\int_0^a f(x)\mathrm{d}x$;

(4) 如果 $f(x)$ 是以 T 为周期的函数,则 $\int_a^{a+T} f(x)\mathrm{d}x = \int_0^T f(x)\mathrm{d}x$.

例 6.4 计算:$\int_{-1}^1 x\mathrm{e}^{x^4}\mathrm{d}x$.

解 因为 $x\mathrm{e}^{x^4}$ 是连续的奇函数,所以

$$\int_{-1}^1 x\mathrm{e}^{x^4}\mathrm{d}x = 0.$$

6.1.2 定积分的性质

设函数 $f(x)$ 在区间 $[a, b]$ 上可积,我们规定

(1) $\int_a^a f(x)\mathrm{d}x = 0$;

(2) $\int_b^a f(x)\mathrm{d}x = -\int_a^b f(x)\mathrm{d}x.$

在此基础上,我们讨论定积分的性质.这里假定涉及的函数都可积.

性质 6.1（线性性质）

(1) $\int_a^b [f(x) \pm g(x)]\mathrm{d}x = \int_a^b f(x)\mathrm{d}x \pm \int_a^b g(x)\mathrm{d}x;$

(2) $\int_a^b k f(x)\mathrm{d}x = k \int_a^b f(x)\mathrm{d}x,$ 其中 k 为常数.

性质 6.2（区间可加性）　设 $a < c < b$,则有
$$\int_a^b f(x)\mathrm{d}x = \int_a^c f(x)\mathrm{d}x + \int_c^b f(x)\mathrm{d}x.$$
这个性质表明定积分对于积分区间具有可加性.

事实上,不论 a, b, c 的相对位置如何,上述性质总成立.例如,当 $a < b < c$ 时,由于
$$\int_a^c f(x)\mathrm{d}x = \int_a^b f(x)\mathrm{d}x + \int_b^c f(x)\mathrm{d}x,$$
于是
$$\int_a^b f(x)\mathrm{d}x = \int_a^c f(x)\mathrm{d}x - \int_b^c f(x)\mathrm{d}x = \int_a^c f(x)\mathrm{d}x + \int_c^b f(x)\mathrm{d}x.$$

性质 6.3（保号性）　如果 $f(x) \geqslant 0, x \in [a,b]$,则 $\int_a^b f(x)\mathrm{d}x \geqslant 0.$

证明　因 $f(x) \geqslant 0$,故 $f(\xi_i) \geqslant 0 (i = 1, 2, \cdots, n)$,又 $\Delta x_i > 0$,所以
$$\sum_{i=1}^n f(\xi_i)\Delta x_i \geqslant 0,$$
令 $\lambda = \max\{\Delta x_1, \Delta x_2, \cdots, \Delta x_n\} \to 0$,即得
$$\lim_{\lambda \to 0} \sum_{i=1}^n f(\xi_i)\Delta x_i = \int_a^b f(x)\mathrm{d}x \geqslant 0.$$
定积分的保号性有两个简单的推论.

推论 6.1（保序性）　如果 $f(x) \leqslant g(x), x \in [a,b]$,则 $\int_a^b f(x)\mathrm{d}x \leqslant \int_a^b g(x)\mathrm{d}x.$

证明　由于 $f(x) \leqslant g(x)$,因此 $g(x) - f(x) \geqslant 0$,由保号性
$$\int_a^b [g(x) - f(x)]\mathrm{d}x \geqslant 0,$$
再由线性性质

$$\int_a^b g(x)\mathrm{d}x - \int_a^b f(x)\mathrm{d}x \geqslant 0,$$

从而

$$\int_a^b f(x)\mathrm{d}x \leqslant \int_a^b g(x)\mathrm{d}x.$$

例 6.5 比较积分值 $\int_0^{-2} \mathrm{e}^x \mathrm{d}x$ 和 $\int_0^{-2} x\mathrm{d}x$ 的大小.

解 当 $x \in [-2,0)$ 时, $x < 0 < \mathrm{e}^x$. 故 $\int_{-2}^0 \mathrm{e}^x \mathrm{d}x > \int_{-2}^0 x\mathrm{d}x$, 所以

$$\int_0^{-2} \mathrm{e}^x \mathrm{d}x < \int_0^{-2} x\mathrm{d}x.$$

推论 6.2 $\left| \int_a^b f(x)\mathrm{d}x \right| \leqslant \int_a^b |f(x)|\mathrm{d}x \, (a < b).$

证明 因 $-|f(x)| \leqslant f(x) \leqslant |f(x)|$, 由保序性有

$$-\int_a^b |f(x)|\mathrm{d}x \leqslant \int_a^b f(x)\mathrm{d}x \leqslant \int_a^b |f(x)|\mathrm{d}x,$$

即

$$\left| \int_a^b f(x)\mathrm{d}x \right| \leqslant \int_a^b |f(x)|\mathrm{d}x.$$

性质 6.4（定积分的估值定理）

设 M 和 m 分别是函数 $f(x)$ 在区间 $[a,b]$ 上的最大值和最小值, 则

$$m(b-a) \leqslant \int_a^b f(x)\mathrm{d}x \leqslant M(b-a).$$

证明 根据条件 $m \leqslant f(x) \leqslant M$, 由保序性有

$$\int_a^b m\,\mathrm{d}x \leqslant \int_a^b f(x)\mathrm{d}x \leqslant \int_a^b M\,\mathrm{d}x,$$

即得

$$m(b-a) \leqslant \int_a^b f(x)\mathrm{d}x \leqslant M(b-a).$$

根据定积分的估值定理, 由被积函数在积分区间上的最大值及最小值, 可以估计积分值的大致范围.

例 6.6 估计定积分 $\int_0^\pi \dfrac{1}{3+\sin^3 x}\mathrm{d}x$ 的值.

解 令 $f(x) = \dfrac{1}{3+\sin^3 x}, x \in [0,\pi]$, 因 $0 \leqslant \sin^3 x \leqslant 1$, 故

$$\frac{1}{4} \leqslant \frac{1}{3+\sin^3 x} \leqslant \frac{1}{3},$$

将此不等式在 $[0,\pi]$ 上取积分, 得

$$\int_0^\pi \frac{1}{4}\mathrm{d}x \leqslant \int_0^\pi \frac{1}{3+\sin^3 x}\mathrm{d}x \leqslant \int_0^\pi \frac{1}{3}\mathrm{d}x,$$

即

$$\frac{\pi}{4} \leqslant \int_0^\pi \frac{1}{3+\sin^3 x}\mathrm{d}x \leqslant \frac{\pi}{3}.$$

性质 6.5（定积分中值定理）

如果函数 $f(x)$ 在闭区间 $[a,b]$ 上连续，则至少存在一点 ξ，$\xi \in [a,b]$，使得

$$\int_a^b f(x)\mathrm{d}x = f(\xi)(b-a).$$

证明　根据定积分的估值定理，有

$$m(b-a) \leqslant \int_a^b f(x)\mathrm{d}x \leqslant M(b-a),$$

即

$$m \leqslant \frac{1}{b-a}\int_a^b f(x)\mathrm{d}x \leqslant M.$$

由闭区间上连续函数的介值定理，在区间 $[a,b]$ 上至少存在一点 ξ，使得

$$f(\xi) = \frac{1}{b-a}\int_a^b f(x)\mathrm{d}x,$$

亦即

$$\int_a^b f(x)\mathrm{d}x = f(\xi)(b-a).$$

下面我们给出**积分中值公式**的**几何解释**.

如图 6-4 所示，积分中值公式的几何意义为：在区间 $[a,b]$ 上至少存在一个点 ξ，使得以区间 $[a,b]$ 为底边、以曲线 $y=f(x)$ 为曲边的曲边梯形的面积等于以 $[a,b]$ 为底而高为 $f(\xi)$ 的一个矩形的面积. 另外，通常把定积分中值定理中的

$$f(\xi) = \frac{1}{b-a}\int_a^b f(x)\mathrm{d}x$$

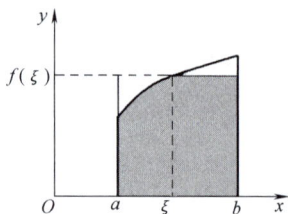
图　6-4

称为 $f(x)$ 在区间 $[a,b]$ 上的**积分平均值**. 这是算术平均值在连续情形下的推广.

习题 6.1

1. 利用定积分的定义计算：

(1) $\int_1^2 x\mathrm{d}x$；　　　　(2) $\int_0^1 (2x^2+1)\mathrm{d}x$.

2. 利用定积分表示下列和式极限：

(1) $\lim\limits_{n\to\infty}\sum\limits_{i=1}^n \dfrac{1}{n+i}$；　(2) $\lim\limits_{n\to\infty}\sum\limits_{i=1}^n \dfrac{n}{n^2+i^2}$.

3. 利用定积分的几何意义，求出下列定积分的值：

(1) $\int_0^1 2x\mathrm{d}x$；　　　　(2) $\int_0^1 \sqrt{1-x^2}\,\mathrm{d}x$；

(3) $\int_{-\pi}^\pi \sin x\mathrm{d}x$.

4. 一根长 20cm 的细直杆 OA，其上任一点 P 处的线密度与 OP 的长度成正比，比例系数为 k，试用定积分表示此细杆的质量 m.

5. 比较下列各组积分的大小关系：

(1) $\int_0^1 x^2\mathrm{d}x$ _____ $\int_0^1 x^3\mathrm{d}x$；

(2) $\int_1^2 x^2\mathrm{d}x$ _____ $\int_1^2 x^3\mathrm{d}x$；

(3) $\int_0^1 x\mathrm{d}x$ _____ $\int_0^1 \ln(x+1)\mathrm{d}x$；

(4) $\int_1^2 \ln x\mathrm{d}x$ _____ $\int_1^2 (\ln x)^2\mathrm{d}x$；

(5) $\int_0^1 \mathrm{e}^x\mathrm{d}x$ _____ $\int_0^1 (x+1)\mathrm{d}x$；

(6) $\int_0^{\frac{\pi}{2}} \sin x \mathrm{d}x \underline{\qquad} \int_0^{\frac{\pi}{2}} x \mathrm{d}x.$

6.估计下列各定积分的值:

(1) $\int_1^3 (x^2 + 2)\mathrm{d}x;$

(2) $\int_0^2 (x^2 + 2x + 2)\mathrm{d}x.$

7.利用积分中值公式证明:$\lim\limits_{n\to\infty} \int_n^{n+\frac{\pi}{4}} \frac{\sin x}{x}\mathrm{d}x = 0.$

6.2 微积分基本公式

本节我们介绍微积分学的基本公式,也称为牛顿-莱布尼茨公式.它揭示了定积分和原函数之间的联系,提供了一个简便有效的计算定积分的方法,促成了微积分方法的大发展.

视频:牛顿-莱布尼茨公式

我们首先回顾库存量问题.设某仓库在时刻 t 的库存量为 $S(t)$,边际库存量为 $f(t)$,则 $S'(t) = f(t)$.我们考虑该仓库在 $[T_1, T_2]$ 时间段的库存变化总量 ΔS.一方面,由定积分的概念,我们有

$$\Delta S = \int_{T_1}^{T_2} f(t)\mathrm{d}t,$$

另一方面,$\Delta S = S(T_2) - S(T_1)$,所以

$$\int_{T_1}^{T_2} f(t)\mathrm{d}t = S(T_2) - S(T_1).$$

设 $F(t)$ 是 $f(t)$ 的任意一个原函数,即 $f(t) = F'(t)$,则 $S(t)$ 与 $F(t)$ 只相差一个常数,因此

$$F(T_2) - F(T_1) = S(T_2) - S(T_1),$$

于是有

$$\int_{T_1}^{T_2} f(t)\mathrm{d}t = F(T_2) - F(T_1),$$

也就是说,只要我们求出被积函数的一个原函数,就可以方便地计算出被积函数的定积分.

抽去上述公式的实际意义,我们就得到了微积分学的基本公式,即牛顿-莱布尼茨公式.

定理 6.1(微积分基本公式) 设 $f(x)$ 在区间 $[a, b]$ 上连续,$F(x)$ 是 $f(x)$ 的一个原函数,则

$$\int_a^b f(x)\mathrm{d}x = F(b) - F(a).$$

为了给出公式的严格证明,我们首先考察定积分和不定积分之间的关系.

设函数 $f(x)$ 在区间 $[a, b]$ 上连续,我们考察定积分 $\int_a^x f(t)\mathrm{d}t$ 和不定积分 $\int f(x)\mathrm{d}x$ 之间的关系.通常,称 $\Phi(x) = \int_a^x f(t)\mathrm{d}t$ 为**积分上限函数**或**变上限积分**.

定理 6.2 如果 $f(x)$ 在区间 $[a,b]$ 上连续,则积分上限函数 $\Phi(x) = \int_a^x f(t)\mathrm{d}t$ 在 $[a,b]$ 上可导,且

$$\Phi'(x) = \frac{\mathrm{d}}{\mathrm{d}x}\int_a^x f(t)\mathrm{d}t = f(x)(a \leqslant x \leqslant b),$$

即 $\Phi(x)$ 是 $f(x)$ 的一个原函数.

证明

如图 6-5 所示,任意选取两点 $x, x+\Delta x \in [a,b]$,不妨设 $\Delta x > 0$,由

$$\Phi(x + \Delta x) = \int_a^{x+\Delta x} f(t)\mathrm{d}t,$$

故函数的增量可以表示为

$$\begin{aligned}
\Delta\Phi &= \Phi(x+\Delta x) - \Phi(x) \\
&= \int_a^{x+\Delta x} f(t)\mathrm{d}t - \int_a^x f(t)\mathrm{d}t \\
&= \int_a^x f(t)\mathrm{d}t + \int_x^{x+\Delta x} f(t)\mathrm{d}t - \int_a^x f(t)\mathrm{d}t \\
&= \int_x^{x+\Delta x} f(t)\mathrm{d}t,
\end{aligned}$$

再由积分中值定理,

$$\Delta\Phi = f(\xi)\Delta x, \xi \in [x, x+\Delta x],$$

故

$$\frac{\Delta\Phi}{\Delta x} = f(\xi).$$

由于当 $\Delta x \to 0$ 时,有 $\xi \to x$,再由 $f(x)$ 连续,得

$$\lim_{\Delta x \to 0}\frac{\Delta\Phi}{\Delta x} = \lim_{\Delta x \to 0} f(\xi) = \lim_{\xi \to x} f(\xi) = f(x),$$

即

$$\Phi'(x) = f(x).$$

注意:定理说明连续函数 $f(x)$ 的变上限函数是它的一个原函数,由此可知,连续函数一定存在原函数.

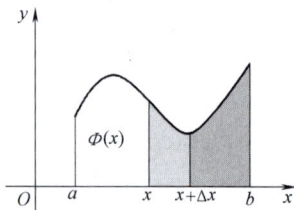

图 6-5

例 6.7 设 $y = \int_0^{x^3} \sin t\,\mathrm{d}t$,求 y'.

解 $y = \int_0^{x^3} \sin t\,\mathrm{d}t$ 是 $y = \int_0^u \sin t\,\mathrm{d}t$ 和 $u = x^3$ 的复合函数,因此

$$y' = \frac{\mathrm{d}y}{\mathrm{d}u} \cdot \frac{\mathrm{d}u}{\mathrm{d}x} = \frac{\mathrm{d}\int_0^u \sin t\,\mathrm{d}t}{\mathrm{d}u} \cdot \frac{\mathrm{d}x^3}{\mathrm{d}x}$$

$$= \sin u \cdot 3x^2 = 3x^2 \sin x^3.$$

微积分基本公式的证明 设 $F(x)$ 是 $f(x)$ 的一个原函数.由于积分上限函数 $\Phi(x) = \int_a^x f(t)\mathrm{d}t$ 也是 $f(x)$ 的原函数.故存在常数 C,使得

$$\Phi(x) = F(x) + C, x \in [a,b].$$

注意到

$$\Phi(a) = \int_a^a f(x)\mathrm{d}x = 0,$$

我们有

$$\int_a^b f(x)\mathrm{d}x = \Phi(b)$$
$$= \Phi(b) - \Phi(a)$$
$$= F(b) - F(a).$$

为了书写方便,也记

$$\int_a^b f(x)\mathrm{d}x = F(x)\Big|_a^b = F(b) - F(a),$$

且该式对 $a < b$ 同样成立.

牛顿(Newton,1642—1727),英国数学家、物理学家、天文学家.

莱布尼茨(Leibniz,1646—1716),德国数学家、自然主义哲学家、自然科学家.

下面我们通过例子来具体说明牛顿-莱布尼茨公式的用法.

例 6.8 计算定积分 $\int_{-2}^{-1} \dfrac{1}{x}\mathrm{d}x$.

解 当 $x < 0$ 时,$\dfrac{1}{x}$ 的一个原函数是 $\ln|x|$,故

$$\int_{-2}^{-1} \frac{1}{x}\mathrm{d}x = [\ln|x|]_{-2}^{-1} = \ln1 - \ln2 = -\ln2.$$

例 6.9 计算定积分 $\int_0^1 \dfrac{\mathrm{d}x}{1+x^2}$.

解 因 $\arctan x$ 是 $\dfrac{1}{1+x^2}$ 的一个原函数,故

$$\int_0^1 \frac{\mathrm{d}x}{1+x^2} = \arctan x\Big|_0^1 = \frac{\pi}{4}.$$

例 6.10 计算曲线 $y = \sin x$ 在 $[0,\pi]$ 上与 x 轴所围成的平面图形的面积(见图 6-6).

解 $A = \int_0^\pi \sin x\mathrm{d}x = -\cos x\Big|_0^\pi = 2.$

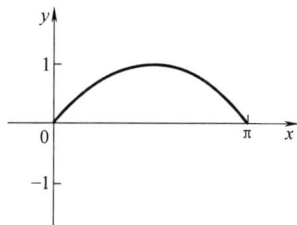

图 6-6

如果在积分区间上被积函数是用分段形式表示的,通常不直接使用牛顿-莱布尼茨公式,而是利用定积分对区间的可加性,把整个区间上的积分写成几个子区间上的积分的和.

例 6.11 设 $f(x) = \begin{cases} 2x, & 0 \leqslant x < 1, \\ 5, & 1 \leqslant x \leqslant 2, \end{cases}$ 求 $\int_0^2 f(x)\mathrm{d}x$.

解 如图 6-7 所示,由定积分对区间的可加性有

$$\int_0^2 f(x)\mathrm{d}x = \int_0^1 f(x)\mathrm{d}x + \int_1^2 f(x)\mathrm{d}x$$
$$= \int_0^1 2x\mathrm{d}x + \int_1^2 5\mathrm{d}x$$

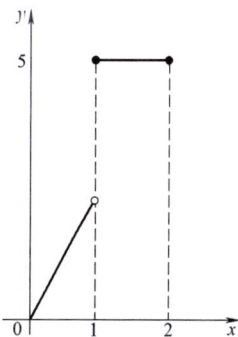

图 6-7

$$= x^2 \mid_0^1 + 5 \times (2-1) = 6.$$

例 6.12 计算 $\displaystyle\int_0^3 x \mid x-2 \mid \mathrm{d}x$.

解

$$原式 = \int_0^2 x(2-x)\mathrm{d}x + \int_2^3 x(x-2)\mathrm{d}x$$

$$= \int_0^2 (2x - x^2)\mathrm{d}x + \int_2^3 (x^2 - 2x)\mathrm{d}x$$

$$= \left[x^2 - \frac{1}{3}x^3 \right]\Big|_0^2 + \left[\frac{1}{3}x^3 - x^2 \right]\Big|_2^3$$

$$= \frac{8}{3}.$$

例 6.13 设函数 $f(x) = \dfrac{1}{1+x^2} + \sqrt{1-x^2} \displaystyle\int_0^1 f(x)\mathrm{d}x$,求 $\displaystyle\int_0^1 f(x)\mathrm{d}x$.

解 因定积分结果是常数,可设 $\displaystyle\int_0^1 f(x)\mathrm{d}x = A$,原等式两边在 $[0,1]$ 上积分,得

$$\int_0^1 f(x)\mathrm{d}x = \int_0^1 \frac{1}{1+x^2}\mathrm{d}x + A\int_0^1 \sqrt{1-x^2}\,\mathrm{d}x.$$

由定积分的几何意义,$\displaystyle\int_0^1 \sqrt{1-x^2}\,\mathrm{d}x$ 是单位圆面积的 $\dfrac{1}{4}$,所以

$$\int_0^1 f(x)\mathrm{d}x = \arctan x \Big|_0^1 + \frac{\pi}{4}A = \frac{\pi}{4}(1+A),$$

即

$$A = \frac{\pi}{4}(1+A),$$

解得

$$A = \frac{\pi}{4-\pi},$$

即

$$\int_0^1 f(x)\mathrm{d}x = \frac{\pi}{4-\pi}.$$

例 6.14 设 $f(x)$ 在 $[0,1]$ 上连续,且 $f(x) < 1$. 证明:方程 $2x - \displaystyle\int_0^x f(t)\mathrm{d}t = 1$ 在 $[0,1]$ 上只有一个解.

证明 令 $F(x) = 2x - \displaystyle\int_0^x f(t)\mathrm{d}t - 1$,由 $f(x) < 1$,有

$$F'(x) = 2 - f(x) > 1,$$

故 $F(x)$ 在 $[0,1]$ 上单调递增. 又由于

$$F(0) = -1 < 0, F(1) = 1 - \int_0^1 f(t)\mathrm{d}t = \int_0^1 [1 - f(t)]\mathrm{d}t > 0,$$

因此,由零点定理知,存在唯一的 $x \in [0,1]$,使得 $F(x) = 0$. 即原方程在 $[0,1]$ 上只有一个解.

习题 6.2

1. 求下列函数的导数:

(1) $F(x) = \int_1^x t^2 \ln t \, dt$;

(2) $F(x) = \int_0^{x^2} \sqrt{1+2t} \, dt$;

(3) $F(x) = \int_x^{-1} t e^{-2t} \, dt$;

(4) $F(x) = \int_x^{\sin x} \frac{1}{\sqrt{5+2t^2}} \, dt$;

(5) 设函数 $y = y(x)$ 由方程 $\int_0^y e^t \, dt + \int_0^x \cos t \, dt = 0$ 所确定,求 $\dfrac{dy}{dx}$;

(6) 设 $g(x) = \int_0^{x^2} \dfrac{dt}{1+t}$,求 $g''(1)$.

2. 计算下列各定积分:

(1) $\int_{-1}^0 (x^4 + 3x^2 + 1) \, dx$;

(2) $\int_{-\frac{1}{2}}^{\frac{1}{2}} \dfrac{dx}{\sqrt{1-x^2}}$;

(3) $\int_1^2 \left(x^2 + \dfrac{1}{x^2}\right) dx$;

(4) $\int_0^{\frac{\pi}{4}} \tan^2 x \, dx$;

(5) $\int_0^1 \dfrac{dx}{\sqrt{4-x^2}}$;

(6) $\int_0^2 \dfrac{x}{1+x^2} \, dx$;

(7) $\int_0^{\pi} \cos \dfrac{x}{3} \, dx$;

(8) $\int_0^{\pi} \sin^2 \dfrac{x}{2} \, dx$;

(9) $\int_0^{2\pi} |\sin x| \, dx$;

(10) $\int_0^1 (2^x + x^2) \, dx$;

(11) $\int_0^2 \max\{x, x^3\} \, dx$;

(12) $\int_0^{\sqrt{3}a} \dfrac{1}{a^2 + x^2} \, dx$;

(13) $\int_0^2 f(x) \, dx$,其中 $f(x) = \begin{cases} x+1, & x \leqslant 1, \\ \dfrac{1}{2}x^2, & x > 1. \end{cases}$

3. 求下列极限:

(1) $\lim\limits_{x \to 0} \dfrac{\int_0^{x^2} \cos t^2 \, dt}{x^2}$;   (2) $\lim\limits_{x \to 1} \dfrac{\int_1^x e^{t^2} \, dt}{\ln x}$;

(3) $\lim\limits_{x \to 0} \dfrac{\int_0^x \arcsin t \, dt}{x^2}$;   (4) $\lim\limits_{x \to 1} \dfrac{\int_1^x t(1-t) \, dt}{(1-x)^2}$.

4. 求 $I(x) = \int_0^x (t-1) e^{-t} \, dt$ 的极值.

5. 求下列函数在所给区间上的最大值和最小值:

(1) $F(x) = \int_0^x t(t-2) \, dt, x \in [-1, 3]$;

(2) $F(x) = \int_0^x \dfrac{2t+1}{t^2+t+1} \, dt, x \in [0, 1]$.

6. 设 $F(a) = \int_0^1 (x^3 + a^2 x^2 + ax + a^2) \, dx$,求 $F(a)$ 的最小值和最大值.

7. 设函数 $f(x) = \dfrac{\sqrt{1-x^2}}{\pi} - (x^2+1) \cdot \int_0^1 f(x) \, dx$,求 $\int_0^1 f(x) \, dx$.

6.3 定积分的换元法与分部积分法

尽管从理论上说把不定积分与牛顿-莱布尼茨公式结合起来就已经解决了定积分计算的主要问题,但我们仍然可以针对定积分本身的特点使计算过程得以简化.

6.3.1 定积分的换元法

视频:第二换元法

定理 6.3(定积分的换元公式)

设 $f(x)$ 在 $[a, b]$ 上连续,$x = \varphi(t)$ 单调、有连续导数,且 $\varphi(\alpha) = a, \varphi(\beta) = b$. 则

$$\int_a^b f(x)\mathrm{d}x = \int_\alpha^\beta f(\varphi(t))\varphi'(t)\mathrm{d}t \qquad (6\text{-}1)$$

证明　设 $F(x)$ 是 $f(x)$ 的一个原函数.因为 $x = \varphi(t)$ 有连续导数,所以 $F(\varphi(t))$ 是 $f(\varphi(t))\varphi'(t)$ 的一个原函数.由牛顿-莱布尼茨公式有

$$\int_a^b f(x)\mathrm{d}x = F(b) - F(a),$$

$$\int_\alpha^\beta f(\varphi(t))\varphi'(t)\mathrm{d}t = F(\varphi(t)) \mid_\alpha^\beta$$

$$= F(\varphi(\beta)) - F(\varphi(\alpha))$$

$$= F(b) - F(a),$$

因此式(6-1)成立.

特别注意,用 $x = \varphi(t)$ 把变量 x 换成新变量 t 时,积分限也要相应地改变(即"换元必须换限").另外,式(6-1)表明,求出 $f(\varphi(t))\varphi'(t)$ 的一个原函数 $\Phi(t)$ 后,不必像计算不定积分那样需要求 $x = \varphi(t)$ 的反函数并代入 $\Phi(t)$,直接使用牛顿-莱布尼茨公式计算即可,这使计算过程得以简化.

例 6.15　求椭圆 $\dfrac{x^2}{a^2} + \dfrac{y^2}{b^2} \leqslant 1(a > 0, b > 0)$ 的面积 S.

解　椭圆方程可写为 $y = \pm b \sqrt{1 - \dfrac{x^2}{a^2}}(a > 0, b > 0)$.

如图 6-8 所示,由定积分定义,椭圆的面积可表示为

$$S = 2\int_{-a}^a b \sqrt{1 - \frac{x^2}{a^2}}\mathrm{d}x.$$

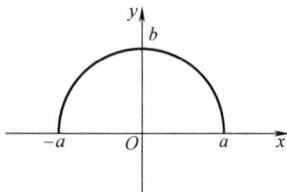

图　6-8

令 $x = a\sin t, t \in \left[-\dfrac{\pi}{2}, \dfrac{\pi}{2}\right]$ 则 $\mathrm{d}x = a\cos t\mathrm{d}t$,当 $x = -a$ 时,$t = -\dfrac{\pi}{2}$;当 $x = a$ 时,$t = \dfrac{\pi}{2}$.于是

$$S = 2\int_{-a}^a b \sqrt{1 - \frac{x^2}{a^2}}\mathrm{d}x = 2b\int_{-\frac{\pi}{2}}^{\frac{\pi}{2}} \cos t \cdot a\cos t\mathrm{d}t = 2ab\int_{-\frac{\pi}{2}}^{\frac{\pi}{2}} \cos^2 t\mathrm{d}t$$

$$= 2ab\int_{-\frac{\pi}{2}}^{\frac{\pi}{2}} \frac{1}{2}(1 + \cos 2t)\mathrm{d}t = ab\left(t + \frac{\sin 2t}{2}\right)\Big|_{-\frac{\pi}{2}}^{\frac{\pi}{2}} = ab\pi.$$

特别地,当 $b = a$ 即 $x^2 + y^2 = a^2$ 时,得到圆的面积公式 πa^2.

例 6.16　计算 $\displaystyle\int_0^a \frac{1}{x + \sqrt{a^2 - x^2}}\mathrm{d}x(a > 0)$.

解　令 $x = a\sin t, t \in \left[-\dfrac{\pi}{2}, \dfrac{\pi}{2}\right]$ 则 $\mathrm{d}x = a\cos t\mathrm{d}t$,当 $x = 0$ 时,$t = 0$;当 $x = a$ 时,$t = \dfrac{\pi}{2}$.

于是

$$\int_0^a \frac{1}{x + \sqrt{a^2 - x^2}} \mathrm{d}x = \int_0^{\frac{\pi}{2}} \frac{a\cos t}{a\sin t + \sqrt{a^2(1 - \sin^2 t)}} \mathrm{d}t$$

$$= \int_0^{\frac{\pi}{2}} \frac{\cos t}{\sin t + \cos t} \mathrm{d}t$$

$$= \frac{1}{2} \int_0^{\frac{\pi}{2}} \left(1 + \frac{\cos t - \sin t}{\sin t + \cos t}\right) \mathrm{d}t$$

$$= \frac{1}{2} \cdot \frac{\pi}{2} + \frac{1}{2} \left[\ln \mid \sin t + \cos t \mid\right] \Big|_0^{\frac{\pi}{2}}$$

$$= \frac{\pi}{4}.$$

例 6.17 计算 $\int_{\sqrt{2}}^2 \frac{1}{x \sqrt{x^2 - 1}} \mathrm{d}x$.

解 做变量代换，令 $x = \sec t$，则 $t \in [0, \pi]$，$\mathrm{d}x = \sec t \tan t \mathrm{d}t$，当 $x = \sqrt{2}$ 时，$t = \frac{\pi}{4}$；当 $x = 2$ 时，$t = \frac{\pi}{3}$.

于是

$$\int_{\sqrt{2}}^2 \frac{1}{x \sqrt{x^2 - 1}} \mathrm{d}x = \int_{\frac{\pi}{4}}^{\frac{\pi}{3}} \frac{\sec t \tan t}{\sec t \tan t} \mathrm{d}t$$

$$= \int_{\frac{\pi}{4}}^{\frac{\pi}{3}} \mathrm{d}t$$

$$= \frac{\pi}{12}.$$

例 6.18 设 $f(x)$ 在闭区间 $[0, 1]$ 上连续，证明：

$$\int_0^\pi x f(\sin x) \mathrm{d}x = \frac{\pi}{2} \int_0^\pi f(\sin x) \mathrm{d}x.$$

证明 令 $x = \pi - t$，则 $\sin x = \sin(\pi - t) = \sin t$，$\mathrm{d}x = \mathrm{d}(\pi - t) = -\mathrm{d}t$，

$$\int_0^\pi x f(\sin x) \mathrm{d}x = \int_\pi^0 (\pi - t) f(\sin t) \mathrm{d}t$$

$$= \int_0^\pi (\pi - t) f(\sin t) \mathrm{d}t,$$

由定积分与积分变量无关，有

$$\int_0^\pi x f(\sin x) \mathrm{d}x = \int_0^\pi (\pi - t) f(\sin t) \mathrm{d}t$$

$$= \int_0^\pi (\pi - x) f(\sin x) \mathrm{d}x$$

$$= \pi \int_0^\pi f(\sin x) \mathrm{d}x - \int_0^\pi x f(\sin x) \mathrm{d}x,$$

所以 $\int_0^\pi x f(\sin x) \mathrm{d}x = \frac{\pi}{2} \int_0^\pi f(\sin x) \mathrm{d}x.$

6.3.2 定积分的分部积分法

不定积分的分部积分公式为

$$\int uv'\mathrm{d}x = uv - \int vu'\mathrm{d}x \ \text{或} \int u\mathrm{d}v = uv - \int v\mathrm{d}u,$$

由此及**牛顿-莱布尼茨公式**立即可得到定积分的**分部积分公式**.

定理 6.4 设函数 $u(x), v(x)$ 在区间 $[a,b]$ 上具有连续导数,则有

$$\int_a^b u(x)v'(x)\mathrm{d}x = u(x)v(x)\big|_a^b - \int_a^b v(x)u'(x)\mathrm{d}x.$$

定积分的分部积分公式也可以写成下列形式

$$\int_a^b u(x)\mathrm{d}v(x) = u(x)v(x)\big|_a^b - \int_a^b v(x)\mathrm{d}u(x)$$

或更一般地写成

$$\int_a^b u(x)v'(x)\mathrm{d}x = \int_a^b u(x)\mathrm{d}v(x)$$
$$= u(x)v(x)\big|_a^b - \int_a^b v(x)u'(x)\mathrm{d}x.$$

例 6.19 计算 $\int_0^1 \mathrm{e}^{\sqrt{x}}\mathrm{d}x$.

解 令 $\sqrt{x} = u$,则 $x = u^2, \mathrm{d}x = 2u\mathrm{d}u$. 当 $x = 0$ 时,$u = 0$;当 $x = 1$ 时,$u = 1$. 于是

$$\int_0^1 \mathrm{e}^{\sqrt{x}}\mathrm{d}x = \int_0^1 \mathrm{e}^u 2u\mathrm{d}u$$
$$= 2\int_0^1 u\mathrm{d}\mathrm{e}^u$$
$$= 2\left(u\mathrm{e}^u\big|_0^1 - \int_0^1 \mathrm{e}^u\mathrm{d}u\right)$$
$$= 2(\mathrm{e} - \mathrm{e}^u\big|_0^1)$$
$$= 2.$$

例 6.20 计算由曲线 $y = x\sin x (0 \leqslant x \leqslant \pi)$ 和 x 轴围成的区域的面积 S.

解 由定积分的几何意义,同时利用定积分的分部积分公式,有

$$S = \int_0^\pi x\sin x\mathrm{d}x$$
$$= -\int_0^\pi x\mathrm{d}\cos x$$
$$= -x\cos x\big|_0^\pi + \int_0^\pi \cos x\mathrm{d}x$$
$$= \pi.$$

习题 6.3

计算下列定积分:

(1) $\int_{\frac{\pi}{3}}^{\pi} \sin\left(x + \frac{\pi}{3}\right)\mathrm{d}x$;

(2) $\int_{\frac{1}{3}}^{1} \frac{\mathrm{d}x}{\sqrt{1+3x}}$;

(3) $\int_{-\frac{1}{2}}^{\frac{1}{2}} \frac{(\arcsin x)^2}{\sqrt{1-x^2}}\mathrm{d}x$;

(4) $\int_{1}^{e} \frac{1+\ln x}{x}\mathrm{d}x$;

(5) $\int_{1}^{2} \frac{1}{x^2}\mathrm{e}^{\frac{1}{x}}\mathrm{d}x$;

(6) $\int_{0}^{\pi} \sqrt{1+\cos 2x}\,\mathrm{d}x$;

(7) $\int_{\frac{\pi^2}{16}}^{\frac{\pi^2}{4}} \frac{\cos\sqrt{x}}{\sqrt{x}}\mathrm{d}x$;

(8) $\int_{0}^{\frac{\pi}{2}} \sin\varphi \cos^3\varphi\,\mathrm{d}\varphi$;

(9) $\int_{0}^{\frac{\pi}{2}} \cos^3\varphi\,\mathrm{d}\varphi$;

(10) $\int_{0}^{\sqrt{2}} x\sqrt{2-x^2}\,\mathrm{d}x$;

(11) $\int_{1}^{2} \frac{3}{x+\sqrt{x}}\mathrm{d}x$;

(12) $\int_{1}^{4} \frac{\sqrt{x-1}}{x}\mathrm{d}x$;

(13) $\int_{1}^{8} \frac{1}{x+\sqrt[3]{x}}\mathrm{d}x$;

(14) $\int_{\frac{1}{2}}^{1} \frac{1}{1+\sqrt{2x-1}}\mathrm{d}x$;

(15) $\int_{0}^{1} x\mathrm{e}^{-x}\mathrm{d}x$;

(16) $\int_{1}^{e} \ln x\,\mathrm{d}x$;

(17) $\int_{0}^{\frac{2\pi}{\omega}} t\sin\omega t\,\mathrm{d}t$;

(18) $\int_{0}^{1} x\arctan x\,\mathrm{d}x$;

(19) $\int_{\frac{\pi}{4}}^{\frac{\pi}{3}} \frac{x}{\sin^2 x}\mathrm{d}x$;

(20) $\int_{1}^{e} x\ln x\,\mathrm{d}x$.

6.4 广义积分

本章的前几节我们讨论了有界函数在有限闭区间上的定积分,可以称之为常义积分. 这一节我们将把定积分的定义从有限区间推广到无限区间,从有界函数推广到无界函数,这就是所谓的广义积分(也有人称之为反常积分). 广义积分在物理等科学领域有广泛的应用.

6.4.1 无限区间上的广义积分

无限区间有 3 种,分别是 $[a, +\infty)$,$(-\infty, b]$ 和 $(-\infty, +\infty)$,这 3 种区间上的广义积分分别由下面的式子定义

$$\int_{a}^{+\infty} f(x)\mathrm{d}x = \lim_{t\to+\infty} \int_{a}^{t} f(x)\mathrm{d}x,$$

$$\int_{-\infty}^{b} f(x)\mathrm{d}x = \lim_{t\to-\infty} \int_{t}^{b} f(x)\mathrm{d}x,$$

$$\int_{-\infty}^{+\infty} f(x)\mathrm{d}x = \lim_{t\to-\infty} \int_{t}^{0} f(x)\mathrm{d}x + \lim_{t\to+\infty} \int_{0}^{t} f(x)\mathrm{d}x.$$

当上面三式中的极限存在时,称相应的广义积分收敛;否则,称广义积分发散.

如果 $F(x)$ 是 $f(x)$ 的一个原函数,则

视频,开区间上的积分

$$\int_a^{+\infty} f(x)\mathrm{d}x = \lim_{t\to+\infty} F(t) - F(a),$$

$$\int_{-\infty}^b f(x)\mathrm{d}x = F(b) - \lim_{t\to-\infty} F(t),$$

$$\int_{-\infty}^{+\infty} f(x)\mathrm{d}x = \lim_{t\to+\infty} F(t) - \lim_{t\to-\infty} F(t).$$

例 6. 21　计算 $\int_0^{+\infty} \dfrac{\mathrm{d}x}{2+x^2}$.

解
$$\int_0^{+\infty} \frac{\mathrm{d}x}{2+x^2} = \lim_{t\to+\infty} \int_0^t \frac{1}{2+x^2}\mathrm{d}x$$

$$= \lim_{t\to+\infty} \frac{1}{\sqrt{2}}\arctan\frac{x}{\sqrt{2}}\Bigg|_0^t$$

$$= \lim_{t\to+\infty} \frac{1}{\sqrt{2}}\arctan\frac{t}{\sqrt{2}}$$

$$= \frac{1}{\sqrt{2}} \cdot \frac{\pi}{2} = \frac{\sqrt{2}}{4}\pi.$$

从几何上看,这个广义积分值表示的是曲线 $y = \dfrac{1}{2+x^2}$ 与 x 正半轴和 y 轴所围成的图形的面积.

例 6. 22　讨论广义积分 $\int_1^{+\infty} \dfrac{1}{x^p}\mathrm{d}x$ 的收敛性.

解　当 $p \neq 1$ 时,
$$\int_1^{+\infty} \frac{1}{x^p}\mathrm{d}x = \lim_{t\to+\infty} \int_1^t \frac{1}{x^p}\mathrm{d}x$$

$$= \lim_{t\to+\infty} \frac{t^{1-p}-1}{1-p} = \begin{cases} \dfrac{1}{p-1}, & p>1, \\ +\infty, & p<1. \end{cases}$$

当 $p = 1$ 时,
$$\int_1^{+\infty} \frac{1}{x}\mathrm{d}x = \lim_{t\to+\infty} \int_1^t \frac{1}{x}\mathrm{d}x = \lim_{t\to+\infty} \ln t = +\infty,$$

故当 $p > 1$ 时,广义积分 $\int_1^{+\infty} \dfrac{1}{x^p}\mathrm{d}x$ 收敛,其值为 $\dfrac{1}{p-1}$;当 $p \leqslant 1$ 时,广义积分 $\int_1^{+\infty} \dfrac{1}{x^p}\mathrm{d}x$ 发散.

6.4.2　无界函数的广义积分

无界函数的广义积分也由极限定义.

情形 1　函数 $f(x)$ 在区间 $(a,b]$ 上连续、无界,则
$$\int_a^b f(x)\mathrm{d}x = \lim_{t\to a^+} \int_t^b f(x)\mathrm{d}x.$$

情形 2　函数 $f(x)$ 在区间 $[a,b)$ 上连续、无界,则
$$\int_a^b f(x)\mathrm{d}x = \lim_{t\to b^-} \int_a^t f(x)\mathrm{d}x.$$

情形 3 函数 $f(x)$ 在区间 $[a,c)$ 和 $(c,b]$ 上都连续、无界,则

$$\int_a^b f(x)\mathrm{d}x = \int_a^c f(x)\mathrm{d}x + \int_c^b f(x)\mathrm{d}x.$$

当极限存在时,称相应的广义积分收敛;否则,称广义积分发散.

无界函数的广义积分也称为**瑕积分**.

例 6.23 讨论广义积分 $\int_0^1 \dfrac{1}{x^p}\mathrm{d}x$ 的敛散性.

解 当 $p \neq 1$ 时,

$$\begin{aligned}
\int_0^1 \frac{1}{x^p}\mathrm{d}x &= \lim_{t \to 0^+} \int_t^1 \frac{1}{x^p}\mathrm{d}x \\
&= \lim_{t \to 0^+} \frac{1}{1-p}(1 - t^{1-p}) \\
&= \begin{cases} +\infty, & p > 1, \\ \dfrac{1}{1-p}, & p < 1. \end{cases}
\end{aligned}$$

当 $p = 1$ 时,

$$\int_0^1 \frac{1}{x^p}\mathrm{d}x = \lim_{t \to 0^+} \int_t^1 \frac{1}{x}\mathrm{d}x = \lim_{t \to 0^+}(-\ln t) = +\infty,$$

故当 $p < 1$ 时,广义积分 $\int_0^1 \dfrac{1}{x^p}\mathrm{d}x$ 收敛,其值为 $\dfrac{1}{1-p}$;当 $p \geqslant 1$ 时,

广义积分 $\int_0^1 \dfrac{1}{x^p}\mathrm{d}x$ 发散.

例 6.24 计算广义积分 $\int_0^3 \dfrac{\mathrm{d}x}{(x-1)^{\frac{2}{3}}}$.

解 令 $x - 1 = t$,则

$$\int_0^3 \frac{\mathrm{d}x}{(x-1)^{\frac{2}{3}}} = \int_{-1}^2 \frac{\mathrm{d}t}{t^{\frac{2}{3}}} = \int_{-1}^2 \frac{\mathrm{d}x}{x^{\frac{2}{3}}}.$$

以瑕点划分积分区间,有

$$\begin{aligned}
\int_0^3 \frac{\mathrm{d}x}{(x-1)^{\frac{2}{3}}} &= \int_{-1}^2 \frac{\mathrm{d}x}{x^{\frac{2}{3}}} \\
&= \int_{-1}^0 \frac{\mathrm{d}x}{x^{\frac{2}{3}}} + \int_0^2 \frac{\mathrm{d}x}{x^{\frac{2}{3}}} \\
&= \lim_{t \to 0} \int_{-1}^t \frac{\mathrm{d}x}{x^{\frac{2}{3}}} + \lim_{t \to 0^+} \int_t^2 \frac{\mathrm{d}x}{x^{\frac{2}{3}}} \\
&= \lim_{t \to 0^-} 3x^{\frac{1}{3}} \Big|_{-1}^t + \lim_{t \to 0^+} 3x^{\frac{1}{3}} \Big|_t^2 \\
&= \lim_{t \to 0^-} 3t^{\frac{1}{3}} - (-3) + 3 \cdot 2^{\frac{1}{3}} - \lim_{t \to 0^+} 3t^{\frac{1}{3}} \\
&= 3 + 3\sqrt[3]{2}.
\end{aligned}$$

例 6.25 计算广义积分 $\int_0^1 \dfrac{\mathrm{d}x}{\sqrt{1-x}}$.

解 $x = 1$ 是瑕点,有

$$\int_0^1 \frac{\mathrm{d}x}{\sqrt{1-x}} = \lim_{t \to 1^-} \int_0^t \frac{\mathrm{d}x}{\sqrt{1-x}}$$

$$= -2 \lim_{t \to 1^-} \sqrt{1-x} \Big|_0^t$$

$$= -2 \lim_{t \to 1^-} \sqrt{1-t} + \frac{1}{2}$$

$$= 2.$$

习题 6.4

计算下列广义积分的值：

(1) $\displaystyle\int_0^{+\infty} \mathrm{e}^{-3x} \mathrm{d}x$；

(2) $\displaystyle\int_0^{+\infty} \frac{\mathrm{d}x}{(x+1)^2}$；

(3) $\displaystyle\int_0^{+\infty} x^2 \mathrm{e}^{-x} \mathrm{d}x$；

(4) $\displaystyle\int_1^{+\infty} \frac{\mathrm{d}x}{x(1+\ln x)^3}$；

(5) $\displaystyle\int_{-\infty}^0 x\mathrm{e}^{-x^2} \mathrm{d}x$；

(6) $\displaystyle\int_{-\infty}^1 \frac{1}{1+x^2} \mathrm{d}x$；

(7) $\displaystyle\int_0^1 \frac{1}{\sqrt{1-x}} \mathrm{d}x$；

(8) $\displaystyle\int_1^{\mathrm{e}} \frac{\mathrm{d}x}{x\sqrt{1-(\ln x)^2}}$.

6.5 定积分的应用

定积分在科学技术的各个领域都有广泛的应用. 通常用定积分解决的问题是求非均匀分布的整体量，例如面积、体积、成本、利润等. "微元法"是定积分应用的基本方法，其核心思想是在每个微小的局部把函数看作常数.

6.5.1 平面图形的面积

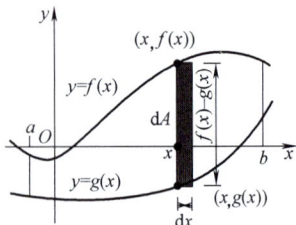

图 6-9

设平面图形是由两条连续曲线 $y=f(x), y=g(x)$（其中 $f(x) \geqslant g(x), x \in [a,b]$）及直线 $x=a, x=b$ 所围成（见图 6-9），求平面图形的面积.

取 x 为积分变量，变化区间为 $[a,b]$，在 $[a,b]$ 中任意小区间 $[x, x+\mathrm{d}x]$ 上的小窄条的面积近似于高为 $f(x)-g(x)$，底为 $\mathrm{d}x$ 的矩形面积，所以面积微元为

$$\mathrm{d}A = [f(x)-g(x)]\mathrm{d}x,$$

从而所求平面图形的面积为

$$A = \int_a^b [f(x)-g(x)]\mathrm{d}x.$$

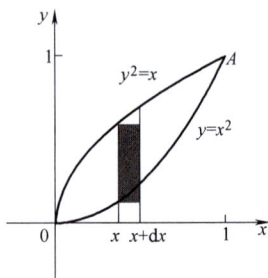

图 6-10

例 6.26 求由曲线 $y^2=x, y=x^2$ 所围成的图形的面积.

解 两曲线的交点为 $O(0,0), A(1,1)$，所围图形在 $x=0$ 和 $x=1$ 之间（见图 6-10）. 取 x 为积分变量，变化区间为 $[0,1]$. 在 $[0,1]$ 中任意小的区间 $[x, x+\mathrm{d}x]$ 上的小窄条的面积近似于高为 $\sqrt{x}-x^2$，底为 $\mathrm{d}x$ 的矩形面积，所以面积微元

$$dA = (\sqrt{x} - x^2)dx,$$

所求面积为

$$A = \int_0^1 (\sqrt{x} - x^2)dx = \frac{1}{3}.$$

设平面图形由 $x = \varphi(y), x = h(y), y = c, y = d$ 围成(见图6-11),且 $h(y) \geq \varphi(y)$,求平面图形的面积. 考虑 $[c,d]$ 中任意小的区间 $[y, y+dy]$,面积微元

$$dA = [h(y) - \varphi(y)]dy,$$

从而平面图形的面积为

$$A = \int_c^d [h(y) - \varphi(y)]dy.$$

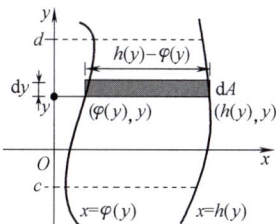

图 6-11

例 6.27 求由曲线 $y^2 = 2x$ 与直线 $y = x - 4$ 所围成的图形的面积.

解 两曲线的交点为 $(2, -2)$ 与 $(8, 4)$. 所围图形在 $y = -2$ 和 $y = 4$ 之间(见图6-12). 取 y 为积分变量,变化区间为 $[-2, 4]$. 在 $[-2, 4]$ 中任意的小区间 $[y, y+dy]$ 上的小窄条的面积近似于高为 dy,底为 $\left[(y+4) - \frac{1}{2}y^2\right]$ 的矩形面积,所以面积微元

$$dA = \left[(y+4) - \frac{1}{2}y^2\right]dy,$$

所求面积为

$$A = \int_{-2}^4 \left[(y+4) - \frac{1}{2}y^2\right]dy$$
$$= \left(\frac{1}{2}y^2 + 4y - \frac{1}{6}y^3\right)\Big|_{-2}^4 = 18.$$

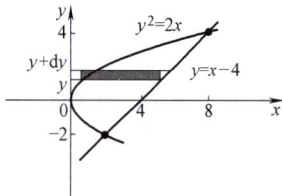

图 6-12

6.5.2 体积问题

1. 旋转体的体积

我们所说的旋转体是指一个平面图形绕着它的一条对称轴或者图形一侧的一条直线旋转一周所形成的立体. 图形旋转所绕的直线就是旋转轴. 常见的旋转体有圆柱体、圆锥体、球体等.

设平面图形是由连续曲线 $y = f(x), y = g(x)$,及直线 $x = a$, $x = b$ 所围成,其中 $f(x) \geq g(x) \geq 0, x \in [a, b]$(见图6-13). 求该平面图形绕 x 轴旋转一周所得旋转体的体积 V.

取 x 为积分变量,变化区间为 $[a, b]$. 在区间 $[a, b]$ 中任意小的区间 $[x, x+dx]$ 上图形绕 x 轴旋转一周,所得立体可以近似看作高为 dx 的空心直柱体,柱体内壁半径为 $g(x)$,外壁半径为 $f(x)$. 所以体积元素为

$$dV = \pi[f^2(x) - g^2(x)]dx,$$

所求旋转体的体积为

$$V = \int_a^b \pi[f^2(x) - g^2(x)]dx.$$

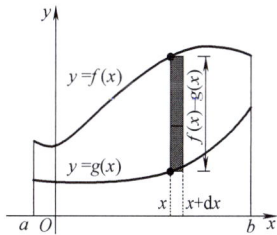

图 6-13

例 6.28 求由椭圆 $\dfrac{x^2}{a^2} + \dfrac{y^2}{b^2} = 1$ 围成的图形绕 x 轴旋转一周所得旋转体的体积.

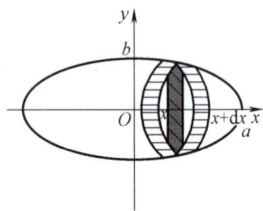

图 6-14

解 这个旋转椭球体可以看成是由上半椭圆 $y = \dfrac{b}{a}\sqrt{a^2 - x^2}$ 与 x 轴围成的图形绕 x 轴旋转一周而成的立体(见图 6-14). 所以体积微元为

$$dV = \pi\left(\frac{b}{a}\sqrt{a^2 - x^2}\right)^2 dx,$$

从而所求体积为

$$
\begin{aligned}
V &= \int_{-a}^{a} \pi\, \frac{b^2}{a^2}(a^2 - x^2)\,dx \\
&= \pi\, \frac{b^2}{a^2}\left(a^2 x - \frac{1}{3}x^3\right)\Bigg|_{-a}^{a} \\
&= \frac{4}{3}\pi a b^2.
\end{aligned}
$$

当 $a = b$ 时, 旋转体是半径为 a 的球体, 体积为 $\dfrac{4}{3}\pi a^3$.

2. 已知平行截面面积的立体的体积

在旋转体体积的计算公式 $V = \displaystyle\int_a^b \pi[f^2(x) - g^2(x)]\,dx$ 中, $\pi[f^2(x) - g^2(x)]$ 实际上是旋转体在 x 处垂直于 x 轴的截面的面积. 一般地, 对于任意一个立体, 如果知道该立体垂直于一个定轴的任意截面的面积, 那么该立体的体积也可以用定积分来计算.

取定轴为 x 轴, 并设该立体在过点 $x = a$ 和 $x = b$, 且垂直于 x 轴的两平面之间. 以 $A(x)$ 表示过点 x 且垂直于 x 轴的截面面积, 求立体的体积.

取 x 为积分变量, 它的变化区间为 $[a, b]$. 在区间 $[a, b]$ 中任意小的区间 $[x, x + dx]$ 上的小薄片为可以近似看作以 $A(x)$ 为底面积, dx 为高的直柱体(见图 6-15). 所以体积微元为

$$dV = A(x)\,dx,$$

所求体积为

$$V = \int_a^b A(x)\,dx.$$

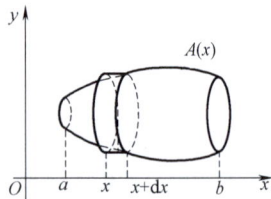

图 6-15

例 6.29 一圆柱体底面半径为 R, 被一平面所截. 该平面经过底圆的中心, 并与底面交成角 α(见图 6-16). 计算平面截圆柱体所得的立体的体积.

解 取这个平面与底面的交线为 y 轴, 底圆圆心为原点, 过原点且与 y 轴垂直的直线为 x 轴, 则底圆的方程为

$$x^2 + y^2 = R^2. \ \forall x \in [-R, R],$$

过 x 处且垂直于 x 轴的截面为矩形. 矩形的长为 $2\sqrt{R^2 - x^2}$, 高为

$x\tan\alpha$，所以截面的面积为

$$A(x) = 2x\sqrt{R^2 - x^2}\tan\alpha,$$

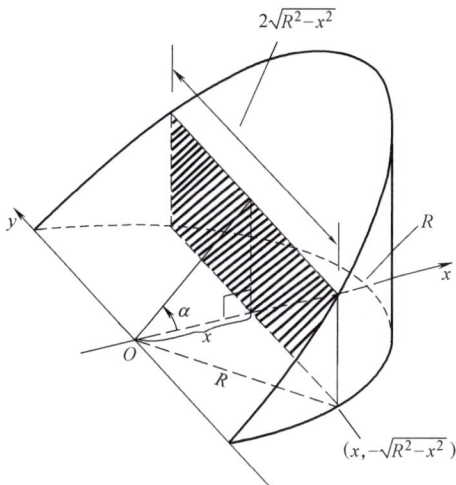

图 6-16

于是所求立体的体积为

$$\begin{aligned}
V &= \int_0^R A(x)\mathrm{d}x \\
&= \int_0^R 2x\sqrt{R^2 - x^2}\tan\alpha\mathrm{d}x \\
&= \frac{2}{3}R^3\tan\alpha.
\end{aligned}$$

6.5.3 消费者剩余与生产者剩余

我们先大致介绍一下**消费者剩余**与**生产者剩余**的概念.

设需求函数为 $P = P(Q)$，它表示消费者购买数量为 Q 的商品时所愿意支付的价格为 P，其中当 $Q = Q_0$ 时，价格 $P = P_0$，如图 6-17 所示.

如果消费者按照他们愿意支付的价格即需求曲线持续购买商品，当购买商品的总数量为 Q_0 时，他们支付的总价为 $\int_0^{Q_0} P(Q)\mathrm{d}Q$，即图 6-17 中曲边梯形 $OABQ_0$ 的面积，这是他们购买数量为 Q_0 的商品时愿意支付的价格. 如果消费者按照固定价格 P_0 购买数量为 Q_0 的商品，则其总花费是 $Q_0 P_0$，由矩形 $OQ_0 BP_0$ 的面积给出. 二者之差是图 6-17 中阴影部分 ABP_0 的面积，经济学中称其为**消费者剩余**，记作 C_S，即

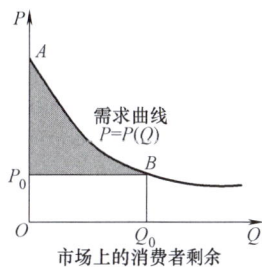

市场上的消费者剩余
图 6-17

$$C_S = \int_0^{Q_0} P(Q)\mathrm{d}Q - Q_0 P_0.$$

需要指出的是，消费者剩余并不是实际收入的增加，它只是一种社会福利方面的心理感觉，在经济学中把消费者剩余作为衡量消费者福利的重要指标.

食盐、饮用水、煤气、电等一些生活必需品有极高的效用，因此

当这些物品供给量减少时，消费者愿意付出更高的价格进行购买，市场如果能以较低的价格提供此类物品，就可以获得较高的消费者剩余，从而得到较高的社会福利感.

例 6.30 设某居民用电的需求函数为 $P = 65 - \dfrac{1}{25}Q^2$ （单位：元/$(kW \cdot h)$），求 $P = 1$ 时的消费者剩余.

解 $P = 1$ 时，$65 - \dfrac{1}{25}Q^2 = 1$，解出 $Q_1 = 40, Q_2 = -40$ （舍）.

$$C_S = \int_0^{40} \left(65 - \frac{1}{25}Q^2\right) dQ - 40 = 2489\frac{1}{3}.$$

下面我们来介绍生产者剩余.

设供给函数为 $P = P(Q)$，即供给数量为 Q 的商品时生产者所愿意接受的价格是 P，假设当 $Q = Q_0$ 时，价格 $P = P_0$，并且所有的商品都被售出，则获得的收入为 $Q_0 P_0$，由矩形 $OP_0 BQ_0$ 的面积给出（见图 6-18）.

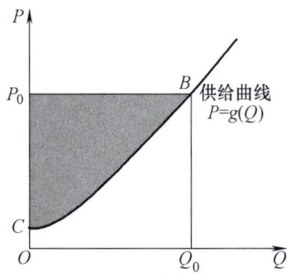

市场上的生产者剩余

图 6-18

如果生产者总是以其愿意接受的价格持续提供商品，则获得的总收入可由曲边梯形 $COQ_0 B$ 的面积 $\displaystyle\int_0^{Q_0} P(Q) dQ$ 表示.

二者之差是阴影部分 $P_0 BC$ 的面积，记作 P_S，即

$$P_S = Q_0 P_0 - \int_0^{Q_0} P(Q) dQ,$$

经济学中称其为生产者剩余.

例 6.31 给定需求函数

$$P = 50 - 2Q_D,$$

和供给函数

$$P = 10 + 2Q_S,$$

在完全竞争的假设下，计算消费者剩余和生产者剩余.

解 在完全竞争的假设下，商品市场满足供需平衡，即 $Q_S = Q_D$，因此

$$\frac{P - 10}{2} = \frac{50 - P}{2},$$

解得均衡价格 $P_0 = 30$，均衡数量 $Q_0 = 10$.

从而消费者剩余 $C_S = \displaystyle\int_0^{Q_0} P(Q) dQ - Q_0 P_0$

$$= \int_0^{10} (50 - 2Q) dQ - 10 \times 30$$

$$= 400 - 300$$

$$= 100.$$

生产者剩余 $P_S = Q_0 P_0 - \displaystyle\int_0^{Q_0} P(Q) dQ$

$$= 10 \times 30 - \int_0^{10} (10 + 2Q) dQ$$

$$= 300 - 200$$

$$= 100.$$

习题 6.5

1. 求由下列曲线所围成的图形的面积:

(1) $y = x$ 与 $y = \sqrt{x}$;

(2) $y = 2x$ 与 $y = 3 - x^2$;

(3) $y = \sin x$ 与直线 $y = 2, x = 0, x = \dfrac{\pi}{2}$;

(4) $y = \dfrac{1}{x}(x > 0)$ 与直线 $y = x$ 及 $x = 2$;

(5) $y = e^x, y = e^{-x}$ 与直线 $x = 1$;

(6) $y = \ln x$ 与直线 $y = 0, x = 3$;

(7) $y = x^2$ 与直线 $y = x$ 及 $y = 2x$;

(8) $y = \ln x$ 与直线 $x = 0, y = \ln a$ 及 $y = \ln b (b > a > 0)$.

2. 求由曲线 $y = -x^2 + 4x - 3$ 及其在点 $(0, -3)$ 和 $(3, 0)$ 处的切线所围成的图形的面积.

3. 求 k 的值,使得曲线 $y = x^2$ 与 $y^2 = kx$ 所围图形的面积是 $\dfrac{2}{3}$.

4. 设曲线 $y = x^2$ 与直线 $x = 0$ 及 $y = t(0 < t < 1)$ 所围图形的面积为 $S_1(t)$,曲线 $y = x^2$ 与直线 $x = 1$ 及 $y = t(0 < t < 1)$ 所围图形的面积为 $S_2(t)$,试求 t 的值,使得 $S_1(t) + S_2(t)$ 最小,最小值是多少?

5. 给定需求函数为 $P = 30 - 4Q$,求 $Q = 5$ 时的消费者剩余.

6. 给定需求函数

$$P = 35 - Q_D^2$$

和供给函数

$$P = 3 + Q_S^2,$$

在完全竞争的假设下,计算消费者剩余和生产者剩余.

综合习题 6

一、选择题

1. 定积分 $\displaystyle\int_a^b f(x)\mathrm{d}x$ 的值与( )无关.

A. 积分下限 a

B. 积分上限 b

C. 对应关系 "f"

D. 积分变量的记号 x

2. 设 $F(x) = \displaystyle\int_2^x (t + \sqrt{1 + \ln^2 t})\mathrm{d}t$,则 $F'(e) =$ ( ).

A. $1 + \sqrt{2}$ 　　　　B. $e + \sqrt{2}$

C. $e + 2\sqrt{2}$ 　　　　D. $e + \sqrt{2e}$

3. 若 $\displaystyle\int_1^a (2x + 1)\mathrm{d}x = 4$,则 $a = $ ( ).

A. 3 　　B. 2 　　C. 0 　　D. 4

4. 若 $\displaystyle\int_1^e \dfrac{1}{x} f(\ln x)\mathrm{d}x = \displaystyle\int_a^b f(u)\mathrm{d}u$,则( ).

A. $a = 0, b = 1$ 　　　B. $a = 0, b = e$

C. $a = 1, b = 0$ 　　　D. $a = e, b = 1$

5. 定积分 $\displaystyle\int_{\frac{1}{3}}^3 |\ln x|\mathrm{d}x = $ ( ).

A. $\displaystyle\int_{\frac{1}{3}}^1 \ln x\mathrm{d}x + \int_1^3 \ln x\mathrm{d}x$

B. $\displaystyle\int_{\frac{1}{3}}^1 \ln x\mathrm{d}x - \int_1^3 \ln x\mathrm{d}x$

C. $-\displaystyle\int_{\frac{1}{3}}^1 \ln x\mathrm{d}x + \int_1^3 \ln x\mathrm{d}x$

D. $-\displaystyle\int_{\frac{1}{3}}^1 \ln x\mathrm{d}x - \int_1^3 \ln x\mathrm{d}x$

6. 已知函数 $f(x)$ 在闭区间 $[a, b]$ 上连续,且函数 $F(x)$ 为 $f(x)$ 的一个原函数,则当( )时,定积分 $\displaystyle\int_a^b f(x)\mathrm{d}x$ 的值不一定等于零.

A. $a = b$ 　　　　B. $f(x) = 0, a \leqslant x \leqslant b$

C. $f(a) = f(b)$ 　　D. $F(a) = F(b)$

7. 下列等式中成立的是( ).

A. $\displaystyle\int_{-1}^1 \dfrac{1}{x^2}\mathrm{d}x = -\dfrac{1}{x}\Big|_{-1}^1 = -2$

B. $\displaystyle\int_{-\frac{\pi}{2}}^{\frac{\pi}{2}} \sin x\mathrm{d}x = 2\int_0^{\frac{\pi}{2}} \sin x\mathrm{d}x = 2$

C. $\displaystyle\int_{-\frac{\pi}{2}}^{\frac{\pi}{2}} \cos x\mathrm{d}x = 0$

D. $\displaystyle\int_{-1}^1 \sqrt{1 - x^2}\mathrm{d}x = 2\int_0^1 \sqrt{1 - x^2}\mathrm{d}x = \dfrac{\pi}{2}$

8. 已知函数 $f(x)$ 在闭区间 $[a, b]$ 上连续 $(a > 0)$,在开区间 (a, b) 内存在一点 x_0,使得 $f(x_0) = 0$,且当 $a \leqslant x < x_0$ 时,$f(x) > 0$;当 $x_0 < x \leqslant b$ 时,$f(x) < 0$. 若函数 $F(x)$ 为 $f(x)$ 的一个原函数,则由曲线 $y = f(x)$ 与直线 $y = 0, x = a, x = b$ 所围平面图形的面积为( ).

A. $F(b) - F(a)$

B. $F(b) + F(a) - 2F(x_0)$

C. $2F(x_0) - F(b) - F(a)$

D. $F(a) - F(b)$

二、计算或证明题

1.已知 $f(x) = \tan^2 x$，求 $\int_0^{\frac{\pi}{4}} f'(x) f''(x) \mathrm{d}x$.

2.求函数 $F(x) = \int_1^x (t-1)(t-2)^2 \mathrm{d}t$ 的单调增加区间.

3.设 $f(x) = \begin{cases} 2x, & x < 0, \\ x^2, & x > 0, \end{cases}$ 求 $\int_{-2}^2 f(x) \mathrm{d}x$.

4.设 $f(x) = \begin{cases} \dfrac{1}{1+x}, & x \geqslant 0, \\ \dfrac{1}{1+\mathrm{e}^x}, & x < 0, \end{cases}$ 求 $\int_0^2 f(x-1) \mathrm{d}x$.

5.求函数 $F(x) = \int_0^x t\mathrm{e}^{-t^2} \mathrm{d}t$ 的极值和拐点.

6.已知 $f(x) = \begin{cases} 0, & -\infty < x \leqslant 0, \\ \dfrac{1}{2}x, & 0 < x \leqslant 2, \\ 1, & x > 2, \end{cases}$ 试用分段函数表示 $\int_{-\infty}^x f(t)\mathrm{d}t$.

7.若 $f''(x)$ 在闭区间 $[0,\pi]$ 上连续，$f(0) = 2$，$f(\pi) = 1$，证明：

$$\int_0^\pi [f(x) + f''(x)] \sin x \mathrm{d}x = 3.$$

8.证明：$\int_0^1 x^m (1-x)^n \mathrm{d}x = \int_0^1 x^n (1-x)^m \mathrm{d}x$.

9.设 $f(x)$ 在闭区间 $[a,b]$ 上连续，证明：$\int_a^b f(x)\mathrm{d}x = \int_a^b f(a+b-x)\mathrm{d}x$.

10.设连续函数 $f(x)$ 在闭区间 $[a,b]$ 上单调减少，$F(x) = \dfrac{1}{x-a}\int_a^x f(t)\mathrm{d}t$，试证：$F(x)$ 在闭区间 $[a,b]$ 上单调减少.

第 6 章部分
习题详解

7 第7章
多元微积分

一元函数的微积分是处理一元函数问题的强大数学工具. 但是,在许多实际问题中,所涉及的函数常常有多个自变量,即多元函数. 为简单起见,我们主要讨论二元函数的微分和积分,但相关问题的研究方法大多可以平行地推广到一般的多元函数.

7.1 二元函数的极限与连续

7.1.1 平面点集

我们通常用 $\mathbf{R}^2$ 表示整个 xOy 平面. 下面是几个常用术语.

邻域:设 $P_0(x_0, y_0) \in \mathbf{R}^2$ 是 xOy 平面上的一个点,$\delta > 0$,与点 P_0 距离小于 δ 的点 P 的全体称为点 P_0 的 δ 邻域,记为 $U(P_0, \delta)$,即

$$U(P_0, \delta) = \{(x, y) \mid \sqrt{(x-x_0)^2 + (y-y_0)^2} < \delta\},$$

在几何上,$U(P_0, \delta)$ 是 xOy 平面上以 P_0 为圆心,以 δ 为半径的不含圆周的实心圆.

空心邻域:$P_0(x_0, y_0) \in \mathbf{R}^2$ 的 δ 空心邻域为

$$U(P_0, \delta) = \{(x, y) \mid 0 < \sqrt{(x-x_0)^2 + (y-y_0)^2} < \delta\}.$$

考察平面点集 $D = \{(x, y) \mid 1 < x^2 + y^2 < 4\}$,如图 7-1 所示.
平面点集 D 具备以下两个特点:

(1)任给 $P_0 \in D$,都存在 $\delta > 0$,使得 $U(P_0, \delta) \subset D$,即与点 P_0 距离小于 δ 的点都属于 D. 这样的点称为 D 的**内点**.

(2)D 内任意两点都可以用 D 内的折线(其上的点都属于 D)连接起来. 此时称 D 是**连通**的.

一般地,如果一个平面点集的每个点都是内点而且是连通的,就称这个平面点集为**区域**或**开区域**.

平面点集 D 是由曲线 $C_1: x^2 + y^2 = 1$ 和曲线 $C_2: x^2 + y^2 = 4$ 围成的,称 C_1 和 C_2 为平面点集 D 的**边界**,边界上的点称为**边界点**.

一个开区域与其边界的并集称为**闭区域**.

例如,平面点集 $\{(x, y) \mid 1 \leqslant x^2 + y^2 \leqslant 4\}$ 为闭区域.

有界闭区域的直径:设 D 是 $\mathbf{R}^2$ 中的区域,P_0 是其中一点,如果

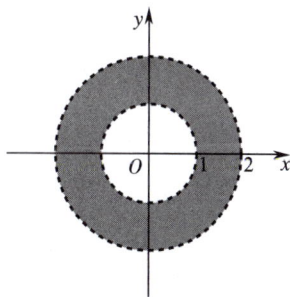

图　7-1

存在正数 M,使得对 D 中任意点 P 都有 $|P_0P|<M$,则称 D 是有界区域.设 D 是有界闭区域,称

$$d(D) = \max_{P_1,P_2 \in D}\{|P_1P_2|\}$$

为 D 的直径.

例如,线段的直径等于线段的长度,平面上的圆的直径就是我们通常所称的直径,而矩形的直径则是其对角线的长度.

7.1.2 二元函数的极限

我们通常用 $z = f(x,y)$ 来表示二元函数,其中 x 和 y 是自变量,z 是因变量.二元函数的图形可以在空间直角坐标系中表示.

以空间中的一点 O 为原点作三条互相垂直的数轴,分别称为 x 轴(横轴)、y 轴(纵轴)、z 轴(竖轴),统称为坐标轴.通常把 x 轴和 y 轴配置在水平面上,而 z 轴是铅垂线,其中右手空间直角坐标系(简称右手系)是指 x,y,z 轴的方向符合右手规则,即以右手握住 z 轴,当右手的四个手指从 x 轴正向以 $\frac{\pi}{2}$ 角度转向 y 轴正向时,大拇指的指向就是 z 轴的正向(见图 7-2).

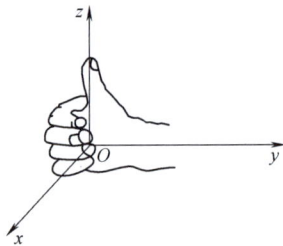

图 7-2

空间直角坐标系也称笛卡儿坐标系,观察一下离你最近的墙角的三条线就清楚了.设 P 为空间中的任意一点,记点 P 在 x,y,z 轴的投影(过点 P 分别作三坐标轴的垂线所得垂足)的坐标分别为 x,y,z,称为点 P 的横坐标、纵坐标和竖坐标,也分别称为点 P 的 x 坐标、y 坐标和 z 坐标,记为 $P(x,y,z)$.很明显,点 P 可以由其坐标唯一表示.

设 $P_1(x_1,y_1,z_1)$,$P_2(x_2,y_2,z_2)$ 为空间两点,则线段 P_1P_2 的长度为

$$|P_1P_2| = \sqrt{(x_2-x_1)^2 + (y_2-y_1)^2 + (z_2-z_1)^2},$$

这就是空间两点间的距离公式.

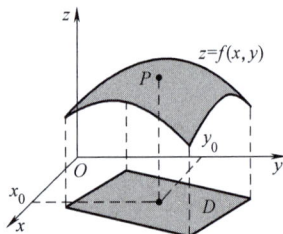

图 7-3

一般来说,在空间直角坐标系中,由二元函数 $z = f(x,y)$ 所确定的点 $(x,y,f(x,y))$ 构成一张曲面,或者说二元函数的图像(形)是 $\mathbf{R}^3$ 空间中的一张曲面.曲面在坐标面 xOy 上的投影区域 D 就是这个函数的定义域(见图 7-3).

例如,$z = x^2 + y^2$ 表示开口向上的旋转抛物面(见图 7-4),定义域为 $\mathbf{R}^2$.

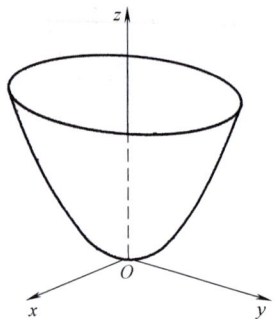

图 7-4

定义 7.1 设函数 $z = f(x,y)$ 在区域 D 有定义,A 为常数,$P_0(x_0,y_0)$ 是 D 的内点或边界点.如果对任意给定的 $\varepsilon>0$,都存在 $\delta>0$,当 $0<\sqrt{(x-x_0)^2+(y-y_0)^2}<\delta$ 且 $P(x,y)\in D$ 时,有

$$|f(x,y)-A|<\varepsilon,$$

则称当 $x\to x_0$,$y\to y_0$ 时,$f(x,y)$ 的极限是 A,记为 $\lim\limits_{\substack{x\to x_0\\y\to y_0}}f(x,y)=A.$

显然，$\lim\limits_{\substack{x \to x_0 \\ y \to y_0}} \sqrt{(x-x_0)^2 + (y-y_0)^2} = 0.$

我们可以仿照一元函数极限的方法类似地处理二元或多元函数的极限. 例如,

如果 $|f(x,y) - A| < C\rho$, C 为常数,则

$$\lim\limits_{\substack{x \to x_0 \\ y \to y_0}} f(x,y) = A,$$

其中 $\rho = \sqrt{(x-x_0)^2 + (y-y_0)^2}$.

例 7.1 证明: $\lim\limits_{\substack{x \to 0 \\ y \to 0}} \dfrac{xy}{\sqrt{x^2+y^2}} = 0.$

证明 令 $\rho = \sqrt{x^2+y^2}$, 由

$$\left| \frac{xy}{\sqrt{x^2+y^2}} \right| \leqslant \frac{x^2+y^2}{2\sqrt{x^2+y^2}} = \frac{1}{2}\rho,$$

有

$$\lim\limits_{\substack{x \to 0 \\ y \to 0}} \frac{xy}{\sqrt{x^2+y^2}} = 0.$$

例 7.2 求 $\lim\limits_{\substack{x \to 0 \\ y \to 0}} \dfrac{\sqrt{xy+1}-1}{xy}.$

解 令 $t = xy$, 则

$$\lim\limits_{\substack{x \to 0 \\ y \to 0}} \frac{\sqrt{xy+1}-1}{xy} = \lim\limits_{t \to 0} \frac{\sqrt{t+1}-1}{t} = \frac{1}{2}.$$

7.1.3 多元函数的连续性

在一元函数中,我们首先讨论了基本初等函数的连续性,然后证明了连续函数的四则运算法则和复合函数也是连续的,并最终得出所有初等函数都在其定义区间内连续的结论. 用类似的方法,我们同样可以讨论二元函数的连续性.

定义 7.2 设函数 $z = f(x,y)$ 在点 $P_0(x_0, y_0)$ 有定义. 如果 $\lim\limits_{\substack{x \to x_0 \\ y \to y_0}} f(x,y) = f(x_0, y_0)$, 则称 $z = f(x,y)$ 在点 (x_0, y_0) 连续.

与一元函数类似,关于函数四则运算与复合函数连续性的讨论也基本相同,我们略去烦琐的叙述,直接给出下面的重要结论:

定理 7.1 二元初等函数在其定义区域内连续.

定理 7.2　如果 $z = f(x,y)$ 在有界闭区域 D 上连续,则 $z = f(x,y)$ 在 D 上有最大值和最小值,并且可以取到最大、最小值之间的任意值.

例如,$z = x^2 + y^2$ 在整个 xOy 平面上连续,在有界闭区域 $x^2 + y^2 \leqslant R^2$ 上有最大值 R^2 和最小值 0.

习题 7.1

1. 设 $f(x,y) = x^2 + y^2 - xy\arctan\dfrac{x}{y}$,证明:

$f(tx,ty) = t^2 f(x,y)$.

2. 求下列极限:

(1) $\lim\limits_{\substack{x \to 0 \\ y \to 1}} \dfrac{1 - xy}{x^2 + y^2}$;

(2) $\lim\limits_{\substack{x \to \infty \\ y \to \infty}} \dfrac{1}{x^2 + y^2}$;

(3) $\lim\limits_{\substack{x \to 0 \\ y \to 0}} \dfrac{2 - \sqrt{xy + 4}}{xy}$;

(4) $\lim\limits_{\substack{x \to 0 \\ y \to 2}} \dfrac{\sin xy}{x}$.

7.2　偏导数

对于一元函数,我们已经建立了完整的微积分体系,我们自然希望可以用研究一元函数的方法来研究多元函数. 如果我们每次只考虑多元函数中的一个自变量,而将其余的自变量固定为常数,或者只是简单地看作常数,则多元函数就可以看作一元函数了. 本节我们就用这种思想来研究二元函数.

7.2.1　偏导数的概念及其计算

定义 7.3　设二元函数 $z = f(x,y)$ 在点 $P_0(x_0,y_0)$ 的某个邻域内有定义. 如果极限

$$\lim_{\Delta x \to 0} \frac{\Delta z}{\Delta x} = \lim_{\Delta x \to 0} \frac{f(x_0 + \Delta x, y_0) - f(x_0, y_0)}{\Delta x}$$

存在,则称 $z = f(x,y)$ 在点 $P_0(x_0,y_0)$ 处对 x 可偏导,称此极限值为函数 $z = f(x,y)$ 在点 $P_0(x_0,y_0)$ 处**对 x 的偏导数**,记为

$$\left.\frac{\partial z}{\partial x}\right|_{(x_0,y_0)}, \left.\frac{\partial f}{\partial x}\right|_{(x_0,y_0)}, \left.z_x'\right|_{(x_0,y_0)} \text{ 或 } f_x'(x_0,y_0).$$

在上述定义中,$\Delta z = f(x_0 + \Delta x, y_0) - f(x_0, y_0)$ 称为二元函数 $z = f(x,y)$ 关于 x 的偏增量. 我们实际上是把 $z = f(x,y_0)$ 看作 x 的一元函数,二元函数 $z = f(x,y)$ 对 x 的偏导数就是一元函数 $z = f(x,y_0)$ 对 x 的导数.

如果函数 $z = f(x,y)$ 在区域 D 内任一点 (x,y) 处对 x 的偏导数都存在,则定义了一个新的二元函数,它仍是 x,y 的二元函数,被称作函数 $z = f(x,y)$ 对自变量 x 的偏导函数(简称偏导

数），记作 $\dfrac{\partial z}{\partial x}, \dfrac{\partial f}{\partial x}, z'_x$ 或 $f'_x(x,y)$.

同理，可定义函数 $z = f(x,y)$ 对自变量 y 的偏导函数（简称偏导数），记作

$$\dfrac{\partial z}{\partial y}, \dfrac{\partial f}{\partial y}, z'_y \text{ 或 } f'_y(x,y).$$

设二元函数 $z = f(x,y)$ 在点 (x_0, y_0) 有偏导数. 如图 7-5 所示，$M_0(x_0, y_0, f(x_0, y_0))$ 为曲面 $z = f(x,y)$ 上的一点，过点 M_0 作平面 $y = y_0$，此平面与曲面相交得一曲线，曲线的方程为 $\begin{cases} z = f(x,y), \\ y = y_0. \end{cases}$ 注意到 $f'_x(x_0, y_0)$ 是一元函数 $f(x, y_0)$ 在点 $x = x_0$ 处的导数 $f'_x(x, y_0)|_{x=x_0}$，由一元函数的几何意义可知偏导数 $f'_x(x_0, y_0)$ 等于曲线 $\begin{cases} z = f(x,y), \\ y = y_0 \end{cases}$ 在点 $M_0(x_0, y_0, f(x_0, y_0))$ 处的切线对 x 轴的斜率. 如果该切线与 x 轴正向的夹角为 α，则有

$$\tan\alpha = f'_x(x_0, y_0).$$

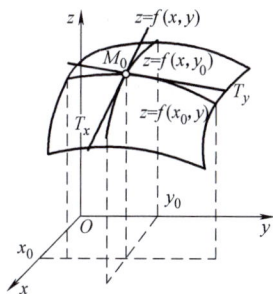

图 7-5

同理，偏导数 $f'_y(x_0, y_0)$ 等于曲线 $\begin{cases} z = f(x,y), \\ x = x_0 \end{cases}$ 在点 $M_0(x_0, y_0, f(x_0, y_0))$ 处的切线对 y 轴的斜率. 如果该切线与 y 轴正向的夹角为 β，则有

$$\tan\beta = f'_y(x_0, y_0).$$

这就是**偏导数的几何意义**.

例 7.3 求函数 $f(x,y) = 2x^2 + y + 3xy^2 - x^3 y^4$ 在点 $(1,1)$ 处的偏导数.

解 $f'_x(x,y) = 4x + 3y^2 - 3x^2 y^4$，所以 $f'_x(1,1) = 4$.
$f'_y(x,y) = 1 + 6xy - 4x^3 y^3$，所以 $f'_y(1,1) = 3$.

例 7.4 设 $z = \dfrac{(x-2y)^2}{x}$，求 $\dfrac{\partial z}{\partial x}$ 和 $\dfrac{\partial z}{\partial y}$.

解 $z = \dfrac{(x-2y)^2}{x} = x - 4y + \dfrac{4y^2}{x}$，

把 y 看成常数对 x 求导，得

$$\dfrac{\partial z}{\partial x} = 1 - \dfrac{4y^2}{x^2},$$

把 x 看成常数对 y 求导，得

$$\dfrac{\partial z}{\partial y} = -4 + \dfrac{8y}{x}.$$

例 7.5 设 $z = x^y (x > 0, x \neq 1)$，证明：$\dfrac{x}{y}\dfrac{\partial z}{\partial x} + \dfrac{1}{\ln x}\dfrac{\partial z}{\partial y} = 2z$.

证明 把 y 看作常数，由幂函数的导数公式，有

$$\dfrac{\partial z}{\partial x} = yx^{y-1},$$

把 x 看作常数,由指数函数的导数公式,有

$$\frac{\partial z}{\partial y} = x^y \ln x.$$

$$\frac{x}{y} \frac{\partial z}{\partial x} + \frac{1}{\ln x} \frac{\partial z}{\partial y} = \frac{x}{y} y x^{y-1} + \frac{1}{\ln x} x^y \ln x$$
$$= x^y + x^y = 2z,$$

即

$$\frac{x}{y} \frac{\partial z}{\partial x} + \frac{1}{\ln x} \frac{\partial z}{\partial y} = 2z.$$

例 7.6 设 $w = x + y + z + xyz$,求 $\dfrac{\partial w}{\partial x}$.

解 把 y 和 z 都看成常数,对 x 求导,得

$$\frac{\partial w}{\partial x} = 1 + yz.$$

7.2.2 高阶偏导数

由于多元函数的偏导数还是多元函数,因此,类似于一元函数的高阶导数,我们可以考虑二元函数的高阶偏导数.

设函数 $z = f(x,y)$ 在平面区域 D 内偏导数处处存在. 如果 $\dfrac{\partial f}{\partial x}$ 与 $\dfrac{\partial f}{\partial y}$ 仍可偏导,则称它们的偏导数为函数 $z = f(x,y)$ 的二阶偏导数. 按照对变量求偏导数的次序不同,可以有如下 4 种不同的二阶偏导数:

(1)对 x 求两次偏导数

$$\frac{\partial^2 z}{\partial x^2} = \frac{\partial^2 f}{\partial x^2} = f''_{xx} = \frac{\partial}{\partial x}\left(\frac{\partial f}{\partial x}\right).$$

(2)先对 x 求偏导数,再对 y 求偏导数

$$\frac{\partial^2 z}{\partial x \partial y} = \frac{\partial^2 f}{\partial x \partial y} = f''_{xy} = \frac{\partial}{\partial y}\left(\frac{\partial f}{\partial x}\right).$$

(3)先对 y 求偏导数,再对 x 求偏导数

$$\frac{\partial^2 z}{\partial y \partial x} = \frac{\partial^2 f}{\partial y \partial x} = f''_{yx} = \frac{\partial}{\partial x}\left(\frac{\partial f}{\partial y}\right).$$

(4)对 y 求两次偏导数

$$\frac{\partial^2 z}{\partial y^2} = \frac{\partial^2 f}{\partial y^2} = f''_{yy} = \frac{\partial}{\partial y}\left(\frac{\partial f}{\partial y}\right).$$

以上 4 种二阶偏导数仍然是平面区域 D 上的二元函数,如果二阶偏导数在 D 上仍然可偏导,则可类似地得到三阶偏导数,共 8 种. 只要允许的话,如此继续下去可得到任意阶偏导数.

n 阶偏导数可仿照二阶偏导数的记法,如

$$\frac{\partial}{\partial x}\left(\frac{\partial^{n-1} z}{\partial x^{n-1}}\right) = \frac{\partial^n z}{\partial x^n}, \frac{\partial}{\partial x}\left(\frac{\partial^{n-1} z}{\partial x^{n-2} \partial y}\right) = \frac{\partial^n z}{\partial x^{n-1} \partial y}.$$

二阶以及二阶以上的偏导数统称为**高阶偏导数**.

我们把 $\dfrac{\partial^2 z}{\partial x \partial y}$ 和 $\dfrac{\partial^2 z}{\partial y \partial x}$ 称为混合二阶偏导数. 类似地有三阶或

高阶的混合偏导数.

例 7.7　求 $f(x,y) = x^3y^2 + xy$ 的 4 个二阶偏导数.

解　$f'_x = 3x^2y^2 + y$,

$f''_{xx} = 6xy^2,\ f''_{xy} = 6x^2y + 1$,

$f'_y = 2x^3y + x$,

$f''_{yy} = 2x^3,\ f''_{yx} = 6x^2y + 1$.

在上面的例子中，$f''_{xy} = f''_{yx}$，但一般情况下，混合偏导数与求偏导的顺序有关. 可以证明的是，**如果函数 $z = f(x,y)$ 的两个二阶混合偏导数 f''_{xy}，f''_{yx} 都在平面区域 D 内连续，那么这两个二阶混合偏导数在 D 内相等.**

习题 7.2

1. 求下列函数的一阶偏导数：

(1) $z = x^3y - y^3x$；

(2) $z = \ln(x^2y^2)$；

(3) $z = \tan\dfrac{x}{y}$；

(4) $z = x^y$；

(5) $z = \sin(x - y)^2$；

(6) $u = e^{xy} + \cos^2(xy)$.

2. 设 $f(x,y) = e^{-x}\sin(2x + 2y)$，求 $f'_x\left(0, \dfrac{\pi}{4}\right)$，$f'_y\left(0, \dfrac{\pi}{4}\right)$.

3. 曲线 $\begin{cases} z = \dfrac{x^2 + y^2}{4}, \\ y = 2 \end{cases}$ 在点 $(2, 2, 2)$ 处的切线对于 x 轴的倾角是多少？

4. 求下列函数的各个二阶偏导数：

(1) $z = x^4 + y^4 - 4x^2y^2$；

(2) $z = \arctan(xy)$；

(3) $z = y^x$；

(4) $z = \dfrac{\cos x}{y}$.

5. 设 $z = x\ln(xy)$，求 $\dfrac{\partial^2 z}{\partial x \partial y}$ 及 $\dfrac{\partial^2 z}{\partial y^2}$.

6. 设 $y = e^{-kn^2 t}\sin nx$，求证：$\dfrac{\partial y}{\partial t} = k\dfrac{\partial^2 y}{\partial x^2}$.

7. 设 $z = \dfrac{y^2}{3x} + \varphi(xy)$，其中 $\varphi(u)$ 可导，证明：

$$x^2\dfrac{\partial z}{\partial x} + y^2 = xy\dfrac{\partial z}{\partial y}.$$

7.3　全微分及其应用

二元函数的偏导数是把二元函数作为一元函数来处理，对一个变量求偏导数时把另一个变量看作常数. 但在实际问题中，各个自变量可以同时变化. 例如，对于二元函数 $z = f(x,y)$，当自变量 x，y 分别有增量 Δx 与 Δy 时，函数增量为

$$\Delta z = f(x + \Delta x, y + \Delta y) - f(x,y),$$

我们称 Δz 为函数 $z = f(x,y)$ 在点 $P(x,y)$ 处对应于 Δx 与 Δy 的**全增量.**

一般来说，计算全增量比较复杂. 与一元函数的微分的思想类似，当 $|\Delta x|$ 和 $|\Delta y|$ 充分小时，我们考虑用自变量的增量 Δx 与 Δy 的线性函数来近似代替函数的全增量 Δz，即

$$\Delta z = f(x_0 + \Delta x, y_0 + \Delta y) - f(x_0, y_0) \approx A\Delta x + B\Delta y,$$

其中 A,B 为常数. 为了保证近似精度, 希望二者之差是 $\rho = \sqrt{(\Delta x)^2 + (\Delta y)^2}$ 的高阶无穷小, 即

$$\lim_{\rho \to 0} \frac{\Delta z - [A\Delta x + B\Delta y]}{\rho} = 0,$$

分别令 $\Delta y = 0$ 和 $\Delta x = 0$, 得到 $A = f'_x(x_0, y_0), B = f'_y(x_0, y_0).$

定义 7.4 (全微分) 设函数 $z = f(x,y)$ 在点 $P_0(x_0, y_0)$ 的某个邻域内有定义且两个偏导数都存在. 如果

$$\lim_{\rho \to 0} \frac{\Delta z - [f'_x(x_0, y_0)\Delta x + f'_y(x_0, y_0)\Delta y]}{\rho} = 0,$$

其中 $\rho = \sqrt{(\Delta x)^2 + (\Delta y)^2}$, 则称函数 $z = f(x,y)$ 在点 $P_0(x_0, y_0)$ 可微分 (简称可微), 称 $f'_x(x_0, y_0)\Delta x + f'_y(x_0, y_0)\Delta y$ 为函数 $z = f(x,y)$ 在点 $P_0(x_0, y_0)$ 的全微分, 记作 dz, 即

$$dz = f'_x(x_0, y_0)\Delta x + f'_y(x_0, y_0)\Delta y.$$

我们约定自变量的微分为 $dx = \Delta x$ 和 $dy = \Delta y$, 则

$$dz = f'_x(x_0, y_0)dx + f'_y(x_0, y_0)dy.$$

等价地, $\Delta z = dz + o(\rho)$, 即 dz 是 Δz 线性主要部分, 也称局部线性化, 其核心意义在于: 在 $P_0(x_0, y_0)$ 附近有近似式

$$\Delta z \approx dz = f'_x(x_0, y_0)dx + f'_y(x_0, y_0)dy.$$

如果函数在区域 D 内每一点都可微, 那么称函数在 D 内可微, 或称该函数是 D 内的可微函数.

下面的定理给出二元函数可微的充分条件.

定理 7.3 (可微的充分条件) 如果函数 $z = f(x,y)$ 在点 $P_0(x_0, y_0)$ 的某个邻域内可偏导, 且偏导数 $f'_x(x,y)$, $f'_y(x,y)$ 在点 $P_0(x_0, y_0)$ 连续, 则 $z = f(x,y)$ 在点 $P_0(x_0, y_0)$ 可微.

证明 我们证明在定理条件下, 有 $dz = f'_x(x_0, y_0)dx + f'_y(x_0, y_0)dy.$

当 $|\Delta x|$ 与 $|\Delta y|$ 都充分小时, 函数的全增量

$$\begin{aligned}
\Delta z &= f(x_0 + \Delta x, y_0 + \Delta y) - f(x_0, y_0) \\
&= [f(x_0 + \Delta x, y_0 + \Delta y) - f(x_0, y_0 + \Delta y)] + \\
&\quad [f(x_0, y_0 + \Delta y) - f(x_0, y_0)].
\end{aligned}$$

由一元函数的微分中值定理, 存在 $0 < \theta_1 < 1$, 使得

$$f(x_0 + \Delta x, y_0 + \Delta y) - f(x_0, y_0 + \Delta y) = f'_x(x_0 + \theta_1\Delta x, y_0 + \Delta y)\Delta x,$$

存在 $0 < \theta_2 < 1$, 使得

$$f(x_0, y_0 + \Delta y) - f(x_0, y_0) = f'_y(x_0, y_0 + \theta_2\Delta y)\Delta y,$$

所以,

$$\lim_{\rho \to 0} \frac{\Delta z - [f'_x(x_0, y_0)\Delta x + f'_y(x_0, y_0)\Delta y]}{\rho}$$

$$= \lim_{\rho \to 0} \left[f'_x(x_0 + \theta_1 \Delta x, y_0 + \Delta y) - f'_x(x_0, y_0) \right] \frac{\Delta x}{\rho} +$$

$$\lim_{\rho \to 0} \left[f'_y(x_0, y_0 + \theta_2 \Delta y) - f'_y(x_0, y_0) \right] \frac{\Delta y}{\rho}.$$

由偏导数的连续性,有

$$\lim_{\rho \to 0} f'_x(x_0 + \theta_1 \Delta x, y_0 + \Delta y) - f'_x(x_0, y_0)$$

$$= \lim_{\rho \to 0} f'_y(x_0, y_0 + \theta_2 \Delta y) - f'_y(x_0, y_0) = 0,$$

又因为 $\left| \dfrac{\Delta x}{\rho} \right| \leqslant 1, \left| \dfrac{\Delta y}{\rho} \right| \leqslant 1$,所以

$$\lim_{\rho \to 0} \frac{\Delta z - \left[f'_x(x_0, y_0) \Delta x + f'_y(x_0, y_0) \Delta y \right]}{\rho} = 0,$$

于是,$f(x, y)$ 在点 $P_0(x_0, y_0)$ 可微.

例 7.8　求函数 $z = x^y$ 在点 $(2,2)$ 的全微分.

解　$\dfrac{\partial z}{\partial x} = yx^{y-1}, \dfrac{\partial z}{\partial y} = x^y \ln x,$

$$dz \big|_{(2,2)} = (yx^{y-1} dx + x^y \ln x dy) \big|_{(2,2)}$$

$$= 4dx + 4\ln 2 dy.$$

例 7.9　求函数 $u = xy^2 z^3$ 的全微分.

解　$du = \dfrac{\partial u}{\partial x} dx + \dfrac{\partial u}{\partial y} dy + \dfrac{\partial u}{\partial z} dz$

$$= y^2 z^3 dx + 2xyz^3 dy + 3xy^2 z^2 dz.$$

最后,我们简单讨论一下全微分在近似计算中的应用.当 $|\Delta x|$ 与 $|\Delta y|$ 都较小时,有近似等式

$$\Delta z \approx dz = f'_x(x, y) \Delta x + f'_y(x, y) \Delta y,$$

上式也可以写成

$$f(x + \Delta x, y + \Delta y) \approx f(x, y) + f'_x(x, y) \Delta x + f'_y(x, y) \Delta y,$$

我们可以据此对二元函数进行近似计算和误差估计.

例 7.10　计算 $(1.04)^{2.02}$ 的近似值.

解　令 $f(x, y) = x^y$,则 $f(1.04, 2.02) - (1.04)^{2.02}$.

取 $x = 1, y = 2, \Delta x = 0.04, \Delta y = 0.02$,由于 $f(1,2) = 1$,且

$$f'_x(x, y) = yx^{y-1}, f'_y(x, y) = x^y \ln x,$$

$$f'_x(1,2) = 2, f'_y(1,2) = 0,$$

所以

$$(1.04)^{2.02} \approx 1 + 2 \times 0.04 + 0 \times 0.02 = 1.08.$$

习题 7.3

1.求下列函数的全微分:

(1) $z = e^{\frac{y}{x}}$;

(2) $z = \dfrac{x}{\sqrt{x^2 + y^2}}$;

(3) $z = e^{x^2 + y^2}$;　　(4) $z = x^2 y + \dfrac{x}{y}$.

2.求函数 $z = \ln(x^2 + y^2 + 1)$ 在点 $(1,2)$ 处的全微分.

3. 求函数 $z = \dfrac{y}{x}$ 在 $x = 2, y = 1, \Delta x = 0.1, \Delta y =$

-0.2 时的全微分.

4. 计算 $\sqrt{(1.02)^3 + (1.97)^3}$ 的近似值.

7.4 多元复合函数和隐函数的求导法则

这一节我们讨论多元复合函数的求导法则和多元隐函数的求导法则.

7.4.1 多元复合函数的求导法则

在一元函数微分学中,我们有复合函数求导的链式法则,即 $\dfrac{\mathrm{d}y}{\mathrm{d}x} = \dfrac{\mathrm{d}y}{\mathrm{d}u} \cdot \dfrac{\mathrm{d}u}{\mathrm{d}x}$,其中 $y = f(u), u = g(x)$. 而在多元微分学中,多元复合函数的偏导数也有类似的求导法则.

我们从最简单的情况开始讨论.

> **定理 7.4** 设函数 $u = \varphi(t), v = \psi(t)$ 在点 t 可导,函数 $z = f(u, v)$ 在对应点 $(\varphi(t), \psi(t))$ 可微,则复合函数 $z = f(\varphi(t), \psi(t))$ 在点 t 可导,且
> $$\frac{\mathrm{d}z}{\mathrm{d}t} = \frac{\partial z}{\partial u}\frac{\mathrm{d}u}{\mathrm{d}t} + \frac{\partial z}{\partial v}\frac{\mathrm{d}v}{\mathrm{d}t}.$$

证明 令 $\Delta u = \varphi(t + \Delta t) - \varphi(t), \Delta v = \psi(t + \Delta t) - \psi(t)$,则由此引起的函数 $z = f(u, v)$ 的全增量为

$$\Delta z = f(u + \Delta u, v + \Delta v) - f(u, v).$$

由可微的定义有

$$\Delta z = \frac{\partial z}{\partial u}\Delta u + \frac{\partial z}{\partial v}\Delta v + H(\Delta u, \Delta v)\rho,$$

其中 $\rho = \sqrt{(\Delta u)^2 + (\Delta v)^2}, \lim\limits_{\rho \to 0} H(\Delta u, \Delta v) = 0.$

于是,对任意的 $\Delta t \neq 0$,有

$$\frac{\Delta z}{\Delta t} = \frac{\partial z}{\partial u}\frac{\Delta u}{\Delta t} + \frac{\partial z}{\partial v}\frac{\Delta v}{\Delta t} + H(\Delta u, \Delta v)\frac{\rho}{\Delta t},$$

又因为 $u = \varphi(t), v = \psi(t)$ 可导,所以当 $\Delta t \to 0$ 时,有 $\Delta u \to 0$, $\Delta v \to 0$,且

$$\lim_{\Delta t \to 0}\frac{\Delta u}{\Delta t} = \frac{\mathrm{d}u}{\mathrm{d}t}, \lim_{\Delta t \to 0}\frac{\Delta v}{\Delta t} = \frac{\mathrm{d}v}{\mathrm{d}t}, \lim_{\Delta t \to 0}H(\Delta u, \Delta v) = 0,$$

$$\lim_{\Delta t \to 0}\left|\frac{\rho}{\Delta t}\right| = \lim_{\Delta t \to 0}\left|\frac{\sqrt{(\Delta u)^2 + (\Delta v)^2}}{\Delta t}\right| = \lim_{\Delta t \to 0}\sqrt{\left(\frac{\Delta u}{\Delta t}\right)^2 + \left(\frac{\Delta v}{\Delta t}\right)^2}$$

$$= \sqrt{\left(\frac{\mathrm{d}u}{\mathrm{d}t}\right)^2 + \left(\frac{\mathrm{d}v}{\mathrm{d}t}\right)^2},$$

所以,当 $\Delta t \to 0$ 时,$\dfrac{\rho}{\Delta t}$ 有界.

综合上述结果,有

$$\lim_{\Delta t \to 0} \frac{\Delta z}{\Delta t} = \frac{\partial z}{\partial u}\frac{\mathrm{d}u}{\mathrm{d}t} + \frac{\partial z}{\partial v}\frac{\mathrm{d}v}{\mathrm{d}t},$$

即得复合函数 $z = f(\varphi(t), \psi(t))$ 在点 t 可导,且

$$\frac{\mathrm{d}z}{\mathrm{d}t} = \frac{\partial z}{\partial u}\frac{\mathrm{d}u}{\mathrm{d}t} + \frac{\partial z}{\partial v}\frac{\mathrm{d}v}{\mathrm{d}t},$$

此处 $\dfrac{\mathrm{d}z}{\mathrm{d}t}$ 又称为全导数.

定理 7.4 也称为偏导数的**链式法则**.

例 7.11 设 $y = (\cos x)^{\sin x}$,求 $\dfrac{\mathrm{d}y}{\mathrm{d}x}$.

解 这是一元幂指函数的导数问题,我们用二元复合函数的求导法则来计算. 设 $u = \cos x, v = \sin x$,则 $y = u^v$. 由链式法则,有

$$\frac{\mathrm{d}y}{\mathrm{d}x} = \frac{\partial y}{\partial u}\frac{\mathrm{d}u}{\mathrm{d}x} + \frac{\partial y}{\partial v}\frac{\mathrm{d}v}{\mathrm{d}x}$$

$$= vu^{v-1} \cdot (-\sin x) + u^v \ln u \cdot \cos x$$

$$= \sin x \cdot (\cos x)^{\sin x - 1} \cdot (-\sin x) + (\cos x)^{\sin x}(\ln \cos x) \cdot \cos x$$

$$= -\sin^2 x \cdot (\cos x)^{\sin x - 1} + (\cos x)^{1+\sin x}(\ln \cos x).$$

链式法则可以从两个方面进行推广. 一方面,复合函数的中间变量可以有多个,例如,对于 $z = f(u, v, w), u = u(t), v = v(t)$, $w = w(t)$ 构成的复合函数

$$z = f(u(t), v(t), w(t)),$$

则在与定理 7.4 类似的条件下,该复合函数在点 t 处可导,且

$$\frac{\mathrm{d}z}{\mathrm{d}t} = \frac{\partial z}{\partial u}\frac{\mathrm{d}u}{\mathrm{d}t} + \frac{\partial z}{\partial v}\frac{\mathrm{d}v}{\mathrm{d}t} + \frac{\partial z}{\partial w}\frac{\mathrm{d}w}{\mathrm{d}t}.$$

另一方面,中间变量可以是多元函数,此时需要把导数修正为偏导数. 例如,设复合函数 $z = f(u(x, y), v(x, y))$ 由 $z = f(u, v)$ 与 $u = u(x, y), v = v(x, y)$ 复合得到,我们考虑求该复合函数的偏导数. 把 y 看作常数,则由链式法则,得

$$\frac{\partial z}{\partial x} = \frac{\partial f}{\partial u} \cdot \frac{\partial u}{\partial x} + \frac{\partial f}{\partial v} \cdot \frac{\partial v}{\partial x},$$

把 x 看作常数,则由链式法则,得

$$\frac{\partial z}{\partial y} = \frac{\partial f}{\partial u} \cdot \frac{\partial u}{\partial y} + \frac{\partial f}{\partial v} \cdot \frac{\partial v}{\partial y}.$$

由上述两式还可以得到

$$\mathrm{d}z = \frac{\partial z}{\partial x}\mathrm{d}x + \frac{\partial z}{\partial y}\mathrm{d}y, \mathrm{d}z = \frac{\partial z}{\partial u}\mathrm{d}u + \frac{\partial z}{\partial v}\mathrm{d}v,$$

通常称为**一阶全微分的形式不变性**.

找到了复合函数变量间的函数关系链条,就可以用链式法则计算偏导数.

例 7.12 设 $z = e^u \sin v, u = xy, v = x + y$,求 $\dfrac{\partial z}{\partial x}$ 和 $\dfrac{\partial z}{\partial y}$.

解 由链式法则有

$$\frac{\partial z}{\partial x} = \frac{\partial z}{\partial u}\frac{\partial u}{\partial x} + \frac{\partial z}{\partial v}\frac{\partial v}{\partial x}$$

$$= e^u \sin v \cdot y + e^u \cos v \cdot 1$$

$$= e^{xy}[y\sin(x+y) + \cos(x+y)],$$

$$\frac{\partial z}{\partial y} = \frac{\partial z}{\partial u}\frac{\partial u}{\partial y} + \frac{\partial z}{\partial v}\frac{\partial v}{\partial y}$$

$$= e^u \sin v \cdot x + e^u \cos v \cdot 1$$

$$= e^{xy}[x\sin(x+y) + \cos(x+y)].$$

例 7.13　设 $z = \dfrac{1}{\sqrt{u^2+v^2}}, u = x^2 + y^2, v = x^2 - y^2$, 求 $\dfrac{\partial z}{\partial x}$.

解　由链式法则有

$$\frac{\partial z}{\partial x} = \frac{\partial z}{\partial u}\frac{\partial u}{\partial x} + \frac{\partial z}{\partial v}\frac{\partial v}{\partial x}$$

$$= \frac{-u}{\sqrt{u^2+v^2}^3} \cdot 2x + \frac{-v}{\sqrt{u^2+v^2}^3} \cdot 2x$$

$$= -\frac{1}{\sqrt{u^2+v^2}^3}(2xu + 2xv).$$

上面几个例子比较典型，大多数情况下，多元复合函数变量间的关系比较复杂. 我们有些时候，需要把复合函数的中间变量看成统一的 n 元函数，这样可以使得变量间的层次关系更清楚.

例 7.14　$u = f(x+xy)$, 求 $\dfrac{\partial u}{\partial x}, \dfrac{\partial u}{\partial y}$.

解　$u = f(x+xy)$ 可以看成由 $u = f(v)$ 与 $v = x + xy$ 复合而成的，故

$$\frac{\partial u}{\partial x} = \frac{\mathrm{d}u}{\mathrm{d}v} \cdot \frac{\partial v}{\partial x} = f'(x+xy) \cdot (1+y),$$

$$\frac{\partial u}{\partial y} = \frac{\mathrm{d}u}{\mathrm{d}v} \cdot \frac{\partial v}{\partial y} = f'(x+xy) \cdot x.$$

为表达简便起见，对函数 $f(u,v)$，我们引入以下偏导数记号

$$f_1' = \frac{\partial f(u,v)}{\partial u}, f_{12}'' = \frac{\partial^2 f(u,v)}{\partial u \partial v},$$

这里下标 1 表示对第一个变量 u 求偏导数，下标 2 表示对第二个变量 v 求偏导数，同理有 f_2'、f_{11}''、f_{22}'' 等.

例 7.15　设 $w = f(x+y, xy)$，其中 f 具有二阶连续偏导数，求 $\dfrac{\partial^2 w}{\partial x \partial y}$.

解　令 $u = x + y, v = xy$，则 $w = f(u,v)$.

因所给函数由 $w = f(u,v)$ 及 $u = x+y, v = xy$ 复合而成，根据链式法则，有

$$\frac{\partial w}{\partial x} = \frac{\partial f}{\partial u}\frac{\partial u}{\partial x} + \frac{\partial f}{\partial v}\frac{\partial v}{\partial x} = f_1' + yf_2',$$

$$\frac{\partial^2 w}{\partial x \partial y} = \frac{\partial}{\partial y}(f_1' + y f_2') = \frac{\partial f_1'}{\partial y} + f_2' + y \frac{\partial f_2'}{\partial y}.$$

求 $\dfrac{\partial f_1'}{\partial y}$ 及 $\dfrac{\partial f_2'}{\partial y}$ 时，应注意 f_1' 及 f_2' 仍是复合函数，根据链式法则，有

$$\frac{\partial f_1'}{\partial y} = \frac{\partial f_1'}{\partial u}\frac{\partial u}{\partial y} + \frac{\partial f_1'}{\partial v}\frac{\partial v}{\partial y} = f_{11}'' + x f_{12}'',$$

$$\frac{\partial f_2'}{\partial y} = \frac{\partial f_2'}{\partial u}\frac{\partial u}{\partial y} + \frac{\partial f_2'}{\partial v}\frac{\partial v}{\partial y} = f_{21}'' + x f_{22}'',$$

于是

$$\frac{\partial^2 w}{\partial x \partial y} = f_{11}'' + x f_{12}'' + f_2' + y(f_{21}'' + x f_{22}'')$$
$$= f_{11}'' + (x + y) f_{12}'' + xy f_{22}'' + f_2'.$$

7.4.2 多元隐函数的求导法则

在一元微积分中，我们已经学习过如何求由方程 $F(x,y) = 0$ 所确定的函数 $y = f(x)$ 的导数的方法，利用偏导数的记号，可以使得求导变得更简单.

将方程 $F(x,y) = 0$ 所确定的函数 $y = f(x)$ 代入其中，得恒等式

$$F(x, f(x)) \equiv 0,$$

对上述方程两边关于 x 求导，由复合函数求偏导的法则，得

$$F_x'(x,y) + F_y'(x,y)\frac{\mathrm{d}y}{\mathrm{d}x} = 0,$$

因此，

$$\frac{\mathrm{d}y}{\mathrm{d}x} = -\frac{F_x'(x,y)}{F_y'(x,y)}.$$

例 7.16 设 y 是由方程 $xy - \mathrm{e}^x + \mathrm{e}^y = 0$ 确定的隐函数，求 $\dfrac{\mathrm{d}y}{\mathrm{d}x}$.

解 令 $F(x,y) = xy - \mathrm{e}^x + \mathrm{e}^y$，则

$$F_x'(x,y) = y - \mathrm{e}^x, F_y'(x,y) = x + \mathrm{e}^y,$$

于是

$$\frac{\mathrm{d}y}{\mathrm{d}x} = -\frac{F_x'(x,y)}{F_y'(x,y)} = -\frac{y - \mathrm{e}^x}{x + \mathrm{e}^y}.$$

下面我们直接给出多元隐函数的存在定理及偏导数的求法.

定理 7.5（隐函数存在定理） 设 $F(x,y,z)$ 满足：

(1) $F(x,y,z)$ 在 (x_0, y_0, z_0) 某邻域内可偏导，且 $F_x'(x,y,z), F_y'(x,y,z), F_z'(x,y,z)$ 连续，

(2) $F(x_0, y_0, z_0) = 0$，

(3) $F_z'(x_0, y_0, z_0) \neq 0$，

则有以下结论：

（1）存在 (x_0,y_0) 的某个邻域，在此邻域内存在唯一确定的二元函数 $z=f(x,y)$ 满足 $F(x,y,f(x,y))\equiv0$，且 $f(x_0,y_0)=z_0$；

（2）$z=f(x,y)$ 具有连续偏导数，且

$$\frac{\partial z}{\partial x}=-\frac{F'_x}{F'_z},\frac{\partial z}{\partial x}=-\frac{F'_y}{F'_z}.$$

函数 $z=f(x,y)$ 称为由方程 $F(x,y,z)=0$ 所确定的隐函数.

例 7.17 设函数 $z=f(x,y)$ 由方程 $x+y^2-e^z=z$ 确定，求 $\frac{\partial z}{\partial x},\frac{\partial z}{\partial y}$ 和 $\frac{\partial^2 z}{\partial x\partial y}$.

解 先求 $\frac{\partial z}{\partial x},\frac{\partial z}{\partial y}$. 令 $F(x,y,z)=x+y^2-e^z-z$，则

$$F'_x=1,F'_y=2y,F'_z=-e^z-1,$$

故

$$\frac{\partial z}{\partial x}=-\frac{F'_x}{F'_z}=\frac{1}{e^z+1},\frac{\partial z}{\partial y}=-\frac{F'_y}{F'_z}=\frac{2y}{e^z+1}.$$

再求 $\frac{\partial^2 z}{\partial x\partial y}$，对 $\frac{\partial z}{\partial x}=\frac{1}{e^z+1}$ 的两边关于 y 求偏导数，得

$$\frac{\partial^2 z}{\partial x\partial y}=-\frac{e^z}{(e^z+1)^2}\frac{\partial z}{\partial y},$$

将 $\frac{\partial z}{\partial y}=\frac{2y}{e^z+1}$ 代入上式，得

$$\frac{\partial^2 z}{\partial x\partial y}=-\frac{2ye^z}{(e^z+1)^3}.$$

例 7.18 设有隐函数 $F\left(\frac{x}{z},\frac{y}{z}\right)=0$，其中 F 具有连续的偏导数，求 $\frac{\partial z}{\partial x},\frac{\partial z}{\partial y}$.

解 令 $G(x,y,z)=F\left(\frac{x}{z},\frac{y}{z}\right)$，则

$$G'_x=F'_1\cdot\frac{1}{z},G'_y=F'_2\cdot\frac{1}{z},G'_z=F'_1\cdot\left(-\frac{x}{z^2}\right)+F'_2\cdot\left(-\frac{y}{z^2}\right),$$

$$\frac{\partial z}{\partial x}=-\frac{G'_x}{G'_z}=\frac{zF'_1}{xF'_1+yF'_2},$$

$$\frac{\partial z}{\partial y}=-\frac{G'_y}{G'_z}=\frac{zF'_2}{xF'_1+yF'_2}.$$

习题 7.4

1. 设 $z = u^2 v - uv^2$，而 $u = x\cos y, v = x\sin y$，求 $\dfrac{\partial z}{\partial x}, \dfrac{\partial z}{\partial y}$.

2. 设 $z = u^2 \ln v$，而 $u = \dfrac{x}{y}, v = 3x - 2y$，求 $\dfrac{\partial z}{\partial x}$，$\dfrac{\partial z}{\partial y}$.

3. 设 $z = ue^v$，而 $u = \ln(x^2 + y^2), v = x + y$，求 $\dfrac{\partial z}{\partial x}, \dfrac{\partial z}{\partial y}$.

4. 求下列全导数：

(1) 设 $z = e^{x-2y}$，而 $x = \sin t, y = t^3$，求 $\dfrac{dz}{dt}$；

(2) 设 $u = \dfrac{e^{ax}(y-z)}{a^2+1}$，而 $y = a\sin x, z = \cos x$，求 $\dfrac{du}{dx}$；

(3) 设 $z = \arcsin(x + y)$，而 $x = 2t, y = t^3$，求 $\dfrac{dz}{dt}$；

(4) 设 $z = \arctan(xy)$，而 $y = e^x$，求 $\dfrac{dz}{dx}$.

5. 设 $z = \arctan \dfrac{x}{y}$，而 $x = u + v, y = u - v$，验证：

$$\frac{\partial z}{\partial u} + \frac{\partial z}{\partial v} = \frac{u-v}{u^2+v^2}.$$

6. 求下列函数的一阶偏导数（其中 f 具有一阶连续偏导数）：

(1) $z = f(x^2 - y^2, e^{xy})$；

(2) $u = f\left(\dfrac{x}{y}, x + y\right)$.

7. 设 $z = xy + xF(u)$，而 $u = \dfrac{y}{x}, F(u)$ 可微，证明：

$$x\frac{\partial z}{\partial x} + y\frac{\partial z}{\partial y} = z + xy.$$

8. 设下列方程式确定了变量 z 为 x, y 的二元函数，求 $\dfrac{\partial z}{\partial x}, \dfrac{\partial z}{\partial y}$.

(1) $x^2 + y^2 + z^2 + 2z = 0$；

(2) $xz - xy + e^z = 0$；

(3) $x^3 + y^2 z - \sin z = 0$；

(4) $\dfrac{x}{z} = \ln \dfrac{z}{y}$.

7.5 多元函数的极值

二元函数极值的定义与一元函数完全类似. 如果二元函数 $z = f(x,y)$ 在点 $P_0(x_0, y_0)$ 的某邻域内有定义，且对于该邻域内异于 P_0 的任意一点 $P(x,y)$ 都成立不等式

$$f(x,y) < f(x_0, y_0)（或 f(x,y) > f(x_0, y_0)），$$

则称函数 $f(x,y)$ 在点 P_0 有极大值（或极小值）$f(x_0, y_0)$，点 $P_0(x_0, y_0)$ 称为极值点.

例如，函数 $z = 3x^2 + 4y^2$，它表示的曲面是椭圆抛物面，在点 $(0,0)$ 取得极小值 0，如图 7-6a 所示.

又如，函数 $z = -\sqrt{x^2 + y^2}$ 表示的是下半圆锥面，在点 $(0,0)$ 取得极大值也是最大值 0，如图 7-6b 所示.

我们一般把极值问题分为两类，即无条件极值问题和条件极值问题.

7.5.1 无条件极值

下面我们以二元函数为例来讨论多元函数取得极值的条件.

设函数 $f(x,y)$ 在点 $P_0(x_0, y_0)$ 处取得极值，则一元函数

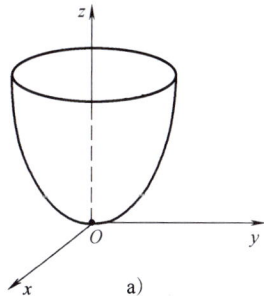

a)

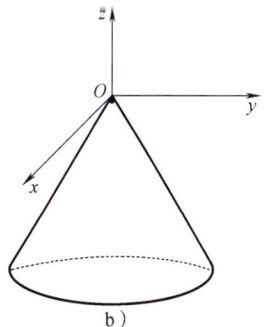

b)

图 7-6

$f(x,y_0)$ 在 $x=x_0$ 取得极值，$f(x_0,y)$ 在 $y=y_0$ 取得极值. 由一元函数极值的必要条件得出下面的定理.

> **定理 7.6（极值存在的必要条件）** 设函数 $z=f(x,y)$ 在点 $P_0(x_0,y_0)$ 处取得极值，且在该点处函数的偏导数都存在，则 $z=f(x,y)$ 在点 $P_0(x_0,y_0)$ 处的一阶偏导数为零，即
> $$f_x'(x_0,y_0)=0, \quad f_y'(x_0,y_0)=0.$$

定理 7.6 的结论可以推广到任意多元函数，即如果多元函数在某个点的各个偏导数都存在，且该点是极值点，则函数 $f(P)$ 在该点的各个偏导数均为零.

仿照一元函数，我们称所有一阶偏导数同时为零的点为多元函数的**驻点**. 定理 7.6 表明，函数的极值点只可能是函数的驻点或某个偏导数不存在的点. 而这些点是否确实是函数的极值点则需要进一步判定.

> **定理 7.7（极值存在的充分条件）** 设函数 $z=f(x,y)$ 在点 $P_0(x_0,y_0)$ 的某邻域内有一阶及二阶连续偏导数，且 $f_x'(x_0,y_0)=f_y'(x_0,y_0)=0$. 令 $f_{xx}''(x_0,y_0)=A$, $f_{xy}''(x_0,y_0)=B$, $f_{yy}''(x_0,y_0)=C$, 则
> (1) 当 $AC-B^2>0$ 时，$f(x_0,y_0)$ 是函数 $z=f(x,y)$ 的极值，其中当 $A<0$ 时 $f(x_0,y_0)$ 为极大值，当 $A>0$ 时 $f(x_0,y_0)$ 为极小值；
> (2) 当 $AC-B^2<0$ 时，$f(x_0,y_0)$ 不是极值.

证明略.

需要特别指出的是，当 $AC-B^2=0$ 时，函数可能有极值也可能没有极值. 如函数 $z=x^4+y^4$ 和 $u=x^2+y^3$ 在点 $(0,0)$ 处均有 $AC-B^2=0$，但 $z(0,0)$ 为极小值，而 $u(0,0)$ 非极值.

例 7.19 求函数 $f(x,y)=x^3+y^3-3xy$ 的极值.

解 先求函数驻点. 解方程组
$$\begin{cases} f_x'(x,y)=3x^2-3y=0, \\ f_y'(x,y)=3y^2-3x=0, \end{cases}$$
求得驻点 $P_0(0,0)$ 及 $P_1(1,1)$.

再求二阶偏导数，得
$$f_{xx}''(x,y)=6x, \quad f_{xy}''(x,y)=-3, \quad f_{yy}''(x,y)=6y.$$
在点 $P_0(0,0)$ 有
$$A=0, B=-3, C=0, AC-B^2=-9<0,$$
因此，在点 $P_0(0,0)$ 处没有极值.

在点 $P_1(1,1)$ 有

$$A = 6 > 0, B = -3, C = 6, AC - B^2 = 27 > 0,$$

因此，在点 $P_1(1,1)$ 处取极小值 $f(1,1) = -1$.

在一些实际应用问题中，问题本身可以保证函数在其定义域 D 内可微，所求的最大值或最小值存在且一定在 D 的内部取得. 在这些条件下，如果函数在 D 内只有一个驻点，那么该驻点处的函数值就是函数 $f(x,y)$ 在 D 上的最大（小）值.

7.5.2 条件极值拉格朗日乘数法

我们先分析一个例子.

例 7.20 某厂要用铁皮制成容积一定的无盖的长方体盒子. 问怎样设计尺寸才能使用料最省？

解 设盒子底边长为 xm，宽为 ym，高为 zm，则容积 $V = xyz$. 此盒子所用材料的面积为

$$s = xy + 2xz + 2yz \, (x > 0, y > 0, z > 0).$$

我们的问题是求函数 $s = xy + 2xz + 2yz$ 在条件 $xyz = V$ 及 $x > 0, y > 0, z > 0$ 下的极值，即所谓的条件极值. 由条件 $xyz = V$ 解出 $z = \dfrac{V}{xy}$，代入函数 $s = xy + 2xz + 2yz$ 中消去变量 z，化为函数

$$s = xy + 2(x + y) \cdot \frac{V}{xy},$$

这就是二元函数 $s = s(x,y)$ 的无条件极值问题了.

令

$$\begin{cases} \dfrac{\partial s}{\partial x} = y - \dfrac{2V}{x^2} = 0, \\ \dfrac{\partial s}{\partial y} = x - \dfrac{2V}{y^2} = 0, \end{cases}$$

解这个方程组，得 $x = y = \sqrt[3]{2V}$.

根据题意，盒子所用材料面积的最小值一定存在（$x > 0, y > 0$），且函数只有唯一的驻点（$\sqrt[3]{2V}, \sqrt[3]{2V}$），故可断定当 $x = y = \sqrt[3]{2V}$ 时，盒子用料最省. 这时，盒子的底是一个正方形，高是底边的一半.

在上例中，我们从约束条件中解出变量，从而把条件极值化为无条件极值. 尽管大多数情况下，从约束条件（方程或方程组）中解出某个变量往往比较困难，甚至不可能，但是沿着这个方向进行探索，数学家发现了求解条件极值的乘子方法.

例如，我们把函数 $z = f(x,y)$（称为**目标函数**）在条件 $\varphi(x,y) = 0$（称为**约束条件**）下的条件极值问题转化为求 $L(x,y,\lambda) = f(x,y) + \lambda\varphi(x,y)$ 的无条件极值，其中称参数 λ 为**拉格朗日乘数**，这种方法称为**拉格朗日乘数法**.

例 7.21   求直线 $Ax + By + C = 0$ 上最靠近坐标原点的点.

解   由题意,目标函数为

$$f(x, y) = x^2 + y^2,$$

约束条件为

$$Ax + By + C = 0.$$

作拉格朗日函数

$$L = x^2 + y^2 + \lambda(Ax + By + C).$$

令 $L'_x = L'_y = L'_\lambda = 0$,即

$$\begin{cases} L'_x = 2x + \lambda A = 0, \\ L'_y = 2y + \lambda B = 0, \\ L'_\lambda = Ax + By + C = 0, \end{cases}$$

解得

$$\begin{cases} x_0 = \dfrac{-AC}{A^2 + B^2}, \\ y_0 = \dfrac{-BC}{A^2 + B^2}. \end{cases}$$

由于该直线到原点的最近距离确实存在,又因为 L 的驻点唯一,因此,求得的点 (x_0, y_0) 距原点最近,距离为

$$d = \sqrt{x_0^2 + y_0^2} = \frac{|C|}{\sqrt{A^2 + B^2}}.$$

习题 7.5

1. 求下列各函数的驻点和极值:

(1) $z = 4(x - y) - x^2 - y^2$;

(2) $z = y^2 - x^2 - 6x - 12y$;

(3) $z = e^{2x}(x + 2y + y^2)$;

(4) $z = x + y - e^x - e^y + 2$.

2. 要造一个容积等于定数的长方形无盖水池,应如何设计水池的尺寸,方可使它的表面积最小.

3. 在 xOy 平面上求一点,使得它到 $x = 0$,$y = 0$ 及 $x + 2y = 16$ 三条直线的距离平方之和最小.

4. 求半径为 a 的球中具有最大体积的内接长方体.

5. 将周长为定数的矩形绕它的一边旋转从而构成一个圆柱体,问矩形的边长如何设计,才能使圆柱体的体积最大.

7.6   偏弹性与最优化

本节我们通过例子来简单介绍一下偏导数在微观经济学中的应用.

7.6.1   需求的偏弹性

假定对于某种商品 G 的需求 Q 依赖于自身的价格 P 和其他商品 A 的价格 P_A 以及消费者的收入 Y,即

$$Q = f(P, P_A, Y).$$

需求量 Q 对自身价格 P 的偏弹性

$$E_P Q = \frac{\partial Q}{\partial P} \frac{P}{Q}$$

称为**需求的(自)价格弹性**. 由于价格上升将导致需求量的下降,所以需求的(自)价格弹性的符号是负的,即 $E_P Q = \frac{\partial Q}{\partial P} \frac{P}{Q} < 0$.

需求量 Q 对其他商品价格 P_A 的偏弹性

$$E_{P_A} Q = \frac{\partial Q}{\partial P_A} \frac{P_A}{Q}$$

称为**需求的交叉价格弹性**. $E_{P_A} Q$ 的符号依赖商品 G 与商品 A 的关系:如果 A、G 两种商品为替代品,例如苹果和香蕉,那么 P_A 增加时 Q 也增加,因为消费者会更多地购买相对便宜的商品,所以 $E_{P_A} Q = \frac{\partial Q}{\partial P_A} \frac{P_A}{Q} > 0$;如果 A、G 两种商品为互补品,例如轿车和汽油,因为作为整体变贵了,P_A 增加时 Q 会减少,所以 $E_{P_A} Q = \frac{\partial Q}{\partial P_A} \frac{P_A}{Q} < 0$.

需求的(自)价格弹性与需求的交叉价格弹性统称**需求对价格的偏弹性**.

需求量 Q 对收入 Y 的偏弹性

$$E_Y Q = \frac{\partial Q}{\partial Y} \frac{Y}{Q}$$

称为**需求的收入弹性**,也称**需求对收入的偏弹性**. $E_Y Q$ 的符号取决于商品的品质:如果商品 G 是优等品,即需求随着收入上升而上升,则 $E_Y Q = \frac{\partial Q}{\partial Y} \frac{Y}{Q} > 0$;如果商品 G 是劣等品,即需求将随着收入上升而下降,则 $E_Y Q = \frac{\partial Q}{\partial Y} \frac{Y}{Q} < 0$.

例 7.22 给定消费者对于市场上某种商品 G 的需求函数

$$Q = 500 - 3P + 2P_A + 0.01Y,$$

式中,$P = 20$,$P_A = 30$,$Y = 5000$,求:

(1)需求的价格弹性;

(2)需求的交叉弹性,其他商品是替代性的还是互补性的?

(3)需求的收入弹性,这种商品 G 是优等品还是劣等品?

解 (1) $E_P Q = \frac{\partial Q}{\partial P} \frac{P}{Q} = \frac{-3P}{500 - 3P + 2P_A + 0.01Y}$,

$$E_P Q(20, 30, 5000) = \frac{-3 \times 20}{500 - 3 \times 20 + 2 \times 30 + 0.01 \times 5000} = -\frac{6}{55}.$$

(2) $E_{P_A} Q = \frac{\partial Q}{\partial P_A} \frac{P_A}{Q} = \frac{2P_A}{500 - 3P + 2P_A + 0.01Y}$,

$$E_{P_A} Q(20, 30, 5000) = \frac{2 \times 30}{500 - 3 \times 20 + 2 \times 30 + 0.01 \times 5000} = \frac{6}{55},$$

$E_{P_A} Q(20, 30, 5000) = \frac{6}{55} > 0$,说明其他商品是替代性的.

$$(3)\ E_Y Q = \frac{\partial Q}{\partial Y}\frac{P}{Q} = \frac{0.01Y}{500 - 3P + 2P_A + 0.01Y},$$

$$E_Y Q(20,30,5000) = \frac{0.01 \times 50}{500 - 3 \times 20 + 2 \times 30 + 0.01 \times 5000} = \frac{1}{11},$$

$E_Y Q(20,30,5000) = \dfrac{1}{11} > 0$，说明这种商品是优等品.

7.6.2　几个最优化的例子

例 7.23　家庭的消费均衡. 假设某个家庭的可支配收入为 M，需要购买两种商品 X,Y 的数量分别为 x,y，单价分别为 P_X,P_Y，效用函数为 $U = U(x,y)$. 试问这个家庭应如何制订采购方案才能达到最大效用？

解　目标函数 $U = U(x,y)$.

约束条件 $xP_X + yP_Y = M$.

构造拉格朗日函数

$$L(x,y,\lambda) = U(x,y) + \lambda(M - xP_X - yP_Y).$$

效用函数取得极大值的必要条件为

$$\begin{cases} \dfrac{\partial U}{\partial x} = U_x - \lambda P_X = 0, \\[2mm] \dfrac{\partial U}{\partial y} = U_y - \lambda P_Y = 0, \\[2mm] \dfrac{\partial U}{\partial \lambda} = M - xP_X - yP_Y = 0, \end{cases}$$

解得

$$\frac{U_x}{U_y} = \frac{P_X}{P_Y},$$

即效用函数 $U = U(x,y)$ 取得极大值的必要条件是

$$\frac{X\ \text{的边际效用}}{Y\ \text{的边际效用}} = \frac{X\ \text{的价格}}{Y\ \text{的价格}}.$$

例 7.24　某公司可通过电台及报纸两种方式做销售某商品的广告. 根据统计资料，销售收入 R（万元）与电台广告费用 x（万元）及报纸广告费用 y（万元）之间的关系有如下的经验公式

$$R = 15 + 15x + 33y - 8xy - 2x^2 - 10y^2,$$

求：

(1)在广告费用不限的情况下，求最优广告策略；

(2)若限定电台广告费用为 1 万元，求相应的最优广告策略.

解　所谓最优广告策略就是使得利润最大化的广告策略. 设 L 表示利润，C 表示总广告费，则

$$L = R - C = 15 + 15x + 33y - 8xy - 2x^2 - 10y^2 - (x + y),$$

即

$$L = 15 + 14x + 32y - 8xy - 2x^2 - 10y^2.$$

(1) $\dfrac{\partial L}{\partial x} = 14 - 8y - 4x, \dfrac{\partial L}{\partial y} = 32 - 8x - 20y.$

令 $\dfrac{\partial L}{\partial x} = \dfrac{\partial L}{\partial y} = 0$，即

$$\begin{cases} 14 - 8y - 4x = 0, \\ 32 - 8x - 20y = 0, \end{cases}$$

解出 $x = \dfrac{3}{2}, y = 1$. 即最优广告策略是：电台广告费用 1.5 万元，报纸广告费用 1 万元.

（2）限定 $x = 1$ 时，

$$L = 27 + 24y - 10y^2,$$

$$\dfrac{\mathrm{d}L}{\mathrm{d}y} = 24 - 20y,$$

令 $\dfrac{\mathrm{d}L}{\mathrm{d}y} = 0$，即 $24 - 20y = 0$，解出 $y = 1.2$. 即相应的最优广告策略是：报纸广告费用 1.2 万元.

例 7.25　设某工厂生产甲产品数量 S（单位为 t）与所用两种原料 A、B 的数量 x, y（单位为 t）间的关系式为

$$S(x, y) = 0.005x^2 y,$$

现准备向银行贷款 150 万元购原料，已知 A、B 原料每吨单价分别为 1 万元和 2 万元，问怎样购进两种原料，才能使生产的数量最多？

解　目标函数为 $S(x, y) = 0.005x^2 y$.

约束条件为 $x + 2y = 150$.

即

$$S = 0.005x^2(75 - 0.5x),$$

$$\dfrac{\mathrm{d}S}{\mathrm{d}x} = 0.005x(150 - 1.5x),$$

$$\dfrac{\mathrm{d}^2 S}{\mathrm{d}x^2} = 0.005(150 - 3x),$$

令 $\dfrac{\mathrm{d}S}{\mathrm{d}x} = 0$，解出 $x = 0, x = 100$.

由 $\dfrac{\mathrm{d}^2 S}{\mathrm{d}x^2}\Big|_{x=0} > 0, \dfrac{\mathrm{d}^2 S}{\mathrm{d}x^2}\Big|_{x=100} < 0$，得出 $x = 100$ 时生产数量最多，即购进 A 原料 100t，B 原料 25t 时生产的数量最多.

习题 7.6

1．给定消费者对于市场上某种商品 G 的需求函数

$$Q = 200 - 2P + P_A + 0.1Y,$$

式中，$P = 10, P_A = 15, Y = 100$，求：

（1）需求的价格弹性；

（2）需求的交叉弹性，其他商品是替代性的还是互补性的？

（3）需求的收入弹性，商品 G 是优等品还是劣等品？

2．一个厂商被容许对家庭和工业消费者采取不同的价格，如果 P_1 和 Q_1 分别表示家庭市场的价格和需求，那么需求方程为

$$P_1 + Q_1 = 500,$$

如果 P_2 和 Q_2 分别表示工业市场的价格和需求，那么需求方程为

$$2P_2 + 3Q_2 = 720,$$

总成本函数为

$$TC = 50000 + 20Q,$$

其中 $Q = Q_1 + Q_2$，确定使公司利润最大化并允许带有价格歧视的价格政策并计算最大化利润的值.

3. 两种产品 G_1 和 G_2 由同一个厂商生产，有总成本函数

$$TC = 5Q_1 + 10Q_2,$$

其中 Q_1，Q_2 分别表示生产 G_1 和 G_2 的量. 如果 P_1 和 P_2 分别表示相应的价格，那么需求函数分别为

$$P_1 = 500 - Q_1 - Q_2,$$
$$P_2 = 1000 - Q_1 - 4Q_2,$$

如果厂商的总成本固定为 1000 元，求最大利润. 如果总成本上升到 1001 元，试估计新的最优利润.

4. 某公司通过电台和报纸两种方式做销售某商品的广告，根据统计资料，销售收入 R（万元）与电台广告费 x（万元）和报纸广告费 y（万元）间的关系为

$$R = 15 + 14x + 32y - xy - 2x^2 - 8y^2,$$

求：

(1) 在广告费不受限制情况下的最优广告策略；

(2) 若限制广告费为 1.5（万元）时，其相应的最优广告策略.

7.7　二重积分

本节我们把一元函数在区间上的定积分推广到二元函数在平面上的二重积分.

7.7.1　二重积分的概念

引例　求曲顶柱体的体积.

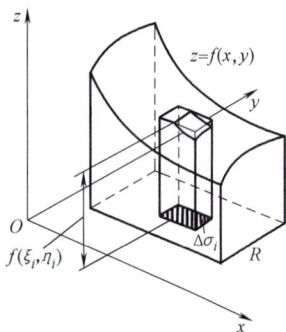

图　7-7

设曲顶柱体的底是 xOy 面上的有界闭区域 D，其侧面是以 D 的边界曲线为准线且母线平行于 z 轴的柱面，它的顶是曲面 $z = f(x, y)$（$f(x, y) \geqslant 0$ 且 $z = f(x, y)$ 在 D 上连续）. 求曲顶柱体的体积.

由初等几何知，

平顶柱体的体积＝底面积×高（常量），

但是，这一公式无法直接应用于一般的曲顶柱体，因为曲顶柱体的高 $f(x, y)$ 会随着点 $(x, y) \in D$ 的不同而变化（见图 7-7）. 我们用积分的思想来求曲顶柱体的体积.

1. 划分

把平面区域 D 划分为 n 个小区域 $\Delta\sigma_1, \Delta\sigma_2, \cdots, \Delta\sigma_n$. 为简单起见，我们把第 i 个小区域的面积也记为 $\Delta\sigma_i$，以它们为底把大的曲顶柱体分为 n 个小曲顶柱体，体积分别记为 $\Delta V_1, \Delta V_2, \cdots, \Delta V_n$（见图 7-8）.

2. 近似

在每个 $\Delta\sigma_i$ 中任取一点 (ξ_i, η_i)，将对应的小曲顶柱体近似地看成是以 $\Delta\sigma_i$ 为底、$f(\xi_i, \eta_i)$ 为高的平顶柱体. 于是

$$\Delta V_i \approx f(\xi_i, \eta_i)\Delta\sigma_i (i = 1, 2, \cdots, n).$$

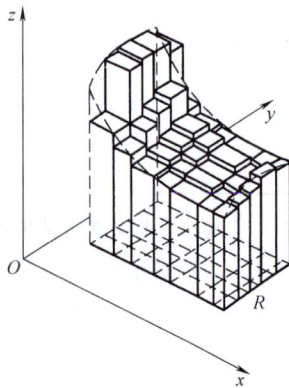

图　7-8

3. 求和

由于大曲顶柱体的体积等于所有小曲顶柱体的体积之和，因此将所有的小"平顶"柱体的体积的近似值累加起来，便得到曲顶柱体体积的近似值

$$V = \sum_{i=1}^{n} \Delta V_i \approx \sum_{i=1}^{n} f(\xi_i, \eta_i)\Delta\sigma_i.$$

4. 取极限

令 $\lambda = \max\limits_{1 \leqslant i \leqslant n}\{d(\Delta\sigma_i)\}$，则当 $\lambda \to 0$ 时，和式 $\sum\limits_{i=1}^{n} f(\xi_i, \eta_i)\Delta\sigma_i$ 的极限值就是所求曲顶柱体的体积，即

$$V = \lim_{\lambda \to 0} \sum_{i=1}^{n} f(\xi_i, \eta_i)\Delta\sigma_i.$$

抽去上述问题的几何意义，我们就得到了**二重积分的定义**.

定义 7.5 设 $f(x, y)$ 是有界闭区域 D 上的有界函数. 将 D 任意分成 n 个小闭区域 $\Delta\sigma_1, \Delta\sigma_2, \cdots, \Delta\sigma_n$，其中 $\Delta\sigma_i$ 表示第 i 个小闭区域，也表示它的面积. 在每个 $\Delta\sigma_i$ 上任取一点 $(\xi_i, \eta_i) \in \Delta\sigma_i$，作乘积 $f(\xi_i, \eta_i)\Delta\sigma_i (i = 1, 2, 3, \cdots, n)$，并求和

$$\sum_{i=1}^{n} f(\xi_i, \eta_i)\Delta\sigma_i,$$

令 $\lambda = \max\limits_{1 \leqslant i \leqslant n}\{d(\Delta\sigma_i)\} \to 0$. 如果和式的极限存在，则称 $f(x, y)$ 在 D 上可积，且称此极限值为函数 $f(x, y)$ 在闭区域 D 上的**二重积分**，记作 $\iint\limits_{D} f(x, y)\mathrm{d}\sigma$，即

$$\iint\limits_{D} f(x, y)\mathrm{d}\sigma = \lim_{\lambda \to 0} \sum_{i=1}^{n} f(\xi_i, \eta_i)\Delta\sigma_i,$$

式中，$f(x, y)$ 是被积函数；$f(x, y)\mathrm{d}\sigma$ 是被积表达式；$\mathrm{d}\sigma$ 是面积微元；x 和 y 是积分变量；D 是积分区域；$\sum\limits_{i=1}^{n} f(\xi_i, \eta_i)\Delta\sigma_i$ 是积分和（也称黎曼和）.

按照二重积分的定义，曲顶柱体的体积可表示为 $V = \iint\limits_{D} f(x, y)\mathrm{d}\sigma$.

一般地，当 $f(x, y) \geqslant 0$ 时，$\iint\limits_{D} f(x, y)\mathrm{d}\sigma$ 表示以平面区域 D 为底，曲面 $z = f(x, y)$ 为顶，以 D 的边界为准线，母线平行于 z 轴的曲顶柱体的体积 V. 当 $f(x, y) \leqslant 0$ 时，$\iint\limits_{D} f(x, y)\mathrm{d}\sigma = -V$. 这就是**二重积分的几何意义**.

二重积分与定积分有类似形式的定义，其性质也完全类似，我们不在这里一一列举了.

7.7.2 直角坐标系下二重积分的计算

我们根据积分区域的形态特点分情况来讨论二重积分的计算.

1. 矩形区域上的二重积分

考虑二重积分 $\iint\limits_{D} f(x, y)\mathrm{d}\sigma$. 积分区域 D 为矩形，$a \leqslant x \leqslant b$，

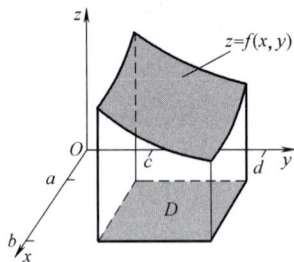

图 7-9

$c \leqslant y \leqslant d$，如图 7-9 所示. 在直角坐标系中总是用分别平行于 x 轴和 y 轴的直线网来划分积分区域 D. 考虑划分后的任意一个小区域 $[x, x+\mathrm{d}x] \times [y, y+\mathrm{d}y]$，其面积为 $\mathrm{d}\sigma = \mathrm{d}x\mathrm{d}y$. 于是

$$\iint\limits_{D} f(x,y)\mathrm{d}\sigma = \iint\limits_{D} f(x,y)\mathrm{d}x\mathrm{d}y,$$

习惯上总是用 $\iint\limits_{D} f(x,y)\mathrm{d}x\mathrm{d}y$ 表示二重积分.

假设 $f(x,y) \geqslant 0, z = f(x,y)$ 在 D 上连续，则 $\iint\limits_{D} f(x,y)\mathrm{d}x\mathrm{d}y$ 是底面为 D，顶面为 $z = f(x,y)$ 的曲顶柱体的体积（见图 7-10a）. 我们用定积分计算这个体积.

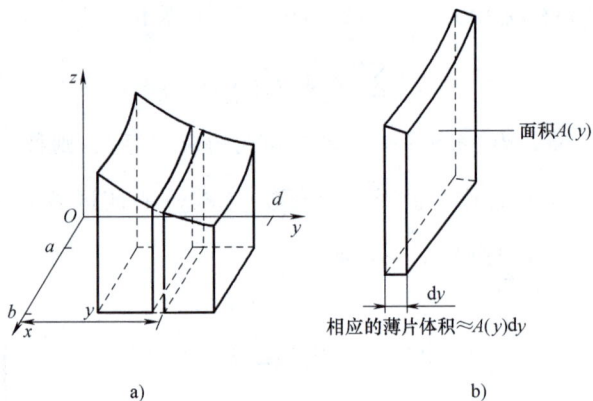

面积$A(y)$

$\mathrm{d}y$

相应的薄片体积$\approx A(y)\mathrm{d}y$

a)　　　　　　　　b)

图 7-10

把柱体切割成平行于 xOz 平面的薄片，$[y, y+\mathrm{d}y]$ 对应薄片如图 7-10b 所示，则

$$\iint\limits_{D} f(x,y)\mathrm{d}x\mathrm{d}y = \int_{c}^{d} A(y)\mathrm{d}y,$$

又对任意给定的 $y(c \leqslant y \leqslant d)$，有

$$A(y) = \int_{a}^{b} f(x,y)\mathrm{d}x,$$

于是有

$$\iint\limits_{D} f(x,y)\mathrm{d}x\mathrm{d}y = \int_{c}^{d} \left[\int_{a}^{b} f(x,y)\mathrm{d}x \right] \mathrm{d}y.$$

如果先把柱体做平行于 yOz 平面的切割，则得到另一个次序相反的二次积分

$$\iint\limits_{D} f(x,y)\mathrm{d}x\mathrm{d}y = \int_{a}^{b} \left[\int_{c}^{d} f(x,y)\mathrm{d}y \right] \mathrm{d}x.$$

为简单起见，通常把 $\int_{c}^{d} \left[\int_{a}^{b} f(x,y)\mathrm{d}x \right] \mathrm{d}y$ 记成 $\int_{c}^{d} \mathrm{d}y \int_{a}^{b} f(x,y)\mathrm{d}x$，即

$$\iint\limits_{D} f(x,y)\mathrm{d}x\mathrm{d}y = \int_{c}^{d} \mathrm{d}y \int_{a}^{b} f(x,y)\mathrm{d}x,$$

表示先对 x 积分再对 y 积分.

把 $\int_a^b \left[\int_c^d f(x,y)\mathrm{d}y\right]\mathrm{d}x$ 记成 $\int_a^b \mathrm{d}x \int_c^d f(x,y)\mathrm{d}y$，即

$$\iint\limits_D f(x,y)\mathrm{d}x\mathrm{d}y = \int_a^b \mathrm{d}x \int_c^d f(x,y)\mathrm{d}y$$

表示先对 y 积分再对 x 积分.

例 7.26　计算 $\iint\limits_D (x^2 + xy + y^2)\mathrm{d}x\mathrm{d}y$，其中 D 是矩形区域 $0 \leqslant x \leqslant 1, 1 \leqslant y \leqslant 2$.

解　先对 x 积分

$$
\begin{aligned}
\iint\limits_D (x^2 + xy + y^2)\mathrm{d}x\mathrm{d}y &= \int_1^2 \mathrm{d}y \int_0^1 (x^2 + xy + y^2)\mathrm{d}x \\
&= \int_1^2 \left(\frac{1}{3}x^3 + \frac{1}{2}x^2 y + xy^2\right)\Big|_0^1 \mathrm{d}y \\
&= \int_1^2 \left(\frac{1}{3} + \frac{1}{2}y + y^2\right)\mathrm{d}y \\
&= \left(\frac{1}{3}y + \frac{1}{4}y^2 + \frac{1}{3}y^3\right)\Big|_1^2 = \frac{41}{12}.
\end{aligned}
$$

我们把先对 y 积分留作练习.

在矩形区域上化二重积分为两次定积分的方法对一般情形同样适用，即函数只要求可积，积分区域可以任意.

在计算二重积分时，一般先画出积分区域，然后根据积分区域的形态选择合适的积分次序. 我们对此做稍微详细一些的讨论.

2. 横向区域

横向区域是由 $y=c, y=d, x=\psi_1(y), x=\psi_2(y)$ $(\psi_1(y) \leqslant \psi_2(y))$ 围成的平面区域（见图 7-11）时，在这样的区域积分时通常可以先对 x 积分再对 y 积分. 横向区域也称 **X 区域**.

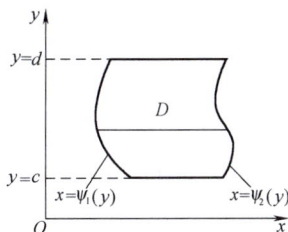
图 7-11

对 x 积分时，将 y 视为"常量"，于是

$$\iint\limits_D f(x,y)\mathrm{d}x\mathrm{d}y = \int_c^d \left[\int_{\psi_1(y)}^{\psi_2(y)} f(x,y)\mathrm{d}x\right]\mathrm{d}y = \int_c^d \mathrm{d}y \int_{\psi_1(y)}^{\psi_2(y)} f(x,y)\mathrm{d}x.$$

例 7.27　计算 $\iint\limits_D (x^2 + y - 1)\mathrm{d}x\mathrm{d}y$，其中积分区域 D 是由直线 $y=x, y=2x$ 及 $y=2$ 所围成的区域.

解　先画出积分区域示意图，并计算交点坐标. 积分区域 D 如图 7-12 所示. 这是横向区域，因此选择先对 x 积分.

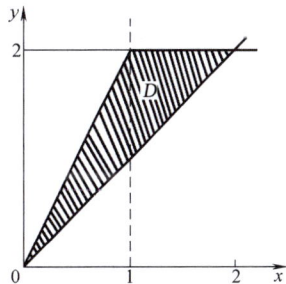
图 7-12

$$
\begin{aligned}
&\iint\limits_D (x^2 + y - 1)\mathrm{d}x\mathrm{d}y \\
&= \int_0^2 \mathrm{d}y \int_{\frac{1}{2}y}^y (x^2 + y - 1)\mathrm{d}x \\
&= \int_0^2 \left(\frac{1}{3}x^3 + yx - x\right)\Big|_{\frac{1}{2}y}^y \mathrm{d}y \\
&= \int_0^2 \left(\frac{7}{24}y^3 + \frac{1}{2}y^2 - \frac{1}{2}y\right)\mathrm{d}y = \frac{3}{2}.
\end{aligned}
$$

3. 纵向区域

纵向区域是由 $x = a, x = b, y = y_1(x), y = y_2(x)$（$y_1(x) \leqslant y_2(x)$）围成的平面区域（见图 7-13）. 在这样的区域上积分时通常可以先对 y 积分再对 x 积分. 纵向区域也称 Y **区域**.

对 y 积分时，将 x 视为"常量"，于是

$$\iint\limits_D f(x,y)\mathrm{d}x\mathrm{d}y = \int_a^b \left[\int_{y_1(x)}^{y_2(x)} f(x,y)\mathrm{d}y \right]\mathrm{d}x = \int_a^b \mathrm{d}x \int_{y_1(x)}^{y_2(x)} f(x,y)\mathrm{d}y.$$

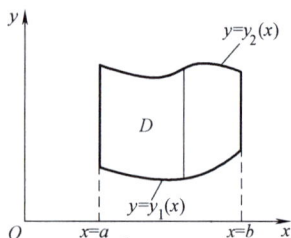

图　7-13

例 7.28　计算 $\iint\limits_D (4x + 10y)\mathrm{d}x\mathrm{d}y$，其中积分区域 D 如图 7-14 所示.

解　这是纵向区域，选择先对 y 积分.

$$\iint\limits_D (4x + 10y)\mathrm{d}x\mathrm{d}y = \int_3^5 \mathrm{d}x \int_{-x}^{x^2} (4x + 10y)\mathrm{d}y$$

$$= \int_3^5 (4xy + 5y^2) \Big|_{-x}^{x^2} \mathrm{d}x$$

$$= \int_3^5 (5x^4 + 4x^3 - x^2)\mathrm{d}x = 3393\frac{1}{3}.$$

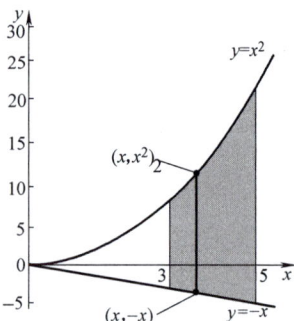

图　7-14

4. 复杂区域

对于一般的平面区域，可以用平行于坐标轴的直线将其分成若干个横向区域或纵向区域，然后利用二重积分对积分区域的可加性进行计算.

例 7.29　计算 $\iint\limits_D xy^2 \mathrm{d}x\mathrm{d}y$，其中积分区域 D 如图 7-15 所示.

解　如图 7-15 所示，积分区域 D 可以划分成 D_1 和 D_2.

$$\iint\limits_D xy^2 \mathrm{d}x\mathrm{d}y = \iint\limits_{D_1} xy^2 \mathrm{d}x\mathrm{d}y + \iint\limits_{D_2} xy^2 \mathrm{d}x\mathrm{d}y,$$

$$\iint\limits_{D_1} xy^2 \mathrm{d}x\mathrm{d}y = \int_2^4 \mathrm{d}y \int_0^{y-2} xy^2 \mathrm{d}x = \frac{1}{2} \int_2^4 (y-2)^2 y^2 \mathrm{d}y,$$

$$\iint\limits_{D_2} xy^2 \mathrm{d}x\mathrm{d}y = \int_0^2 \mathrm{d}y \int_0^{2-y} xy^2 \mathrm{d}x = \frac{1}{2} \int_0^2 (2-y)^2 y^2 \mathrm{d}y,$$

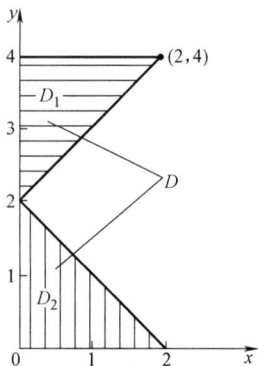

图　7-15

于是　$\iint\limits_D xy^2 \mathrm{d}x\mathrm{d}y = \frac{1}{2} \int_0^4 (y-2)^2 y^2 \mathrm{d}y$

$$= \frac{1}{2} \int_0^4 (y^4 - 4y^3 + 4y^2)\mathrm{d}y$$

$$= \frac{1}{2} \left(\frac{1}{5} y^5 - y^4 + \frac{4}{3} y^3 \right) \Big|_0^4 = \frac{256}{15}.$$

将二重积分化为累次积分时，除了要考虑积分区域的几何特点外，还必须同时考虑被积函数. 有些时候，即使给定了累次积分的次序，也必须将其转换为另一个次序才能计算，称之为"交换积分次序". 我们看下面的例子.

例 7.30 计算 $\int_0^1 \mathrm{d}y \int_y^{\sqrt{y}} \dfrac{\sin x}{x} \mathrm{d}x$.

分析 因为 $y = \dfrac{\sin x}{x}$ 的原函数不是初等函数,所以,按原题所给的积分顺序不能直接求解,应当考虑通过交换积分顺序来计算二重积分.

解 由条件知,积分区域为

$$D = \{(x,y) \,|\, y \leqslant x \leqslant \sqrt{y}, 0 \leqslant y \leqslant 1\},$$

既是横向区域又是纵向区域(见图 7-16).交换积分次序,将 D 看成纵向区域,即

$$D = \{(x,y) \,|\, 0 \leqslant x \leqslant 1, x^2 \leqslant y \leqslant x\},$$

于是,

$$
\begin{aligned}
\int_0^1 \mathrm{d}y \int_y^{\sqrt{y}} \frac{\sin x}{x} \mathrm{d}x &= \int_0^1 \mathrm{d}x \int_{x^2}^x \frac{\sin x}{x} \mathrm{d}y \\
&= \int_0^1 \frac{\sin x}{x} (y \,|_{x^2}^x) \mathrm{d}x \\
&= \int_0^1 \frac{\sin x}{x} (x - x^2) \mathrm{d}x \\
&= \int_0^1 (\sin x - x \sin x) \mathrm{d}x \\
&= 1 - \sin 1.
\end{aligned}
$$

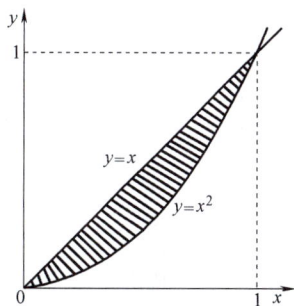

图 7-16

总体来说,无论是考虑积分区域形状还是分析被积函数特点,都是为了使积分,尤其是第一次积分容易一些.

关于二重积分的记号特别要注意,$\int_a^b \mathrm{d}x \int_{y_1(x)}^{y_2(x)} f(x,y) \mathrm{d}y$ 是 $\int_a^b \left[\int_{y_1(x)}^{y_2(x)} f(x,y) \mathrm{d}y\right] \mathrm{d}x$ 的简写,一般不等于 $\int_a^b \mathrm{d}x$ 与 $\int_{y_1(x)}^{y_2(x)} f(x,y) \mathrm{d}y$ 的乘积.但是,当被积函数 $f(x,y) = f_1(x) f_2(y)$,且积分区域为矩形域,即 $D = \{(x,y) \,|\, a \leqslant x \leqslant b, c \leqslant y \leqslant d\}$ 时,有

$$\iint_D f(x,y) \mathrm{d}x \mathrm{d}y = \left[\int_a^b f_1(x) \mathrm{d}x\right]\left[\int_c^d f_2(y) \mathrm{d}y\right].$$

证明留给读者.

上例说明,把二重积分化为累次积分时,选择不同的积分顺序,计算难度也可能不同.仅对积分区域来说,对区域 D 划分的块数越少,计算往往相对越容易.

7.7.3 极坐标系下二重积分的计算

在极坐标系下,通常用以极点为中心的一族同心圆($r =$ 常数)以及从极点出发的一族射线($\theta =$ 常数)对积分区域 D 来进行划分(见图 7-17).

我们仍然以曲顶柱体的体积为例来考虑极坐标系下二重积分的计算问题,底面为区域 D,顶面 $z = f(x,y)$.

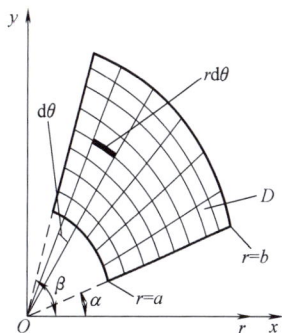

图 7-17

首先,确定 r 为常数的柱面在曲顶柱体内的面积,记为 $A(r)$. 在 $[\theta, \theta + \mathrm{d}\theta]$ 上,底为 $r\mathrm{d}\theta$ (如图 7-17),高为 $f(r\cos\theta, r\sin\theta)$,因此

$$A(r) = \int_a^\beta f(r\cos\theta, r\sin\theta) r\mathrm{d}\theta,$$

曲顶柱体的体积为

$$V = \iint\limits_D f(x, y)\mathrm{d}x\mathrm{d}y = \int_a^b \left[\int_a^\beta f(r\cos\theta, r\sin\theta) r\mathrm{d}\theta \right]\mathrm{d}r$$

$$= \iint\limits_D f(r\cos\theta, r\sin\theta) r\mathrm{d}r\mathrm{d}\theta.$$

例 7.31　计算 $I = \iint\limits_D x^2 \mathrm{d}x\mathrm{d}y$,其中 $D = \{(x,y) \mid x^2 + y^2 \leqslant 1)\}$.

解　积分区域 D 为圆,利用极坐标计算.

$D: 0 \leqslant r \leqslant 1, 0 \leqslant \theta \leqslant 2\pi$,于是

$$I = \iint\limits_D x^2 \mathrm{d}x\mathrm{d}y$$

$$= \iint\limits_D r^2 \cos^2\theta \cdot r\mathrm{d}r\mathrm{d}\theta$$

$$= \int_0^{2\pi} \cos^2\theta \mathrm{d}\theta \int_0^1 r^3 \mathrm{d}r$$

$$= \frac{\pi}{4}.$$

例 7.32　计算 $H = \iint\limits_D \mathrm{e}^{-x^2-y^2} \mathrm{d}x\mathrm{d}y$,其中 $D = \{(x,y) \mid x \geqslant 0, y \geqslant 0)\}$.

解　本例属于广义二重积分,令 $D_R = \{(x,y) \mid x \geqslant 0, y \geqslant 0, x^2 + y^2 \leqslant R^2\}$,则

$$H = \iint\limits_D \mathrm{e}^{-x^2-y^2} \mathrm{d}x\mathrm{d}y = \lim_{R \to +\infty} \iint\limits_{D_R} \mathrm{e}^{-x^2-y^2} \mathrm{d}x\mathrm{d}y.$$

在 $\iint\limits_{D_R} \mathrm{e}^{-x^2-y^2} \mathrm{d}x\mathrm{d}y$ 中,被积函数是 $x^2 + y^2$ 的函数,积分区域是圆的一部分,我们利用极坐标来计算. D_R 可表示为

$$D_R = \left\{ (r, \theta) \,\middle|\, 0 \leqslant \theta \leqslant \frac{\pi}{2}, 0 \leqslant r \leqslant R \right\},$$

于是

$$\iint\limits_{D_R} \mathrm{e}^{-x^2-y^2} \mathrm{d}x\mathrm{d}y = \int_0^{\frac{\pi}{2}} \mathrm{d}\theta \int_0^R \mathrm{e}^{-r^2} r\mathrm{d}r$$

$$= \frac{\pi}{2} \left(-\frac{1}{2}\mathrm{e}^{-r^2} \right) \Bigg|_0^R$$

$$= \frac{\pi}{4}(1 - \mathrm{e}^{-R^2}),$$

$$H = \iint\limits_D \mathrm{e}^{-x^2-y^2} \mathrm{d}x\mathrm{d}y = \lim_{R \to +\infty} \iint\limits_{D_R} \mathrm{e}^{-x^2-y^2} \mathrm{d}x\mathrm{d}y = \frac{\pi}{4}.$$

下面我们举两个利用对称性计算二重积分的例子.

例 7.33 计算二重积分 $\iint\limits_{D}(x^2+xy\mathrm{e}^{x^2+y^2})\mathrm{d}x\mathrm{d}y$，其中 D 由直线 $y=x$，$y=-1$，$x=1$ 所围成.

分析 积分区域如图 7-18 所示.

$$\iint\limits_{D}(x^2+xy\mathrm{e}^{x^2+y^2})\mathrm{d}x\mathrm{d}y=\iint\limits_{D}x^2\mathrm{d}x\mathrm{d}y+\iint\limits_{D}xy\mathrm{e}^{x^2+y^2}\mathrm{d}x\mathrm{d}y,$$

我们考虑积分 $\iint\limits_{D}xy\mathrm{e}^{x^2+y^2}\mathrm{d}x\mathrm{d}y$，其中函数 $xy\mathrm{e}^{x^2+y^2}$ 关于 x 和 y 都是奇函数. 向区域 D 添加辅助线 $y=-x$，将 D 分成上、下两部分 D_1 和 D_2，则 D_1 关于 x 轴对称，D_2 关于 y 轴对称. 这样，我们就可利用对称性简化这部分的积分计算了.

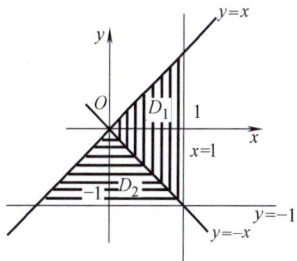

图 7-18

解 在积分区域 D 中添加辅助线 $y=-x$，将 D 分成上、下两部分 D_1 和 D_2，利用对称性，得

$$\iint\limits_{D}(x^2+xy\mathrm{e}^{x^2+y^2})\mathrm{d}x\mathrm{d}y=\iint\limits_{D}x^2\mathrm{d}x\mathrm{d}y+\iint\limits_{D}xy\mathrm{e}^{x^2+y^2}\mathrm{d}x\mathrm{d}y$$

$$=\iint\limits_{D}x^2\mathrm{d}x\mathrm{d}y+\iint\limits_{D_1}xy\mathrm{e}^{x^2+y^2}\mathrm{d}x\mathrm{d}y+\iint\limits_{D_2}xy\mathrm{e}^{x^2+y^2}\mathrm{d}x\mathrm{d}y$$

$$=\int_{-1}^{1}x^2\mathrm{d}x\int_{-1}^{x}\mathrm{d}y+0+0$$

$$=\frac{2}{3}.$$

例 7.34 求由双纽线 $(x^2+y^2)^2=2(x^2-y^2)$ 和圆 $x^2+y^2\geqslant1$ 所围成的图形的面积 S.

解 由二重积分的几何意义知，

$$S=\iint\limits_{D}\mathrm{d}x\mathrm{d}y,$$

其中积分区域 D 如图 7-19 所示.

显然，D 关于 x 轴和 y 轴都对称. 设 D_1 是 D 在第一象限中的部分，由常数 1 关于 x、y 都是偶函数有

$$S=4\iint\limits_{D_1}\mathrm{d}x\mathrm{d}y.$$

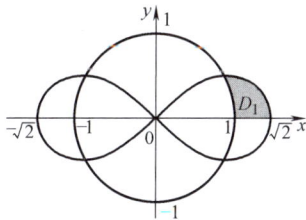

图 7-19

由于积分区域的边界曲线方程中都含有 x^2+y^2，我们考虑在极坐标系下求解. 先将曲线

$$(x^2+y^2)^2=2(x^2-y^2),\ x^2+y^2=1$$

化为极坐标方程分别为

$$r=\sqrt{2\cos2\theta},r=1,$$

在第一象限求得两曲线的交点为 $\left(1,\dfrac{\pi}{6}\right)$，于是

$$S=4\iint\limits_{D_1}\mathrm{d}x\mathrm{d}y$$

$$= 4\int_0^{\frac{\pi}{6}} d\theta \int_1^{\sqrt{2\cos2\theta}} r\,dr$$

$$= 2\int_0^{\frac{\pi}{6}} (2\cos2\theta - 1)\,d\theta$$

$$= \sqrt{3} - \frac{\pi}{3}.$$

习题 7.7

1. 画出下列积分的区域,并按两种不同的次序,将二重积分 $\iint\limits_D f(x,y)\,d\sigma$ 化为二次积分,其中积分区域 D 是:

(1) 由抛物线 $y = x^2$ 与直线 $2x - y + 3 = 0$ 所围成;

(2) 由 y 轴和左半圆 $x^2 + y^2 = 4(x \leqslant 0)$ 所围成;

(3) 由直线 $y = 2x, 2y - x = 0$ 及曲线 $xy = 2$, $x > 0$ 所围成.

2. 计算下列二重积分:

(1) $\iint\limits_D (x + 2y)\,d\sigma$,其中 D 是由 $y = 2x^2$ 和 $y = 1 + x^2$ 所围成;

(2) $\iint\limits_D (1 - x - y)\,d\sigma$,其中 D 为 $x \geqslant 0, y \geqslant 0$,$x + y \leqslant 1$;

(3) $\iint\limits_D x e^{xy}\,d\sigma$,其中 D 为 $0 \leqslant x \leqslant 1, 0 \leqslant y \leqslant 1$;

(4) $\iint\limits_D x\cos(x + y)\,d\sigma$,其中 D 是以 $A(0,0)$,$B(\pi,0)$,$C(\pi,\pi)$ 为顶点的三角形区域;

(5) $\iint\limits_D x\sqrt{y}\,d\sigma$,其中 D 是由 $y = \sqrt{x}$ 和 $y = x^2$ 所围成;

(6) $\iint\limits_D xy^2\,d\sigma$,其中 D 是由 $x^2 + y^2 = 4$ 和 y 轴所围成的右半闭区域;

(7) $\iint\limits_D (1 + y)\sin x\,d\sigma$,其中 D 是以 $A\left(0, -\frac{\pi}{2}\right)$,$B\left(\pi, -\frac{\pi}{2}\right)$,$C(\pi,\pi)$,$D(0,\pi)$ 为顶点的矩形区域;

(8) $\iint\limits_D \frac{1}{(x+y)^2}\,d\sigma$,其中 D 是由直线 $y = x, y = 2x$,$x = 2$ 及 $x = 4$ 所围成.

3. 已知区域 D 求由曲线 $x^2 = y$ 与 $y^2 = x$ 所围成的图形,求:

(1) 区域 D 的面积 S;

(2) 二重积分 $\iint\limits_D xy^3\,dxdy$.

综合习题 7

一、选择题

1. 函数 $z = \dfrac{1}{\ln(2x + 3y)}$ 的定义域是( ).

A. $2x + 3y \neq 0$

B. $2x + 3y > 0$

C. $2x + 3y \neq 1$

D. $2x + 3y > 0$ 且 $2x + 3y \neq 1$

2. 已知函数 $f(x + y, x - y) = x^2 - y^2$,则 $\dfrac{\partial f(x,y)}{\partial x} + \dfrac{\partial f(x,y)}{\partial y} = ($).

A. $2x - 2y$　　　　B. $2x + 2y$

C. $x + y$　　　　D. $x - y$

3. 二元函数 $z = x^3 - y^3 + 3x^2 + 3y^2 - 9x$ 的极小值点是( ).

A. $(1,0)$　　　　B. $(1,2)$

C. $(-3,0)$　　　　D. $(-3,2)$

4. 二元函数 $z = \dfrac{x+y}{x-y}$ 的全微分 $dz = ($).

A. $\dfrac{2(xdx - ydy)}{(x-y)^2}$　　　B. $\dfrac{2(xdy - ydx)}{(x-y)^2}$

C. $\dfrac{2(ydx - xdy)}{(x-y)^2}$　　　D. $\dfrac{2(ydy - xdx)}{(x-y)^2}$

5. $\displaystyle\int_0^1 dx\int_0^{1-x} f(x,y)\,dy = ($).

A. $\displaystyle\int_0^{1-x} dy\int_0^1 f(x,y)\,dx$

B. $\displaystyle\int_0^1 dy\int_0^{1-x} f(x,y)\,dx$

C. $\displaystyle\int_0^1 dy\int_0^1 f(x,y)\,dx$

D. $\int_0^1 \mathrm{d}y \int_0^{1-y} f(x,y)\mathrm{d}x$

二、计算或证明题

1. 设 $z = \dfrac{f(xy)}{x} + y\varphi(x+y)$，$f$ 和 φ 具有二阶连续导数，求 $\dfrac{\partial^2 z}{\partial x \partial y}$.

2. 证明：曲面 $xyz = a^3 (a>0)$ 上任何点处的切平面与坐标平面围成的四面体的体积为常数.

3. 设 $u = yf\left(\dfrac{x}{y}\right) + xg\left(\dfrac{y}{x}\right)$，其中 f,g 具有二阶连续偏导数，证明：$x\dfrac{\partial^2 u}{\partial x^2} + y\dfrac{\partial^2 u}{\partial x \partial y} = 0$.

4. 计算下列二重积分：

(1) $\iint\limits_D \dfrac{x}{(1+y)}\mathrm{d}\sigma$，其中 D 是由 $y=2x, x=0$ 和 $y = 1+x^2$ 所围成；

(2) $\iint\limits_D x^2 y \mathrm{d}\sigma$，其中 D 是由 $x^2+y^2=1$ 及 x 轴、y 轴围成的在第一象限的闭区域；

(3) $\iint\limits_D \sin y^2 \mathrm{d}\sigma$，其中 D 是由直线 $y=x, y=1$ 及 $x=0$ 所围成；

(4) $\iint\limits_D \mathrm{e}^{y^2}\mathrm{d}\sigma$，其中 D 是由直线 $y=x, y=2x$ 及 $y=1$ 所围成.

5. 若 $f(x,y)$ 在区域 $D: 0 \leqslant x \leqslant 1, 0 \leqslant y \leqslant 1$ 上连续，且

$$xy\left[\iint\limits_D f(x,y)\mathrm{d}x\mathrm{d}y\right]^2 = f(x,y) - 1,$$

求函数 $f(x,y)$.

6. 某工厂生产的两种零件的单价分别是 10 元和 9 元，生产两种零件个数分别为 x 件和 y 件时总费用为

$500 + 2x + 3y + 0.01(3x^2 + xy + 3y^2)$ （单位：元）

则当两种产品的产量各为多少时，工厂能取得最大利润？

7. 建造一个宽和深相同的长方形水池，已知四周的单位面积材料费是底面单位面积材料费的 1.2 倍，设总材料费为 A 元，问水池的长和宽（深）各为多少时，才能使水池的容积最大？

8. 求抛物线 $y^2 = 4x$ 上的点，使它与直线 $y = x+4$ 的距离最近.

第7章部分
习题详解

无穷级数在表达函数、研究函数的性质、数值计算,以及求解微分方程等方面都有重要应用. 研究无穷级数及其和,可以说是研究数列及其极限的另一种形式,但无论是研究极限的存在性还是在计算极限的时候,这种形式都显示出很大的优越性. 本章首先介绍常数项级数,然后介绍幂级数.

8.1 常数项级数的概念和性质

8.1.1 常数项级数的概念

设 $u_1, u_2, u_3, \cdots, u_n, \cdots$ 是数列,定义

$$\sum_{n=1}^{\infty} u_n = u_1 + u_2 + u_3 + \cdots + u_n + \cdots,$$

称 $\sum\limits_{n=1}^{\infty} u_n$ 为**常数项无穷级数**,简称**常数项级数**,其中 u_n 叫作级数的**一般项**或**通项**. 级数 $\sum\limits_{n=1}^{\infty} u_n$ 前 n 项的和 $s_n = u_1 + u_2 + u_3 + \cdots + u_n$ 称为该级数的**部分和**,数列 $\{s_n\}$ 称为级数的部分和数列. 如果数列 $\{s_n\}$ 的极限存在,则称级数 $\sum\limits_{n=1}^{\infty} u_n$ **收敛**. 如果 $\lim\limits_{n\to\infty} s_n = s$,则称 s 为级数的**和**,记为

$$s = \sum_{n=1}^{\infty} u_n.$$

如果部分和数列 $\{s_n\}$ 的极限不存在,则称级数 $\sum\limits_{n=1}^{\infty} u_n$ **发散**.

显然,当级数收敛时,部分和 s_n 是级数和 s 的近似值. 级数和与部分和之差

$$r_n = s - s_n = u_{n+1} + u_{n+2} + \cdots$$

称为级数的**余和**.

当级数 $\sum\limits_{n=1}^{\infty} u_n$ 发散时,没有"和"可言.

尽管级数的概念对我们来说有些陌生,但实际上,我们熟悉的无限小数就可以被看作是一种特殊的级数. 具体来说,给定一个无

限小数
$$0.a_1a_2\cdots a_n\cdots,$$

则有

$$0.a_1a_2\cdots a_n\cdots = \frac{a_1}{10} + \frac{a_2}{10^2} + \cdots + \frac{a_n}{10^n} + \cdots = \sum_{n=1}^{\infty} \frac{a_n}{10^n}.$$

特别地,

$$0.aa\cdots a\cdots = \sum_{n=1}^{\infty} \frac{a}{10^n} = \frac{a}{10} \sum_{n=1}^{\infty} \frac{1}{10^{n-1}}$$

$$= \frac{a}{10} \lim_{n\to\infty} \frac{1 - \frac{1}{10^n}}{1 - \frac{1}{10}} = \frac{a}{9}.$$

例如

$$0.33\cdots3\cdots = \frac{1}{3}, 0.99\cdots9\cdots = 1.$$

下面,我们考察几个简单的级数.

例 8.1 无穷级数

$$\sum_{n=0}^{\infty} aq^n = a + aq + aq^2 + \cdots + aq^n + \cdots$$

称为**等比级数**或**几何级数**,其中 $a \neq 0$,q 叫作级数的**公比**. 试讨论等比级数的敛散性.

解 当 $q \neq 1$ 时,等比级数的前 n 项的和

$$s_n = a + aq + aq^2 + \cdots + aq^{n-1} = \frac{a(1 - q^n)}{1 - q}.$$

当 $|q| < 1$ 时,$\lim\limits_{n\to\infty} s_n = \frac{a}{1-q}$,等比级数收敛,其和为 $\frac{a}{1-q}$,即

$$\sum_{n=0}^{\infty} aq^n = \frac{a}{1-q}.$$

当 $|q| > 1$ 时,$\lim\limits_{n\to\infty} s_n = \infty$,等比级数发散.

当 $q = 1$ 时,$s_n = na$,当 $n \to \infty$ 时,数列 $\{s_n\}$ 的极限不存在,等比级数发散.

当 $q = -1$ 时,$s_{2n} = 0$,$s_{2n+1} = a$,当 $n \to \infty$ 时,数列 $\{s_n\}$ 的极限不存在,等比级数发散.

综合上述结果,当 $|q| < 1$ 时,等比级数收敛,其和为 $\frac{a}{1-q}$;当 $|q| \geq 1$ 时,等比级数发散.

例 8.2 判定级数 $\dfrac{1}{1 \cdot 2} + \dfrac{1}{2 \cdot 3} + \cdots + \dfrac{1}{n(n+1)} + \cdots$ 的敛散性.

解 由于

$$s_n = \frac{1}{1 \cdot 2} + \frac{1}{2 \cdot 3} + \cdots + \frac{1}{n(n+1)}$$

$$= \left(1 - \frac{1}{2}\right) + \left(\frac{1}{2} - \frac{1}{3}\right) + \cdots + \left(\frac{1}{n} - \frac{1}{n+1}\right)$$

$$= 1 - \frac{1}{n+1},$$

从而 $\lim\limits_{n \to \infty} s_n = 1$，所以该级数收敛，且其和为 1.

8.1.2　收敛级数的基本性质

无穷级数的收敛性是由它的部分和数列的收敛性定义的，因此，由收敛数列的基本性质可以直接得到收敛级数的下列基本性质.

> **性质 1**　如果级数 $\sum\limits_{n=1}^{\infty} u_n$ 收敛，和为 s，k 是一个常数，则级数 $\sum\limits_{n=1}^{\infty} k u_n$ 也收敛，并且和为 ks.

证明　设级数 $\sum\limits_{n=1}^{\infty} u_n$ 与 $\sum\limits_{n=1}^{\infty} k u_n$ 的前 n 项和分别为 s_n 与 σ_n，则

$$\sigma_n = k u_1 + k u_2 + \cdots + k u_n = k s_n,$$

于是

$$\lim_{n \to \infty} \sigma_n = \lim_{n \to \infty} (k s_n) = k \lim_{n \to \infty} s_n = ks,$$

这说明 $\sum\limits_{n=1}^{\infty} k u_n$ 收敛，且和为 ks.

> **性质 2**　如果级数 $\sum\limits_{n=1}^{\infty} u_n$ 与 $\sum\limits_{n=1}^{\infty} v_n$ 收敛，和分别为 s 与 σ，则级数 $\sum\limits_{n=1}^{\infty} (u_n \pm v_n)$ 也收敛，并且和为 $s \pm \sigma$.

证明　假设级数 $\sum\limits_{n=1}^{\infty} u_n$ 与 $\sum\limits_{n=1}^{\infty} v_n$ 的前 n 项和分别为 s_n 与 σ_n，则 $\sum\limits_{n=1}^{\infty} (u_n \pm v_n)$ 的前 n 项和

$$\tau_n = (u_1 \pm v_1) + (u_2 \pm v_2) + \cdots + (u_n \pm v_n)$$

$$= s_n \pm \sigma_n,$$

于是　　　　　　　$$\lim_{n \to \infty} \tau_n = \lim_{n \to \infty} (s_n \pm \sigma_n) = s \pm \sigma.$$

这表明，级数 $\sum\limits_{n=1}^{\infty} (u_n \pm v_n)$ 收敛，且和为 $s \pm \sigma$.

例如，级数 $\sum\limits_{n=1}^{\infty} \frac{1}{2^n}$ 与 $\sum\limits_{n=1}^{\infty} \frac{1}{3^n}$ 都收敛，根据性质 2 可以知道，这两个级数逐项相加得到的级数 $\sum\limits_{n=1}^{\infty} \left(\frac{1}{2^n} + \frac{1}{3^n}\right)$ 也收敛.

根据性质 2 还可以知道,如果级数 $\sum\limits_{n=1}^{\infty} u_n$ 收敛,$\sum\limits_{n=1}^{\infty} v_n$ 发散,那么 $\sum\limits_{n=1}^{\infty} (u_n \pm v_n)$ 一定发散.

事实上,如果 $\sum\limits_{n=1}^{\infty} (u_n + v_n)$ 收敛,由于已知 $\sum\limits_{n=1}^{\infty} u_n$ 收敛,根据性质 2 可以得到这两个级数逐项相减所成的级数 $\sum\limits_{n=1}^{\infty} [(u_n + v_n) - u_n] = \sum\limits_{n=1}^{\infty} v_n$ 也收敛. 但是 $\sum\limits_{n=1}^{\infty} v_n$ 发散,这就导致了矛盾. 所以 $\sum\limits_{n=1}^{\infty} (u_n + v_n)$ 发散. 用同样的方法可以证明 $\sum\limits_{n=1}^{\infty} (u_n - v_n)$ 也发散.

性质 3 在级数中去掉、增加或改变有限项不会改变级数的敛散性.

证明 只需要证明在级数前面增加一项不改变敛散性. 设级数 $\sum\limits_{n=1}^{\infty} u_n$ 的前 n 项和为 s_n,在 $\sum\limits_{n=1}^{\infty} u_n$ 前面加上一项 u_0,得到级数 $\sum\limits_{n=0}^{\infty} u_n$,记它的前 n 项和为 σ_n,则 $\sigma_n = u_0 + s_{n-1}$,显然 s_n 与 σ_n 的敛散性相同,所以 $\sum\limits_{n=1}^{\infty} u_n$ 与 $\sum\limits_{n=0}^{\infty} u_n$ 的敛散性相同.

注意:去掉、增加或改变有限项不会改变级数的敛散性,但是"级数的和"一般会改变.

性质 4 如果级数 $\sum\limits_{n=1}^{\infty} u_n$ 收敛,则对该级数任意加括号后所形成的新级数仍收敛,且其和不变.

证明 设有收敛的级数
$$s = u_1 + u_2 + u_3 + \cdots + u_n + \cdots. \tag{8-1}$$
对它任意加括号后所成的级数为
$$(u_1 + \cdots + u_{n_1}) + (u_{n_1+1} + \cdots + u_{n_2}) + \cdots + (u_{n_{k-1}+1} + \cdots + u_{n_k}) + \cdots. \tag{8-2}$$

用 σ_m 表示级数(8-2)的前 m 项的和,用 s_n 表示级数(8-1)的前 n 项的和,于是有
$$\sigma_1 = s_{n_1}, \sigma_2 = s_{n_2}, \cdots, \sigma_m = s_{n_m}, \cdots.$$
显然,部分和数列 $\{\sigma_m\}$ 是 $\{s_n\}$ 的一个子列,且 $s = \lim\limits_{n \to \infty} s_n$,因此
$$\lim\limits_{m \to \infty} \sigma_m = \lim\limits_{n \to \infty} s_n = s.$$

关于性质 4 需要注意以下几点. 首先,对收敛的级数可以任意加括号,但一般情况下不能任意改变项的顺序. 其次,加括号后收敛的级数,原来的级数不一定收敛. 例如

$$(1-1)+(1-1)+\cdots+(1-1)+\cdots \text{ 收敛,但 } 1-1+1-1+\cdots$$
发散.

最后,如果对一个级数加括号后得到的新级数发散,那么原来的级数也必发散.事实上,如果原来的级数收敛,那么加括号后的级数就应该收敛,这就导致了矛盾.

> **性质 5(级数收敛的必要条件)** 如果级数 $\sum\limits_{n=1}^{\infty} u_n$ 收敛,则它的一般项 u_n 趋于零,即
> $$\lim_{n\to\infty} u_n = 0.$$

证明 设收敛级数 $\sum\limits_{n=1}^{\infty} u_n$ 的前 n 项和为 s_n,且 $\lim\limits_{n\to\infty} s_n = s$. 因为 $u_n = s_n - s_{n-1}$,所以
$$\lim_{n\to\infty} u_n = \lim_{n\to\infty}(s_n - s_{n-1}) = s - s = 0.$$

根据性质 5,一般项不趋于零的级数一定发散. 例如,级数 $\sum\limits_{n=1}^{\infty} \dfrac{n}{n+1}$,它的一般项
$$u_n = \frac{n}{n+1}, \lim_{n\to\infty} \frac{n}{n+1} = 1 \neq 0,$$

不满足级数收敛的必要条件,所以级数 $\sum\limits_{n=1}^{\infty} \dfrac{n}{n+1}$ 发散.

特别应该注意的是,**收敛级数的一般项必趋于零,但一般项趋于零的级数不一定收敛.**

例 8.3 证明:调和级数 $\sum\limits_{n=1}^{\infty} \dfrac{1}{n}$ 的一般项趋于零,但是它是发散的.

证明 显然,调和级数 $\sum\limits_{n=1}^{\infty} \dfrac{1}{n}$ 的一般项 $\dfrac{1}{n}$ 趋于零. 假设 $\sum\limits_{n=1}^{\infty} \dfrac{1}{n}$ 收敛,记它的部分和为 s_n,并设 $\lim\limits_{n\to\infty} s_n = s$. 于是 $\lim\limits_{n\to\infty} s_{2n} = s$. 有
$$\lim_{n\to\infty}(s_{2n} - s_n) = s - s = 0,$$
但是另一方面
$$s_{2n} - s_n = \frac{1}{n+1} + \frac{1}{n+2} + \cdots + \frac{1}{n+n} > \frac{n}{n+n} = \frac{1}{2},$$

这与 $\lim\limits_{n\to\infty}(s_{2n} - s_n) = 0$ 矛盾. 所以调和级数 $\sum\limits_{n=1}^{\infty} \dfrac{1}{n}$ 是发散的.

注意:当 n 越来越大时,调和级数的项变得越来越小,然而,经过一段非常缓慢的过程之后它的和将增大并超过任何有限值. 调和级数的这种特性使一代又一代的数学家们困惑并为之着迷. 它的发散性是在级数的严格概念产生的四百年之前由法国学者尼科尔·

奥雷斯姆(1323—1382)首次证明的. 下面的数字将有助于我们更好地理解这个级数:这个级数的前 1000 项相加约为 7.485;前 100 万项相加约为 14.357;前 10 亿项相加约为 21;前一万亿项相加约为 28,等等. 如果我们试图在一个很长的纸带上写下这个级数,直到它的和超过 100,即使每一项只占 1mm 长的纸带,也必须使用 10^{43} mm 长的纸带,这大约为 10^{24} 光年. 但是宇宙的已知尺寸估计只有 10^{11} 光年. 调和级数的某些特性至今仍然未得到完全认识.

习题 8.1

1.根据级数收敛与发散的定义判别下列级数的收敛性:

(1) $\sum_{n=1}^{\infty} \ln \frac{n+1}{n}$;

(2) $\sum_{n=1}^{\infty} (\sqrt{n+1}-\sqrt{n})$;

(3) $\sum_{n=1}^{\infty} \left(\frac{1}{\sqrt{n}} - \frac{1}{\sqrt{n+1}}\right)$;

(4) $\frac{1}{1 \cdot 3} + \frac{1}{3 \cdot 5} + \frac{1}{5 \cdot 7} + \cdots + \frac{1}{(2n-1)(2n+1)} + \cdots$.

2.已知级数 $\sum_{n=1}^{\infty} u_n$ 的部分和 $s_n = \frac{n}{n+1}$,试求该级数的通项 u_n,并说明该级数的敛散性.

3.判别下列级数的收敛性:

(1) $1+2+3+\cdots+100+\frac{1}{2}+\frac{1}{3}+\frac{1}{4}+\cdots+\frac{1}{n}+\cdots$;

(2) $-\frac{8}{9} + \frac{8^2}{9^2} - \frac{8^3}{9^3} + \cdots$;

(3) $\sin \frac{\pi}{6} + \sin \frac{2\pi}{6} + \sin \frac{3\pi}{6} + \cdots + \sin \frac{n\pi}{6} + \cdots$;

(4) $\sum_{n=1}^{\infty} \cos \frac{1}{n}$;

(5) $\sum_{n=1}^{\infty} n \cdot \sin \frac{1}{n}$;

(6) $\sum_{n=1}^{\infty} \frac{1}{2^n}$.

8.2 常数项级数的审敛法

在某种意义上,判断级数的敛散性比级数求和更为重要. 由于很多级数的部分和难以写成便于求极限的形式,所以按照级数收敛的定义来判断级数的敛散性通常比较困难. 有鉴于此,研究级数是否收敛的主要方法是考察级数的通项.

本节重点介绍正项级数收敛性的判别方法,并以此为基础介绍一般项级数的审敛法.

视频:风起于青萍之末(二)

8.2.1 正项级数及其审敛法

如果级数 $\sum_{n=1}^{\infty} u_n$ 的一般项 $u_n \geqslant 0 (n=1,2,3,\cdots)$,则称级数 $\sum_{n=1}^{\infty} u_n$ 为**正项级数**. 设 $\sum_{n=1}^{\infty} u_n$ 是一个正项级数,它的部分和数列为 $\{s_n\}$,

$$s_n = u_1 + u_2 + \cdots + u_n (n=1,2,3,\cdots),$$

因为 $s_n - s_{n-1} = u_n \geqslant 0$,所以正项级数的部分和数列 $\{s_n\}$ 是单调增

加的. 由单调有界数列必有极限,我们得到下面的重要定理.

> **定理 8.1**　正项级数 $\sum\limits_{n=1}^{\infty} u_n$ 收敛,当且仅当它的部分和数列 $\{s_n\}$ 有界.

通常情况下,判断一个数列是否有界要比判断它是否收敛容易. 定理 8.1 是判断正项级数敛散性最基本的定理,我们以此为基础证明一系列的审敛法.

> **定理 8.2(比较审敛法)**　设 $\sum\limits_{n=1}^{\infty} u_n$ 与 $\sum\limits_{n=1}^{\infty} v_n$ 是正项级数. $u_n \leqslant kv_n (n = 1, 2, 3, \cdots)$,其中,$k > 0$ 为常数. 则
>
> (1) 若 $\sum\limits_{n=1}^{\infty} v_n$ 收敛,则 $\sum\limits_{n=1}^{\infty} u_n$ 也收敛;
>
> (2) 若 $\sum\limits_{n=1}^{\infty} u_n$ 发散,则 $\sum\limits_{n=1}^{\infty} v_n$ 也发散.

证明

记 $\sum\limits_{n=1}^{\infty} u_n$ 的部分和数列为 $\{s_n\}$,$\sum\limits_{n=1}^{\infty} v_n$ 的部分和数列为 $\{\sigma_n\}$,则

$$s_n = u_1 + u_2 + \cdots + u_n \leqslant kv_1 + kv_2 + \cdots + kv_n = k\sigma_n (n = 1, 2, \cdots).$$

(1) 如果 $\sum\limits_{n=1}^{\infty} v_n$ 收敛,其部分和数列 $\{\sigma_n\}$ 有界,从而级数 $\sum\limits_{n=1}^{\infty} u_n$ 的部分和数列 $\{s_n\}$ 有界. 故由定理 8.1 可得级数 $\sum\limits_{n=1}^{\infty} u_n$ 收敛.

(2) 假若 $\sum\limits_{n=1}^{\infty} v_n$ 收敛,则根据 (1) 中证得的结果,就有 $\sum\limits_{n=1}^{\infty} u_n$ 也收敛,与条件 $\sum\limits_{n=1}^{\infty} u_n$ 发散矛盾. 因此当 $\sum\limits_{n=1}^{\infty} u_n$ 发散时,必有 $\sum\limits_{n=1}^{\infty} v_n$ 也发散.

比较审敛法的基本思想是,对于给定的敛散性未知的级数,选择适当的敛散性已知的级数同它进行比较,从而确定它的敛散性. 应用比较审敛法的重点和难点是如何选择适当的敛散性已知的级数. 到目前为止,我们已经知道,调和级数

$$\sum_{n=1}^{\infty} \frac{1}{n} = 1 + \frac{1}{2} + \frac{1}{3} + \cdots + \frac{1}{n} + \cdots$$

是一个发散的级数,而等比级数

$$\sum_{n=0}^{\infty} aq^n = a + aq + aq^2 + \cdots + aq^n + \cdots$$

当 $|q| < 1$ 时收敛,当 $|q| \geqslant 1$ 时发散. 以它们的敛散性为判据,可以判定出一批常数项级数的敛散性.

例 8.4　讨论级数 $\sum\limits_{n=1}^{\infty} \dfrac{1}{n!}$ 的敛散性.

解　当 $n \geqslant 4$ 时,有 $\dfrac{1}{n!} \leqslant \dfrac{1}{2^n}$, $\sum\limits_{n=1}^{\infty} \dfrac{1}{2^n}$ 是公比为 $\dfrac{1}{2}$ 的等比级数,

它是收敛的级数.根据比较审敛法,级数 $\sum\limits_{n=1}^{\infty} \dfrac{1}{n!}$ 收敛.

例 8.5　讨论 p-级数 $\sum\limits_{n=1}^{\infty} \dfrac{1}{n^p} = 1 + \dfrac{1}{2^p} + \dfrac{1}{3^p} + \cdots + \dfrac{1}{n^p} + \cdots$ 的敛散性,其中常数 $p > 0$.

解　当 $p \leqslant 1$ 时,因 $n^p \leqslant n$,故 $\dfrac{1}{n^p} \geqslant \dfrac{1}{n}$,而调和级数 $\sum\limits_{n=1}^{\infty} \dfrac{1}{n}$ 是

发散的,根据比较审敛法,当 $0 < p \leqslant 1$ 时,p-级数 $\sum\limits_{n=1}^{\infty} \dfrac{1}{n^p}$ 发散.

当 $p > 1$ 时,对 $n > 1$,有
$$\frac{1}{n^p} \leqslant \frac{1}{x^p} \quad (n-1 \leqslant x \leqslant n),$$

所以
$$\frac{1}{n^p} = \int_{n-1}^{n} \frac{1}{n^p}\mathrm{d}x \leqslant \int_{n-1}^{n} \frac{1}{x^p}\mathrm{d}x = \frac{1}{p-1}\left[\frac{1}{(n-1)^{p-1}} - \frac{1}{n^{p-1}}\right](n = 2,3,4,\cdots).$$

考虑级数 $\sum\limits_{n=2}^{\infty} \left[\dfrac{1}{(n-1)^{p-1}} - \dfrac{1}{n^{p-1}}\right]$,它的部分和为

$$\begin{aligned}
s_n &= \left(1 - \frac{1}{2^{p-1}}\right) + \left(\frac{1}{2^{p-1}} - \frac{1}{3^{p-1}}\right) + \cdots + \left[\frac{1}{(n-1)^{p-1}} - \frac{1}{n^{p-1}}\right]\\
&= 1 - \frac{1}{n^{p-1}}.
\end{aligned}$$

因为 $\lim\limits_{n\to\infty} s_n = 1$,所以级数 $\sum\limits_{n=2}^{\infty} \left[\dfrac{1}{(n-1)^{p-1}} - \dfrac{1}{n^{p-1}}\right]$ 收敛.根据比较

审敛法,当 $p > 1$ 时,p-级数 $\sum\limits_{n=1}^{\infty} \dfrac{1}{n^p}$ 收敛.

综上所述,p-级数当 $p \leqslant 1$ 时发散,当 $p > 1$ 时收敛.例如,级

数 $\sum\limits_{n=1}^{\infty} \dfrac{1}{\sqrt{n}}$, $\sum\limits_{n=1}^{\infty} \dfrac{1}{\sqrt[3]{n}}$ 发散,而级数 $\sum\limits_{n=1}^{\infty} \dfrac{1}{n\sqrt{n}}$, $\sum\limits_{n=1}^{\infty} \dfrac{1}{n\sqrt[3]{n}}$ 收敛.

实际上,p-级数是一族级数,它的一般项形式比较简单,便于

与其他级数比较.所以在使用比较审敛法时常常选择 p-级数作为

参考级数.

定理 8.3（p-级数审敛法）　设 $\sum\limits_{n=1}^{\infty} u_n$ 是正项级数,则

(1)若 $\lim\limits_{n\to\infty} nu_n = l > 0$ 或 $\lim\limits_{n\to\infty} nu_n = +\infty$,则级数 $\sum\limits_{n=1}^{\infty} u_n$ 发散;

(2)若 $p > 1$,而 $\lim\limits_{n\to\infty} n^p u_n$ 存在,则级数 $\sum\limits_{n=1}^{\infty} u_n$ 收敛.

对于正项级数 $\displaystyle\sum_{n=1}^{\infty} u_n$，如果 $\lim u_n \neq 0$，则级数一定是发散的．只有当 $\displaystyle\lim_{n\to\infty} u_n = 0$，即 u_n 为无穷小时，才需要进一步判定级数的敛散性．注意到

$$n u_n = \frac{u_n}{1/n}, \quad n^p u_n = \frac{u_n}{1/n^p},$$

因此，p-级数审敛法是说，如果 u_n 是 $\dfrac{1}{n}$ 的同阶或低阶无穷小，则 $\displaystyle\sum_{n=1}^{\infty} u_n$ 发散；如果 u_n 是 $\dfrac{1}{n}$ 的 p 阶无穷小且 $p > 1$，则 $\displaystyle\sum_{n=1}^{\infty} u_n$ 收敛．

例 8.6 讨论下列级数的敛散性：

(1) $\displaystyle\sum_{n=1}^{\infty} \sin \frac{1}{n}$；　　　　(2) $\displaystyle\sum_{n=1}^{\infty} \ln\left(1 + \frac{2}{n^2}\right)$；

(3) $\displaystyle\sum_{n=1}^{\infty} \frac{3n}{(n+1)(n+2)}$；　　(4) $\displaystyle\sum_{n=1}^{\infty} \sqrt{n}\left(1 - \cos\frac{\pi}{n}\right)$．

解 (1) 因为 $\sin\dfrac{1}{n}$ 是 $\dfrac{1}{n}$ 的等价无穷小，

$$\lim_{n\to\infty} n \cdot \sin\frac{1}{n} = 1,$$

所以 $\displaystyle\sum_{n=1}^{\infty} \sin\frac{1}{n}$ 发散．

(2) 因为 $\ln\left(1 + \dfrac{2}{n^2}\right)$ 是 $\dfrac{2}{n^2}$ 的等价无穷小，

$$\lim_{n\to\infty} n^2 \cdot \ln\left(1 + \frac{2}{n^2}\right) = 2,$$

所以 $\displaystyle\sum_{n=1}^{\infty} \ln\left(1 + \frac{2}{n^2}\right)$ 收敛．

(3) 因为 $\displaystyle\lim_{n\to\infty} n \cdot \frac{3n}{(n+1)(n+2)} = 3$，所以级数 $\displaystyle\sum_{n=1}^{\infty} \frac{3n}{(n+1)(n+2)}$ 发散．

(4) 因为 $\left(1 - \cos\dfrac{\pi}{n}\right)$ 是 $\dfrac{\pi^2}{2n^2}$ 的等价无穷小，

$$\lim_{n\to\infty} n^{\frac{3}{2}} \sqrt{n}\left(1 - \cos\frac{\pi}{n}\right) = \lim_{n\to\infty} n^2 \cdot \frac{1}{2}\left(\frac{\pi}{n}\right)^2 = \frac{\pi^2}{2},$$

所以级数 $\displaystyle\sum_{n=1}^{\infty} \sqrt{n}\left(1 - \cos\frac{\pi}{n}\right)$ 收敛．

定理 8.4（达朗贝尔比值审敛法） 如果正项级数 $\displaystyle\sum_{n=1}^{\infty} u_n$ 满足

$$\lim_{n\to\infty} \frac{u_{n+1}}{u_n} = \rho,$$

则

(1)当 $\rho < 1$ 时级数收敛;

(2)当 $\rho > 1\left(\text{或}\lim\limits_{n\to\infty}\dfrac{u_{n+1}}{u_n}=+\infty\right)$ 时级数发散.

达朗贝尔比值审敛法实际上是和几何级数进行比较.当 $\rho < 1$ 时,取 $\rho < r < 1$, $\lim\limits_{n\to\infty}\dfrac{u_{n+1}}{u_n}=\rho$ 可以保证从某一项(比如第 m 项)开始有

$$\frac{u_{n+1}}{u_n} < r,$$

由此推得

$$u_{m+1} < ru_m, u_{m+2} < ru_{m+1} < r^2 u_m, u_{m+3} < ru_{m+2} < r^3 u_m, \cdots$$

级数 $\sum\limits_{n=1}^{\infty} u_m r^n$ 收敛,故 $\sum\limits_{n=1}^{\infty} u_n$ 也收敛.

当 $\rho > 1$ 时,则从某一项开始有 $u_{n+1} > u_n$,一般项不会趋于零.根据级数收敛的必要条件,级数 $\sum\limits_{n=1}^{\infty} u_n$ 发散.

注意:当 $\rho = 1$ 时,级数可能收敛也可能发散.以 p- 级数为例,由于对任意给定的 $p > 0$,有

$$\lim_{n\to\infty}\frac{\dfrac{1}{(n+1)^p}}{\dfrac{1}{n^p}} = \lim_{n\to\infty}\left(\frac{n}{n+1}\right)^p = 1,$$

但 p- 级数当 $p \leqslant 1$ 时发散,当 $p > 1$ 时收敛.所以当 $\rho = 1$ 时,不能用达朗贝尔比值审敛法来判别敛散性.

达朗贝尔(D'Alembert,1717—1783),法国数学家、力学家、哲学家.

例 8.7 判别级数 $\sum\limits_{n=1}^{\infty} \dfrac{n}{2^n}$ 的敛散性.

解

$$\lim_{n\to\infty}\frac{\dfrac{n+1}{2^{n+1}}}{\dfrac{n}{2^n}} = \frac{1}{2}\lim_{n\to\infty}\frac{n+1}{n} = \frac{1}{2} < 1,$$

由达朗贝尔比值审敛法,级数 $\sum\limits_{n=1}^{\infty} \dfrac{n}{2^n}$ 收敛.

例 8.8 判别级数 $\sum\limits_{n=1}^{\infty} \dfrac{a^n}{n^2}$ 的敛散性,其中 $a > 0$.

解

$$\lim_{n\to\infty}\frac{\dfrac{a^{n+1}}{(n+1)^2}}{\dfrac{a^n}{n^2}} = \lim_{n\to\infty}\frac{an^2}{(n+1)^2} = a,$$

由达朗贝尔比值审敛法,当 $0 < a < 1$ 时,级数 $\sum\limits_{n=1}^{\infty} \dfrac{a^n}{n^2}$ 收敛,当 $a > 1$

时,级数 $\sum\limits_{n=1}^{\infty} \dfrac{a^n}{n^2}$ 发散.

而当 $a = 1$ 时,级数为 $\sum\limits_{n=1}^{\infty} \dfrac{1}{n^2}$,由 p- 级数的敛散性,级数 $\sum\limits_{n=1}^{\infty} \dfrac{a^n}{n^2}$

收敛.

8.2.2 交错级数

所谓交错级数是这样的级数,它的各项是正负交错的,从而可以写成下面的形式:

$$u_1 - u_2 + u_3 - u_4 + \cdots + (-1)^{n-1} u_n + \cdots$$

或 $\qquad -u_1 + u_2 - u_3 + u_4 + \cdots + (-1)^n u_n + \cdots.$

其中 $u_n \geqslant 0, n = 1, 2, \cdots.$

在任意项级数中,交错级数是非常简单但是又十分有用的一类级数. 虽然缺少了通项非负这个条件,但是毕竟有正负号交错这个特殊性,所以它的收敛性判定问题比较简单. 对于交错级数,我们有下面的判别法.

> **定理 8.5（莱布尼茨定理）** 如果交错级数 $\sum\limits_{n=1}^{\infty} (-1)^{n-1} u_n$ 满足
>
> 条件:
>
> (1) $u_n \geqslant u_{n+1} (n = 1, 2, \cdots)$,
>
> (2) $\lim\limits_{n \to \infty} u_n = 0$,
>
> 则级数 $\sum\limits_{n=1}^{\infty} (-1)^{n-1} u_n$ 收敛,且级数和 $s \leqslant u_1$,其余项的绝对值
>
> $|r_n| \leqslant u_{n+1}$.

证明 级数前 $2m$ 项的和

$$s_{2m} = (u_1 - u_2) + (u_3 - u_4) + \cdots + (u_{2m-1} - u_{2m}),$$

由条件(1)可知 $s_{2m} \geqslant 0$ 且随 m 递增,而 s_{2m} 又可以表示为

$$s_{2m} = u_1 - (u_2 - u_3) - \cdots - (u_{2m-2} - u_{2m-1}) - u_{2m} \leqslant u_1,$$

所以部分和数列 $\{s_{2m}\}$ 单调有界,因而有极限,且 $\lim\limits_{m \to \infty} s_{2m} = s \leqslant u_1$.

又因为

$$s_{2m+1} = s_{2m} + u_{2m+1},$$

再根据条件(2)

$$\lim_{m \to \infty} s_{2m+1} = \lim_{m \to \infty} (s_{2m} + u_{2m+1}) = \lim_{m \to \infty} s_{2m} + \lim_{m \to \infty} u_{2m+1} = s + 0 = s,$$

所以 $\qquad\qquad\qquad \lim\limits_{n \to \infty} s_n = s \leqslant u_1.$

交错级数的余项 $r_n = s - s_n = \sum\limits_{k=n+1}^{\infty} (-1)^{k-1} u_k$ 仍然是交错级

数,并且满足收敛的两个条件,所以这个级数是收敛的. 它的和小于等于级数第一项中的 u_{n+1},所以 $|r_n| \leqslant u_{n+1}$.

例 8.9　判别级数 $\sum\limits_{n=1}^{\infty} (-1)^{n-1} \dfrac{1}{n}$ 的敛散性.

解　交错级数 $\sum\limits_{n=1}^{\infty} (-1)^{n-1} \dfrac{1}{n}$ 满足条件

$$u_n = \frac{1}{n} > \frac{1}{n+1} = u_{n+1} (n = 1, 2, \cdots) \ \text{及} \lim_{n \to \infty} u_n = \lim_{n \to \infty} \frac{1}{n} = 0,$$

根据交错级数的莱布尼茨定理,交错级数 $\sum\limits_{n=1}^{\infty} (-1)^{n-1} \dfrac{1}{n}$ 收敛,且其和 $s < 1$.

如果用部分和

$$s_n = 1 - \frac{1}{2} + \frac{1}{3} - \cdots + (-1)^{n-1} \frac{1}{n}$$

作为 s 的近似值,则所产生的误差为 $|r_n| \leqslant \dfrac{1}{n+1}$.

注意:莱布尼茨定理的条件是交错级数收敛的一个充分条件,而非必要条件,故当定理的条件不满足时,不能由此断定交错级数是发散的. 例如级数

$$\sum_{n=1}^{\infty} (-1)^{n-1} \frac{1}{\sqrt{n} + (-1)^{n-1}}$$

不满足 $u_n \geqslant u_{n+1} (n = 1, 2, \cdots)$,但该级数却是收敛的.

8.2.3　绝对收敛与条件收敛

对于常数项级数 $\sum\limits_{n=1}^{\infty} u_n$,如果正项级数 $\sum\limits_{n=1}^{\infty} |u_n|$ 收敛,则称级数 $\sum\limits_{n=1}^{\infty} u_n$ **绝对收敛**. 如果级数 $\sum\limits_{n=1}^{\infty} u_n$ 收敛,而级数 $\sum\limits_{n=1}^{\infty} |u_n|$ 发散,则称级数 $\sum\limits_{n=1}^{\infty} u_n$ **条件收敛**.

例如,级数 $\sum\limits_{n=1}^{\infty} \left| (-1)^{n-1} \dfrac{1}{n^2} \right| = \sum\limits_{n=1}^{\infty} \dfrac{1}{n^2}$ 是收敛的,所以 $\sum\limits_{n=1}^{\infty} (-1)^{n-1} \dfrac{1}{n^2}$ 绝对收敛. 级数 $\sum\limits_{n=1}^{\infty} (-1)^{n-1} \dfrac{1}{n}$ 是收敛的交错级数,而级数 $\sum\limits_{n=1}^{\infty} \left| (-1)^n \dfrac{1}{n} \right| = \sum\limits_{n=1}^{\infty} \dfrac{1}{n}$ 发散,所以 $\sum\limits_{n=1}^{\infty} (-1)^{n-1} \dfrac{1}{n}$ 是条件收敛的.

注意:一个条件收敛的交错级数的所有奇数项所成的级数是发散的,所有偶数项所成的级数也是发散的.

显然,收敛的正项级数是绝对收敛的. 级数的绝对收敛与级数收敛有下面的关系:

定理 8.6　如果级数 $\sum\limits_{n=1}^{\infty} u_n$ 绝对收敛,则级数 $\sum\limits_{n=1}^{\infty} u_n$ 一定收敛.

证明　设级数 $\sum\limits_{n=1}^{\infty} u_n$ 绝对收敛,那么 $\sum\limits_{n=1}^{\infty} |u_n|$ 收敛,令

$$v_n = \frac{1}{2}(u_n + |u_n|), n = 1, 2, \cdots,$$

显然 $v_n \geqslant 0$,且 $v_n \leqslant |u_n|, n = 1, 2, \cdots$. 由比较判别法可得,正项级

数 $\sum\limits_{n=1}^{\infty} 2v_n$ 收敛. 而 $u_n = 2v_n - |u_n|$,由收敛级数的基本性质,

$$\sum_{n=1}^{\infty} u_n = \sum_{n=1}^{\infty} 2v_n - \sum_{n=1}^{\infty} |u_n|,$$

所以级数 $\sum\limits_{n=1}^{\infty} u_n$ 收敛.

定理 8.6 表明,对于一般的级数 $\sum\limits_{n=1}^{\infty} u_n$,如果我们用正项级数

的审敛法判定级数 $\sum\limits_{n=1}^{\infty} |u_n|$ 收敛,则此级数收敛. 这就使得一大类

级数的收敛性判别问题,转化为正项级数的收敛性判别问题.

例 8.10　判别级数 $\sum\limits_{n=1}^{\infty} \dfrac{(-1)^{n-1}}{\sqrt{n}}$ 的敛散性.

解　令 $u_n = \dfrac{(-1)^{n-1}}{\sqrt{n}}$,则 $|u_n| = \dfrac{1}{\sqrt{n}}$,而 $\sum\limits_{n=1}^{\infty} \dfrac{1}{\sqrt{n}}$ 发散. 又因为

$\dfrac{1}{\sqrt{n}}$ 单调递减且趋于 0,所以 $\sum\limits_{n=1}^{\infty} \dfrac{(-1)^{n-1}}{\sqrt{n}}$ 条件收敛.

例 8.11　判别级数 $\sum\limits_{n=1}^{\infty} \dfrac{\sin n\alpha}{n^2}$ 的敛散性.

解　因为 $\left| \dfrac{\sin n\alpha}{n^2} \right| \leqslant \dfrac{1}{n^2}$,级数 $\sum\limits_{n=1}^{\infty} \dfrac{1}{n^2}$ 收敛,所以级数 $\sum\limits_{n=1}^{\infty} \dfrac{\sin n\alpha}{n^2}$

绝对收敛.

习题 8.2

1.判定下列级数的敛散性:

(1) $\sum\limits_{n=1}^{\infty} \dfrac{1}{3n+1}$;

(2) $\sum\limits_{n=1}^{\infty} (\sqrt{n^3+1} - \sqrt{n^3})$;

(3) $\sum\limits_{n=1}^{\infty} \dfrac{1}{(n+1)(n+2)}$;

(4) $\sum\limits_{n=1}^{\infty} \sin \dfrac{\pi}{2^n}$.

2.用比值判别法 判别下列级数的收敛性:

(1) $\dfrac{3}{1 \cdot 2} + \dfrac{3^2}{2 \cdot 2^2} + \dfrac{3^3}{3 \cdot 2^3} + \cdots + \dfrac{3^n}{n \cdot 2^n} + \cdots$;

(2) $\dfrac{5}{100} + \dfrac{5^2}{200} + \dfrac{5^3}{300} + \dfrac{5^4}{400} + \cdots$;

(3) $\sum\limits_{n=1}^{\infty} \dfrac{n+1}{2^n}$;

(4) $\sum\limits_{n=1}^{\infty} \dfrac{n(n+1)}{3^n}$;

$(5) \sum_{n=1}^{\infty} \dfrac{4^n}{(2n-1)5^n}$;

$(6) \sum_{n=1}^{\infty} \dfrac{n!}{(2n)!}$;

$(7) \sum_{n=1}^{\infty} \dfrac{3^n}{(n+1)2^{n+1}}$;

$(8) \sum_{n=1}^{\infty} \dfrac{n!}{10^n}$.

3.判定下列级数是否收敛？如果收敛,是绝对收敛还是条件收敛？

$(1) \sum_{n=1}^{\infty} \dfrac{\sin n}{n^2}$;

$(2) \sum_{n=1}^{\infty} (-1)^n \dfrac{2^n}{n!}$;

$(3) \sum_{n=1}^{\infty} (-1)^n \dfrac{n}{2n-1}$;

$(4) \sum_{n=1}^{\infty} (-1)^n \dfrac{1}{\sqrt{2n}}$;

$(5) \sum_{n=1}^{\infty} (-1)^{n-1} \dfrac{1}{\pi^{n+1}} \sin \dfrac{\pi}{n+1}$;

$(6) \sum_{n=1}^{\infty} (-1)^{n-1} \dfrac{1}{2n-1}$;

$(7) \sum_{n=1}^{\infty} \dfrac{n}{2^{n+1}} \cos^2 \dfrac{n\pi}{4}$;

$(8) \sum_{n=2}^{\infty} (-1)^n \dfrac{1}{\sqrt[3]{n}}$.

4.设正项级数 $\sum_{n=1}^{\infty} u_n$ 收敛,证明:级数 $\sum_{n=1}^{\infty} \dfrac{u_n}{1+u_n}$ 也收敛.

8.3 幂级数

幂级数是研究函数和近似计算的有力工具.本节将研究幂级数的性质以及幂级数的求和方法.

8.3.1 幂级数及其收敛性

形如

$$\sum_{n=0}^{\infty} a_n (x-x_0)^n = a_0 + a_1(x-x_0) + a_2 (x-x_0)^2 + \cdots + a_n (x-x_0)^n + \cdots \tag{8-3}$$

的级数,称为 $x-x_0$ 的**幂级数**,其中常数 $a_0, a_1, a_2, \cdots, a_n, \cdots$ 称为幂级数的系数.

当 $x_0 = 0$ 时,幂级数的形式更为简单.

$$\sum_{n=0}^{\infty} a_n x^n = a_0 + a_1 x + a_2 x^2 + \cdots + a_n x^n + \cdots \tag{8-4}$$

称为 x 的**幂级数**.

因为可以通过简单的线性变换 $t = x - x_0$ 把幂级数(8-3)变成幂级数(8-4)的形式,所以下面的讨论以幂级数(8-4)为主.

对于给定的 x_0, $\sum_{n=0}^{\infty} a_n x_0^n$ 是常数项级数.如果 $\sum_{n=0}^{\infty} a_n x_0^n$ 收敛,则称 x_0 是幂级数 $\sum_{n=0}^{\infty} a_n x^n$ 的收敛点.幂级数 $\sum_{n=0}^{\infty} a_n x^n$ 的所有收敛点组成的集合称为其收敛域.幂级数的和定义了其收敛域上的一个函数,称为和函数.

设幂级数(8-4)的和函数为 $s(x)$,其部分和为 $s_n(x)$,则 $s(x) = \lim_{n \to \infty} s_n(x)$.此式的意义在于,和函数 $s(x)$ 总可以用多项式

$s_n(x)$ 近似表达. 因此,我们接下来主要讨论幂级数的收敛性以及如何将一个函数表示成一个幂级数的形式.

考察幂级数 $\sum\limits_{n=0}^{\infty} a_n x^n$.

首先,假设 $\lim\limits_{n\to\infty}\left|\dfrac{a_{n+1}}{a_n}\right|=\rho$,则

$$\lim_{n\to\infty}\left|\frac{a_{n+1}x^{n+1}}{a_n x^n}\right|=\lim_{n\to\infty}\left|\frac{a_{n+1}}{a_n}\right|\,|x|=\rho\,|x|,$$

由比值判别法,有

(1)若 $\rho=0$,则级数 $\sum\limits_{n=0}^{\infty} a_n x^n$ 在 $(-\infty,+\infty)$ 绝对收敛;

(2)若 $\rho\neq 0$,则当 $|x|<\dfrac{1}{\rho}$ 时,级数 $\sum\limits_{n=0}^{\infty} a_n x^n$ 绝对收敛,当 $|x|>\dfrac{1}{\rho}$ 时,级数 $\sum\limits_{n=0}^{\infty} a_n x^n$ 发散;

(3)若 $\rho=+\infty$,则对于任意 $x\neq 0$,级数 $\sum\limits_{n=0}^{\infty} a_n x^n$ 都发散.

即在 $\lim\limits_{n\to\infty}\left|\dfrac{a_{n+1}}{a_n}\right|=\rho$ 的条件下,幂级数 $\sum\limits_{n=0}^{\infty} a_n x^n$ 的收敛性只有三种情况:

(1)在 $(-\infty,+\infty)$ 都收敛;

(2)在某个区间 $(-R,R)$ 收敛,而在 $|x|>R$ 发散;

(3)只在 $x=0$ 一点收敛.

以上结论对任意的幂级数 $\sum\limits_{n=0}^{\infty} a_n x^n$ 都成立. 一般地,如果幂级数 $\sum\limits_{n=0}^{\infty} a_n x^n$ 在 $(-R,R)$ 收敛,而在 $|x|>R$ 发散,则称 R 为幂级数 $\sum\limits_{n=0}^{\infty} a_n x^n$ 的收敛半径,$(-R,R)$ 称为收敛区间. 特别地,如果 $\lim\limits_{n\to\infty}\left|\dfrac{a_{n+1}}{a_n}\right|=\rho$,则

$$R=\begin{cases}\dfrac{1}{\rho}, & \rho\neq 0,\\ +\infty, & \rho=0,\\ 0, & \rho=+\infty.\end{cases}$$

例 8.12　求级数 $\sum\limits_{n=1}^{\infty}(-1)^n\dfrac{5^n x^n}{\sqrt{n}}$ 的收敛半径和收敛域.

解　因为

$$\lim_{n\to\infty}\left|\frac{a_{n+1}}{a_n}\right|=\lim_{n\to\infty}5\sqrt{\frac{n}{n+1}}=5,$$

故收敛半径 $R=\dfrac{1}{5}$.

当 $x = \dfrac{1}{5}$ 时,原级数为 $\displaystyle\sum_{n=1}^{\infty} (-1)^n \dfrac{1}{\sqrt{n}}$,这是一个交错级数,根据

莱布尼茨定理可知它收敛. 所以 $\displaystyle\sum_{n=1}^{\infty} (-1)^n \dfrac{5^n x^n}{\sqrt{n}}$ 在 $x = \dfrac{1}{5}$ 处收敛.

而当 $x = -\dfrac{1}{5}$ 时,级数为 $\displaystyle\sum_{n=1}^{\infty} \dfrac{1}{\sqrt{n}}$,它是发散的. 所以 $\displaystyle\sum_{n=1}^{\infty} (-1)^n$

$\dfrac{5^n x^n}{\sqrt{n}}$ 在 $x = -\dfrac{1}{5}$ 处发散. 该级数的收敛域为 $\left(-\dfrac{1}{5}, \dfrac{1}{5}\right]$.

例 8.13 求级数 $\displaystyle\sum_{n=1}^{\infty} (-1)^n \dfrac{x^n}{n!}$ 的收敛半径和收敛域.

解 因为

$$\lim_{n \to \infty} \left| \dfrac{a_{n+1}}{a_n} \right| = \lim_{n \to \infty} \dfrac{1}{n+1} = 0,$$

所以收敛半径 $R = +\infty$,因此该级数的收敛域为 $(-\infty, +\infty)$.

例 8.14 求级数 $\displaystyle\sum_{n=1}^{\infty} n! x^n$ 的收敛半径和收敛域.

解 当 $x \neq 0$,

$$\lim_{n \to \infty} \left| \dfrac{a_{n+1}}{a_n} \right| = \lim_{n \to \infty} (n+1) = +\infty,$$

所以,该级数的收敛半径为 $R = 0$,仅在 $x = 0$ 收敛.

8.3.2 幂级数的性质及幂级数的和函数

我们知道,幂级数的和函数是在其收敛区域内定义的一个函数,关于和函数的连续、可导及可积性,有如下结果:

设幂级数 $\displaystyle\sum_{n=0}^{\infty} a_n x^n = s(x)$ 的收敛半径为 $R(R > 0)$,则有

性质 1 和函数 $s(x)$ 在收敛域上连续.

性质 2 和函数 $s(x)$ 在区间 $(-R, R)$ 内可导,并在 $(-R, R)$ 内有**逐项求导公式**

$$s'(x) = \left(\sum_{n=0}^{\infty} a_n x^n \right)' = \sum_{n=0}^{\infty} (a_n x^n)' = \sum_{n=1}^{\infty} n a_n x^{n-1},$$

且逐项求导后所得到的幂级数和原来的幂级数有相同的收敛半径.

性质 3 和函数 $s(x)$ 在 $(-R, R)$ 内可积,有**逐项积分公式**

$$\int_0^x s(x) \mathrm{d}x = \int_0^x \left(\sum_{n=0}^{\infty} a_n x^n \right) \mathrm{d}x = \sum_{n=0}^{\infty} \int_0^x a_n x^n \mathrm{d}x = \sum_{n=0}^{\infty} \dfrac{a_n}{n+1} x^{n+1},$$

且逐项积分后所得到的幂级数和原来的幂级数有相同的收敛半径.

几何级数是容易求和的,我们往往利用幂级数的分析性质将其化为几何级数进而求得其和函数. 这里我们关注的重点是其一般项.

例 8.15 求幂级数 $\sum\limits_{n=0}^{\infty}(n+1)x^n$ 的和函数.

解 因为

$$\lim_{n\to\infty}\left|\frac{a_{n+1}}{a_n}\right|=\lim_{n\to\infty}\left|\frac{n+2}{n+1}\right|=1,$$

级数的收敛半径为 1. 容易知道 $\sum\limits_{n=0}^{\infty}(n+1)x^n$ 在 $x=\pm1$ 处均发散,所以级数的收敛域为 $(-1,1)$. 设幂级数的和函数为 $s(x)$,即

$$s(x)=\sum_{n=0}^{\infty}(n+1)x^n, x\in(-1,1).$$

注意到 $\qquad(n+1)x^n=(x^{n+1})'$

由幂级数可逐项微分的性质,有

$$\begin{aligned}
s(x)&=\sum_{n=0}^{\infty}(x^{n+1})'\\
&=\Big(\sum_{n=0}^{\infty}x^{n+1}\Big)' \quad\text{(逐项求导公式)}\\
&=\Big(\frac{x}{1-x}\Big)' \quad\text{(几何级数求和)}\\
&=\frac{1}{(1-x)^2}, x\in(-1,1).
\end{aligned}$$

例 8.16 求幂级数 $\sum\limits_{n=0}^{\infty}\dfrac{x^{n+1}}{n+1}$ 的和函数.

解 因为

$$\lim_{n\to\infty}\left|\frac{a_{n+1}}{a_n}\right|=\lim_{n\to\infty}\frac{n+1}{n+2}=1,$$

故幂级数的收敛半径为 1,收敛域为 $[-1,1)$. 设幂级数的和函数为 $s(x)$,即

$$s(x)=\sum_{n=0}^{\infty}\frac{x^{n+1}}{n+1},$$

注意到 $\Big(\dfrac{x^{n+1}}{n+1}\Big)'=x^n$,有

$$\begin{aligned}
s(x)&=\sum_{n=0}^{\infty}\Big(\int_0^x x^n\mathrm{d}x\Big)\\
&=\int_0^x\Big(\sum_{n=0}^{\infty}x^n\Big)\mathrm{d}x \quad\text{(逐项积分公式)}\\
&=\int_0^x\frac{1}{1-x}\mathrm{d}x \quad\text{(几何级数求和)}\\
&=-\ln(1-x)\Big|_0^x\\
&=-\ln(1-x), -1\leqslant x<1.
\end{aligned}$$

例 8.17 求 $\sum\limits_{n=1}^{\infty}\dfrac{n+1}{2^n}x^{2n}$ 的收敛域及和函数,并求数项级数

$\sum\limits_{n=1}^{\infty}\dfrac{n+1}{3^n}$ 的和.

解 由

$$\lim_{n\to\infty}\left|\frac{\dfrac{n+2}{2^{n+1}}x^{2n+2}}{\dfrac{n+1}{2^n}x^{2n}}\right|=\frac{x^2}{2},$$

幂级数收敛半径为 $\sqrt{2}$,代入 $x=\pm\sqrt{2}$,得出收敛域为 $x\in(-\sqrt{2},\sqrt{2})$.

令 $x^2=t$,$f(t)=\sum\limits_{n=1}^{\infty}\dfrac{n+1}{2^n}t^n$,则

$$\begin{aligned}
f(t)&=\sum_{n=1}^{\infty}\left(\frac{1}{2^n}t^{n+1}\right)'\\
&=\left(\sum_{n=1}^{\infty}\frac{t^{n+1}}{2^n}\right)' \quad (\text{逐项求导公式})\\
&=\left(\frac{\dfrac{t^2}{2}}{1-\dfrac{t}{2}}\right)' \quad (\text{几何级数求和})\\
&=-1+\frac{4}{(2-t)^2},
\end{aligned}$$

于是 $\quad\sum\limits_{n=1}^{\infty}\dfrac{n+1}{2^n}x^{2n}=f(x^2)=-1+\dfrac{4}{(2-x^2)^2},$

$$\begin{aligned}
\sum_{n=1}^{\infty}\frac{n+1}{3^n}&=\sum_{n=1}^{\infty}\frac{n+1}{2^n}\cdot\left(\frac{2}{3}\right)^n=f\left(\frac{2}{3}\right)\\
&=-1+\frac{4}{\left(2-\dfrac{2}{3}\right)^2}\\
&=\frac{5}{4}.
\end{aligned}$$

习题 8.3

1 求下列幂级数的收敛域:

(1) $\sum\limits_{n=1}^{\infty}nx^n$;

(2) $\sum\limits_{n=1}^{\infty}\dfrac{x^n}{n(n+1)}$;

(3) $\sum\limits_{n=1}^{\infty}\dfrac{2^n x^n}{n!}$;

(4) $\sum\limits_{n=1}^{\infty}\dfrac{x^{n-1}}{(2n-1)}$;

(5) $\sum\limits_{n=1}^{\infty}(-1)^n\dfrac{x^n}{2^n}$;

(6) $\sum\limits_{n=1}^{\infty}\dfrac{(x-5)^n}{\sqrt{n}}$;

(7) $\sum\limits_{n=0}^{\infty}\dfrac{1}{4^n}(x-1)^n$;

(8) $\sum\limits_{n=0}^{\infty}\dfrac{1}{2n-1}(2x-1)^n$.

2.求下列幂级数的收敛域及和函数:

(1) $\sum\limits_{n=1}^{\infty} nx^{n-1}$;

(2) $\sum\limits_{n=1}^{\infty} \dfrac{x^n}{n}$;

(3) $\sum\limits_{n=0}^{\infty} (2n+1)x^n$.

3.设幂级数 $\sum\limits_{n=0}^{\infty} a_n x^n$ 的收敛半径是 2,求级数 $\sum\limits_{n=1}^{\infty} na_n x^{n-1}$,$\sum\limits_{n=1}^{\infty} na_n (x-1)^{n-1}$ 的收敛区间.

8.4   幂级数的应用

上一节我们学习了对给定的幂级数如何求它的收敛域以及和函数.本节我们讨论幂级数的应用,包括如何把函数展开为幂级数,并简单介绍幂级数在数值计算中的应用.

8.4.1   泰勒级数

我们首先研究这样的问题:如果函数 $f(x)$ 在包含 x_0 的某个区间上能够表示成幂级数,即有 $f(x) = \sum\limits_{n=0}^{\infty} a_n(x-x_0)^n$,那么函数 $f(x)$ 应当具有什么性质?幂级数的系数 $a_n(n \in \mathbf{N})$ 怎样计算?

由于幂级数在其收敛域内无穷次可导,即有任意阶的导数.因此,$f(x)$ 必然在此区间内有任意阶导数.另外,显然有 $f(x_0) = a_0$,逐项求导,得

$$f'(x) = a_1 + 2a_2(x-x_0) + 3a_3(x-x_0)^2 + \cdots + na_n(x-x_0)^{n-1} + \cdots$$
$$f''(x) = 2!a_2 + 3!a_3(x-x_0) + \cdots + n(n-1)a_n(x-x_0)^{n-2} + \cdots$$
$$f'''(x) = 3!a_3 + \cdots + n(n-1)(n-2)a_n(x-x_0)^{n-3} + \cdots$$
$$\vdots$$
$$f^{(n)}(x) = n!a_n + (n+1)n\cdots2a_{n+1}(x-x_0) + \cdots$$
$$\vdots$$

将 $x = x_0$ 依次代入上面各式,得

$$a_n = \frac{f^{(n)}(x_0)}{n!}(n \geqslant 1).$$

这样,我们就证明了如下定理.

定理 8.7   如果 $f(x) = \sum\limits_{n=0}^{\infty} a_n(x-x_0)^n \ (x_0 - R < x < x_0 + R)$,则

$$a_n = \frac{f^{(n)}(x_0)}{n!} (n = 0, 1, 2, \cdots).$$

定理表明,如果 $f(x)$ 可以展开成 $x-x_0$ 的幂级数,则它的各项系数是唯一确定的,即这种展开式是唯一的,这一性质简称为幂级数展开式的**唯一性**.

一般地,如果 $f(x)$ 在 $|x-x_0|<R$ 任意次可微,则称幂级数 $\sum\limits_{n=0}^{\infty}\dfrac{f^{(n)}(x_0)}{n!}(x-x_0)^n$ 为函数 $f(x)$ 在点 x_0 处的**泰勒级数**,记为

$$f(x) \sim \sum_{n=0}^{\infty}\frac{f^{(n)}(x_0)}{n!}(x-x_0)^n. \qquad (8\text{-}5)$$

特别地,当 $x_0=0$ 时,称幂级数 $\sum\limits_{n=0}^{\infty}\dfrac{f^{(n)}(0)}{n!}x^n$ 为函数 $f(x)$ 的**麦克劳林级数**.

特别需要说明的是,在式(8-5)中,用"$\sim$"而不是用"$=$",这是因为有两个问题暂时还不清楚.第一个问题是,函数的泰勒级数的收敛性和其收敛域尚未确定.第二个问题是,当泰勒级数收敛时,级数的和函数是否等于 $f(x)$?只有当两个问题都有肯定的答案时,才能确定两者之间的等号.

令 $R_n(x)=f(x)-\sum\limits_{k=0}^{n}\dfrac{f^{(k)}(x_0)}{k!}(x-x_0)^k$,由**泰勒中值定理**,

$$R_n(x)=\frac{f^{(n+1)}(\xi)}{(n+1)!}(x-x_0)^{n+1},$$

其中 ξ 介于 x_0 与 x 之间.容易看到

$$f(x)=\sum_{n=0}^{\infty}\frac{f^{(n)}(x_0)}{n!}(x-x_0)^n$$

的充分必要条件是 $\lim\limits_{n\to\infty}R_n(x)=0$.

8.4.2　函数展开为幂级数

在许多应用和理论问题中,经常需要将函数展开为幂级数.下面先来介绍将函数展开为幂级数的直接方法.

可以按照下面的步骤求 $f(x)$ 的麦克劳林级数,这种方法称为**直接展开法**.

第一步:求出 $f(x)$ 的各阶导数

$$f'(x),f''(x),f'''(x),\cdots,f^{(n)}(x),\cdots$$

如果在 $x=0$ 处某阶导数不存在,$f(x)$ 就不能展开成麦克劳林级数.

第二步:求出 $f(x)$ 与它的各阶导数在 $x=0$ 处的值

$$f(0),f'(0),f''(0),\cdots,f^{(n)}(0),\cdots.$$

第三步:写出 $f(x)$ 的麦克劳林级数

$$f(0)+f'(0)x+\frac{f''(0)}{2!}x^2+\cdots+\frac{f^{(n)}(0)}{n!}x^n+\cdots$$

并求出它的收敛半径 R.

第四步:对收敛区间内的每一个 x,考察余项 $R_n(x)$ 的极限

$$\lim_{n\to\infty}R_n(x)=\lim_{n\to\infty}\frac{f^{(n+1)}(\xi)}{(n+1)!}x^{n+1},$$

其中 ξ 在 0 与 x 之间. 如果 $\lim\limits_{n\to\infty}R_n(x)=0,x\in(-R,R)$,则 $f(x)$

在 $(-R,R)$ 内的幂级数展开式为

$$f(x) = f(0) + f'(0)x + \frac{f''(0)}{2!}x^2 + \cdots + \frac{f^{(n)}(0)}{n!}x^n + \cdots, x \in (-R,R).$$

例 8.18 将函数 $f(x) = e^x$ 展开为 x 的幂级数.

解 $f(x) = e^x$,则

$$f^{(n)}(x) = e^x (n = 0,1,2,\cdots),$$

所以

$$f^{(n)}(0) = 1 (n = 0,1,2,\cdots),$$

于是

$$f(x) \sim 1 + x + \frac{x^2}{2!} + \cdots + \frac{x^n}{n!} + \cdots.$$

该级数的收敛半径 $R = +\infty$.

对任意的 $x \in (-\infty, +\infty)$,余项

$$R_n(x) = \frac{e^\xi}{(n+1)!}x^{n+1},$$

其中 ξ 在 0 与 x 之间. 故 $|e^\xi| \leqslant e^{|\xi|} < e^{|x|}$,于是

$$|R_n(x)| = \left| \frac{e^\xi}{(n+1)!}x^{n+1} \right| < e^{|x|} \frac{|x|^{n+1}}{(n+1)!}.$$

对每一个确定的 $x, e^{|x|}$ 是一个有限值,而 $\lim\limits_{n \to \infty} \frac{|x|^{n+1}}{(n+1)!} = 0$,所以 $\lim\limits_{n \to \infty} \frac{e^{|x|} |x|^{n+1}}{(n+1)!} = 0$, 于是

$$\lim\limits_{n \to \infty} |R_n(x)| = 0,$$

所以得到展开式

$$e^x = 1 + x + \frac{x^2}{2!} + \cdots + \frac{x^n}{n!} + \cdots, x \in (-\infty, +\infty).$$

例 8.19 将函数 $f(x) = \sin x$ 展开为 x 的幂级数.

解 因为

$$f^{(n)}(x) = \sin\left(x + \frac{n\pi}{2}\right)(n = 0,1,2,\cdots),$$

所以

$$f^{(n)}(0) = \begin{cases} (-1)^m, & n = 2m+1, \\ 0, & n = 2m, \end{cases} (m = 0,1,2,\cdots)$$

于是

$$f(x) \sim x - \frac{x^3}{3!} + \frac{x^5}{5!} + \cdots + (-1)^{n-1}\frac{x^{2n-1}}{(2n-1)!} + \cdots,$$

该级数的收敛半径 $R = +\infty$. 对任意的 $x \in (-\infty, +\infty)$,余项

$$R_n(x) = \frac{\sin\left(\xi + \frac{n+1}{2}\pi\right)}{(n+1)!}x^{n+1},$$

其中 ξ 在 0 与 x 之间.

因 $\left|\sin\left(\xi+\dfrac{n+1}{2}\pi\right)\right| \leqslant 1$，故 $\mid R_n(x)\mid \leqslant \dfrac{\mid x\mid^{n+1}}{(n+1)!}$，而

$\lim\limits_{n\to\infty}\dfrac{x^{n+1}}{(n+1)!}=0$，所以 $\lim\limits_{n\to\infty}\mid R_n(x)\mid = 0$. 于是，得到

$$\sin x = x - \frac{x^3}{3!} + \frac{x^5}{5!} - \cdots + (-1)^{n-1}\frac{x^{2n-1}}{(2n-1)!} + \cdots, x\in(-\infty,+\infty).$$

直接展开法的优点是有固定的步骤，缺点是计算量可能比较大，此外还需要分析余项是否趋于零，因此比较烦琐. 另一种方法是根据需要展开的函数与一些已知麦克劳林级数的函数之间的关系间接地得到需展开函数的麦克劳林级数，称为**间接展开法**.

例 8.20 将函数 $f(x) = \cos x$ 展开为 x 的幂级数.

解
$$\sin x = x - \frac{x^3}{3!} + \frac{x^5}{5!} + \cdots + (-1)^{n-1}\frac{x^{2n-1}}{(2n-1)!} + \cdots$$
$$= \sum_{n=1}^{\infty}(-1)^{n-1}\frac{x^{2n-1}}{(2n-1)!}, x\in(-\infty,+\infty),$$
$$\cos x = (\sin x)' = \left[\sum_{n=1}^{\infty}(-1)^{n-1}\frac{x^{2n-1}}{(2n-1)!}\right]'$$
$$= \sum_{n=0}^{\infty}(-1)^{n}\frac{x^{2n}}{(2n)!}, x\in(-\infty,+\infty).$$

例 8.21 将函数 $f(x) = \dfrac{1}{1+x^2}$ 展开为 x 的幂级数.

解 利用

$$\frac{1}{1-t} = \sum_{n=0}^{\infty}t^n(-1 < t < 1)$$

将等式两端的 t 换为 $-x^2$，得到

$$\frac{1}{1+x^2} = \frac{1}{1-(-x^2)} = \sum_{n=0}^{\infty}(-x^2)^n = \sum_{n=0}^{\infty}(-1)^n x^{2n}(-1 < x < 1).$$

例 8.22 将函数 $f(x) = \ln(1+x)$ 展开为 x 的幂级数.

解
$$f'(x) = \frac{1}{1+x} = \sum_{n=0}^{\infty}(-1)^n x^n(-1 < x < 1),$$

幂级数在其收敛区间内可以逐项积分，等式两端从 0 到 x 积分，得到

$$\ln(1+x) = \int_0^x \frac{1}{1+x}\mathrm{d}x = \int_0^x \sum_{n=0}^{\infty}(-1)^n t^n \mathrm{d}t$$
$$= \sum_{n=0}^{\infty}\int_0^x (-1)^n t^n \mathrm{d}x = \sum_{n=0}^{\infty}\frac{(-1)^n}{n+1}x^{n+1}(-1 < x \leqslant 1).$$

8.4.3 幂级数在数值计算中的应用

如果一个函数可以用幂级数表示，那么就可以取幂级数的前若干项的和来作为该函数的近似值. 这种方法有两大突出优点：其

一，幂级数的前 n 项和是多项式，对于数值计算而言是最简单的函数. 其二，截断误差容易估计和控制，可以根据计算精度的不同要求选择计算的项数.

例 8.23　计算 e 的近似值，要求误差不超过 10^{-4}.

解　由
$$e^x = 1 + x + \frac{x^2}{2!} + \frac{x^3}{3!} + \cdots + \frac{x^n}{n!} + \cdots (-\infty < x < +\infty).$$

令 $x = 1$，得
$$e = 1 + 1 + \frac{1}{2!} + \frac{1}{3!} + \cdots + \frac{1}{n!} + \cdots,$$

取前 $n+1$ 项的和作为 e 的近似值
$$e \approx 1 + 1 + \frac{1}{2!} + \frac{1}{3!} + \cdots + \frac{1}{n!},$$

其误差（也叫截断误差）为
$$\begin{aligned}
|r_n| &= \frac{1}{(n+1)!} + \frac{1}{(n+2)!} + \frac{1}{(n+3)!} + \cdots \\
&= \frac{1}{(n+1)!}\left[1 + \frac{1}{n+2} + \frac{1}{(n+2)(n+3)} + \cdots\right] \\
&< \frac{1}{(n+1)!}\left[1 + \frac{1}{n+1} + \frac{1}{(n+1)^2} + \frac{1}{(n+1)^3} + \cdots\right] \\
&= \frac{1}{(n+1)!}\frac{1}{1 - \frac{1}{n+1}} = \frac{1}{(n+1)!}\frac{n+1}{n} = \frac{1}{n \cdot n!},
\end{aligned}$$

要求差不超过 10^{-4}，即 $|r_n| < 10^{-4}$. 因
$$\frac{1}{6 \cdot 6!} = \frac{1}{4320} > 10^{-4}, \frac{1}{7 \cdot 7!} = \frac{1}{35280} < 10^{-4},$$

故取 $n = 7$，
$$e \approx 1 + 1 + \frac{1}{2!} + \frac{1}{3!} + \cdots + \frac{1}{7!} \approx 2.7183.$$

注意：e 的近似值也可以由其定义
$$\lim_{n \to \infty}\left(1 + \frac{1}{n}\right)^n = e$$

计算，但收敛速度非常慢，当 $n = 7000$ 时，得到 e 的近似值 2.718 087 691，误差仍然超过 10^{-4}.

例 8.24　利用 $\sin x \approx x - \frac{x^3}{3!}$，求 $\sin 9°$ 的近似值，并估计误差.

解　首先，把角度化成弧度表示
$$9° = \left(\frac{\pi}{180} \times 9\right)\text{rad} = \frac{\pi}{20}\text{rad},$$

从而
$$\sin\frac{\pi}{20} \approx \frac{\pi}{20} - \frac{1}{3!}\left(\frac{\pi}{20}\right)^3.$$

其次，估计这个近似值的精确度. 在 $\sin x$ 的幂级数展开式中令 $x = \frac{\pi}{20}$，得

$$\sin\frac{\pi}{20} = \frac{\pi}{20} - \frac{1}{3!}\left(\frac{\pi}{20}\right)^3 + \frac{1}{5!}\left(\frac{\pi}{20}\right)^5 - \frac{1}{7!}\left(\frac{\pi}{20}\right)^7 + \cdots.$$

等式右端各项的绝对值单调减少且趋于零,是一个收敛的交错级

数,取它的前两项之和作为 $\sin\frac{\pi}{20}$ 的近似值,其误差为

$$|r_2| \leqslant \frac{1}{5!}\left(\frac{\pi}{20}\right)^5 < \frac{1}{120} \times (0.2)^5 < \frac{1}{300000},$$

因此取 $\frac{\pi}{20} \approx 0.157080$, $\left(\frac{\pi}{20}\right)^3 \approx 0.003876$,则

$$\sin 9° \approx 0.157080 - 0.000646 \approx 0.15643,$$

其误差不超过 10^{-5}.

习题 8.4

1.将下列函数展开为 x 的幂级数,并确定其收敛区间:

(1) $f(x) = \cos^2 x$;

(2) $f(x) = \ln(1-2x)$;

(3) $f(x) = e^{-x^2}$;

(4) $f(x) = x^2 e^{-x}$;

(5) $f(x) = \frac{1}{2-x}$;

(6) $f(x) = \frac{x}{x^2 - 2x - 3}$.

2.将下列函数在指定点处展开为幂级数,并确定其收敛区间:

(1) $f(x) = \ln x, x_0 = 1$;

(2) $f(x) = \frac{1}{4-x}, x_0 = 2$;

(3) $f(x) = e^x, x_0 = 3$.

3.利用级数展开法计算 $\sqrt[3]{1.2}$ 的近似值(要求误差不超过 10^{-3}).

4.利用 $\cos x \approx 1 - \frac{x^2}{2!} + \frac{x^4}{4!}$,求 $\cos 18°$ 的近似值,并估计误差.

5.计算下列积分的近似值(要求误差不超过 10^{-3}):

(1) $\int_0^{\frac{1}{2}} e^{x^2} dx$;

(2) $\int_0^{0.1} \frac{\sin x}{x} dx$.

综合习题 8

一、选择题

1.设级数 $\sum\limits_{n=1}^{\infty}(u_{2n-1}+u_{2n})$ 是收敛的,则(   ).

A. 级数 $\sum\limits_{n=1}^{\infty} u_n$ 必收敛

B. 级数 $\sum\limits_{n=1}^{\infty} u_n$ 未必收敛

C. $\lim\limits_{n\to\infty} u_n = 0$

D. 级数 $\sum\limits_{n=1}^{\infty} u_n$ 发散

2.下列级数中条件收敛的是(   ).

A. $\sum\limits_{n=1}^{\infty} \frac{(-1)^{n-1}}{\sqrt{n}}$

B. $\sum\limits_{n=1}^{\infty} (-1)^{n-1}\left(\frac{3}{4}\right)^n$

C. $\sum\limits_{n=1}^{\infty} (-1)^{n-1} \frac{n}{\sqrt{n^2+1}}$

D. $\sum\limits_{n=1}^{\infty} (-1)^{n-1} \frac{1}{\sqrt{3n^3-1}}$

3.设 $k>0$,则级数 $\sum\limits_{n=1}^{\infty} (-1)^{n-1} \frac{k+n}{n^2}$(   ).

A. 发散   B. 条件收敛

C. 绝对收敛   D. 收敛性与 k 值有关

4.幂级数 $\sum\limits_{n=1}^{\infty} \frac{x^n}{n}$ 的收敛域是(   ).

A. $[-1,1]$ B. $[-1,1)$

C. $(-1,1]$ D. $(-1,1)$

二、计算或证明题

1.判别下列级数的收敛性:

(1) $\sqrt{2} + \sqrt{\frac{3}{2}} + \cdots + \sqrt{\frac{n+1}{n}} + \cdots$;

(2) $\sum\limits_{n=1}^{\infty} 2^n \sin\frac{\pi}{3^n}$;

(3) $\sum\limits_{n=1}^{\infty} n\tan\dfrac{\pi}{2^{n+1}}$;

(4) $\sum\limits_{n=1}^{\infty} \dfrac{1}{1+a^n}(a>0)$;

(5) $\sum\limits_{n=1}^{\infty}\left(\dfrac{1}{5^n}+\dfrac{1}{3^n}\right)$;

(6) $\sum\limits_{n=1}^{\infty}\dfrac{4^n}{5^n-3^n}$.

2.利用函数的幂级数展开式求导数:

(1)设 $f(x)=\dfrac{1}{2-x}$,求 $f^{(n)}(0)(n=1,2,\cdots)$;

(2) $f(x)=x\ln(1-x^2)$,求 $f^{(100)}(0)$.

3.设级数 $\sum\limits_{n=1}^{\infty}u_n$ 收敛,试证明级数 $\sum\limits_{n=1}^{\infty}(u_n\pm u_{n+1})$ 也收敛.

4.已知 $\lim\limits_{n\to\infty}nu_n=0$,级数 $\sum\limits_{n=1}^{\infty}[(n+1)(u_{n+1}-u_n)]$ 收敛,证明:级数 $\sum\limits_{n=1}^{\infty}u_n$ 也收敛.

5.已知级数 $\sum\limits_{n=1}^{\infty}\dfrac{(-1)^{n-1}3^na^n}{n}$ 收敛,求常数 a 的取值范围.

6.求幂级数 $\sum\limits_{n=1}^{\infty}\dfrac{2n-1}{2^n}x^{2n-2}$ 的和函数 $s(x)$,并求数项级数 $\sum\limits_{n=1}^{\infty}\dfrac{2n-1}{2^n}$ 的和.

第8章部分
习题详解

确定变量之间的函数关系是用数学解决实际问题的关键之处也是最困难之处. 在某些情况下, 通过对实际问题的抽象和简化, 可以建立未知函数与其导数的关系式, 即微分方程.

本章我们介绍几类微分方程的求解方法.

9.1 常微分方程的基本概念

常微分方程是指含有一元未知函数的导数(或微分)的方程. 我们通过例子来介绍常微分方程的基本概念.

例 9.1 用水管以每分钟 $1m^3$ 的速度向一个长方体水池里注水, 水池的底面积为 $4m^2$. 已知注水前水池里的水深为 $1m$, 求水深的表达式.

解 显然, 水池中水的体积的增加速度等于水管的注水速度. 令 $h(t)$ 为 t 时刻水池里的水深, 则 $h(0) = 1$, 且有 $\dfrac{\mathrm{d}[4h(t)]}{\mathrm{d}t} = 1$, 即

$$h'(t) = \frac{1}{4},$$

求不定积分, 得

$$h(t) = \frac{1}{4}t + C,$$

其中 C 为任意常数.

将 $h(0) = 1$ 代入上式, 解出 $C = 1$, 即

$$h(t) = \frac{1}{4}t + 1.$$

在这个例子中, $h(t)$ 是一元未知函数, $h'(t) = \dfrac{1}{4}$ 是常微分方程. 方程中只出现了 $h(t)$ 的一阶导数, 称 $h'(t) = \dfrac{1}{4}$ 是一阶微分方程.

一般地, 微分方程中出现的最高阶导数的阶数 n 称为该微分**方程的阶**, 此时也称该方程为 n 阶常微分方程.

使微分方程成为恒等式的函数称为**微分方程的解**(解的图形叫

作微分方程的**积分曲线**). 例如, $h(t) = \dfrac{1}{4}t + C$ 是微分方程 $h'(t) = \dfrac{1}{4}$ 的解.

例 9.2　设 $k \neq 0$ 为常数, 验证 $x = C_1 \cos kt + C_2 \sin kt$ (C_1, C_2 是任意常数) 是二阶微分方程 $\dfrac{\mathrm{d}^2 x}{\mathrm{d}t^2} + k^2 x = 0$ 的解.

解　因为
$$\frac{\mathrm{d}x}{\mathrm{d}t} = -kC_1 \sin kt + kC_2 \cos kt,$$
$$\frac{\mathrm{d}^2 x}{\mathrm{d}t^2} = -k^2 C_1 \cos kt - k^2 C_2 \sin kt,$$

将 $\dfrac{\mathrm{d}^2 x}{\mathrm{d}t^2}$ 和 x 代入原方程, 得
$$-k^2 (C_1 \cos kt + C_2 \sin kt) + k^2 (C_1 \cos kt + C_2 \sin kt) \equiv 0,$$
故
$$x = C_1 \cos kt + C_2 \sin kt$$
是原方程的解.

方程的解 $x = C_1 \cos kt + C_2 \sin kt$ 中包含两个任意常数 C_1 和 C_2. C_1 和 C_2 在解中的作用不能相互替代, 我们称之为独立的任意常数.

如果微分方程的解中包含有独立的任意常数, 且独立的任意常数的个数等于该微分方程的阶数, 则这种解就是微分方程的**通解**.

例如, $x = C_1 \cos kt + C_2 \sin kt$ 就是二阶微分方程 $\dfrac{\mathrm{d}^2 x}{\mathrm{d}t^2} + k^2 x = 0$ 的通解; $h(t) = \dfrac{1}{4}t + C$ 是微分方程 $h'(t) = \dfrac{1}{4}$ 的通解.

例 9.3　验证 $y = \sin(x + C)$ (C 为任意常数) 是微分方程
$$y^2 + y'^2 = 1$$
的通解.

解　把 $y = \sin(x + C)$, $y' = \cos(x + C)$ 代入方程, 得恒等式
$$\sin^2(x + C) + \cos^2(x + C) \equiv 1.$$

所以, $y = \sin(x + C)$ (C 为任意常数) 是微分方程 $y^2 + y'^2 = 1$ 的解.

又因为 $y = \sin(x + C)$ 中含有一个任意常数, 而 $y^2 + y'^2 = 1$ 是一阶微分方程, 所以, $y = \sin(x + C)$ (C 为任意常数) 是微分方程 $y^2 + y'^2 = 1$ 的通解.

注意: 微分方程的通解不一定能包含所有的解, 例如, $y \equiv 1$ 是微分方程的一个解, 但它并不在通解 $y = \sin(x + C)$ 当中.

微分方程不含任意常数的解称为方程的**特解**. 例如 $x = \sin kt$ 和 $x = \cos kt$ 都是微分方程 $\dfrac{\mathrm{d}^2 x}{\mathrm{d}t^2} + k^2 x = 0$ 的特解; $h(t) = \dfrac{1}{4}t + 1$

是微分方程 $h'(t) = \dfrac{1}{4}$ 的特解.

　　许多情况下,我们关心微分方程满足一定条件的解,这样的问题称为微分方程的**初值问题**或**定解问题**.

　　例如, $h'(t) = \dfrac{1}{4}, h(0) = 1$ 就是初值问题,其中 $h(0) = 1$ 称为**初始条件**.

　　常微分方程分为线性微分方程和非线性微分方程.在 n 阶微分方程中形如

$$a_n(x)y^{(n)} + a_{n-1}(x)y^{(n-1)} + \cdots + a_1(x)y' + a_0(x)y = b(x)$$

的微分方程称为**线性微分方程**,其中 $a_n(x), a_{n-1}(x), \cdots, a_1(x),$ $a_0(x)$ 和 $b(x)$ 为已知函数,其他的都是**非线性微分方程**.

　　例如, $\dfrac{\mathrm{d}y}{\mathrm{d}t} = kt, \dfrac{\mathrm{d}^2 x}{\mathrm{d}t^2} + k^2 x = 0$ 都是线性微分方程,而 $y^2 + y'^2 = 1, \dfrac{\mathrm{d}^2\varphi}{\mathrm{d}t^2} + \dfrac{g}{l}\sin\varphi = 0$ 都是非线性微分方程.

例 9.4　　试指出下列微分方程的阶数,并说明它们是线性的还是非线性的.

(1) $x(y')^2 - 2yy' + x = 0$;

(2) $x^2 y'' - xy' + y = 0$;

(3) $xy''' + 2y'' + x^2 y = 0$;

(4) $(7x - 6y)\mathrm{d}x + (x + y)\mathrm{d}y = 0$;

(5) $L\dfrac{\mathrm{d}^2 Q}{\mathrm{d}t^2} + R\dfrac{\mathrm{d}Q}{\mathrm{d}t} + \dfrac{Q}{C} = 0$;

(6) $\dfrac{\mathrm{d}\rho}{\mathrm{d}\theta} + \rho = \sin^2\theta$.

　　解　(1)、(4)、(6)为一阶微分方程;(2)、(5)为二阶微分方程;(3)为三阶微分方程.其中(2)、(3)、(5)、(6)是线性微分方程,(1)、(4)是非线性微分方程.

习题 9.1

1.指出下列方程的阶数,并指出哪些方程是线性微分方程:

(1) $x(y')^3 - 2yy' + xy'' = 0$;

(2) $xy''' - x^2 y' + y = 0$;

(3) $xy'' - 3y' + (\sin x)y = 0$;

(4) $(5x - 4y)\mathrm{d}x + (x + y)\mathrm{d}y = 0$.

2.检验下列各题中的函数是否为所给微分方程的解:

(1) $xy' = 2y, y = 5x^2$;

(2) $y'' + y = 0, y = 3\sin x - 4\cos x$;

(3) $y'' - 2y' + y = 0, y = x^2 \mathrm{e}^x$;

(4) $y'' - (\lambda_1 + \lambda_2)y' + \lambda_1\lambda_2 y = 0, y = C_1 \mathrm{e}^{\lambda_1 x} + C_2 \mathrm{e}^{\lambda_2 x}$.

3.设曲线在点 (x, y) 处的切线的斜率为 $2x^2$,试建立该曲线所满足的微分方程.

4.用微分方程表示一物理命题:某种气体的气压 p 对于温度 T 的变化率与气压成正比,与温度的平方成反比.

9.2 一阶微分方程

微分方程的中心问题之一是求微分方程的解. 表示微分方程的解的方法主要有两种, 即数值解和解析解. 求微分方程的解析解就是求微分方程的解的解析表达式, 其中使用不定积分方法求解微分方程的方法称为初等积分法.

本节我们主要介绍利用初等积分法求解一阶微分方程, 包括可分离变量的微分方程、齐次微分方程和一阶线性微分方程.

9.2.1 可分离变量的微分方程

可分离变量的一阶微分方程的标准形式为

$$\frac{\mathrm{d}y}{\mathrm{d}x} = \varphi(x) \cdot \psi(y), \tag{9-1}$$

其中 $\varphi(x), \psi(y)$ 分别是 x, y 的连续函数.

如果 $\psi(y) = 0$ 有零点 $y = y_0$, 即 $\psi(y_0) = 0$, 则常数函数 $y(x) \equiv y_0$ 是方程(9-1)的一个特解.

如果 $\psi(y) \neq 0$, 则方程化为

$$\frac{\mathrm{d}y}{\psi(y)} = \varphi(x)\mathrm{d}x$$

的形式, 变量就"分离"在等号的两侧(这一过程称为分离变量), 这也是这类微分方程被称为**可分离变量的微分方程**的原因. 对方程两边积分, 得

$$\int \frac{\mathrm{d}y}{\psi(y)} = \int \varphi(x)\mathrm{d}x + C,$$

这里我们把积分常数 C 明显地写出来, 而把积分理解为求一个原函数. 积分后得方程(9-1)的通解

$$G(y) = F(x) + C,$$

其中 $G(y), F(x)$ 分别是 $\dfrac{1}{\psi(y)}$ 和 $f(x)$ 的一个原函数. 这种求解可分离变量方程的过程称为**分离变量法**.

例 9.5 求微分方程 $\dfrac{\mathrm{d}y}{\mathrm{d}x} = 2xy$ 的通解.

解 $y \equiv 0$ 是方程的一个特解. 当 $y \neq 0$ 时, 分离变量, 得

$$\frac{\mathrm{d}y}{y} = 2x\mathrm{d}x.$$

两端积分 $\displaystyle\int \frac{\mathrm{d}y}{y} = \int 2x\mathrm{d}x$, 得

$$\ln|y| = x^2 + C_1 (C_1 \text{ 为任意常数}),$$

从而

$$y = \pm \mathrm{e}^{x^2 + C_1} = \pm \mathrm{e}^{C_1} \cdot \mathrm{e}^{x^2}.$$

记 $C_2 = \pm \mathrm{e}^{C_1}$，则

$$y = C_2 \mathrm{e}^{x^2} (C_2 \neq 0),$$

特解 $y \equiv 0$ 可以写成 $y = 0 \cdot \mathrm{e}^{x^2}$，故原方程的通解为

$$y = C\mathrm{e}^{x^2} (C \text{ 为任意常数}).$$

例 9.6 求微分方程

$$\mathrm{d}x - xy\mathrm{d}y = x^3 y\mathrm{d}y - y^2\mathrm{d}x$$

的通解.

解 移项并合并 $\mathrm{d}x$ 和 $\mathrm{d}y$ 的各项，得

$$(1 + y^2)\mathrm{d}x = xy(1 + x^2)\mathrm{d}y,$$

分离变量，得

$$\frac{y}{1 + y^2}\mathrm{d}y = \frac{\mathrm{d}x}{x(1 + x^2)},$$

两边积分

$$\int \frac{y}{1 + y^2}\mathrm{d}y = \int \frac{\mathrm{d}x}{x(1 + x^2)}$$

$$\int \frac{y}{1 + y^2}\mathrm{d}y = \int \frac{1 + x^2 - x^2}{x(1 + x^2)}\mathrm{d}x$$

$$\frac{1}{2}\int \frac{\mathrm{d}y^2}{1 + y^2} = \int \frac{1}{x}\mathrm{d}x - \int \frac{x}{1 + x^2}\mathrm{d}x.$$

于是 $\quad \dfrac{1}{2}\ln(1 + y^2) = \ln|x| - \dfrac{1}{2}\ln(1 + x^2) + C_1,$

取指数，整理得 $\quad \dfrac{(1 + y^2)(1 + x^2)}{x^2} = \mathrm{e}^{2C_1},$

记 $C = \mathrm{e}^{2C_1}$，则得方程的通解为

$$(1 + x^2)(1 + y^2) = Cx^2 (C > 0).$$

例 9.7 求解定解问题

$$\begin{cases} y' = \dfrac{y^2 - 1}{2}, \\ y(0) = 2. \end{cases}$$

解 方程 $y' = \dfrac{y^2 - 1}{2}$ 是可分离变量的方程，$y = \pm 1$ 是其两个

特解. 下面求其通解.

分离变量，有

$$\frac{\mathrm{d}y}{y^2 - 1} = \frac{1}{2}\mathrm{d}x (y \neq \pm 1),$$

两边同时积分得 $\quad \dfrac{1}{2}\ln\left|\dfrac{y - 1}{y + 1}\right| = \dfrac{1}{2}x + C_1,$

整理得 $\quad \dfrac{y - 1}{y + 1} = \pm \mathrm{e}^{x + 2C_1} = \pm \mathrm{e}^{2C_1} \cdot \mathrm{e}^x,$

记 $C = \pm \mathrm{e}^{2C_1} \neq 0$，则

$$\frac{y - 1}{y + 1} = C\mathrm{e}^x.$$

再求满足初始条件的特解. 把 $y(0) = 2$ 代入, 得 $C = \dfrac{1}{3}$, 于是

所求定解问题的特解为 $\dfrac{y-1}{y+1} = \dfrac{1}{3}\mathrm{e}^x$, 即 $y = \dfrac{1 + \dfrac{1}{3}\mathrm{e}^x}{1 - \dfrac{1}{3}\mathrm{e}^x}$.

9.2.2　齐次方程

齐次方程的一般形式为

$$\frac{\mathrm{d}y}{\mathrm{d}x} = \varphi\left(\frac{y}{x}\right), \tag{9-2}$$

其中 $\varphi(u)$ 是 u 的连续函数.

齐次方程的求解方法是, 通过变量代换 $u = \dfrac{y}{x}$, 把齐次方程化为可分离变量的方程.

令 $u = \dfrac{y}{x}$, 则

$$\frac{\mathrm{d}y}{\mathrm{d}x} = u + x\frac{\mathrm{d}u}{\mathrm{d}x},$$

代入方程(9-2)得

$$u + x\frac{\mathrm{d}u}{\mathrm{d}x} = \varphi(u),$$

即

$$x\frac{\mathrm{d}u}{\mathrm{d}x} = \varphi(u) - u,$$

这是分离变量的微分方程, 可通过分离变量法求解.

例 9.8　解方程
$$xy' = y + x\mathrm{e}^{\frac{y}{x}} \ (x > 0).$$

解　将方程改写成
$$y' = \frac{y}{x} + \mathrm{e}^{\frac{y}{x}} \ (x > 0),$$

此方程是齐次微分方程.

令 $u = \dfrac{y}{x}$, 则 $y = xu$, $y' = u + xu'$, 于是上述方程化为
$$u + xu' = u + \mathrm{e}^u,$$

即
$$xu' = \mathrm{e}^u,$$

分离变量, 得
$$\frac{\mathrm{d}u}{\mathrm{e}^u} = \frac{\mathrm{d}x}{x},$$

由 $x > 0$, 积分得
$$-\mathrm{e}^{-u} = \ln x + C,$$

原方程的通解为
$$\ln x + \mathrm{e}^{-\frac{y}{x}} = C,$$

其中 C 为任意常数.

例 9.9 解方程 $xy' = \sqrt{x^2 - y^2} + y(x > 0)$.

解 将方程改写成

$$y' = \frac{\sqrt{x^2 - y^2} + y}{x},$$

整理得齐次微分方程

$$y' = \sqrt{1 - \left(\frac{y}{x}\right)^2} + \frac{y}{x}.$$

令 $u = \dfrac{y}{x}$,则 $y = xu$, $y' = u + xu'$,代入原方程得

$$u + xu' = \sqrt{1 - u^2} + u,$$

即

$$\frac{\mathrm{d}u}{\mathrm{d}x} = \frac{\sqrt{1 - u^2}}{x}.$$

当 $u \equiv \pm 1$ 时,得原方程的两个特解

$$y = \pm x(x > 0).$$

当 $u \neq \pm 1$ 时,有

$$\int \frac{\mathrm{d}u}{\sqrt{1 - u^2}} = \int \frac{\mathrm{d}x}{x},$$

积分得 $\arcsin u = \ln x + C$,即

$$u = \sin(\ln x + C),$$

将 u 换成 $\dfrac{y}{x}$,整理得原方程通解

$$y = x\sin(\ln x + C).$$

9.2.3 一阶线性微分方程

一阶线性方程的一般形式为

$$\frac{\mathrm{d}y}{\mathrm{d}x} + p(x)y = q(x), \tag{9-3}$$

其中 $p(x)$, $q(x)$ 是连续函数.

当 $q(x) \neq 0$ 时方程(9-3)称为**一阶线性非齐次微分方程**,当 $q(x) \equiv 0$ 时,方程

$$\frac{\mathrm{d}y}{\mathrm{d}x} + p(x)y = 0 \tag{9-4}$$

称为**一阶线性齐次微分方程**.

对给定的 $p(x)$, $q(x)$,通常称方程(9-4)是方程(9-3)对应的一阶线性齐次方程.

方程(9-4)是可分离变量的微分方程,分离变量,得

$$\frac{\mathrm{d}y}{y} = -p(x)\mathrm{d}x,$$

两边积分,得

$$\ln |y| = -\int p(x)\mathrm{d}x + C_1,$$

从而得方程(9-4)的通解

$$y = C\mathrm{e}^{-\int p(x)\mathrm{d}x},$$

其中 C 为任意常数,$\int p(x)\mathrm{d}x$ 表示 $p(x)$ 的一个原函数.

为了求非齐次方程(9-3)的解,我们把 $y = C\mathrm{e}^{-\int p(x)\mathrm{d}x}$ 中的常数 C 换成了函数 $C(x)$,即 $y = C(x)\mathrm{e}^{-\int p(x)\mathrm{d}x}$,并代入方程(9-3)求出 $C(x)$. 这种方法称为**常数变易法**.

设 $y = C(x)\mathrm{e}^{-\int p(x)\mathrm{d}x}$,代入方程(9-3)得

$$\left[C(x)\mathrm{e}^{-\int p(x)\mathrm{d}x}\right]' + p(x)C(x)\mathrm{e}^{-\int p(x)\mathrm{d}x} = q(x),$$

即

$$C'(x)\mathrm{e}^{-\int p(x)\mathrm{d}x} - C(x)p(x)\mathrm{e}^{-\int p(x)\mathrm{d}x} + C(x)p(x)\mathrm{e}^{-\int p(x)\mathrm{d}x} = q(x),$$

因而有

$$C'(x)\mathrm{e}^{-\int p(x)\mathrm{d}x} = q(x),$$

即

$$C'(x) = q(x)\mathrm{e}^{\int p(x)\mathrm{d}x},$$

积分得

$$C(x) = \int q(x) \cdot \mathrm{e}^{\int p(x)\mathrm{d}x}\mathrm{d}x + C,$$

于是

$$y = \left[C + \int q(x) \cdot \mathrm{e}^{\int p(x)\mathrm{d}x}\mathrm{d}x\right] \cdot \mathrm{e}^{-\int p(x)\mathrm{d}x} \tag{9-5}$$

或写成

$$y = C\mathrm{e}^{-\int p(x)\mathrm{d}x} + \mathrm{e}^{-\int p(x)\mathrm{d}x}\int q(x)\mathrm{e}^{\int p(x)\mathrm{d}x}\mathrm{d}x,$$

则其中第一部分是对应的齐次方程(9-4)的通解,第二部分是非齐次方程(9-3)的一个特解.

注意: 以上一阶线性非齐次微分方程的通解是由莱布尼茨在 1693 年给出的.

例 9.10 解方程

$$\frac{\mathrm{d}y}{\mathrm{d}x} - \frac{2y}{x+1} = (x+1)^{\frac{5}{2}}.$$

解 此方程为一阶线性方程. 先求对应的齐次方程

$$\frac{\mathrm{d}y}{\mathrm{d}x} - \frac{2y}{x+1} = 0$$

的通解.

方程变形为

$$\frac{\mathrm{d}y}{y} = 2\frac{\mathrm{d}x}{x+1}(y \neq 0),$$

两边积分,得

$$\ln |y| = 2\ln |x+1| + C_1,$$

即

$$y = \pm e^{C_1} \cdot (x+1)^2,$$

记 $C = \pm e^{C_1}$，并允许 C 取零而包含特解 $y = 0$，就得到对应齐次方程的通解

$$y = C(x+1)^2.$$

再用**常数变易法**求原非齐次方程的通解，令

$$y = C(x)(x+1)^2,$$

代入原方程

$$C'(x)(x+1)^2 = (x+1)^{\frac{5}{2}},$$

即得

$$C'(x) = \sqrt{(x+1)},$$

从而

$$C(x) = \frac{2}{3}(x+1)^{\frac{3}{2}} + C,$$

所以，原方程的通解为

$$y = C(x+1)^2 + \frac{2}{3}(x+1)^{\frac{7}{2}}.$$

例 9.11 求方程

$$\frac{\mathrm{d}y}{\mathrm{d}x} = \frac{y}{2x - y^2}$$

的通解.

解 原方程不是未知函数 y 的线性函数，但如果将它改写为

$$\frac{\mathrm{d}x}{\mathrm{d}y} = \frac{2x - y^2}{y},$$

即

$$\frac{\mathrm{d}x}{\mathrm{d}y} - \frac{2}{y} \cdot x = -y,$$

将 x 看作 y 的函数，方程就是线性的，这时

$$p(y) = -\frac{2}{y}, q(y) = -y,$$

于是，原方程的通解为

$$x = e^{-\int p(y)\mathrm{d}y} \left[\int q(y) \cdot e^{\int p(y)\mathrm{d}y} \mathrm{d}y + C \right],$$

即

$$x = y^2(C - \ln y).$$

习题 9.2

1．求下列微分方程的通解：

(1) $xy' - y\ln y = 0$；

(2) $\sqrt{1-x^2}\, y' = \sqrt{1-y^2}$；

(3) $y' = 5^{x+y}$.

2．求下列微分方程的特解：

(1) $y' = e^{2x-y}, y(0) = 0$；

(2) $2y\mathrm{d}x + x\mathrm{d}y = 0, y(2) = 1$.

3．设曲线过点 $(2,3)$，且它任意一点的切线的斜

率等于横坐标的两倍,求该曲线的方程.

4.求下列微分方程的通解或特解:

(1) $xy' - y - \sqrt{y^2 - x^2} = 0$;

(2) $xy' = y(\ln y - \ln x)$;

(3) $(x+y)\mathrm{d}x + x\mathrm{d}y = 0$;

(4) $(y^2 + x^2)\mathrm{d}x = xy\mathrm{d}y, y(1) = 2$.

5.求下列一阶微分方程的通解:

(1) $y' + y = \mathrm{e}^{-x}$;

(2) $y' + y\cos x = \mathrm{e}^{-\sin x}$;

(3) $y' + \tan x \cdot y = \sin 2x$;

(4) $(y^2 - 6x)y' + 2y = 0$.

6.设有连接 $O(0,0)$ 和 $A(1,1)$ 的上凸曲线弧 $\overset{\frown}{OA}, P(x,y)$ 是 $\overset{\frown}{OA}$ 上任意一点,若曲线弧 $\overset{\frown}{OP}$ 与直线 $\overline{OP}$ 所围成的面积为 x^2,试求曲线弧 $\overset{\frown}{OA}$ 的方程.

7.求满足方程 $f(x) = x^2 + \int_0^x f(t)\mathrm{d}t$ 的连续函数 $f(x)$.

9.3　二阶常系数线性微分方程

二阶常系数线性微分方程解的结构比较简单,在实际问题中应用较多.

二阶常系数非齐次线性微分方程的一般形式为

$$y'' + py' + qy = f(x), \tag{9-6}$$

其中 $f(x)$ 不恒为零.而方程

$$y'' + py' + qy = 0 \tag{9-7}$$

称为方程(9-6)对应的**二阶齐次线性微分方程**,其中 p, q 为常数.

一般地,我们称

$$\varphi(r) = r^2 + pr + q$$

为方程(9-6)和方程(9-7)的**特征多项式**,而称

$$r^2 + pr + q = 0$$

为**特征方程**,特征方程的根称为特征根.

容易验证以下结论:

(1)齐次线性微分方程解的叠加原理,即如果函数 $y_1(x)$ 与 $y_2(x)$ 是二阶齐次线性方程(9-7)的两个解,则 $y = C_1 y_1 + C_2 y_2$ 也是方程(9-7)的解.特别地,如果 $\dfrac{y_1(x)}{y_2(x)}$ 不恒等于常数(此时,称 $y_1(x)$ 与 $y_2(x)$ 线性无关),则 $y = C_1 y_1 + C_2 y_2$ 是方程(9-7)的通解,其中 C_1, C_2 是任意常数.

(2)如果 y^* 是二阶非齐次线性方程(9-6)的一个特解,Y 是对应的齐次方程(9-7)的通解,则 $y = Y + y^*$ 是二阶非齐次线性微分方程(9-6)的通解.

(3)如果 y_1 与 y_2 分别是方程 $y'' + py' + qy = f_1(x)$ 和方程 $y'' + py' + qy = f_2(x)$ 的解,则 $y_1 + y_2$ 是方程 $y'' + py' + qy = f_1(x) + f_2(x)$ 的解.

因此,我们主要讨论如何求二阶齐次线性微分方程(9-7)的两个线性无关的特解和二阶非齐次线性微分方程(9-6)的任意一个特解,进而利用上述结论得出方程(9-6)和方程(9-7)的通解.在此基础上,可求得满足给定初始条件的特解.

9.3.1 二阶常系数齐次线性微分方程

做变量代换 $y = \mathrm{e}^{rx}$，代入方程(9-7)，得
$$(r^2 + pr + q) \cdot \mathrm{e}^{rx} = \varphi(r) \cdot \mathrm{e}^{rx} = 0,$$
因为 $\mathrm{e}^{rx} \neq 0$，故有
$$\varphi(r) = r^2 + pr + q = 0,$$
解得特征根
$$r_{1,2} = \frac{-p \pm \sqrt{p^2 - 4q}}{2}.$$

根据特征根的三种不同的情形分别讨论如下：

情形 1 特征方程有两个不相等的实根
$$r_1 = \frac{-p + \sqrt{p^2 - 4q}}{2},$$
$$r_2 = \frac{-p - \sqrt{p^2 - 4q}}{2},$$
可得齐次方程的两个线性无关的特解
$$y_1 = \mathrm{e}^{r_1 x}, y_2 = \mathrm{e}^{r_2 x},$$
从而齐次方程的通解为
$$y = C_1 \mathrm{e}^{r_1 x} + C_2 \mathrm{e}^{r_2 x}.$$

情形 2 特征方程有两个相等的实根为
$$r_1 = r_2 = -\frac{p}{2},$$
此时原方程有一个特解为 $y_1 = \mathrm{e}^{r_1 x}$，设另一个特解为
$$y_2 = u(x)\mathrm{e}^{r_1 x},$$
将 y_2, y_2', y_2'' 代入原方程化简后，得
$$u'' + (2r_1 + p)u' + (r_1^2 + pr_1 + q)u = 0,$$
从而 $u'' = 0$，取 $u(x) = x$，则 $y_2 = x\mathrm{e}^{r_1 x}$，所以，齐次方程的通解为
$$y = (C_1 + C_2 x)\mathrm{e}^{r_1 x}.$$

情形 3 特征方程有一对共轭复根，
$$r_1 = \alpha + \mathrm{i}\beta, r_2 = \alpha - \mathrm{i}\beta,$$
可得原方程两个无关解 $y_1 = \mathrm{e}^{(\alpha + \mathrm{i}\beta)x}$ 和 $y_2 = \mathrm{e}^{(\alpha - \mathrm{i}\beta)x}$，利用欧拉公式
$$y_{1,2} = \mathrm{e}^{\alpha x}(\cos\beta x \pm \mathrm{i}\sin\beta x),$$
并由齐次方程解的叠加原理
$$\overline{y_1} = \frac{1}{2}(y_1 + y_2) = \mathrm{e}^{\alpha x}\cos\beta x,$$
$$\overline{y_2} = \frac{1}{2\mathrm{i}}(y_1 - y_2) = \mathrm{e}^{\alpha x}\sin\beta x$$
也是齐次方程的解(一般习惯两个线性无关解都用实函数)，且它们
线性无关. 得到齐次方程的通解为
$$y = \mathrm{e}^{\alpha x}(C_1 \cos\beta x + C_2 \sin\beta x).$$

综上所述，我们得出二阶常系数线性齐次微分方程求通解的一

般步骤：

(1)写出相应的特征方程,并求出特征根;

(2)根据特征根的不同情况,得到相应的通解(见下表).

特征根的情况	通解的表达式
两不等实根 $r_1 \neq r_2$	$y = C_1 e^{r_1 x} + C_2 e^{r_2 x}$
两相等实根 $r_1 = r_2$	$y = (C_1 + C_2 x) e^{r_1 x}$
共轭复根 $r_{1,2} = \alpha \pm i\beta$	$y = e^{\alpha x}(C_1 \cos\beta x + C_2 \sin\beta x)$

例 9.12 求方程 $y'' + 2y' - 3y = 0$ 的通解.

解 解特征方程

$$r^2 + 2r - 3 = 0,$$

特征根为

$$r_1 = 1, r_2 = -3,$$

故所求通解为

$$y = C_1 e^x + C_2 e^{-3x}.$$

例 9.13 求方程 $y'' + 4y' + 4y = 0$ 的通解.

解 解特征方程

$$r^2 + 4r + 4 = 0,$$

特征根为

$$r_1 = r_2 = -2,$$

故所求通解为

$$y = (C_1 + C_2 x) e^{-2x}.$$

例 9.14 求方程 $y'' + 2y' + 5y = 0$ 的通解,并求满足初始条件,$y(0) = y'(0) = 1$ 的特解.

解 解特征方程

$$r^2 + 2r + 5 = 0,$$

特征根为

$$r_{1,2} = -1 \pm 2i,$$

故所求通解为

$$y = e^{-x}(C_1 \cos 2x + C_2 \sin 2x).$$

求导并整理得,

$$y' = e^{-x}\big[(2C_2 - C_1)\cos 2x - (2C_1 + C_2)\sin 2x\big]$$

把 $y(0)=1$ 和 $y'(0)=1$ 分别代入 y 和 y',得

$$\begin{cases} C_1 = 1, \\ 2C_2 - C_1 = 1. \end{cases}$$

解得 $C_1 = C_2 = 1$

满足初始条件的特解为

$$y = e^{-x}(\cos 2x + \sin 2x).$$

9.3.2 二阶常系数非齐次线性微分方程

由于方程(9-6)的通解是方程(9-7)的通解加上方程(9-6)的一个特解,因此我们只要求出方程(9-6)的任意一个特解就可以了. 针对方程(9-6)中 $f(x)$ 的不同形式,我们介绍求特解的方法.

1. 多项式

这种类型方程的标准形式为

$$y'' + py' + qy = P_m(x). \tag{9-8}$$

其中 $P_m(x)$ 是 m 次多项式.

由于多项式的导数还是多项式,我们猜测这类方程的特解也是多项式,并用待定系数法求解.

设 y 是 x 的 n 次多项式,则 y' 是 $n-1$ 次多项式,y'' 是 $n-2$ 次多项式,因此 $y'' + py' + qy$ 也是多项式. 为了使等式 $y'' + py' + qy = P_m(x)$ 成立,$y'' + py' + qy$ 的次数就必须等于 m.

例 9.15 求下列方程的一个特解:

(1) $y'' = x^2 + 1$,

(2) $y'' + y' = x^2 + 1$,

(3) $y'' + y' + 3y = x^2 + 1$.

解 (1) $y' = \int y'' \mathrm{d}x = \int (x^2 + 1) \mathrm{d}x = \frac{1}{3}x^3 + x + C_1$,

$$y = \int y' \mathrm{d}x = \int \left(\frac{1}{3}x^3 + x + C_1\right) \mathrm{d}x = \frac{1}{12}x^4 + \frac{1}{2}x^2 + C_1 x + C_2,$$

取 $C_1 = C_2 = 0$,得**特解**

$$y^* = x^2 \left(\frac{1}{12}x^2 + \frac{1}{2}\right).$$

(2) 比较方程两边次数,y' 应为二次多项式,设 $y' = ax^2 + bx + c$,则 $y'' = 2ax + b$,代入方程,得

$$(2ax + b) + (ax^2 + bx + c) = x^2 + 1,$$

整理,得

$$ax^2 + (2a + b)x + b + c = x^2 + 1,$$

比较系数,得

$$\begin{cases} a = 1, \\ 2a + b = 0, \\ b + c = 1. \end{cases}$$

解得 $a = 1, b = -2, c = 3$,即

$$y' = x^2 - 2x + 3,$$

$$y = \int y' \mathrm{d}x = \int (x^2 - 2x + 3) \mathrm{d}x = \frac{1}{3}x^3 - x^2 + 3x + C.$$

取得 $C = 0$,得**特解**

$$y^* = x \left(\frac{1}{3}x^2 - x + 3\right).$$

（3）比较方程两边次数，y 应为二次多项式，设 $y^* = ax^2 + bx + c$ 是方程的特解，求导得 $y^{*'} = 2ax + b$，$y^{*''} = 2a$．代入方程，得

$$2a + 2ax + b + 3(ax^2 + bx + c) = x^2 + 1,$$

整理，得

$$3ax^2 + (2a + 3b)x + 2a + b + 3c = x^2 + 1,$$

比较系数，得

$$\begin{cases} 3a = 1, \\ 2a + 3b = 0, \\ 2a + b + 3c = 1. \end{cases}$$

解得 $a = \dfrac{1}{3}$，$b = -\dfrac{2}{9}$，$c = \dfrac{5}{27}$．即**特解**

$$y^* = \frac{1}{3}x^2 - \frac{2}{9}x + \frac{5}{27}.$$

2. 多项式与指数函数的乘积

这种类型方程的标准形式为

$$y'' + py' + qy = P_m(x)e^{\lambda x}, \tag{9-9}$$

其中 $P_m(x)$ 是 m 次多项式，$\lambda \neq 0$ 是常数．

比较方程(9-9)和方程(9-8)可以发现：只要消去非齐次项中的指数函数 $e^{\lambda x}$，方程即可化为非齐次项为多项式的类型．为此，做**变量替换** $y = ze^{\lambda x}$，其中 z 是未知函数．

把 $y = ze^{\lambda x}$，$y' = (z' + \lambda z)e^{\lambda x}$，$y'' = (z'' + 2\lambda z' + \lambda^2 z)e^{\lambda x}$，代入原方程，整理得

$$\left[z'' + (2\lambda + p)z' + (\lambda^2 + p\lambda + q)z\right]e^{\lambda x} = P_m(x)e^{\lambda x},$$

消去 $e^{\lambda x}$，得到

$$z'' + (2\lambda + p)z' + (\lambda^2 + p\lambda + q)z = P_m(x),$$

即

$$z'' + \varphi'(\lambda)z' + \varphi(\lambda)z = P_m(x). \tag{9-10}$$

方程(9-10)即为非齐次项是多项式的类型．

因此，**$y = ze^{\lambda x}$ 是方程(9-9)的解等价于 z 是方程(9-10)的解．**

例 9.16　求方程 $y'' + 5y' + 6y = xe^{2x}$ 的一个特解．

解　特征多项式为 $\varphi(r) = r^2 + 5r + 6$．设特解为 $y^* = ze^{2x}$，则

$$z'' + \varphi'(2)z' + \varphi(2)z = x,$$

由 $\varphi(2) = 2^2 + 5 \times 2 + 6 = 20$，$\varphi'(2) = 2 \times 2 + 5 = 9$，得

$$z'' + 9z' + 20z = x,$$

再设 $z = ax + b$，则

$$9a + 20(ax + b) = x,$$

比较系数得 $\begin{cases} 20a = 1, \\ 9a + 20b = 0, \end{cases}$ 解得 $a = \dfrac{1}{20}$，$b = -\dfrac{9}{400}$．原方程的一个特解为

$$y^* = \left(\frac{1}{20}x - \frac{9}{400}\right)e^{2x}.$$

例 9.17　求方程 $y'' - 2y' + y = (x-1)e^x$ 的通解,并求满足初始条件 $y(1) = y'(1) = 1$ 的特解.

解　**第一步**　求对应齐次微分方程通解.

特征方程为 $r^2 - 2r + 1 = 0$,解得 $r = 1$(重根). 对应齐次微分方程通解为

$$Y = (C_1 + C_2 x)e^x$$

第二步　求非齐次微分方程通解.

特征多项式为 $\varphi(r) = r^2 - 2r + 1$. 令 $y = ze^x$,则原方程化为

$$z'' + \varphi'(1)z' + \varphi(1)z = x - 1,$$

其中 $\varphi(1) = 1^2 - 2 \times 1 + 1 = 0, \varphi'(1) = 2 \times 1 - 2 = 0$,即

$$z'' = x - 1,$$

两次积分得特解

$$z = \frac{1}{6}x^3 - \frac{1}{2}x^2.$$

因此,原方程的一个特解为

$$y^* = \frac{x^3}{6}e^x - \frac{x^2}{2}e^x,$$

故原方程的通解为

$$y = (C_1 + C_2 x)e^x + \frac{x^3}{6}e^x - \frac{x^2}{2}e^x.$$

第三步　确定非齐次微分方程满足初始条件的特解.

对上式求导,得

$$y' = \left[(C_1 + C_2) + (C_2 - 1)x + \frac{x^3}{6}\right]e^x,$$

将条件 $y(1) = 1, y'(1) = 1$ 分别代入,得联立方程

$$\begin{cases} C_1 + C_2 = \dfrac{1}{e} + \dfrac{1}{3}, \\ C_1 + 2C_2 = \dfrac{1}{e} + \dfrac{5}{6}, \end{cases}$$

解得

$$\begin{cases} C_1 = \dfrac{1}{e} - \dfrac{1}{6}, \\ C_2 = \dfrac{1}{2}. \end{cases}$$

所以原方程满足初始条件的特解为

$$y = \left(\frac{1}{e} - \frac{1}{6} + \frac{1}{2}x - \frac{x^2}{2} + \frac{x^3}{6}\right)e^x.$$

例 9.18　求微分方程 $y'' + 3y' + 2y = xe^{-x}$ 的一个特解.

解　特征多项式为 $\varphi(r) = r^2 + 3r + 2$.

设特解为 $y^* = ze^{-x}$,则

$$z'' + \varphi'(-1)z' + \varphi(-1)z = x,$$

由 $\varphi(-1) = (-1)^2 + 3 \times (-1) + 2 = 0, \varphi'(-1) = 2 \times (-1) + 3 =$

1,得
$$z'' + z' = x.$$

设 $z = ax + b$,则
$$ax + a + b = x,$$

比较系数得
$$a = 1, b = -1,$$

即 $z' = x - 1$. 积分得
$$z = \frac{1}{2}x^2 - x,$$

故原方程一个特解为
$$y^* = \left(\frac{1}{2}x^2 - x\right)e^{-x}.$$

3. 正弦和余弦

这种类型方程的标准形式为
$$y'' + py' + qy = P_m(x)e^{\alpha x}\cos\beta x,$$

或
$$y'' + py' + qy = P_m(x)e^{\alpha x}\sin\beta x,$$

其中 $P_m(x)$ 是 m 次多项式,α, β 是实常数.

令 $\lambda = \alpha + i\beta$,由欧拉公式有
$$e^{\lambda x} = e^{\alpha x}\cos\beta x + ie^{\alpha x}\sin\beta x.$$

如果 $y^* = ze^{\lambda x}$ 是方程
$$y'' + py' + qy = P_m(x)e^{\lambda x}$$

的特解,则 y^* 的实部是方程
$$y'' + py' + qy = P_m(x)e^{\alpha x}\cos\beta x$$

的特解,而 y^* 的虚部是方程
$$y'' + py' + qy = P_m(x)e^{\alpha x}\sin\beta x$$

的特解.

例 9.19 求方程 $y'' + y = \cos 2x$ 的一个特解.

解 $\cos 2x$ 是 e^{2ix} 的实部,先解微分方程
$$y'' + y = e^{2ix}.$$

令 $y = ze^{2ix}$,代入得
$$z'' + \varphi'(2i)z' + \varphi(2i)z = 1,$$

其中 $\varphi(r) = r^2 + 1, \varphi(2i) = -3, \varphi'(2i) = 4i$. 即
$$z'' + 4iz' - 3z = 1,$$

得特解 $z = -\frac{1}{3}$.

方程 $y'' + y = e^{2ix}$ 的特解为
$$y = -\frac{1}{3}e^{2ix} = -\frac{1}{3}\cos 2x - \frac{i}{3}\sin 2x,$$

实部为
$$y^* = -\frac{1}{3}\cos 2x,$$

即为方程 $y'' + y = \cos 2x$ 的一个特解.

例 9.20　求方程 $y'' + y = 4x\sin x$ 的通解.

解　特征方程为
$$r^2 + 1 = 0,$$
解得特征根 $r = \pm i$，故对应的齐次方程的通解为
$$Y = C_1\cos x + C_2\sin x.$$

先解方程
$$y'' + y = 4xe^{ix},$$
特征多项式为 $\varphi(r) = r^2 + 1, \lambda = i$.
$$\varphi(i) = i^2 + 1 = 0, \varphi'(i) = 2i.$$

设特解为 $y^* = ze^{ix}$，则
$$z'' + 2iz' = 4x.$$

设 $z' = ax + b$，则
$$a + 2i(ax + b) = 4x,$$
比较系数，得
$$a = -2i, b = 1.$$
即，$z' = -2ix + 1$. 积分得
$$z = -ix^2 + x.$$

得特解
$$y^* = (-ix^2 + x)e^{ix} = (-ix^2 + x)(\cos x + i\sin x)$$
$$= (x\cos x + x^2\sin x) + i(x\sin x - x^2\cos x).$$

取其虚部
$$y_2^* = x\sin x - x^2\cos x,$$
即为所求非齐次方程特解. 所以原方程的通解为
$$y = C_1\cos x + C_2\sin x + x\sin x - x^2\cos x.$$

习题 9.3

1. 求下列齐次微分方程的通解：

(1) $y'' + y' - 2y = 0$；

(2) $y'' - 4y' = 0$；

(3) $y'' + 3y' + 2y = 0$；

(4) $y'' - 6y' + 9y = 0$；

(5) $y'' + 4y = 0$；

(6) $y'' - 4y' + 4y = 0$.

2. 求下列微分方程满足给定初始条件的特解：

(1) $y'' - 5y' + 6y = 0, y(0) = \frac{1}{2}, y'(0) = 1$；

(2) $y'' + y' - 2y = 0, y(0) = 3, y'(0) = 0$；

(3) $y'' - 6y' + 9y = 0, y(0) = 0, y'(0) = 2$；

(4) $y'' + y' + 2y = 0, y(0) = 1, y'(0) = 1$.

3. 求卜列非齐次微分方程的通解：

(1) $2y'' + 5y' = x$；

(2) $y'' + 3y' + 2y = 3xe^{-x}$；

(3) $y'' - 6y' + 13y = 14$；

(4) $y'' - y' - 2y = e^{2x}$；

(5) $y'' + 4y = 8\sin 2x$.

4. 求下列微分方程满足给定初始条件的特解：

(1) $y'' - 4y = 4, y(0) = 1, y'(0) = 0$；

(2) $y'' + 4y = 8x, y(0) = 0, y'(0) = 4$；

(3) $y'' - 5y' + 6y = 2e^x, y(0) = 1, y'(0) = 1$；

(4) $y'' + y = -\sin 2x, y(\pi) = 1, y'(\pi) = 1$.

9.4　差分方程

差分方程也称递推方程,可以用来研究自变量只能等间隔取值的函数.

9.4.1　差分方程的概念

在实际问题中,自变量只能等间隔取值的函数很常见.例如,向银行存入数量 A_0 的资金,银行每月计息一次,月利率为 r,则存入 t 个月后本息合计为 $f(t) = A_0 (1+r)^t$,函数 $f(t)$ 的自变量取值为 $t = 0,1,2,\cdots$.

一般地,设函数 $y = f(t), t = 0,1,2,\cdots$,简记为 $y_t = f(t)$,称
$$\Delta y_t = f(t+1) - f(t) = y_{t+1} - y_t$$
为函数 $y = f(t)$ 的一阶差分.称
$$\Delta(\Delta y_t) = \Delta(y_{t+1}) - \Delta(y_t) = y_{t+2} - y_{t+1} - (y_{t+1} - y_t) = y_{t+2} - 2y_{t+1} + y_t$$
为函数 $y = f(t)$ 的二阶差分,记为 $\Delta^2 y_t$.

更高阶差分可类似定义,如 $\Delta^3 y_t = \Delta(\Delta^2 y_t)$.

含有未知函数及其差分的方程称为**差分方程**,使得差分方程成为恒等式的函数称为差分方程的解.例如, $y_t = 2^t$ 是差分方程 $\Delta y_t = 2^t$ 的一个解.

很多时候差分方程中并不出现差分符号,例如,差分方程
$$\Delta^2 y_t + 2\Delta y_t + 3y_t = 2^t$$
可以表示为
$$(y_{t+2} - 2y_{t+1} + y_t) + 2(y_{t+1} - y_t) + 3y_t = 2^t,$$
即 $y_{t+2} + 2y_t = 2^t$,因此差分方程也称递推方程.在这种情况下,方程中出现的最大下标与最小下标之差称为**差分方程的阶数**.

如果 $y = f(t)$ 是一个 n 阶差分方程的解,且 $y = f(t)$ 中含有 n 个独立的任意常数,则称 $y = f(t)$ 是这个 n 阶差分方程的**通解**;如果 $y = f(t)$ 中不含任意常数,就称 $y = f(t)$ 是这个 n 阶差分方程的一个**特解**.例如, $y_t = 2^t + C$(C 为任意常数)是差分方程 $\Delta y_t = 2^t$ 的通解,而 $y_t = 2^t + 1$ 是差分方程 $\Delta y_t = 2^t$ 的一个特解.

9.4.2　一阶常系数线性差分方程

形如 $y_{t+n} + a_1(t)y_{t+(n-1)} + \cdots + a_n(t)y_t = f(t)$ 的差分方程是 n 阶线性差分方程.一阶常系数线性差分方程的一般形式为
$$y_{t+1} - ay_t = f(t), \tag{9-11}$$
其中 $a \neq 0, f(t)$ 是已知函数.

与之对应的一阶常系数齐次线性差分方程为
$$y_{t+1} - ay_t = 0. \tag{9-12}$$
容易验证:**方程(9-11)的通解等于方程(9-12)的通解加上方程**

(9-11)的一个特解.

设 $y_0 = C$，则由方程(9-12)，有

$$y_1 = ay_0 = Ca,$$
$$y_2 = ay_1 = Ca^2,$$
$$y_3 = ay_2 = Ca^3,$$
$$\vdots$$
$$y_t = ay_{t-1} = Ca^t,$$

即方程(9-12)的通解为 $y_t = Ca^t$（C 为任意常数）.

当 $f(t) = e^{\lambda t}P_n(t)$ 时，我们考虑方程(9-11)的求解问题，其中 λ 是常数，$P_n(t)$ 是 n 次多项式.

做变量代换 $y_t = Q_t e^{\lambda t}$，代入方程(9-11)，得

$$Q_{t+1}e^{\lambda(t+1)} - aQ_t e^{\lambda t} = e^{\lambda t}P_n(t),$$

消去 $e^{\lambda t}$，得

$$Q_{t+1}e^{\lambda} - aQ_t = P_n(t). \tag{9-13}$$

在方程(9-13)中 $P_n(t)$ 是 n 次多项式，所以我们猜测 Q_t 也是多项式，可以用待定系数法求特解. 注意，如果 Q_t 是 m 次多项式，则 Q_{t+1} 也是 m 次多项式，$Q_{t+1} - Q_t$ 是 $m-1$ 次多项式. 因此，如果 $e^{\lambda} = a$，由式(9-13)，Q_t 应为 $n+1$ 次多项式；如果 $e^{\lambda} \neq a$，由式(9-11)，Q_t 应为 n 次多项式. 总结如下：

如果 $e^{\lambda} = a$，则 $Q_t = t(a_0t^n + a_1t^{n-1} + \cdots + a_n)$；

如果 $e^{\lambda} \neq a$，则 $Q_t = a_0t^n + a_1t^{n-1} + \cdots + a_n$.

例9.21 求差分方程 $y_{t+1} - 2y_t = 3$ 的通解.

解 对应的齐次方程 $y_{t+1} - 2y_t = 0$ 的通解为 $y_t = C \cdot 2^t$（C 为任意常数）.

设特解为 $y_t^* = a$，则 $a - 2a = 3$，即 $a = -3$.

原差分方程通解为 $y_t = C \cdot 2^t - 3$.

例9.22 求差分方程 $y_{t+1} - 5y_t = 3t$ 的通解.

解 对应的齐次方程 $y_{t+1} - 5y_t = 0$ 的通解为 $y_t = C \cdot 5^t$（C 为任意常数）.

设特解为 $y_t^* = at + b$，代入原方程

$$a(t+1) + b - 5(at+b) = 3t,$$

比较系数得 $\begin{cases} -4a = 3, \\ -4b + a = 0, \end{cases}$ 解出 $\begin{cases} a = -\dfrac{3}{4}, \\ b = -\dfrac{3}{16}. \end{cases}$

原差分方程通解为 $y_t = C \cdot 5^t - \dfrac{3}{4}t - \dfrac{3}{16}$.

例9.23 求差分方程 $y_{t+1} - 3y_t = t \cdot 3^t$ 的通解.

解 对应的齐次方程 $y_{t+1} - 3y_t = 0$ 的通解为 $y_t = C \cdot 3^t$（C 为

任意常数).

做变量代换 $y_t = Q_t 3^t$，代入原方程得

$$Q_{t+1} 3^{t+1} - 3Q_t 3^t = t \cdot 3^t,$$

消去 3^t，整理得

$$Q_{t+1} - Q_t = \frac{t}{3},$$

设特解为 $Q_t = at^2 + bt$，代入方程

$$a(t+1)^2 + b(t+1) - (at^2 + bt) = \frac{t}{3},$$

整理得

$$2at + a + b = \frac{t}{3},$$

比较系数，解出 $\begin{cases} a = \dfrac{1}{6}, \\ b = -\dfrac{1}{6}, \end{cases}$ 即 $Q_t = \dfrac{1}{6}(t^2 - t)$.

原差分方程的通解为 $y_t = C \cdot 3^t + \dfrac{1}{6}(t^2 - t) 3^t$.

习题 9.4

1. 确定下列差分方程的阶：

(1) $y_{t+3} - t^2 y_{t+1} + 3y_t = 2$；

(2) $y_{t-2} - y_{t-4} = y_{t+2}$.

2. 求下列一阶差分方程的通解和满足初值条件的特解：

(1) $y_{t+1} - 3y_t = 4$；

(2) $y_{t+1} + 2y_t = t$；

(3) $2y_{t+1} - 6y_t = 3^t$；

(4) $y_{t+1} - y_t = t \cdot 2^t$；

(5) $2y_{t+1} - y_t = 2 + t, y_0 = 4$；

(6) $y_{t+1} - y_t = 2^t - 1, y_0 = 1$；

(7) $y_{t+1} + 4y_t = 2t^2 + t - 1, y_0 = 1$；

(8) $y_{t+1} + 4y_t = 3\sin\pi t, y_0 = 1$.

3. 设 Y_t, Z_t, U_t 分别是下列差分方程的解

$$y_{t+1} + ay_t = f_1(t), y_{t+1} + ay_t = f_2(t), y_{t+1} + ay_t = f_3(t).$$

证明：$W_t = Y_t + Z_t + U_t$ 是差分方程 $y_{t+1} + ay_t = f_1(t) + f_2(t) + f_3(t)$ 的解.

9.5 均衡解与稳定性

本节简单介绍微分方程和差分方程在动态经济分析中的应用.

动态经济学关注的焦点是，经济系统从一个状态移动到另一个状态时，经济变量会如何随时间演变. 相对于比较静态经济学而言，这种增加了时间 t 的经济模型显然对于经济发展具有更为现实的指导意义. 对于经济增长、国债累积、能源消费、农产品供给、人口增长等经济系统的动态分析，往往可以归结为一个微分或差分方程（或者方程组），而且自变量 t 在方程中不出现，这样的方程称为自治方程，其中微分方程是以连续方式来描述时间，而差分方程是以离散方式来描述时间.

我们围绕自治（差）微分方程来介绍均衡解与稳定性的概念及

其在经济学中的意义.

n 阶常系数线性自治微分方程的一般形式为

$$y^{(n)} + a_1 y^{(n-1)} + \cdots + a_n y = b, t \in [0, +\infty). \quad (9\text{-}14)$$

n 阶常系数线性自治差分方程的一般形式为

$$y_{t+n} + a_1 y_{t+(n-1)} + \cdots + a_n y_t = b, t = 0, 1, 2, \cdots, \quad (9\text{-}15)$$

其中 $a_1, a_2, \cdots, a_n$ 和 b 都是常数.

满足 $y' = 0$ 的解称为微分方程的均衡解,满足 $\Delta y_t = 0$ 的解称为差分方程的**均衡解**. 当方程的系数满足 $a_n \neq 0$ 时,微分方程 (9-12) 的均衡解是 $\bar{y} = \dfrac{b}{a_n}$;当 $\sum\limits_{k=1}^{n} a_k \neq -1$ 时,差分方程 (9-15) 的均衡解是 $\bar{y} = \dfrac{b}{1 + \sum\limits_{k=1}^{n} a_k}$.

如果自治方程描述的是动态经济系统,那么方程均衡解的意义是指系统处于稳定状态. 自治方程之所以在经济学中有着特殊的地位,是因为它们通常具有均衡解. 自治方程的每一个解,都表达了经济变量随着时间 t 变化的一条时间路径. 人们感兴趣的问题之一就是分析动态经济系统中的经济变量是否会沿着这个时间路径收敛于均衡解.

设 $\bar{y}$ 是方程 (9-14) 或方程 (9-15) 的均衡解,如果方程 (9-14) 或方程 (9-15) 的任意特解 $y(t)$ 都满足 $\lim\limits_{t \to +\infty} y(t) = \bar{y}$,则称均衡解 $\bar{y}$ 是 **(渐近) 稳定**的.

例 9.24 求微分方程 $y'' + py' + qy = b$ 的均衡解并讨论其稳定性,其中 p, q, b 为常数.

解 当 $q = 0, b \neq 0$ 时,方程无均衡解. 当 $q \neq 0$ 时,方程均衡解为 $\bar{y} = \dfrac{b}{q}$. 特征方程为 $r^2 + pr + q = 0$,解得特征根 $r_{1,2} = \dfrac{-p \pm \sqrt{p^2 - 4q}}{2}$.

我们分情况讨论:

(1) r_1 和 r_2 为两个不相等的实数,方程通解为

$$y = C_1 e^{r_1 t} + C_2 e^{r_2 t} + \bar{y},$$

均衡解稳定,即 $\lim\limits_{t \to +\infty} (C_1 e^{r_1 t} + C_2 e^{r_2 t} + \bar{y}) = \bar{y}$ 的充分必要条件是 $r_1 < 0$ 且 $r_2 < 0$.

(2) $r_1 = r_2 = -\dfrac{p}{2}$,方程的通解为

$$y = (C_1 + C_2 x) e^{r_1 t} + \bar{y},$$

均衡解稳定的充分必要条件是 $p > 0$.

(3) $r_1 = \alpha + i\beta$, $r_2 = \alpha - i\beta$,方程的通解为

$$y = e^{\alpha t} (C_1 \cos \beta t + C_2 \sin \beta t) + \bar{y},$$

均衡解稳定的充分必要条件是 $\alpha < 0$.

综合上述讨论,微分方程 $y'' + py' + qy = b$ 的均衡解稳定的充分必要条件是其所有特征根的实部均为负数.

例 9.25 设某商品的需求函数为 $Q_D = a - bP$,供给函数为 $Q_S = -c + dP$,其中 a, b, c, d 为正常数,价格 P 是时间 t 的函数,$P'(t) = k(Q_D - Q_S)$($k > 0$),即价格的变化率与超额需求 $Q_D - Q_S$ 成正比,求均衡价格并分析其稳定性.

解 均衡价格即为供、需相等时的价格. 由 $Q_D = Q_S$,即 $a - bP = -c + dP$,解出 $P = \dfrac{a+c}{b+d}$.

$$P'(t) = k(Q_D - Q_S) = k(a+c) - k(b+d)P,$$

即 $$P' + k(b+d)P = k(a+c),$$

易见均衡价格 $P = \dfrac{a+c}{b+d}$ 是方程的均衡解.

方程的通解为

$$P(t) = Ce^{-k(b+d)t} + \frac{a+c}{b+d},$$

由 $\lim\limits_{t \to +\infty} Ce^{-k(b+d)t} = 0$ 知均衡解是稳定的.

例 9.26 设鱼群的个体数量 y_t 满足差分方程 $y_{t+1} - ay_t = 1000$,$y_0 = 1000$,其中 $a \neq 1$,求鱼群的稳态数量并对 a 的取值进行分析.

解 差分方程 $y_{t+1} - ay_t = 1000$ 的均衡解 $\overline{y} = \dfrac{1000}{1-a}$ 即为鱼群的稳态数量.

方程通解为

$$y_t = C \cdot a^t + \frac{1000}{1-a},$$

代入 $y_0 = 1000$,解出 $C = \dfrac{1000a}{a-1}$. 于是满足初始条件的特解为

$$y_t = \frac{1000}{a-1} \cdot a^{t+1} + \frac{1000}{1-a},$$

因此,仅当 $|a| < 1$ 时均衡解稳定.特别地,当 $0 < a < 1$ 时,y_t 单调递增趋于 $\overline{y}$;当 $-1 < a < 0$ 时,y_t 以震荡方式趋于 $\overline{y}$;当 $a = 0$ 时,y_t 恒等于 $\overline{y}$.

习题 9.5

1. 在农业生产中,种植要比产出及产品出售提前一个适当的时期,t 时刻该产品的价格 P_t 决定了生产者在下一时期愿意提供给市场的产量 S_{t+1},P_t 还决定了本期该产品的需求量 D_t,因此有

$$D_t = a - bP_t,\ S_t = -c + dP_{t-1}(a, b, c, d \text{ 均为正的常数}).$$

假设每个时期中价格总是在市场售清的水平上,且当 $t = 0$ 时,P_0 是初值价格,求:

(1)价格 P_t 满足的差分方程;

(2)价格 P_t 随时间变动的规律.

2. 求 $y_{t+1} + 3y_t = 1$ 的均衡解并分析其稳定性.

3. 求 $y'' - 2y' + 3y = 5$ 的均衡解并分析其稳定性.

综合习题 9

1.设方程 $y'' + \alpha y' + \beta y = \gamma e^x$ 的一个特解为 $y_0 = e^{2x} + (1+x)e^x$,试确定 α, β, γ 的值,并求该方程的解.

2.设连续函数 $\varphi(x)$ 满足方程 $\varphi(x) = e^x - \int_0^x (x-u)\varphi(u)\mathrm{d}u$,求 $\varphi(x)$.

3.证明:$y = C_1 x + C_2 e^x - (x^2 + x + 1)$ 为方程 $(x-1)y'' - xy' + y = (x-1)^2$ 的通解,其中 C_1, C_2 为任意常数.

4.设对任意 $x > 0$,曲线 $y = f(x)$ 上的点 $(x, f(x))$ 处的切线在 y 轴上的截距等于 $\frac{1}{x}\int_0^x f(t)\mathrm{d}t$,试求 $f(x)$ 的一般表达式.

5.已知函数 $f(x)$ 的图像在原点与曲线 $y = x^3 - 3x^2$ 相切,并满足方程

$$f'(x) + 2\int_0^x f(t)\mathrm{d}t + 3[f(x) + xe^{-x}] = 0,$$

求函数 $f(x)$.

6.证明:设 y_1^*, y_2^* 是二阶线性非齐次方程 $y'' + P(x)y' + Q(x)y = f(x)$ 的两个任意解,则 $y = y_1^* - y_2^*$ 是对应的齐次方程的解.

7.设 $y = y(x)(x \geqslant 0)$ 二阶可导,且 $y'(x) > 0$,$y(0) = 1$,过曲线 $y = y(x)$ 上任意一点 $P(x, y)$ 作该曲线的切线及到 x 轴的垂线,上述两直线与 x 轴所围成的三角形的面积为 S_1,区间 $[0, x]$ 上以 $y = y(x)$ 为曲边的曲边梯形的面积为 S_2,已知 $2S_1 - S_2 = 1$,求 $y(x)$.

8.某公司对以往的资料分析后发现,如果不做广告宣传,公司的某种商品的净利润为 L_0,如果做广告宣传,则净利润 L 对广告费 x 的增长率与某常数 a 和净利润之差成正比,试求净利润与广告费之间的函数关系.

9.在某池塘内养鱼,该池塘最多能养1000尾鱼.设在时刻 t,鱼数 y 是时间 t 的函数 $y = y(t)$,其变化率与鱼数 y 及 $100 - y$ 成正比.已知若向这个池塘内放养 100 尾鱼,则 3 个月后池塘内将有 250 尾鱼,求放养 t 月后池塘内鱼数 $y(t)$ 的表达式.

第 9 章部分
习题详解

部分习题答案与提示

综合习题 1

1. $(1)(-\infty,+\infty);(2)(-\infty,+\infty);(3)[-2,-1)\cup(-1,1)\cup(1,+\infty);(4)[-1,3];$
$(5)[1,4];(6)[-3,-2)\cup(3,4].$

2. $(1)f(x-1)=\begin{cases}2x-1, & x\geqslant 1,\\x^2-2x+5,& x<1,\end{cases}f(x+1)=\begin{cases}2x+3, & x\geqslant -1,\\x^2+2x+5,& x<-1;\end{cases}$

$(2)f(x)=x^2-2;(3)f(x)=\dfrac{1-\sqrt{1+x^2}}{x};(4)f(\cos x)=2\sin^2 x.$

3. $(1)y=10^{x-1}-2;(2)\ y=\dfrac{1}{3}\arcsin\dfrac{x}{2};(3)y=\log_2\dfrac{x}{1-x};(4)\ y=\log_3(\tan x-2);$

$(5)y=\ln(x+\sqrt{1+x^2});(6)\ y=\begin{cases}\dfrac{x-1}{2},x\geqslant 1,\\[2mm]\sqrt[3]{x}, & x<0.\end{cases}$

4. (1)是;(2)积为偶函数;(3)考查 $f(x)=0.$

5. $(1)y=\sqrt{u},u=4x-3;(2)y=u^5,\ u=1+\sin x;$

$(3)y=2^u,u=\arcsin v,v=1+x^2;(4)y=\sqrt{u},\ u=\ln v,\ v=\sqrt{w},w=x+2.$

6. $(1)u[v(f(x))]=\dfrac{4}{x^2}-5;(2)v[u(f(x))]=\left(\dfrac{4-5x}{x}\right)^2;(3)f[u(v(x))]=\dfrac{1}{4x^2-5}.$

7. 都不是.

8. (1)奇函数;(2)偶函数;(3)奇函数;(4)奇函数.

9. 提示:(1)证明 $g(-x)=g(x);(2)$证明 $h(-x)=-h(x);(3)$构造 $f(x)=\dfrac{1}{2}[f(x)+$
$f(-x)]+\dfrac{1}{2}[f(x)-f(-x)].$

10. 提示:$f\left[a\left(x+\dfrac{T}{a}\right)\right]=f(ax+T)=f(ax).$

11. 提示:$f[x+2(b-a)]=f[b+(x+b-2a)]=f[b-(x+b-2a)]=f(2a-x)=f[a+$
$(a-x)]=f[a-(a-x)]=f(x).$

12. $(1)x+y=1;(2)y=\text{e}^{\frac{x^2+y^2}{y}}.$

13. $(1)r=\dfrac{7}{\cos\theta};(2)r=\dfrac{6}{\sqrt{4\cos^2\theta+9\sin^2\theta}};(3)r=4\sin\theta;(4)r=\dfrac{3\cos\theta}{\sin^2\theta}.$

习题 2.1

1. 提示:(1)与 $\dfrac{1}{n}$ 比较;(2)与 $\dfrac{1}{\sqrt{n}}$ 比较;(3)与 $\dfrac{1}{\sqrt{n}}$ 比较;(4)与 $\dfrac{1}{\sqrt[5]{n}}$ 比较;(5)与 $\dfrac{1}{n}$ 比较;(6)与 $\dfrac{1}{n}$

比较.

2.提示：(1) $\left|\dfrac{n-1}{2n+3}-\dfrac{1}{2}\right|$ 与 $\dfrac{1}{n}$ 比较；(2) $\left|\dfrac{n^2}{n^2+1}-1\right|$ 与 $\dfrac{1}{n^2}$ 比较；(3) $\left|\dfrac{2n+1}{n+2}-2\right|$ 与 $\dfrac{1}{n}$ 比较；

(4) $\left|\dfrac{3\sqrt{n}-2}{4\sqrt{n}+1}-\dfrac{3}{4}\right|$ 与 $\dfrac{1}{\sqrt{n}}$ 比较.

习题 2.2

1.提示：(1)与 $x+1$ 比较；(2)与 $x-1$ 比较；(3)与 x^2 比较.

2.提示：(1)与 $\dfrac{1}{x}$ 比较；(2)与 $\dfrac{1}{x}$ 比较；(3)与 $\dfrac{1}{\sqrt{x}}$ 比较.

3.提示：(1) $|(4x+1)-9|$ 与 $x-2$ 比较；(2) $\left|\dfrac{1-4x^2}{2x+1}-2\right|$ 与 $x+\dfrac{1}{2}$ 比较；(3) $\left|\dfrac{1+2x^3}{2x^3}-1\right|$

与 $\dfrac{1}{x^3}$ 比较；(4)与 $\dfrac{1}{\sqrt{x}}$ 比较.

4.提示：证明 $\lim\limits_{x\to0^-}f(x)=0=\lim\limits_{x\to0^+}f(x)$.

5.提示：证明 $\lim\limits_{x\to2^+}f(x)\neq\lim\limits_{x\to2^-}f(x)$.

6.提示：(1)证明 $\lim\limits_{x\to\infty}\dfrac{1}{(3x+1)}=0$；(2)证明 $\lim\limits_{x\to3}\dfrac{x^2-9}{x^2+9}=0$.

习题 2.3

1.(1)～(3)都是错误的.

2.(1)0；(2)2；(3)0；(4)4；(5)−1；(6)−1；(7)1；(8) m ；(9) $3x^2$ ；(10) $\dfrac{1}{2}$ ；(11) $\dfrac{2\sqrt{2}}{3}$ ；(12) $\dfrac{1}{2}$.

3.提示：两个无穷小的和是无穷小.

4.(1) $a=-3,b=-1$ ；(2) $a=1,b=1$.

5.提示：不妨取 $x_n=\left(\dfrac{1}{2n\pi}\right)^2,y_n=\left(\dfrac{1}{2n\pi+\dfrac{\pi}{2}}\right)^2$.

习题 2.4

1.(1) $\dfrac{5}{3}$ ；(2)1；(3)2；(4)2；(5) $\dfrac{1}{2}$ ；(6) x ；(7)1；(8) $\dfrac{1}{2}$.

2.(1) e^{-2} ；(2) e^4 ；(3) e^2 ；(4) e^2 ；(5) $\dfrac{1}{\mathrm{e}}$ ；(6) e^{-9} .

3.(1)0；(2) $\lim\limits_{x\to0}f(x)$ 不存在.

4. $a=\ln2,b=-1$.

5.提示：(1) $n\cdot\dfrac{n}{n^2+n\pi}\leqslant n\cdot\left(\dfrac{1}{n^2+\pi}+\dfrac{1}{n^2+2\pi}+\cdots+\dfrac{1}{n^2+n\pi}\right)\leqslant n\cdot\dfrac{n}{n^2+\pi}$ ；(2) $\dfrac{5}{2^{\frac{1}{n}}}=\left(\dfrac{5^n}{2}\right)^{\frac{1}{n}}\leqslant$

$\left(\dfrac{3^n+5^n}{2}\right)^{\frac{1}{n}}\leqslant\left(\dfrac{5^n+5^n}{2}\right)^{\frac{1}{n}}=5$.

6.提示：数列单调递增,且有上界 2.

习题 2.5

1.(1) $x=1$ 是第一类间断点(可去)，$x=2$ 是第二类间断点(无穷)；

(2) $x=0$ 是第一类间断点(可去)，$x=k\pi\pm\dfrac{\pi}{2}$ 是第二类间断点(无穷)；

(3)$x=0$ 是第一类间断点(可去);

(4)$x=0$ 是第一类间断点(跳跃).

2.(1)$a=-2$;(2)$a=-\dfrac{\pi}{2}$;(3)$a=\dfrac{1}{2}$.

3.(1)$\sin 1$;(2)$\dfrac{\ln 2}{2}$;(3)0;(4)2;(5)e^{-2};(6)e^{-1}.

4.提示:令 $F(x)=x^5-3x-1$,在区间$[1,2]$上应用零点定理.

5.提示:令 $F(x)=x^3-3x^2-x+3$,在区间$[-2,0]$,$[0,2]$及$[2,4]$上分别应用零点定理.

6.提示:令 $F(x)=\cos x-x$,在闭区间$\left[0,\dfrac{\pi}{2}\right]$上应用零点定理.

7.提示:令 $F(x)=f(x)-g(x)$,在闭区间$[a,b]$上应用零点定理.

习题2.6

1.(1)$k=5$;(2)$k=0$.

2.$a=-\dfrac{3}{2}$.

3.(1)1 阶;(2)1 阶;(3)2 阶;(4)3 阶.

4.(1)1;(2)4;(3)1;(4)$-\dfrac{1}{2}$;(5) $-\dfrac{3}{2}$;(6)-2;(7)$\dfrac{1}{4}$;(8)2;(9)1;(10)$\dfrac{1}{2}$;(11)$\dfrac{1}{e}$;

(12)$\dfrac{\alpha-\beta}{2}$.

5.$a=1,b=\dfrac{1}{2}$.

6.$a=2,b=\dfrac{-3}{2}$.

习题2.7

1.(1) 10302.25;(2) 11604.41;(3)10304.16;(4) 11615.17;(5)10304.55;(6) 11618.34.

2.(1)23148.14;(2) 5363.7;(3)23096.14;(4) 5127.74;(5)23077.91;(6) 5047.41.

3.666.6 亿元.

4.(1)166666.7;(2) 9048.3;(3)157616.7.

5.$f(x)=\begin{cases}x, & x\leqslant 25000, \\ 25000+(x-25000)60\%, & 25000<x<100000, \\ 68000+(x-100000)60\%, & x\geqslant 100000.\end{cases}$

6.$y=\begin{cases}500+10\%x; & s\leqslant 20000, \\ 500+20\%x, & s>20000.\end{cases}$

综合习题2

一、1.D 2.D 3.A 4.D 5.D 6.D 7.A 8.D 9.2 10.1 11.-2 12.2

13.-3 14.-1 15.$\dfrac{3}{2}$ 16.2

二、1.提示:(1)与$\dfrac{1}{n}$比较;(2) 与$\dfrac{1}{n}$比较.

2.提示:(1) $\left|\dfrac{\sqrt{n^2+a^2}}{n}-1\right|$ 与$\dfrac{1}{n^2}$比较;(2) $\left|\left(1-\dfrac{1}{2^n}\right)-1\right|$ 与$\dfrac{1}{n}$比较.

3. 提示:(1)与 $\dfrac{1}{\sqrt{x}}$ 比较;(2)与 $x-2$ 比较.

4. 略.

5. 略.

6. (1)5;(2)$\dfrac{2}{3}$;(3)0;(4)$\dfrac{2\sqrt{5}}{5}$;(5)1;(6)-1;(7)$\dfrac{1}{2}$;(8)-1;(9)$\dfrac{1}{2}$;(10)$\dfrac{1}{2}$;(11)-1;

(12)$\dfrac{2}{\pi}$;(13)e^{mn};(14)e^{-k};(15)e^2;(16)e^3.

7. (1)-2;(2)5;(3)$f(x_0)$.

8. 提示:证明 $\lim\limits_{x\to x_0^-} f(x)=3=\lim\limits_{x\to x_0^+} f(x)$.

9. 提示:证明 $\lim\limits_{x\to 0}\dfrac{\sqrt{x+4}-2}{\sqrt{x+9}-3}=\dfrac{3}{2}$.

10. (1)$x=0$ 是第一类间断点(可去);(2)$x=0$ 是第二类间断点(无穷).

11. (1)$a=2,b=-\dfrac{3}{2}$;(2)$a=\pi,b=0$.

12. (1)$f(x)=|x|$,函数在$(-\infty,+\infty)$连续;

(2)$f(x)=\begin{cases}0, & 0\leqslant x<1,\\ \dfrac{1}{2}, & x=1(x=1\ \text{为跳跃间断点}),\\ 1, & x>1.\end{cases}$

13. $a=0,b=1,c$ 为任意常数.

14. $a\neq 0,b,c$ 为任意常数.

15. (1)$q=0,p=-5$;(2)$q\neq 0,p$ 为任意常数.

16. 提示:令 $F(x)=e^x-2-x$,在区间$[0,2]$上应用零点定理.

17. 提示:用反证法.

18. 提示:应用介值定理.

习题 3.1

1. (1) $f'(x)=2x+2$;(2) $f'(x)=-\dfrac{1}{x^2}$.

2. (1)$-f'(x_0)$;(2)$2f'(x_0)$;(3)$f'(x_0)$;(4)$2f(x_0)f'(x_0)$.

3. (1)$f(x)=x|x|$ 在 $x=0$ 连续,可导,且 $f'(0)=0$;(2)$f(x)$ 在 $x=0$ 连续,不可导.

4. $f(x)$在$x=0$ 不连续,不可导;$f(x)$在$x=1$ 连续,可导;$f(x)$在$x=2$ 连续,不可导.

5. 20m/s.

6. 切线方程为 $y-1=3(x-1)$,法线方程为 $y-1=-\dfrac{1}{3}(x-1)$.

7. $a=2,b=0$.

8. 提示:切线方程 $y-y_0=-\dfrac{1}{x_0^2}(x-x_0)$.

9. 略.

10. -5.

习题 3.2

1. (1) $y'=8x^3-9x^2+2x^{-3}$; (2) $y'=2x+a+b$; (3) $y'=\dfrac{2}{(1-x)^2}$; (4) $y'=\ln x+1$;

(5) $y'=4e^x\left(\dfrac{1}{x}+\ln x\right)$; (6) $y'=\arcsin x+\dfrac{x}{\sqrt{1-x^2}}$; (7) $y'=2^x(\ln 2\cdot x^2+2x)$;

(8) $y'=x^2(3\cos x-x\sin x)$; (9) $y'=\dfrac{-2\cos x}{(1+\sin x)^2}$; (10) $y'=\dfrac{2}{x}+x(2\ln x+1)$;

(11) $y'=x\cos x$; (12) $y'=e^x(1+x)-\dfrac{1}{x}$; (13) $y'=-\dfrac{1}{\sin x+1}$; (14) $y'=2x\arctan x+\dfrac{x^2}{1+x^2}$;

(15) $y'=\dfrac{-2a}{x\,(a+\ln x)^2}$; (16) $y'=\sin x\cdot\ln x+\sin x+x\cos x\cdot\ln x$.

2. (1) $y'=6x^2(1+x^3)$; (2) $y'=2\ln 2\cdot 2^{2x+1}$; (3) $y'=\dfrac{1}{2x\sqrt{1+\ln x}}$; (4) $y'=\cos x e^{\sin x}$;

(5) $y'=\dfrac{3\,(\arctan x)^2}{1+x^2}$; (6) $y'=\dfrac{3x^2}{\cos^2 x^3}$; (7) $y'=\dfrac{3\sin^2 x}{\cos^4 x}$; (8) $y'=e^{2x}\cos e^x$;

(9) $y'=-\sin x\cdot\sin(2\cos x)$; (10) $y'=-\dfrac{2x}{\sqrt{1-x^2}}$;

(11) $y'=\dfrac{1}{\sqrt{x^2+a^2}}$; (12) $y'=[(a+b)\cos bx+(a-b)\sin bx]e^{ax}$.

3. (1) $y'=f(x^2)+2x^2f'(x^2)$; (2) $y'=2xf(\arctan x)+f'(\arctan x)$;

(3) $y'=-e^{-x}f(e^x)+f'(e^x)$; (4) $y'=f(\ln x)+f'(\ln x)$.

4. (1) $f'(x)=\begin{cases}\dfrac{\sin x(2x\cos x-\sin x)}{x^2}, & x\neq 0;\\ 1, & x=0;\end{cases}$

(2) 当 $x\neq 0$ 时 $f'(x)=\dfrac{x(1+e^{1/x})+e^{1/x}}{x\,(1+e^{1/x})^2}$，当 $x=0$ 时函数不连续，故不可导.

5. (1) $y'=\dfrac{2x}{1+x^2}$, $y''=\dfrac{2(1-x^2)}{(1+x^2)^2}$; (2) $y'=(2\cos 2x+\sin 2x)e^x$, $y''=(4\cos 2x-3\sin 2x)e^x$;

(3) $y'=\cos x-x\sin x$, $y''=-2\sin x-x\cos x$;

(4) $y'=\dfrac{1}{2}[(1-x)^{-2}-(1+x)^{-2}]$, $y''=(1-x)^{-3}+(1+x)^{-3}$.

6. 提示: $y'=e^x(\sin x+\cos x)$, $y''=2\cos x e^x$;

7. (1) $\dfrac{dy}{dx}=-\dfrac{y}{(x+e^y+1)}$; (2) $\dfrac{dy}{dx}=\dfrac{y-x^2}{y^2-x}$; (3) $\dfrac{dy}{dx}=\dfrac{2xe^y}{1-x^2e^y}$; (4) $\dfrac{dy}{dx}=\dfrac{y(x-1)}{x(1-y)}$;

(5) $\dfrac{dy}{dx}=\dfrac{y(y-\sin x)}{1-xy}$; (6) $\dfrac{dy}{dx}=\dfrac{y^2}{\cos y+e^y-2xy}$.

8. $\dfrac{dy}{dx}=-e^y-xe^y\cdot\dfrac{dy}{dx}$, $\dfrac{dy}{dx}\Big|_{x=0}=-e$,

$\dfrac{d^2y}{dx^2}=-2e^y\dfrac{dy}{dx}-xe^y\cdot\left(\dfrac{dy}{dx}\right)^2-xe^y\cdot\dfrac{d^2y}{dx^2}$, $\dfrac{d^2y}{dx^2}\Big|_{x=0}=2e^2$.

9. 切线方程是 $x+y-\dfrac{\sqrt{2}}{2}a=0$, 法线方程是 $y=x$.

10. (1) $y'=x^x(1+\ln x)$; (2) $y'=\dfrac{x^{\ln 2x}\ln 2x^2}{x}$;

(3)$y'=\dfrac{1}{2}\sqrt{\dfrac{(1+x)(2+x)}{(3+x)(4+x)}}\cdot\left[\dfrac{1}{1+x}+\dfrac{1}{2+x}-\dfrac{1}{3+x}-\dfrac{1}{4+x}\right]$；

(4)$y'=\dfrac{(1-x)(2+x)^3}{\sqrt{(x+1)^5}}\left[\dfrac{-1}{1-x}+\dfrac{3}{2+x}-\dfrac{5}{2(x+1)}\right]$.

11. (1)$(\mathrm{e}^{2x+1})^{(n)}=2^n\mathrm{e}^{2x+1}$；(2)$\left(\dfrac{1}{2-x}\right)^{(n)}=\dfrac{n!}{(2-x)^{n+1}}$，$n\geqslant1$.

习题 3.3

1. $\Delta y\Big|_{\substack{x=2\\\Delta x=0.01}}=0.0301$，$\mathrm{d}y\Big|_{\substack{x=2\\\Delta x=0.01}}=0.03$.

2. (1)$\mathrm{d}y=\left(-\dfrac{1}{x^2}+\dfrac{3}{2\sqrt{x}}\right)\mathrm{d}x$；(2)$\mathrm{d}y=(\cos2x-2x\sin2x)\mathrm{d}x$；

(3)$\mathrm{d}y=(x+2)\mathrm{e}^x\mathrm{d}x$；(4)$\mathrm{d}y=\dfrac{2\ln(1-x)}{x-1}\mathrm{d}x$；

(5)$\mathrm{d}y=2x(1+x)\cdot\mathrm{e}^{2x}\mathrm{d}x$；(6)$\mathrm{d}y=2x\sin2(x^2+2)\mathrm{d}x$；

(7)$\mathrm{d}y=\left(\dfrac{1}{x}-3\ln x\right)\mathrm{e}^{1-3x}\mathrm{d}x$；(8)$\mathrm{d}y=\dfrac{2\cos x}{1+\sin x}\ln(1+\sin x)\mathrm{d}x$；

(9)$\mathrm{d}y=\dfrac{4x}{\sqrt{1-4x^4}}\mathrm{d}x$；(10)$\mathrm{d}y=\dfrac{2x}{1+(x^2+1)^2}\mathrm{d}x$.

3. $\mathrm{d}y=\dfrac{2y-1}{\mathrm{e}^y-2x}\mathrm{d}x$.

4. 251.2.

5. (1)$\cos29°\approx0.873$；(2)$\ln1.001\approx0.001$.

习题 3.4

1. (1)0.26；(2)-0.25.

2. $-\dfrac{1}{3}$，缺乏弹性.

3. (1)9.5；(2)$-4\ln2$；(3)总收益量将减少 0.177%.

综合习题 3

一、1. C　2. A　3. D

二、1. 提示：利用定义表达式.

2. (1) 函数在 $x=0$ 处连续，不可导；(2)函数在 $x=0$ 处连续，可导，且 $f'(0)=1$.

3. 函数在 $x=0$ 处连续，可导.

4. 提示：$f'(0)=-f'(0)$.

5. $a=\dfrac{1}{2\mathrm{e}}$，切点 $(X,Y)=\left(\sqrt{\mathrm{e}},\dfrac{1}{2}\right)$，切线方程为 $Y-\dfrac{1}{2}=\dfrac{1}{\sqrt{\mathrm{e}}}(X-\sqrt{\mathrm{e}})$.

6. 提示：$f'(a)=\varphi(a)$.

7. 略.

8. 略.

9. (1)$y'=n(x+a)^{n-1}f'[(x+a)^n]$；(2)$y'=n[f(x+a)]^{n-1}$.

10. 略.

11. $k=-2$.

12. $\lim\limits_{n\to\infty}\left[\dfrac{f\left(a+\dfrac{1}{n}\right)}{f(a)}\right]^{n}=\mathrm{e}^{\frac{f'(a)}{f(a)}}$.

习题 4.1

1. (1) $\dfrac{2}{3}$；(2) $\cos a$；(3) $\dfrac{1}{2}$；(4) $\dfrac{1}{3}$；(5) 0；(6) 1；(7) $-\dfrac{1}{2}$；(8) 0；(9) $\dfrac{1}{5}$；(10) $\dfrac{3}{\mathrm{e}}$；(11) $-\dfrac{1}{2}$；

(12) 0；(13) -1；(14) $-\dfrac{2}{\pi}$；(15) 1；(16) $\mathrm{e}^{-\frac{2}{\pi}}$.

2. $a=1,b=-\dfrac{5}{2}$.

3. (1) 错；(2) 错.

习题 4.2

1. 提示：$\xi=\dfrac{3}{2}$.

2. 提示：$\xi=\dfrac{1}{\ln 2}-1$.

3. 提示：(1) 令 $\dfrac{ab(\mathrm{e}^{b}-\mathrm{e}^{a})}{b-a}=k$；(2) 令 $\dfrac{2(\ln b-\ln a)}{b^{2}-a^{2}}=k$.

4. 提示：令 $f(x)=\arctan\sqrt{\dfrac{1-x}{1+x}}+\dfrac{1}{2}\arcsin x$.

5. 提示：(1) 应用拉格朗日中值定理；(2) 应用拉格朗日中值定理.

习题 4.3

1. (1) 单调递减区间 $[0,+\infty)$，单调递增区间 $(-\infty,0]$；

(2) 函数在 $(-\infty,+\infty)$ 上单调递增；

(3) 单调递减区间 $(-\infty,1]$，单调递增区间 $[1,+\infty)$；

(4) 单调递减区间 $[-3,1]$，单调递增区间为 $(-\infty,-3]$ 和 $[1,+\infty)$.

2. 提示：(1) 令 $f(x)=\mathrm{e}^{x}-\mathrm{e}x$；

(2) 令 $f(x)=(1+x)\ln(1+x)-\arctan x$；

(3) 令 $F(x)=1+\dfrac{1}{2}x^{2}-\mathrm{e}^{-x}-\sin x$.

3. (1) 函数的极小值是 $y(0)=0$；

(2) 函数的极大值是 $y(-1)=-2$，极小值是 $y(1)=2$；

(3) 函数的极大值是 $y(1)=7$，极小值是 $y(0)=6$；

(4) 函数的极小值是 $y(2)=2-4\ln 2$；

(5) 函数的极小值是 $y(1)=-\dfrac{1}{2}$；

(6) 函数的极小值是 $y(2)=\ln 2+\dfrac{1}{2}$.

4. $a=\dfrac{1}{2},b=\sqrt{3}$.

5. (1) 最大值为 $y(2)=\mathrm{e}^{2}+\mathrm{e}^{-2}+2$，最小值为 $y(0)=4$；

(2) 最大值为 $y(1)=1$，最小值为 $y(-2)=-20$；

(3) 最大值为 $y\left(\dfrac{3}{4}\right)=\dfrac{5}{4}$，最小值为 $y(-5)=-5+\sqrt{6}$；

(4)最大值为 $y(1)=\dfrac{1}{2}$，最小值为 $y(-1)=-\dfrac{1}{2}$．

6. 提示：容积 $V=V(x)=(48-2x)^2 x,0<x<24$，

当被截去的小正方形的边长等于 8cm 时，最大容积为 $V(8)=8192\text{cm}^3$．

7. 提示：总成本函数表达式 $C=C(x)=400+\dfrac{1}{100}x^2$，

当年产量 x 为 200 时，平均单位成本 $\bar{C}$ 最低为每吨 4 万元．

8. 提示：总利润函数 $L=-\dfrac{4}{9}x^2+40x-100$，

当日产量 x 为 45 时，每日产量全部销售后获得最大利润为 800 元．

习题 4.4

1.（1）上凸区间为 $(-\infty,0)$，下凸区间为 $(0,+\infty)$，拐点为 $(0,1)$；

（2）上凸区间为 $(-\infty,-1)$ 和 $(1,+\infty)$，下凸区间为 $(-1,1)$，拐点为 $(-1,\ln2)$ 和 $(1,\ln2)$；

（3）上凸区间为 $(-\infty,0)$，下凸区间为 $(0,+\infty)$，拐点为 $(0,0)$；

（4）下凸区间为 $(0,1)$，上凸区间为 $(1,+\infty)$，拐点为 $(1,-1)$．

2.（1）一条斜渐近线 $y=x-1$；

（2）一条垂直渐近线 $x=1$，一条水平渐近线 $y=2$；

（3）两条垂直渐近线 $x=-2$ 及 $x=2$．

3. 略．

习题 4.5

1. $f(x)=2+(x-1)-2(x-1)^2+(x-1)^3+(x-1)^4$．

2.（1）$f(x)=\dfrac{1}{1-x}=1+x+x^2+\cdots+x^n+\dfrac{1}{(1+\theta x)^{n+1}}x^{n+1},(0<\theta<1)$；

（2）$f(x)=x+x^2+\dfrac{1}{2!}x^3+\cdots+\dfrac{1}{n!}x^{n+1}+\dfrac{e^{\theta x}}{(n+1)!}x^{n+2},(0<\theta<1)$；

（3）$f(x)=\dfrac{1}{2\cdot2!}x^2-\dfrac{1}{2\cdot4!}x^4+\cdots+\dfrac{(-1)^{m+1}}{2\cdot(2m)!}x^{2m}+\dfrac{\cos[\theta x+(m+1)\pi]}{2\cdot(2m+2)!}x^{2m+2},(0<\theta<1)$．

3. $f(x)=e^{\sin x}=1+x+x^2+o(x^2)$．

4. $f(x)=x^2+\dfrac{1}{2}x^4+\dfrac{1}{3}x^6+\cdots+\dfrac{1}{m}x^{2m}+o(x^{2m})$．

5.（1）$\dfrac{1}{3}$；（2）$\dfrac{1}{3}$；（3）$-\dfrac{1}{12}$；（4）$\dfrac{1}{2}$．

6.（1）一阶；（2）三阶；（3）三阶；（4）四阶．

综合习题 4

一、1. C　2. A　3. D　4. D　5. B　6. D

二、1.（1）函数在定义域 $D=(-\infty,+\infty)$ 上单调增加，无极值；

（2）函数的单调减少区间是 $(-5,0)$，单调增加区间为 $(-\infty,-5)$ 和 $(0,+\infty)$，极大值是 $y(-5)=-15\sqrt[3]{25}$．

2.（1）$\dfrac{1}{6}$；（2）$\dfrac{3}{2}$；（3）$-\dfrac{1}{2}$；（4）$\dfrac{m}{n}a^{m-n}$．

3. 提示：（1）令 $f(x)=x+\dfrac{1}{x}-a-\dfrac{1}{a}$；（2）令 $f(x)=\ln\left(1+\dfrac{1}{x}\right)-\dfrac{1}{1+x}$．

(3)设 $f(x)=2x\arctan x-\ln(1+x^2)$.

4.提示:设 $\dfrac{\dfrac{f(b)}{b}-\dfrac{f(a)}{a}}{\ln b-\ln a}=k$.

5.提示:(1)一年中库存费与生产准备费的和为

$$P(x)=\frac{c}{2}x+\frac{ab}{x}\ ,x>0;$$

(2)每批生产 $x=\sqrt{\dfrac{2ab}{c}}$ 台时,一年中库存费与生产准备费的和 $P(x)$ 最小.

6.提示:(1)边际成本函数为 $C'(x)=3+100\cdot\dfrac{1}{2\sqrt{x}}=3+\dfrac{50}{\sqrt{x}}$,日产量为 100t 时的边际成本为 8 元;

(2)平均单位成本为 $\dfrac{C(x)}{x}=\dfrac{800+3x+100\sqrt{x}}{x}$,日产量为 100t 时的平均单位成本为 21 元.

7.提示:圆柱形的蓄水池的总造价为

$$T(r)=2\pi rha+\pi r^2\cdot 2a=2\pi a\left(\frac{250}{r}+r^2\right),$$

圆柱形蓄水池的底半径 $r=5\mathrm{m}$,高 $h=10\mathrm{m}$ 才能使得总造价最低.

习题 5.1

1.(1) $\dfrac{1}{3}x^3-\dfrac{3}{2}x^2+2x+C$;(2) $\ln|x|+\dfrac{1}{x}+C$;

(3) $\dfrac{1}{5}x^5+\dfrac{1}{4}x^4+\dfrac{1}{2}x^2+x+C$;(4) $\ln|x|-2x+\dfrac{1}{2}x^2+C$;

(5) $x-\arctan x+C$;(6) $\dfrac{2}{\ln 3}\cdot 3^x-\dfrac{5}{\ln 2}\cdot 2^x+C$;

(7) $4x-5\arctan x+C$;(8) e^x-x+C;

(9) $-\dfrac{1}{x}-\arctan x+C$;(10) $3\ln|x|+4x+\dfrac{1}{2}x^2+C$;

(11) $\dfrac{1}{2}x^2-\cos x+C$;(12) $\arcsin x+C$;

(13) $\dfrac{1}{6}x^3-3\sin x+C$;(14) $-2\cos x+C$;

(15) $-\cot x-\tan x+C$;(16) $\sin x-\cos x+C$.

2. $f(x)=\ln|x|+1$.

3.略.

习题 5.2

1.(1) $\dfrac{1}{3}e^{3x}+C$;(2) $-\dfrac{1}{8}(5-2x)^4+C$;(3) $-\dfrac{1}{2}\ln|1-2x|+C$;(4) $(-5x)^{\frac{6}{5}}+C$;

(5) $3e^{\frac{1}{3}x}+\dfrac{1}{6}\cos 6x+C$;(6) $2\sin\sqrt{x}+C$;(7) $\dfrac{1}{3}\ln^3 x+C$;(8) $\dfrac{1}{2}\ln|2\ln x+1|+C$;

(9) $\dfrac{1}{2}(\ln x+2)^2+C$;(10) $\dfrac{1}{2}\arctan^2 x+C$;(11) $-\dfrac{1}{3}e^{-x^3}+C$;(12) $\dfrac{1}{2}\ln|\arcsin x|+C$;

(13) $\dfrac{1}{3}(\ln|x-2|-\ln|x+1|)+C$;(14) $\arctan(x-1)+C$;

$(15)-\ln\left|\cos\sqrt{1+x^2}\right|+C;(16)\arctan e^x+C;$

$(17)\dfrac{2}{9}(1+x^3)^{\frac{3}{2}}+C;(18)\dfrac{1}{2}\arcsin\dfrac{2x}{3}+\dfrac{1}{4}\sqrt{9-4x^2}+C;$

$(19)\dfrac{3}{2}(\sin x-\cos x)^{\frac{2}{3}}+C;(20)\dfrac{1}{2}\arctan\sin^2x+C;$

$(21)\dfrac{1}{2}x^2-\dfrac{9}{2}\ln(9+x^2)+C;(22)\dfrac{2}{3}\mathrm{e}^{3\sqrt{x}+1}+C;$

$(23)\arctan^2\sqrt{x}+C;(24)\dfrac{1}{99}(2-x)^{-99}+C;$

$(25)-\dfrac{10^{2\arccos x}}{2\ln10}+C;(26)\dfrac{1}{2}\ln^2\ln x+C;$

$(27)\dfrac{1}{2}\ln^2\tan x+C;(28)\dfrac{2}{3}\sqrt{1+3\tan x}+C;$

$(29)a\arcsin\dfrac{x}{a}-\sqrt{a^2-x^2}+C;(30)\ln|\ln\ln x|+C;$

$(31)\sec x-\dfrac{1}{3}\sec^3x+C;(32)\displaystyle\int\dfrac{1}{\tan x}\mathrm{d}\tan x=\ln|\tan x|+C.$

2. $(1)\sqrt{2x}-\ln(1+\sqrt{2x})+C;(2)2\sqrt{1+x}-2\ln(1+\sqrt{1+x})+C;$

$(3)2\arctan t+C=2\arctan\sqrt{\mathrm{e}^x-1}+C;(4)\dfrac{1}{2}\ln\left|\dfrac{t-1}{t+1}\right|+C=\dfrac{1}{2}\ln\left|\dfrac{\sqrt{\mathrm{e}^x+1}-1}{\sqrt{\mathrm{e}^x+1}+1}\right|+C;$

$(5)2\sqrt{x}-2\arctan\sqrt{x}+C;(6)\dfrac{2}{3}\sqrt{(x-1)^3}-2\sqrt{x-1}+2\arctan\sqrt{x-1}+C;$

$(7)\dfrac{3}{2}\ln(t^2+1)+C=\dfrac{3}{2}\ln(\sqrt[3]{x^2}+1)+C;(8)2\sqrt{x}-3\sqrt[3]{x}+6\sqrt[6]{x}+6\ln(\sqrt[6]{x}+1)+C.$

习题 5.3

$(1)x\ln x-x+C;(2)x\arcsin x+\sqrt{1-x^2}+C;$

$(3)-\mathrm{e}^{-x}(x+1)+C;(4)x\sin x+\cos x+C;$

$(5)x\tan x+\ln|\cos x|+C;(6)-\dfrac{\ln x}{x}-\dfrac{1}{x}+C;$

$(7)\dfrac{1}{3}x^3\ln x-\dfrac{1}{9}x^3+C;(8)(x^2-2x+2)\mathrm{e}^x+C;$

$(9)\dfrac{2}{3}\sqrt{x}\,\mathrm{e}^{3\sqrt{x}}-\dfrac{2}{9}\mathrm{e}^{3\sqrt{x}}+C;(10)(x+1)\arctan\sqrt{x}-\sqrt{x}+C;$

$(11)2\sqrt{x}\ln x-4\sqrt{x}+C;(12)x\ln(1+x^2)-2x+2\arctan x+C;$

$(13)\dfrac{1}{2}x^2\mathrm{e}^{x^2}-\dfrac{1}{2}\mathrm{e}^{x^2}+C;(14)-\dfrac{1}{2}x^2\cos x^2+\dfrac{1}{2}\sin x^2+C.$

习题 5.4

$(1)\ln(x^2+2x-3)+\dfrac{1}{4}\ln\left|\dfrac{x-1}{x+3}\right|+C;(2)\dfrac{1}{2}\ln(x^2-x+1)-\sqrt{3}\arctan\dfrac{2x-1}{\sqrt{3}}+C;$

$(3)\dfrac{1}{x+1}+\dfrac{1}{2}\ln(x^2-1)+C;(4)\dfrac{6}{5}\ln(x-3)-\dfrac{1}{5}\ln(x+2)+C;$

$(5)\dfrac{1}{2}\ln(x^2+2x)+C;(6)\ln\dfrac{x+1}{\sqrt{x^2-x+1}}+\sqrt{3}\arctan\dfrac{2x-1}{\sqrt{3}}+C;$

$(7)-\dfrac{1}{2}\ln(x+1)+2\ln(x+2)-\dfrac{3}{2}\ln(x+3)+C$;

$(8)-\dfrac{1}{4}\ln(x^2+1)-\dfrac{1}{2}\arctan x+\ln x-\dfrac{1}{2}\ln(x+1)+C$;

$(9)\dfrac{1}{6}t^3+\dfrac{1}{2}t+C=\dfrac{1}{6}(\sqrt{2x-1})^3+\dfrac{1}{2}\sqrt{2x-1}+C$;

$(10)\dfrac{2}{27}(\sqrt{3x-2})^3+\dfrac{4}{9}\sqrt{3x-2}+C$.

综合习题 5

1. C　2. B　3. D　4. A　5. D　6. B　7. C　8. D　9. C　10. A　11. $-\pi$　12. $\dfrac{1}{4}x^4-\dfrac{2}{3}x^3+\dfrac{1}{2}x^2+C$.　13. $\ln|F(x)|+C$.　14. $f'(e^x)e^x-f(e^x)+C$.　15. $xf(x)-F(x)+C$.

习题 6. 1

1. $(1)\dfrac{1}{2}$; $(2)\dfrac{5}{3}$.

2. $(1)\displaystyle\int_0^1\dfrac{1}{1+x}dx$; $(2)\displaystyle\int_0^1\dfrac{1}{1+x^2}dx$.

3. $(1)1$; $(2)\dfrac{\pi}{4}$; $(3)0$.

4. $\displaystyle\int_0^{20}kx\,dx$.

5. $(1)\displaystyle\int_0^1x^2dx>\int_0^1x^3dx$; $(2)\displaystyle\int_1^2x^2dx<\int_1^2x^3dx$;

$(3)\displaystyle\int_0^1x\,dx>\int_0^1\ln(x+1)dx$; $(4)\displaystyle\int_1^2\ln x\,dx>\int_1^2(\ln x)^2dx$;

$(5)\displaystyle\int_0^1e^x\,dx>\int_0^1(x+1)dx$; $(6)\displaystyle\int_0^{\frac{\pi}{2}}\sin x\,dx<\int_0^{\frac{\pi}{2}}x\,dx$.

6. $(1)6\leqslant\displaystyle\int_1^3(x^2+2)dx\leqslant22$; $(2)4\leqslant\displaystyle\int_0^2(x^2+2x+2)dx\leqslant20$.

7. 略.

习题 6. 2

1. $(1)x^2\ln x$; $(2)2x\sqrt{1+2x^2}$; $(3)-xe^{-2x}$; $(4)\dfrac{\cos x}{\sqrt{5+2\sin^2x}}-\dfrac{1}{\sqrt{5+2x^2}}$; $(5)-\dfrac{\cos x}{e^y}$; $(6)0$.

2. $(1)\dfrac{12}{5}$; $(2)\dfrac{\pi}{3}$; $(3)\dfrac{17}{6}$; $(4)1-\dfrac{\pi}{4}$; $(5)\dfrac{\pi}{6}$; $(6)\dfrac{\ln5}{2}$; $(7)\dfrac{3\sqrt{3}}{2}$; $(8)\dfrac{\pi}{2}$; $(9)4$; $(10)\dfrac{1}{\ln2}+\dfrac{1}{3}$; $(11)\dfrac{17}{4}$; $(12)\dfrac{\pi}{3a}$; $(13)\dfrac{8}{3}$.

3. $(1)1$; $(2)e$; $(3)\dfrac{1}{2}$; $(4)-\dfrac{1}{2}$.

4. 函数在 $x=1$ 处取得极小值 $2-\dfrac{1}{e}$.

5. (1)最大、最小值分别为 0 和 $-\dfrac{4}{3}$; (2)最大、最小值分别为 $\ln3$ 和 $\ln\dfrac{3}{4}$.

6. 最小值 $F\left(-\dfrac{3}{16}\right)=\dfrac{13}{64}$，$F(a)$ 无最大值.

7. $\dfrac{3}{28}$.

习题 6.3

$(1)0$；$(2)\dfrac{2}{3}(2-\sqrt{2})$；$(3)\dfrac{\pi^{3}}{324}$；$(4)\dfrac{3}{2}$；$(5)\mathrm{e}-\sqrt{\mathrm{e}}$；$(6)2\sqrt{2}$；$(7)2-\sqrt{2}$；$(8)\dfrac{1}{4}$；$(9)\dfrac{2}{3}$；

$(10)\dfrac{2}{3}\sqrt{2}$；$(11)6\ln\dfrac{1+\sqrt{2}}{2}$；$(12)2\left(\sqrt{3}-\dfrac{\pi}{3}\right)$；$(13)\dfrac{3}{2}\ln\dfrac{5}{2}$；$(14)1-\ln2$；$(15)1-2\mathrm{e}^{-1}$；$(16)1$；

$(17)-\dfrac{2\pi}{\omega^{2}}$；$(18)\dfrac{\pi}{4}-\dfrac{1}{2}$；$(19)\left(\dfrac{1}{4}-\dfrac{1}{3\sqrt{3}}\right)\pi-\ln\dfrac{\sqrt{2}}{2}$；$(20)\ \dfrac{1}{4}\mathrm{e}^{2}+\dfrac{1}{4}$.

习题 6.4

$(1)\dfrac{1}{3}$；$(2)1$；$(3)2$；$(4)\dfrac{1}{2}$；$(5)-\dfrac{1}{2}$；$(6)\dfrac{3\pi}{4}$ ；$(7)2$；$(8)\dfrac{\pi}{2}$.

习题 6.5

1. $(1)\dfrac{1}{6}$；$(2)\dfrac{32}{3}$；$(3)\pi-1$；$(4)\dfrac{3}{2}-\ln2$；$(5)\ \mathrm{e}+\dfrac{1}{\mathrm{e}}-2$；$(6)3\ln3-2$；$(7)\ \dfrac{7}{6}$；$(8)b-a$.

2. $\dfrac{9}{4}$.

3. $k=2$.

4. 当 $t=\dfrac{1}{4}$ 时，$S_{1}(t)+S_{2}(t)$ 取得最小值 $\dfrac{1}{4}$.

5. 95.

6. 消费者剩余 $\dfrac{140}{3}$，生产者剩余 $\dfrac{128}{3}$.

综合习题 6

一、1. D　2. B　3. B　4. A　5. C　6. C　7. D　8. C

二、1. 8.

2. 单调递增区间 $(1,+\infty)$.

3. $-\dfrac{4}{3}$.

4. $\ln(\mathrm{e}+1)$.

5. 当 $x=0$ 时，$F(x)$ 取得极小值 $F(0)=0$，函数的拐点 $\left[\dfrac{\sqrt{2}}{2},\dfrac{1}{2}\left(1-\dfrac{1}{\sqrt{\mathrm{e}}}\right)\right]$.

6. $\displaystyle\int_{-\infty}^{x}f(t)\mathrm{d}t=\begin{cases}0,-\infty<x\leqslant0,\\[4pt]\dfrac{1}{4}x^{2},0<x\leqslant2,\\[4pt]x-1,x>2.\end{cases}$

7. 略.

8. 提示：令 $1-x=t$.

9. 提示：令 $a+b-x=t$.

10. 提示：证明 $F'(x)<0$.

习题 **7.1**

1. 略.

2. (1) 1;(2) 0;(3) $-\dfrac{1}{4}$;(4) 2.

习题 **7.2**

1. (1) $\dfrac{\partial z}{\partial x}=3x^2y-y^3$,$\dfrac{\partial z}{\partial y}=x^3-3xy^2$;(2) $\dfrac{\partial z}{\partial x}=\dfrac{2}{x}$,$\dfrac{\partial z}{\partial y}=\dfrac{2}{y}$;

(3) $\dfrac{\partial z}{\partial x}=\dfrac{1}{y}\sec^2\dfrac{x}{y}$,$\dfrac{\partial z}{\partial y}=-\dfrac{x}{y^2}\sec^2\dfrac{x}{y}$;(4) $\dfrac{\partial z}{\partial x}=yx^{y-1}$,$\dfrac{\partial z}{\partial y}=x^y\ln x$;

(5) $\dfrac{\partial z}{\partial x}=\cos(x-y)^2\cdot 2(x-y)=2(x-y)\cos(x-y)^2$,$\dfrac{\partial z}{\partial y}=\cos(x-y)^2\cdot 2(x-y)\cdot$

$(-1)=2(y-x)\cos(x-y)^2$;

(6) $\dfrac{\partial u}{\partial x}=y[\mathrm{e}^{xy}-\sin 2(xy)]$,$\dfrac{\partial u}{\partial y}=x[\mathrm{e}^{xy}-\sin 2(xy)]$.

2. $f'_x\left(0,\dfrac{\pi}{4}\right)=-1$,$f'_y\left(0,\dfrac{\pi}{4}\right)=0$.

3. $\alpha=\dfrac{\pi}{4}$.

4. (1) $\dfrac{\partial^2 z}{\partial x^2}=12x^2-8y^2$,$\dfrac{\partial^2 z}{\partial y^2}=12y^2-8x^2$,$\dfrac{\partial^2 z}{\partial x\partial y}=-16xy$;

(2) $\dfrac{\partial^2 z}{\partial x^2}=-\dfrac{2xy^3}{(1+x^2y^2)^2}$,$\dfrac{\partial^2 z}{\partial y^2}=-\dfrac{2x^3y}{(1+x^2y^2)^2}$,$\dfrac{\partial^2 z}{\partial x\partial y}=\dfrac{1-x^2y^2}{(1+x^2y^2)^2}$;

(3) $\dfrac{\partial^2 z}{\partial x^2}=y^x\ln^2 y$,$\dfrac{\partial^2 z}{\partial y^2}=x(x-1)y^{x-2}$,$\dfrac{\partial^2 z}{\partial x\partial y}=y^{x-1}(1+x\ln y)$;

(4) $\dfrac{\partial^2 z}{\partial x^2}=-\dfrac{\cos x}{y}$,$\dfrac{\partial^2 z}{\partial y^2}=\dfrac{2}{y^3}\cos x$,$\dfrac{\partial^2 z}{\partial x\partial y}=\dfrac{1}{y^2}\sin x$.

5. $\dfrac{\partial^2 z}{\partial x\partial y}=\dfrac{1}{y}$,$\dfrac{\partial^2 z}{\partial y^2}=-\dfrac{x}{y^2}$.

6. 略.

7. 提示:$\dfrac{\partial z}{\partial x}=-\dfrac{y^2}{3x^2}+y\phi'(xy)$,$\dfrac{\partial z}{\partial y}=\dfrac{2y}{3x}+x\phi'(xy)$.

习题 **7.3**

1. (1) $\mathrm{d}z=\dfrac{1}{x}\mathrm{e}^{\frac{y}{x}}\left(-\dfrac{y}{x}\mathrm{d}x+\mathrm{d}y\right)$;

(2) $\mathrm{d}z=\dfrac{y}{(x^2+y^2)^{\frac{3}{2}}}(y\mathrm{d}x-x\mathrm{d}y)$;

(3) $\mathrm{d}z=2\mathrm{e}^{x^2+y^2}(x\mathrm{d}x+y\mathrm{d}y)$;

(4) $\mathrm{d}z=\left(2xy+\dfrac{1}{y}\right)\mathrm{d}x+\left(x^2-\dfrac{x}{y^2}\right)\mathrm{d}y$.

2. $\mathrm{d}z\Big|_{\substack{x=1\\y=2}}=\dfrac{1}{3}\mathrm{d}x+\dfrac{2}{3}\mathrm{d}y$.

3. $\mathrm{d}z\Big|_{\substack{x=2,\Delta x=0.1\\y=1,\Delta y=-0.2}}=-\dfrac{1}{8}$.

4. $\sqrt{(1.02)^3+(1.97)^3}\approx 2.95$.

习题 7.4

1. $\dfrac{\partial z}{\partial x}=3x^2\sin y\cos y(\cos y-\sin y),\dfrac{\partial z}{\partial y}=x^3[\cos^3 y+\sin^3 y-(\cos y+\sin y)\sin 2y].$

2. $\dfrac{\partial z}{\partial x}=\dfrac{2x}{y^2}\ln(3x-2y)+\dfrac{3x^2}{(3x-2y)y^2},\dfrac{\partial z}{\partial y}=-\dfrac{2x^2}{y^3}\ln(3x-2y)-\dfrac{2x^2}{(3x-2y)y^2}.$

3. $\dfrac{\partial z}{\partial x}=\mathrm{e}^{x+y}\left[\dfrac{2x}{x^2+y^2}+\ln(x^2+y^2)\right],\dfrac{\partial z}{\partial y}=\mathrm{e}^{x+y}\left[\dfrac{2y}{x^2+y^2}+\ln(x^2+y^2)\right].$

4. (1) $\dfrac{\mathrm{d}z}{\mathrm{d}t}=\mathrm{e}^{\sin t-2t^3}(\cos t-6t^2);$ (2) $\dfrac{\mathrm{d}u}{\mathrm{d}x}=\mathrm{e}^{ax}\sin x;$

(3) $\dfrac{\mathrm{d}z}{\mathrm{d}t}=\dfrac{2+3t^2}{\sqrt{1-(2t+t^2)2}};$ (4) $\dfrac{\mathrm{d}z}{\mathrm{d}x}=\dfrac{(1+x)\mathrm{e}^x}{1+x^2\mathrm{e}^{2x}}.$

5. 提示: $\dfrac{\partial z}{\partial u}=\dfrac{y-x}{x^2+y^2},\dfrac{\partial z}{\partial v}=\dfrac{y+x}{x^2+y^2}.$

6. (1) $\dfrac{\partial z}{\partial x}=2xf'_u+y\mathrm{e}^{xy}f'_v,\dfrac{\partial z}{\partial y}=-2yf'_u+x\mathrm{e}^{xy}f'_v;$

(2) $\dfrac{\partial z}{\partial x}=\dfrac{1}{y}f'_u+f'_v,\dfrac{\partial z}{\partial y}=-\dfrac{x}{y^2}f'_u+f'_v.$

7. 提示: $\dfrac{\partial z}{\partial x}=y+F(u)-\dfrac{y}{x}F'(u),\dfrac{\partial z}{\partial y}=x+F'(u).$

8. (1) $\dfrac{\partial z}{\partial x}=-\dfrac{x}{z+1},\dfrac{\partial z}{\partial y}=-\dfrac{y}{z+1};$ (2) $\dfrac{\partial z}{\partial x}=-\dfrac{z-y}{x+\mathrm{e}^z},\dfrac{\partial z}{\partial y}=\dfrac{x}{x+\mathrm{e}^z};$

(3) $\dfrac{\partial z}{\partial x}=-\dfrac{3x^2}{y^2-\cos z},\dfrac{\partial z}{\partial y}=-\dfrac{2yz}{y^2-\cos z};$ (4) $\dfrac{\partial z}{\partial x}=\dfrac{z}{x+z},\dfrac{\partial z}{\partial y}=\dfrac{z^2}{y(x+z)}.$

习题 7.5

1. (1) 函数在 $P(2,-2)$ 点处取极大值 $f(2,-2)=8;$

(2) 函数无极值;

(3) 函数在 $P\left(\dfrac{1}{2},-1\right)$ 点处取极小值 $f\left(\dfrac{1}{2},-1\right)=-\dfrac{\mathrm{e}}{2};$

(4) 函数在 $P(0,0)$ 点处取极大值 $f(0,0)=0.$

2. 提示: 水池表面积 $s=xy+2xz+2yz,(x>0,y>0)$, 最小值为 $3\sqrt[3]{4V^2}.$

3. 提示: 函数 $S(x,y)=y^2+x^2+\dfrac{(x+2y-16)^2}{5}$, 在 $P\left(\dfrac{8}{5},\dfrac{16}{5}\right)$ 点处取极小值.

4. 提示: 内接长方体体积 $V(x,y,z)=2x\cdot2y\cdot2z=8xyz$,

当长方体的长、宽、高都为 $\dfrac{2a}{\sqrt{3}}$ 时, 体积最大.

5. 提示: 圆柱体的体积为 $V(x)=\pi x^2(L-x)$,

当矩形的边长分别为 $\dfrac{2}{3}L$ 和 $\dfrac{L}{3}$ 时, 绕短边旋转所得的圆柱体体积最大.

习题 7.6

1. (1) $E_P Q(10,15,100)=-\dfrac{4}{41};$ (2) $E_{P_A}Q(10,15,100)=\dfrac{3}{41}$, 其他商品是替代性的;

(3) $E_Y Q(10,15,100)=\dfrac{2}{41}$, 这种商品是优等品.

2. 提示: 公司的利润函数为

$$S(Q_1,Q_2)=480Q_1-Q_1^2+340Q_2-\dfrac{3}{2}Q_2^2-50000,$$

当家庭、工业市场的价格分别是 260 元和 190 元时,公司获得最大化利润 26866.67 元.

3.提示:构造拉格朗日函数

$$L=45Q_1+90Q_2-Q_1^2-2Q_2Q_1-4Q_2^2+\lambda(5Q_1+10Q_2-100),$$

当两种产品 G_1 和 G_2 的价格分别为 35 元 、70 元时,获得最大化利润 600 元.

4.提示:(1)销售利润为

$$L=15+8x+21y-xy-2x^2-8y^2-(x+y),$$

当电台广告费和报纸广告费分别为 4(万元)、1(万元)时销售收入最大.

(2)当限定 $x=2$ 时,销售利润 $L=41+18y-8y^2$,

此时报纸广告费用 1.125 万元.

习题 7.7

1.(1)先对 y 积分 $\iint\limits_{D}f(x,y)\mathrm{d}\sigma=\int_{-1}^{3}\mathrm{d}x\int_{x^2}^{2x+3}f(x,y)\mathrm{d}y$,

先对 x 积分 $\iint\limits_{D}f(x,y)\mathrm{d}\sigma=\int_{0}^{1}\mathrm{d}y\int_{-\sqrt{y}}^{\sqrt{y}}f(x,y)\mathrm{d}x+\int_{1}^{9}\mathrm{d}y\int_{\frac{y-3}{2}}^{\sqrt{y}}f(x,y)\mathrm{d}x$;

(2)先对 y 积分 $\iint\limits_{D}f(x,y)\mathrm{d}\sigma=\int_{-2}^{0}\mathrm{d}x\int_{-\sqrt{4-x^2}}^{\sqrt{4-x^2}}f(x,y)\mathrm{d}y$,

先对 x 积分 $\iint\limits_{D}f(x,y)\mathrm{d}\sigma=\int_{-2}^{2}\mathrm{d}y\int_{-\sqrt{4-y^2}}^{0}f(x,y)\mathrm{d}x$;

(3)先对 y 积分 $\iint\limits_{D}f(x,y)\mathrm{d}\sigma=\int_{0}^{1}\mathrm{d}x\int_{\frac{x}{2}}^{2x}f(x,y)\mathrm{d}y+\int_{1}^{2}\mathrm{d}x\int_{\frac{x}{2}}^{\frac{2}{x}}f(x,y)\mathrm{d}y$,

先对 x 积分 $\iint\limits_{D}f(x,y)\mathrm{d}\sigma=\int_{0}^{1}\mathrm{d}y\int_{\frac{y}{2}}^{2y}f(x,y)\mathrm{d}x+\int_{1}^{2}\mathrm{d}y\int_{\frac{y}{2}}^{\frac{2}{y}}f(x,y)\mathrm{d}x$.

2.(1)$\dfrac{32}{15}$;(2)$\dfrac{1}{6}$;(3)$\mathrm{e}-2$;(4)$-\dfrac{3\pi}{2}$;(5)$\dfrac{6}{55}$;(6)$\dfrac{64}{15}$;(7)$\dfrac{3}{4}\pi^2+3\pi$;(8)$\dfrac{1}{6}\ln2$.

3.(1) $\dfrac{1}{3}$;(2) $\dfrac{3}{80}$.

综合习题 7

一、1.D　2.C　3.A　4.B　5.D

二、1.$\dfrac{\partial^2 z}{\partial x\partial y}=y[f''(xy)+\phi''(x+y)]+\phi'(x+y)$.

2.$V=\dfrac{27}{6}a^3$.

3.提示:$\dfrac{\partial^2 u}{\partial x^2}=f''\left(\dfrac{x}{y}\right)\cdot\dfrac{1}{y}+\dfrac{y^2}{x^3}g''\left(\dfrac{y}{x}\right)$,$\dfrac{\partial^2 u}{\partial x\partial y}=-\dfrac{x}{y^2}f''\left(\dfrac{x}{y}\right)-\dfrac{y}{x^2}g''\left(\dfrac{y}{x}\right)$.

4.(1)$2\ln3-\ln2-1$;(2) $\dfrac{1}{15}$;(3)$\dfrac{1}{2}(1-\cos1)$;(4)$\dfrac{1}{4}(\mathrm{e}-1)$.

5.$f(x,y)=4xy+1$.

6.提示:利润函数为

$$L(x,y)=8x+6y-500-0.01(3x^2+xy+3y^2)],$$

当生产两种零件个数分别为 120 件和 80 件时获得最大利润.

7.提示:构造拉格朗日函数

$$L(x,y,\lambda)=xy^2-\lambda(3.4xy+2.4y^2-A),$$

当水池的长和宽(深)分别为 $\dfrac{4}{17}\sqrt{5A}$,$\dfrac{1}{6}\sqrt{5A}$ 时,水池的容积最大.

8. 构造拉格朗日函数

$$L(x,y,\lambda)=\frac{(x-y+4)^2}{2}+\lambda(y^2-4x),$$

抛物线 $y^2=4x$ 上的点 $(1,2)$ 到直线 $y=x+4$ 的距离最近.

习题 8.1

1.(1)级数发散;(2)级数发散;(3)级数收敛;(4)级数收敛.

2. $u_n=\dfrac{1}{n^2+n}$,级数收敛.

3.(1)级数发散;(2)级数收敛;(3)级数发散;(4)级数发散;(5)级数发散;(6)级数收敛.

习题 8.2

1.(1)级数发散;(2)级数收敛;(3)级数收敛;(4)级数收敛.

2.(1)级数发散;(2)级数发散;(3)级数收敛;(4)级数收敛;(5)级数收敛;(6)级数收敛;(7)级数发散;(8)级数发散.

3.(1)级数绝对收敛;(2)级数绝对收敛;(3)级数发散;(4)级数条件收敛;(5)级数绝对收敛;(6)级数条件收敛;(7)级数绝对收敛;(8)级数条件收敛.

4.提示:应用比较判别法.

习题 8.3

1.(1)收敛域为 $(-1,1)$;(2)收敛域为 $[-1,1]$;(3)收敛域为 $(-\infty,\infty)$;(4)收敛域为 $[-1,1)$;(5)收敛域为 $(-2,2)$;(6)收敛域为 $[4,6]$;(7)收敛域为 $(-3,5)$;(8)收敛域为 $[0,1)$.

2.(1) $\displaystyle\sum_{n=1}^{\infty}nx^{n-1}=\frac{1}{(1-x)^2},x\in(-1,1)$; (2) $\displaystyle\sum_{n=1}^{\infty}\frac{x^n}{n}=-\ln(1-x),-1\leqslant x<1$;

(3) $\displaystyle\sum_{n=0}^{\infty}(2n+1)x^n=\frac{x+1}{(1-x)^2},x\in(-1,1)$.

3. $(-2,2),(-1,3)$.

习题 8.4

1.(1) $\cos^2x=\dfrac{1}{2}+\dfrac{1}{2}\cos2x=\dfrac{1}{2}+\displaystyle\sum_{n=1}^{\infty}(-1)^n\frac{2^{2n-1}x^{2n}}{(2n)!},x\in(-\infty,\infty)$;

(2) $\ln(1-2x)=\displaystyle\sum_{n=0}^{\infty}(-1)^{2n+1}\frac{2^{n+1}}{n+1}x^{n+1},\left(-\dfrac{1}{2}\leqslant x<\dfrac{1}{2}\right)$;

(3) $\mathrm{e}^{-x^2}=\displaystyle\sum_{n=0}^{\infty}\frac{(-x^2)^n}{n!}=\sum_{n=0}^{\infty}\frac{(-1)^nx^{2n}}{n!},x\in(-\infty,\infty)$;

(4) $x^2\mathrm{e}^{-x}=\displaystyle\sum_{n=0}^{\infty}\frac{(-1)^nx^{n+2}}{n!},x\in(-\infty,\infty)$;

(5) $\dfrac{1}{2-x}=\displaystyle\sum_{n=0}^{\infty}\frac{x^n}{2^{n+1}},-2<x<2$;

(6) $\dfrac{x}{x^2-2x-3}=\displaystyle\sum_{n=0}^{\infty}\left[\frac{(-1)^{n+1}}{4}-\frac{1}{4\cdot3^{n+1}}\right]x^{n+1},-1<x<1$.

2.(1) 当 $0<x\leqslant2$ 时, $f(x)=\ln x=\displaystyle\sum_{n=0}^{\infty}\frac{(-1)^n}{n+1}(x-1)^{n+1}$;

(2) 当 $0<x<4$ 时, $f(x)=\dfrac{1}{4-x}=\displaystyle\sum_{n=0}^{\infty}\frac{1}{2^{n+1}}(x-2)^n$;

(3) $f(x)=\mathrm{e}^x=\displaystyle\sum_{n=0}^{\infty}\mathrm{e}^3\cdot\frac{(x-3)^n}{n!},x\in(-\infty,+\infty)$.

3. $\sqrt[3]{1.2}\approx1.0652$.

4. $\cos18°\approx0.9511,|r_4|\leqslant0.000013$.

5. (1) $\int_0^{\frac{1}{2}}e^{x^2}dx\approx0.5721$; (2) $\int_0^{0.1}\frac{\sin x}{x}dx\approx0.09994$.

综合习题 8

一、1. B　2. A　3. B　4. B

二、1. (1)级数发散;(2)级数绝对收敛;(3)级数绝对收敛;

(4)当 $0<a\leqslant1$ 时,级数发散;当 $a>1$ 时,级数收敛;(5)级数收敛;(6)级数收敛.

2. (1) $f^{(n)}(0)=\frac{n!}{2^{n+1}}$;(2) $f^{(100)}(0)=0$.

3. 略.

4. 略.

5. $-\frac{1}{3}<a\leqslant\frac{1}{3}$.

6. $\sum_{n=1}^{\infty}\frac{2n-1}{2^n}x^{2n-2}=\frac{2+x^2}{(2-x^2)^2},\sum_{n=1}^{\infty}\frac{2n-1}{2^n}=s(1)=3$.

习题 9.1

1. (1)二阶非线性微分方程;(2)三阶线性微分方程;

(3)二阶线性微分方程;(4)一阶非线性微分方程.

2. (1) $y=5x^2$ 是方程 $xy'=2y$ 的解;

(2) $y=3\sin x-4\cos x$ 是方程 $y''+y=0$ 的解;

(3) $y=x^2e^x$ 不是方程 $y''-2y'+y=0$ 的解;

(4) $y=C_1e^{\lambda_1x}+C_2e^{\lambda_2x}$ 是方程 $y''-(\lambda_1+\lambda_2)y'+\lambda_1\lambda_2y=0$ 的解.

3. $f'(x)=2x^2$.

4. $\frac{dP}{dT}=\frac{kP}{T^2}$.

习题 9.2

1. (1) $y=e^{Cx}$;(2) $\arcsin y-\arcsin x=C$;(3) $5^{-y}+5^x=C$.

2. (1) $e^y=\frac{1}{2}(e^{2x}+1)$;(2) $y=\frac{4}{x^2}$.

3. $y=x^2-1$.

4. (1) $y+\sqrt{y^2-x^2}=Cx^2$;(2) $\ln y=\ln x+Cx+1$;

(3) $y=\frac{C}{2x}-\frac{x}{2}$;(4) $y^2=2x^2(2+\ln x)$.

5. (1) $y=e^{-x}(C+x)$;(2) $y=e^{-\sin x}(C+x)$;

(3) $y=C\cos x-2\cos^2x$;(4) $x=y^3\left[C+\frac{1}{2y}\right]=Cy^3+\frac{1}{2}y^2$.

6. $y=f(x)=\begin{cases}x(1-4\ln x),&x\neq0,\\0,&x=0.\end{cases}$

7. $f(x)=2[e^x-(1+x)]$.

习题 9.3

1. (1) $y=C_1e^{-2x}+C_2e^x$;(2) $y=C_1+C_2e^{4x}$;(3) $y=C_1e^{-2x}+C_2e^{-x}$;(4) $y=(C_1+C_2x)e^{3x}$;

(5) $y=C_1\cos2x+C_2\sin2x$;(6) $y=(C_1+C_2x)e^{2x}$.

2. (1) $y=\dfrac{1}{2}\mathrm{e}^{2x}$; (2) $y=\mathrm{e}^{-2x}+2\mathrm{e}^{x}$; (3) $y=2x\mathrm{e}^{3x}$; (4) $y=\left(\cos\dfrac{\sqrt{7}}{2}x+\dfrac{3\sqrt{7}}{7}\sin\dfrac{\sqrt{7}}{2}x\right)\mathrm{e}^{-\frac{x}{2}}$.

3. (1) $y=C_1+C_2\mathrm{e}^{-\frac{5}{2}x}+\dfrac{1}{10}x^2-\dfrac{2}{25}x$; (2) $y=C_1\mathrm{e}^{-x}+C_2\mathrm{e}^{-2x}+\left(\dfrac{3}{2}x^2-3x\right)\mathrm{e}^{-x}$;

(3) $y=(C_1\cos2x+C_2\sin2x)\mathrm{e}^{3x}+\dfrac{14}{13}$; (4) $y=C_1\mathrm{e}^{-x}+C_2\mathrm{e}^{2x}+\dfrac{1}{3}x\mathrm{e}^{2x}$;

(5) $y=C_1\cos2x+C_2\sin2x-2x\cos2x$.

4. (1) $y=\mathrm{e}^{-2x}+\mathrm{e}^{2x}-1$; (2) $y=\sin2x+2x$; (3) $y=\mathrm{e}^{x}$; (4) $y=\cos x-\dfrac{1}{3}\sin x+\dfrac{1}{3}\sin2x$.

习题 9.4

1. (1) 3;　　(2) 6.

2. (1) $y_t=C\cdot3^t-2$; (2) $y_t=C\cdot(-2)^t+\dfrac{1}{3}t-\dfrac{1}{9}$; (3) $y_t=C\cdot3^t+\dfrac{t\cdot3^t}{6}$;

(4) $y_t=C+(t-2)2^t$; (5) $y_t=4\cdot\left(\dfrac{1}{2}\right)^t+t$; (6) $y_t=2^t-t$;

(7) $y_t=\dfrac{161}{125}\cdot(-4)^t+\dfrac{2}{5}t^2+\dfrac{1}{25}t-\dfrac{36}{125}$; (8) $y_t=(-4)^t+\sin\pi t$.

3. 略.

习题 9.5

1. (1) $P_t+\dfrac{d}{b}P_{t-1}=\dfrac{a+c}{b}$. (2) 若初值价格 $P_0=\bar{P}$,则 $P_t=\bar{P}$;

若 $P_0\neq\bar{P}$,当 $d<b$ 时,$\lim\limits_{t\to+\infty}P_t=\bar{P}$;当 $d>b$ 时,$\lim\limits_{t\to+\infty}P_t=+\infty$.

2. $\bar{y}=\dfrac{1}{1+3}=\dfrac{1}{4}$,不稳定.

3. $\bar{y}=\dfrac{b}{q}=\dfrac{5}{3}$,不稳定.

综合习题 9

1. $\alpha=-3,\beta=2,\gamma=-1,y=C_1\mathrm{e}^{x}+C_2\mathrm{e}^{2x}+x\mathrm{e}^{x}$.

2. $\varphi(x)=\dfrac{1}{2}(\cos x+\sin x+\mathrm{e}^{x})$.

3. 略.

4. $f(x)=C_1\ln x+C_2$.

5. $y=f(x)=6\mathrm{e}^{-x}-6\mathrm{e}^{-2x}+\left(\dfrac{3}{2}x^2-6x\right)\mathrm{e}^{-x}$.

6. 略.

7. $y=\mathrm{e}^{x}$.

8. $L=a-(a-L_0)\mathrm{e}^{-kx}$.

9. $y=\dfrac{1000}{1+27\mathrm{e}^{-\frac{t}{3}}}$.

参 考 文 献

[1]林群. 写给高中生的微积分[M]. 北京:人民教育出版社,2010.

[2]张景中. 从数学难学谈起[J]. 世界科技研究与发展,1996(2):10.

[3]韩云瑞. 微积分概念解析[M]. 北京:高等教育出版社,2007.

[4]韩云瑞,扈志明,张广远. 微积分教程[M]. 北京:清华大学出版社,2006.

[5]李心灿. 微积分的创立者及其先驱[M].3版. 北京:高等教育出版社,2007.

[6]同济大学数学系. 高等数学[M].6版. 北京:高等教育出版社,2007.

[7]PRINT T L. 身边的数学[M].2版. 北京:机械工业出版社,2009.

[8]EDWARDS C H,等. 常微分方程[M].5版. 北京:机械工业出版社,2006.

[9]TAN S T. 应用微积分[M].5版. 北京:机械工业出版社,2004.

[10]王绵森,马知恩. 工科数学分析基础[M]. 北京:高等教育出版社,1999.

[11]THOMAS G B,等. 托马斯微积分[M].10版. 北京:高等教育出版社,2004.

[12]柯朗,罗宾. 什么是数学[M]. 左平,张饴慈,译. 上海:复旦大学出版社,2005.

[13]克莱因. 西方文化中的数学[M]. 张祖贵,译. 上海:复旦大学出版社,2005.

[14]常庚哲,史济怀. 数学分析教程[M]. 北京:高等教育出版社,2003.

[15]张筑生. 数学分析新讲[M]. 北京:北京大学出版社,1990.